大数据应用人才培养系列教材

大数据应用部署与调优

总主编　刘　鹏
主　编　刘　鹏　李肖俊
副主编　肖　晨

清華大学出版社
北　京

内 容 简 介

本书主要面向从事数据应用系统规划、部署、配置、实施、维护、优化升级以及数据应用系统监控、管理、资源协调等相关工作的人员。其中，大数据应用部分介绍了云计算基础架构（包括公有云和私有云架构）、数据应用的典型业务流程（包括数据采集、预处理、存储和处理、挖掘等方面）以及各种行业数据场景应用；数据应用系统运维部分包括系统安装部署、基础系统运维、高级系统运维，其中系统安装部署包括数据应用系统的部署安装、测试及变更管理，基础系统运维涵盖日常维护、性能监控、故障管理和资源管理，高级系统运维涉及安全管理、系统优化和高可用架构介绍；应用开发入门部分以 Python 分析和可视化应用项目开发为例，介绍应用开发所涉及的操作系统、数据库和开发环境、Python 编程、数据挖掘及可视化的相关理论与实践。

本书注重知识的系统性和实践指导性，主要作为培养系统运维方向高、中、低不同层次的“1+X”应用型人才的课程教材，也同样适合有意从事 IT 系统运维工作的学习者和爱好者以及广大从业者。

图书在版编目（CIP）数据

大数据应用部署与调优/刘鹏总主编，刘鹏，李肖俊主编．—北京：清华大学出版社，2022.7
大数据应用人才培养系列教材
ISBN 978-7-302-60997-1

Ⅰ.①大…　Ⅱ.①刘…　②李…　Ⅲ.①数据处理-教材　Ⅳ.①TP274

中国版本图书馆 CIP 数据核字（2022）第 095833 号

责任编辑：贾小红
封面设计：刘　超
版式设计：文森时代
责任校对：马军令
责任印制：刘海龙

出版发行：清华大学出版社
网　　址：http://www.tup.com.cn，http://www.wqbook.com
地　　址：北京清华大学学研大厦 A 座　　**邮　　编：**100084
社 总 机：010-83470000　　**邮　　购：**010-62786544
投稿与读者服务：010-62776969，c-service@tup.tsinghua.edu.cn
质 量 反 馈：010-62772015，zhiliang@tup.tsinghua.edu.cn
印 装 者：三河市科茂嘉荣印务有限公司
经　　销：全国新华书店
开　　本：185mm×260mm　　**印　　张：**20.75　　**字　　数：**449 千字
版　　次：2022 年 7 月第 1 版　　**印　　次：**2022 年 7 月第 1 次印刷
定　　价：69.00 元

产品编号：092754-01

编 委 会

总主编　刘　鹏

主　编　刘　鹏　李肖俊

副主编　肖　晨

参　编　徐　崇　谢佳成　陈佳梁
　　　　王峙淇　倪小龙

总　　序

短短几年间，大数据飞速发展，快速实现了从概念到落地，直接带动了相关产业的井喷式发展。数据采集、数据存储、数据挖掘、数据分析等大数据技术在越来越多的行业中得到应用，随之而来的是大数据人才缺口问题。根据《人民日报》的报道，未来3～5年，中国需要180万大数据人才，但目前只有约30万人，人才缺口达到150万之多。

大数据是一门实践性很强的学科，在其呈现金字塔型的人才资源模型中，数据科学家居于塔尖位置，然而该领域对于经验丰富的数据科学家需求相对有限，反而是对大数据底层设计、数据清洗、数据挖掘及大数据安全等相关人才的需求急剧上升，可以说占据了大数据人才需求的80%以上。如数据清洗、数据挖掘等相关职位，需要大量的专业人才。

迫切的人才需求直接催热了相应的大数据应用专业。2021年，全国892所高职院校成功备案了大数据技术专业，40所院校新增备案了数据科学与大数据技术专业，42所院校新增备案了大数据管理与应用专业。随着大数据的深入发展，未来几年申请与获批该专业的院校数量仍将持续走高。

即便如此，就目前而言，在大数据人才培养和大数据课程建设方面，大部分专科院校仍然处于起步阶段，需要探索的问题还有很多。首先，大数据是个新生事物，懂大数据的老师少之又少，院校缺“人”；其次，院校尚未形成完善的大数据人才培养和课程体系，缺乏“机制”；再次，大数据实验需要为每位学生提供集群计算机，院校缺“机器”；最后，院校没有海量数据，开展大数据教学实验工作缺少“原材料”。

对于注重实操的大数据专业专科建设而言，需要重点面向网络爬虫、大数据分析、大数据开发、大数据可视化、大数据运维工程师的工作岗位，帮助学生掌握大数据专业必备知识，使其具备大数据采集、存储、清洗、分析、开发及系统维护的专业能力和技能，成为能够服务区域经济的发展型、创新型或复合型技术人才。所以，无论是缺“人”、缺“机制”、缺“机器”，还是缺少“原材料”，最终都难以培养出合格的大数据人才。

其实，早在网格计算和云计算兴起时，我国科技工作者就曾遇到过类似的挑战，我有幸参与了这些问题的解决过程。为了解决网格计算问题，我在清华大学读博期间，于2001年创办了中国网格信息中转站网站，每天花几个小时收集和分享有价值的资料分享给学术界，此后我也多次筹办和主持全国性的网格计算学术会议，进行信息传递与知识共享。2002年，我与其他专家合作的《网格计算》教材正式面世。

2008年，当云计算开始萌芽之时，我创办了中国云计算网站（chinacloud.cn），

2010 年出版了《云计算（第 1 版）》，2011 年出版了《云计算（第 2 版）》，2015 年出版了《云计算（第 3 版）》，每一版都花费了大量成本制作并免费分享对应的教学 PPT。目前，《云计算》一书已成为国内高校的优秀教材，2010 年—2014 年，该书在中国知网公布的高被引图书名单中，位居自动化和计算机领域第一位。

除了资料分享，在 2010 年，我们在南京组织了全国高校云计算师资培训班，培养了国内第一批云计算老师，并通过与华为、中兴、奇虎 360 等知名企业合作，输出云计算技术，培养云计算研发人才。这些工作获得了大家的认可与好评，此后我担任了工信部云计算研究中心专家、中国云计算专家委员会云存储组组长、中国大数据应用联盟人工智能专家委员会主任、第 45 届世界技能大赛中国云计算专家指导组组长/裁判长、中国信息协会教育分会人工智能教育专家委员会主任、教育部全国普通高校毕业生就业创业指导委员会委员等。

近年来，面对日益突出的大数据发展难题，我们也正在尝试使用此前类似的办法应对这些挑战。为了解决大数据技术资料缺乏和交流不够通透的问题，我们于 2013 年创办了大数据世界网站（thebigdata.cn），投入大量人力进行日常维护。为了解决大数据师资匮乏的问题，我们面向全国院校陆续举办多期大数据师资培训班，致力于解决“缺人”的问题。

至今，我们已举办上百场线上线下培训，入选“教育部第四批职业教育培训评价组织”，被教育部学校规划建设发展中心认定为“大数据与人工智能智慧学习工场”，被工信部教育与考试中心授权为“工业和信息化人才培养工程培训基地”。同时，云创智学网站（edu.cstor.cn）向成人提供新一代信息技术在线学习和实验环境；云创编程网站（teens.cstor.cn）向青少年提供人工智能编程学习和实验环境。

此外，我们构建了云计算、大数据、人工智能实验实训平台，被多个省赛选为竞赛平台，其中云计算实训平台被选为中国第一届职业技能大赛竞赛平台，同时第 46 届世界技能大赛安徽省/江西省/吉林省/贵州省/海南省/浙江省等多个选拔赛，以及第一届全国技能大赛甘肃省/河北省云计算选拔赛等多项赛事，均采用了云计算实训平台作为比赛平台。

其中，为了解决大数据实验难问题而开发的大数据实验平台，正在为越来越多的高校教学科研带去便捷，帮助解决“缺机器”与“缺原材料”的问题。2016 年，我带领云创大数据的科研人员应用 Docker 容器技术，成功开发了 BDRack 大数据实验一体机，它打破了虚拟化技术的性能瓶颈，可以为每一位参加实验的人员虚拟出 Hadoop 集群、Spark 集群、Storm 集群等，自带实验所需数据，并准备了详细的实验手册、PPT 和实验过程视频，可以开展大数据管理、大数据挖掘等各类实验，并可进行精确营销、信用分析等多种实战演练。

目前，大数据实验平台已经在中国科学技术大学、郑州大学、新疆大学、宁夏大学、贵州大学、西南大学、西北工业大学、重庆大学、重庆师范大学、北方工业大学、西京学院、宁波工程学院、金陵科技学院、郑州升达经贸管理学院、重庆文理学院、湖北文理学院等多所院校部署应用，并广受校方好评。

此外，面对席卷而来的人工智能浪潮，我们团队推出的 AIRack 人工智能实验平台、DeepRack 深度学习一体机以及 dServer 人工智能服务器等系列应用，一举解决了人工智能实验环境搭建困难、缺乏实验指导与实验数据等问题，目前已经在清华大学、南京大学、西华大学、西安科技大学、徐州医科大学、桂林理工大学、陕西师范大学、重庆工商大学等高校投入使用。

在大数据教学中，本科院校的实践教学更加系统性，偏向新技术应用，且对工程实践能力要求更高，而高职、高专院校则偏向技能训练，理论知识以够用为主，学生将主要从事数据清洗和运维方面的工作。基于此，我们联合多家高职院校专家准备了《云计算导论》《大数据导论》《数据挖掘基础》《R 语言》《数据清洗》《大数据系统运维》《大数据实践》系列教材，帮助解决“机制”欠缺的问题。

此外，我们也将继续在大数据世界（thebigdata.cn）和云计算世界（chinacloud.cn）等网站免费提供配套 PPT 和其他资料。同时，通过智能硬件大数据免费托管平台——万物云（wanwuyun.com）和环境大数据开放平台——环境云（envicloud.cn），使资源与数据随手可得，让大数据学习变得更加轻松。

在此，特别感谢我的硕士导师谢希仁教授和博士导师李三立院士。谢希仁教授所著的《计算机网络》已经更新到第 8 版，与时俱进，日臻完善，时时提醒学生要以这样的标准来写书。李三立院士是留苏博士，为我国计算机事业做出了杰出贡献，曾任国家攀登计划项目首席科学家。他的严谨治学带出了一大批杰出的学生。

本丛书是集体智慧的结晶，在此谨向付出辛勤劳动的各位作者致敬！书中难免会有不当之处，请读者不吝赐教。

刘　鹏

2022 年 3 月

前　言

本书是针对大数据应用部署与调优的“1+X”职业技能等级标准考试培训用教材，主要面向从事大数据应用系统规划、部署、配置、实施、维护、优化升级以及大数据应用系统监控、管理、资源协调等相关工作的人员。

职业技能分级达标要求分为基础运维、中级运维和高级运维 3 个层次。

基础运维：能够熟练掌握数据采集、预处理、存储和处理流程，对大数据的基本处理框架和批流处理技术有初步认识。能够独立完成常规的大数据应用系统分布式环境与应用配置，并能够对常见故障进行基本的识别、判断和处理，满足大数据应用系统日常运维要求。

中级运维：能够对事件管理、故障管理、性能管理、配置管理、日志管理、备份管理等有较全面的认识，能够熟练应用各类管理工具，开展日常巡检工作。初步掌握 Linux 操作系统、MySQL 数据库和 Python 开发环境的安装部署，学习和掌握 Python 基本编程语法，学会使用 Python 常用的模块功能，满足基础编程和程序调试要求。

高级运维：能够掌握安全管理、加固方法、配置和性能优化、作业调度等技能，满足业务连续性要求，保证系统长期稳定运行和效率优化提升。同时能够掌握大数据应用开发的高级技能，熟练使用数据分析、数据可视化的算法和工具，满足深度运维管理和应用开发调优的要求。

本书的章节内容就是围绕以上 3 个层次的要求由浅入深地系统性介绍大数据行业背景、生态，大数据系统和大数据应用的安装部署、日常维护，以及涉及安全管理、性能优化及高可用管理等方面的高级运维，为了进一步提升运维人员面对复杂运维任务的能力，本书还介绍了基于 Python 语言的应用基础编程，以及针对大数据应用开发的要求，通过案例学习数据采集、数据分析和可视化的编程。

第 1 章“大数据导论”主要通过对大数据的概念、特征、关键技术和应用场景的介绍，给读者引入必要的领域相关背景知识。

第 2 章“基础云架构”介绍了与大数据系统和应用密切相关的基础服务设施云计算的概念，并分别通过 OpenStack 和阿里云的相关技术介绍了私有云和公有云的基础知识。

第 3 章“大数据业务流程”从大数据应用系统的典型业务流程出发，结合系统管理、数据应用方面带来的挑战，展开介绍了数据采集、数据预处理、大数据存储与处理等相关概念和技术。

第 4 章“系统安装部署”介绍了大数据系统和应用安装部署的概念，包括配置文件、用户手册、帮助文档等资源的收集、打包、安装、配置、发布的过程；并通过软件部署、测试、变更、升级等操作，从理论和实践两方面使读者熟悉大数据组件的运维知识。

针对大数据系统数据量大、机器规模大、分布式架构及并行计算等特点，第 5 章“日常维护管理”介绍了大数据系统和应用运行维护与管理所涉及的对象、内容、工具、流程、制度和规范等方面的内容。

第 6 章“高级系统运维”展开介绍了安全管理、系统优化以及系统的高可用架构等相关概念，并从实践的角度去扩充介绍了相关的技术实践方案和优化方案。

第 7 章“基础应用开发”介绍了 Python 的开发环境、Python 背景、Python 基本语法，使读者能够进行基础的应用开发工作。

第 8 章“大数据应用开发”从开发流程入手，介绍了数据采集、数据分析和数据可视化的概念，并通过两个综合数据分析和可视化的实际案例，培养数据相关应用的应用开发技能。

本书是编写小组集体智慧的结晶，虽然在大纲确立、资料整理、内容编写及稿件审核过程中反复检查校对，力求内容清晰无误，便于读者学习理解；但疏漏和不完善之处仍在所难免，恳请各位读者批评指正，不吝赐教！

编　者

2022 年 3 月

目　　录

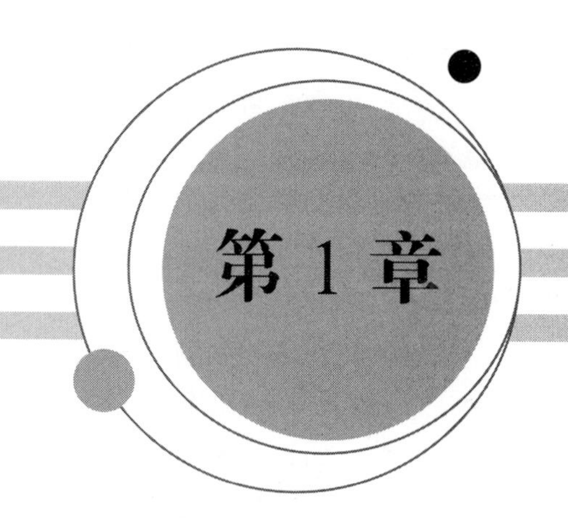

大数据导论

随着互联网的普及，为了满足人们搜索网络信息的需求，搜索引擎抓取了容量巨大的信息；社交网络把分散的人群联系起来；电子商务在满足人们便捷购物的同时，收集了大量的购物意愿和购物习惯的数据。2010 年是中国的微博元年，2011 年微信开始独立运营，2016 年抖音面世，这些都标志着移动互联网时代海量数据的产生。各种海量数据在各行各业产生，形成了今天的大数据。

计算和数据是信息产业不变的主题，在信息技术迅速发展的推动下，人们的感知、计算、仿真、模拟、传播等活动产生了大量的数据，数据的产生不受任何外界影响和限制，因此可以说大数据涵盖了计算和数据两大主题，是产业界和学术界的研究热点，被誉为未来 10 年的革命性技术。

本章通过对大数据的概念进行描述，介绍了数据的主要来源、构成大数据的因素，通过对大数据架构的分析，展现了常见的大数据应用场景。

1.1 大数据的概念

在过去 20 年，数据在各行各业以大规模的态势持续增加。由 IDC（互联网数据中心）和 EMC（易安信）公司联合发布的 The Digital Universe of Opportunities：Rich Data and the Increasing Value of Internet of Things 研究报告指出，2011 年全球数据总量已达到 1.8 ZB（1ZB=10 亿 TB=1 万亿 GB），并将以每两年翻一番的速度增长，到 2020 年，全球数据量已超过 40 ZB，均摊到每个人身上达到 5200 GB 以上。在“2017 年世界电信和信息化社会日”大会上，工信部总工程师张峰指出，我国的数据总量正在以年均 50%的速度持续增长。美国市场研究公司 IDC 发布的报告称，全球大数据技术和服务市场将在未来几年保持 31.7%的年复合增长率。IBM 的研究称，整个人类文明所获得的全部数据中，有 90%是过去两年内产生的。全球数据的膨胀率大约为每两年翻一番。

现今，全球数据呈爆炸性的增长，大数据常常被描述为巨大的数据集。相比传统的数据而言，大数据通常包括大量需要实时分析的非结构化数据。另外，大数据也带来了创造新价值的机会，帮助人们获得对隐藏价值的深入理解；也带来新的挑战，教会人们如何有效地管理和组织数据集。

近年来，科技界和企业界甚至世界各国政府都将大数据的迅速发展作为关注的热点。许多政府机构明确宣布加快大数据的研究和应用。除此以外，公共媒体也对大数据有非常高的热情。例如，《经济学人》《纽约时报》《全国公共广播电台》《自然》《科学》等杂志都专门专刊地讨论了大数据的影响和挑战。大数据的时代毫无疑问已然到来。著名管理咨询公司麦肯锡（McKinsey & Company）称："数据已经渗透到当今每一个行业和业务职能领域，成为重要的生产因素。人们对于大数据的挖掘和运用，预示着新一波生产力增长和消费盈余浪潮的到来。"一个国家拥有数据的规模和运用数据的能力将成为综合国力的重要组成部分，对数据的占有和控制将成为国家间和企业间新的争夺焦点。大数据已成为社会各界关注的新焦点，"大数据时代"已然来临。

如今，与互联网公司服务相关的大数据迅速增长，例如，Google（谷歌）每月要处理几百 PB 的数据，Facebook（脸书）每月产生超过 10 PB 的日志，百度每天要处理几十 PB 的数据，淘宝每天在线产生几十 TB 的交易数据。在每一天的每一分钟里，甚至在人们没有注意的时候，数据已经被大量地挖掘出来了。

大数据是一个抽象的概念，除了在量上非常的庞大，还有其他一些特点，这些特点决定了它是"海量数据"还是"非常大的数据"。目前，大数据的重要性已经是公认的，但由于企业、研究学者、数据分析师和技术从业者关注的重点有所区别，因此人们对于大数据的定义各执己见。一般来说，大数据意味着通过传统的软件或者硬件无法在有限时间内获得有意义的数据集，而在经过大数据技术处理后就可以快速获取有意义的数据。以下的定义能帮助人们更好地深入理解大数据在社会、经济和技术方面的内涵。

2010 年，Apache Hadoop 定义大数据为"通过传统的计算机在可接受的范围内不能捕获、管理和处理的数据集合"。2011 年 5 月，麦肯锡咨询公司在这个定义基础之上，宣称大数据能够在创新、竞争和生产力等方面大有作为。大数据意味着通过传统的数据库软件不能获得、存储和管理如此大量的数据集。这个定义包含两个内涵：第一，符合大数据的标准的原型随着时间的推移和技术的进步正在发生变化；第二，符合大数据的标准的原型因不同的应用而彼此不同。目前，大数据的范围从 TB 级发展到 PB 级。从麦肯锡咨询公司对大数据的定义，可以看出数据集的容量不是大数据的唯一标准。持续增加的数据规模和通过传统数据库技术不能有效地管理是大数据的两个关键特征。

1.1.1 大数据的来源

互联网时代，大数据的来源除了专业机构产生的数据以外，例如，CERN（欧洲核子研究组织）离子对撞机每秒产生高达40 TB的数据；每个人也都是数据的产生者，同时也是数据的使用者。人类自从发明文字开始，就记录着各种数据，早期数据保存的介质一般是纸张，而且难以分析、加工。随着计算机与存储技术的发展，以及万物互联的过程，数据爆发的趋势势不可挡。那么大数据究竟主要来源于哪些方面呢？

1. 互联网大数据

大数据赖以生存的土壤是互联网。这些数据主要来自两个方面：一方面是用户通过网络所留下的痕迹（包括浏览信息、行动和行为信息）；另一方面是互联网公司在日常运营中生成、累积的用户网络行为数据。这些数据规模已经不能用GB或TB来衡量了。

2. 传统行业大数据

互联网会产生大量数据，但传统行业同样会产生大数据，传统行业通常指一些固定的企业，例如，电信、银行、金融、医药、教育、电力等行业。

电信行业产生的数据主要集中在移动设备终端所产生的数据与信息，主要包括通过电子邮件、短信、微博等产生的文本信息、语音信息、图像信息。

银行业产生的数据集中在用户存款交易、风险贷款抵押、利率市场投放、业务管理等方面。除此之外还有互联网银行，例如支付宝，用户每天通过支付宝转入转出或者支付产生的数据也是相当可观的。

金融行业产生的数据集中在银行资本的运作、股票、证券、期货、货币等市场。俗话说：银行金融不分家。通过对金融数据的分析，能够让资本的运作更加具体和更有针对性。医疗行业产生的数据集中在患者身上，通过对患者数据的分析，可以更精确地预测病理情况，从而对患者进行及时有效的医治。

教育行业产生的数据分两类：一类是常规的结构化数据，例如，成绩、学籍、就业率、出勤记录等；另一类是非结构化数据，例如，图片、视频、教案、教学软件、学习游戏等。客观的教育数据的价值的发挥取决于操控和应用数据的人。教育大数据与医疗、交通、经济、社保等行业的关联分析，能够有效、科学地促进教育决策的正确性。

电网业务数据大致可分为生产数据（例如，发电量、电压稳定性等数据）、运营数据（例如，交易电价、售电量、用电客户等数据）和管理数据（例如，ERP、一体化平台、协同办公等数据）。电网信息化的不断推进，电网企业数据量、数据类型、来源都有相应的变化，数据量呈几何级爆炸式增加，数据类型也越来越复杂多样化。

3. 音频、视频和数据

音频、视频和数据隐藏着大数据的核心。这些数据结构松散、数量巨大，但很难从中挖掘有意义的结论和有用的信息，是人们最容易忽视的数据来源，而这些数据恰恰又是真正大数据的来源，分析、挖掘这些资讯可能发现更大的资源与信息。

4. 移动设备的实时记录与跟踪

实时跟踪器之前的运用仅限于价值高昂的航天飞机以及气象预测，现在也应用于汽车方面，即汽车生产商在车辆中配置监控器。例如，GPRS、油耗器、速度表、公里表等，这些可传播信号的监控器可以连续读取车辆机械系统整体的运行情况。现在，移动可穿戴设备得到广泛应用，企业可以从中提取非常有用的数据从而获取价值。这一类数据可能产生的业务不多，但可以推动某些经营模式发生实质性的变革。例如，汽车传感数据可用于评价司机行为从而推动汽车保险业的巨大变革，汽车的节能减排可推动环境改善的变革。

一个收集和分析大数据的行业一旦形成，它就能重新理解市场，重新挖掘经营信息，它将对现有公司产生深刻的影响。据相关调查，有 10%的公司认为在过去 5 年中，大数据彻底改变了它们的经营方式。46%的公司认同大数据是其决策的一项重要支持因素。通过大数据的分析挖掘，公司可以发现新的经营模式，改进生产方式，从而提高经济效益。通过在任意大的数据组中应用相关大数据技术可以发现有用信息，将这些信息商业化，从而获得可观效益。所以，大数据的巨大魔力就是能改变有些行业的经营方式。

1.1.2 大数据的分类

大数据就是使用新的系统、工具和模型对大量、动态、能持续的数据进行挖掘，从而获得具有新价值的数据。在以往的数字信息分析中，面对庞大的数据，认为它只是历史数据的一部分，仅仅起到记录以及追溯根源的作用；人们并没有真正了解这些数据的实际本质，从中获取正确推断的机会；大数据时代的来临，使人们可以正确地使用和分析这些数据。根据数据类型，按特定方向分析大数据的特征会对人们有所帮助，例如，数据如何收集、分析和处理。对数据进行分类后，可以将它与合适的大数据模式相匹配。

从不同角度对大数据进行分类，大体有以下几种划分形态。

1. 按数据来源划分

按数据来源进行划分，大数据可以分为以下 3 类。

（1）传统企业数据（traditional enterprise data）：包括 MIS（管理信息系统）的数据、传统的 ERP（企业资源计划）数据、库存数据以及财务账目数据等。

（2）机器和传感器数据（machine-generated/sensor data）：包括呼叫记录（call detail records）、智能仪表、工业设备传感器、设备日志、交易数据等。

（3）社交数据（social data）：包括用户行为记录、反馈数据等。例如，微信、QQ、Twitter、Facebook 这样的社交媒体平台。

2. 按数据形式划分

在实际应用中，人们会遇到各式各样的数据库，例如，NoSQL 非关系数据库（Memcached、Redis、MongoDB）、RDBMS 关系数据库（Oracle、MySQL 等）；还有一些其他的数据库，例如，HBase。在这些数据库中，又会出现结构化数据、半结构化数据、非结构化数据，下面列出各种数据类型。

1）结构化数据

由二维表结构来逻辑表达和实现的数据，严格地遵循数据格式与长度规范，主要通过关系型数据库进行存储和管理，能够用数据或统一的结构加以表示，一般称之为结构化数据。例如，数字、符号。传统的关系数据模型、行数据存储于数据库，可用二维表结构表示。

2）半结构化数据

半结构化数据是结构化数据的一种形式，它并不符合关系型数据库或其他数据表的形式关联起来的数据模型结构，但包含相关标记，用来分隔语义元素以及对记录和字段进行分层。因此，它也被称为自描述的结构，XML、JSON 格式的数据就属于半结构化数据。

3）非结构化数据

非结构化数据，是与结构化数据相对的，是不适合以二维表结构来表现的数据，包括各种格式的办公文档、XML、HTML、各类报表、图片和音频、视频信息等。支持非结构化数据的数据库采用多值字段、子字段和变长字段机制进行数据项的创建和管理，广泛应用于全文检索和各种多媒体信息处理领域。IDC 的一项调查报告指出：企业中 80%的数据都是非结构化数据，这些数据每年都按指数增长 60%。

1.2 大数据的特征

数据分析是大数据的前沿技术。从各种类型的数据中，快速高效地获得有价值的信息的能力，就是大数据技术。该技术是众多企业发展的潜力。在风起云涌的 IT 业界，各个企业对大数据都有着自己不同的解读，其中 IBM 提出大数据的 4V 特征得到了广泛认可，如图 1-1 所示。

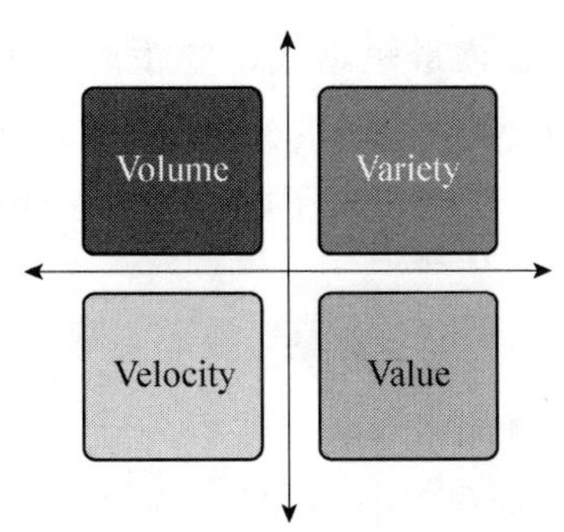

图 1-1 大数据的 4V 特征

1.2.1 数量（volume）

数量是指大数据巨大的数据量与数据完整性。近些年，数量的单位从 TB 级别跃升到 PB 级别甚至 ZB 级别。据有关学者了解，天文学和基因学是最早产生大数据变革的领域；2000 年，斯隆数字巡天项目启动时，位于新墨西哥州的望远镜，在短短几周内收集到的数据已经比天文学历史上总共收集的数据还要多。伴随着各种随身设备以及物联网、云计算、云存储等技术的发展，人和物的所有轨迹都可以被记录，数据因此被大量生产出来。

移动互联网的核心网络节点是人，不再是网页，人人都成为数据制造者。短信、微博、照片、录像都是其数据产品；数据来自于无数自动化传感器、自动记录设施、生产监测、环境监测、交通监测、安防监测等，数据也来自于自动流程记录。例如，刷卡机、收款机、电子停车收费系统，互联网点击浏览、电话拨号等设施以及各种办事流程登记等。大量自动或人工产生的数据通过互联网聚集到特定地点，包括电信运营商、互联网运营商、政府、银行、商场、企业、交通枢纽等机构，形成了大数据之海。

1.2.2 多样性（variety）

多样性是指数据类型繁多。随着传感器、智能设备以及社交协作技术的飞速发展，数据也变得更加复杂，因为它不仅包含传统的关系型数据，还包含来自网页、互联网日志文件（包括点击流数据）、视频、图片、地理信息、搜索索引、社交媒体论坛、电子邮件、文档、主动和被动系统的传感器数据等原始、半结构化和非结构化数据。发掘这些形态各异、快慢不一的数据流之间的相关性，是大数据做前人之未做、能前人所不能的机会。大数据技术不仅是处理巨量数据的利器，更为处理不同来源、不同格式的多元化数据提供了可能。

1.2.3 速度（velocity）

速度是指处理速度快。目前，对于数据智能化和实时性的要求越来越高。例如，开车时会即时通过智能导航仪查询最短路线，吃饭时会即时上网查询其他用户对这家餐厅的评价，见到可口的食物会拍照即时发微博等诸如此类的人与人、人与机器之间的信息交流互动，这些都不可避免地带来了数据交换。而数据交换的关键是降低延迟，以近乎实时的方式呈献给用户。

在数据处理速度方面，有一个著名的“1 秒定律”，即要在秒级时间范围内给出分析结果，超出这个时间，数据就失去价值。

在商业领域，“快”也早已贯穿企业运营、管理和决策智能化的每一个环节。形形色色描述“快”的新兴词汇出现在商业数据语境里，例如，实时、快如闪电、光速、念动的瞬间、价值送达时间。曾任英特尔中国研究院首席工程师的吴甘沙认为，速度快是大数据处理技术和传统的数据挖掘技术最大的区别。大数据是一种以实时数据处理、实时结果导向为特征的解决方案，它的“快”有两个层面。一是数据产生得快。有的数据是爆发式产生，例如，欧洲核子研究中心的大型强子对撞机在工作状态下每秒产生 PB 级的数据，有的数据是涓涓细流式产生，但是由于用户众多，短时间内产生的数据量依然非常庞大，例如，点击流、日志、射频识别数据、GPS（全球定位系统）位置信息。二是数据处理得快。正如水处理系统可以从水库调出水进行处理，也可以直接对涌进来的新水流进行处理一样，大数据也有批处理（“静止数据”转变为“正使用数据”）和流处理（“动态数据”转变为“正使用数据”）两种范式，以实现快速的数据处理。

数据的处理速度为什么要“快”？首先，时间就是金钱。如果把价值和时间比作分数，那么价值是分子，时间就是分母，分母越小，单位价值就越大。面临同样大的数据“矿山”，“挖矿”效率是竞争优势。其次，像其他商品一样，数据的价值会折旧，等量数据在不同时间点价值不等。NewSQL（新的可扩展性/高性能数据库）的先行者 VoltDB（内存数据库）发明了一个概念叫作“数据连续统一体”，即数据存在于一个连续的时间轴上，每个数据项都有它的年龄，不同年龄的数据有不同的价值取向，新产生的数据更具有个体价值，产生时间较为久远的数据集合起来更能发挥价值。最后，数据跟新闻一样具有时效性。很多传感器的数据产生几秒之后就失去意义了。美国国家海洋和大气管理局的超级计算机能够在日本地震后 9 分钟计算出海啸的可能性，但 9 分钟的延迟对于瞬间被海浪吞噬的生命来说还是太长了。

越来越多的数据挖掘趋于前端化，即提前感知预测并直接提供服务对象所需要的个性化服务。例如，对绝大多数商品来说，找到顾客“触点”的最佳时机并非在结账以后，而是在顾客还提着篮子逛街时。电子商务网站从点击流、浏览历史和行为（例如，放入购物车）中实时发现顾客的即时购买意图和兴趣，并据此推送商品，这就是“快”的价值。

1.2.4 价值（value）

价值是指追求高质量的数据。大数据时代数据的价值就像大浪淘金，数据量越大，里面真正有价值的东西就越少。现在的任务就是将这些 ZB 级、PB 级的数据，利用云计算、智能化开源实现平台等技术进行分析后，提炼出有价值的信息，将信息转化为知识，发现规律，最终用知识促成正确的决策和行动。追求高质量的数据是一项重要的大数据要求和挑战，即使最优秀的数据清理方法也无法消除某些数据固有的不可预测性。例如，人的感情和诚实性、天气形势、经济因素以及其他因素。

1.3 大数据关键技术

大数据架构的关键技术，有助于帮助人们合理规划设计目标系统的建设，定义合理科学的建设问题解决方案。大数据解决方案的逻辑层可以帮助定义和分类各个必要的组件，这些组件可以用来满足给定业务项目的功能性和非功能性需求。这些逻辑层列出了大数据解决方案的关键组件，包括从各种数据源获取数据的位置，以及向需要观察的流程、设备和人员提供处理业务所需的分析。

1.3.1 大数据存储技术

典型的大数据存储技术有以下 3 种。

第一种是采用 MPP 架构的新型数据库集群，重点面向行业大数据，采用 Shared Nothing 架构，通过列存储、粗粒度索引等多项大数据处理技术，再结合 MPP 架构高效的分布式计算模式，完成对分析类应用的支撑，运行环境多为低成本 PC Server，具有高性能和高扩展性的特点，在企业分析类应用领域获得极其广泛的应用。这类 MPP 产品可以有效支撑 PB 级别的结构化数据分析，这是传统数据库技术无法胜任的。对于企业新一代的数据仓库和结构化数据分析，目前的选择是 MPP 数据库。

第二种是基于 Hadoop 的技术扩展和封装，围绕 Hadoop 衍生出相关的大数据技术，应对传统关系型数据库较难处理的数据和场景。例如，针对非结构化数据的存储和计算等，充分利用 Hadoop 开源的优势，伴随相关技术的不断进步，其应用场景也将逐步扩大，目前典型的应用场景就是通过扩展和封装 Hadoop 来实现对互联网大数据存储、分析的支撑。这里面有几十种 NoSQL 技术，也在进一步地细分。对于非结构、半结构化数据处理、复杂的 ETL 流程、复杂的数据挖掘和计算模型，Hadoop 平台更擅长。

第三种是大数据一体机，这是一种专为大数据的分析处理而设计的软件、硬件结合的产品，由一组集成的服务器、存储设备、操作系统、数据库管理系统以及为数据查询、处理、分析用途而特别预先安装及优化的软件组成，高性能大数据一体机具有良好的稳定性和纵向扩展性。

1.3.2 并行计算技术

所谓并行计算（parallel computing）是指同时使用多种计算资源解决计算问题的过程，是提高计算机系统计算速度和处理能力的一种有效手段。其基本思想是采用多个处理器来协同解决问题，即将被求解的问题分解成若干个部分，各部分均由一个独立的处理机来并行计算。并行计算系统既可以是专门设计的、含有多个处理器的超级计算机，也可以是以某种方式连接的若干台独立计算机构成的集群。通过并行计算集群完成数据的处理工作，再将处理的结果返回给用户，如图 1-2 所示。

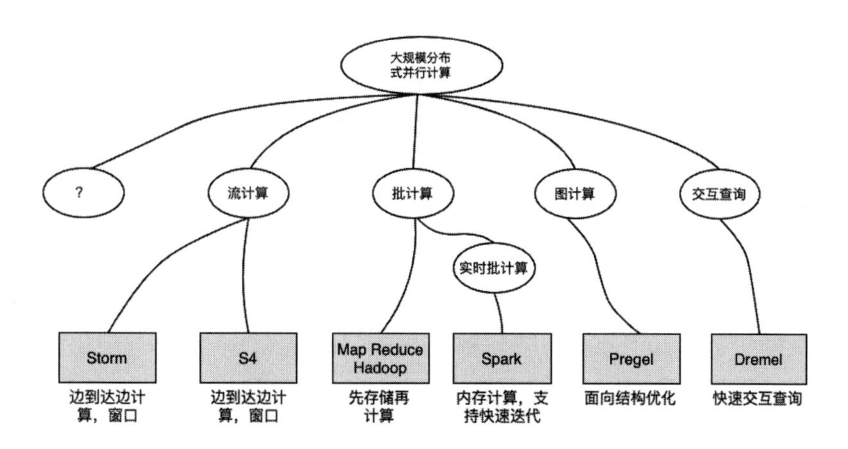

图 1-2　大规模分布式并行计算

并行计算在学科领域中主要研究的是空间上的并行问题。从程序设计人员的角度来看，并行计算又可分为数据并行和任务并行。通常来讲，因为数据并行主要是将一个大任务化解成相同的各个子任务，比任务并行要容易处理。空间上的并行导致了两类并行机的产生，按照 Flynn 的说法分为单指令流多数据流（SIMD）和多指令流多数据流（MIMD）。常用的串行机也叫作单指令流单数据流（SISD）。MIMD 类的机器又可分为以下常见的 5 类：并行向量处理机（PVP）、对称多处理机（SMP）、大规模并行处理机（MPP）、工作站机群（COW）、分布式共享存储处理机（DSM）。

大数据的分析技术是数据密集型计算，需要计算机拥有巨大的计算能力，针对不同计算场景发展出特定分布式的计算框架。例如，Yahoo 提出的 S4 系统、Twitter 的 Storm、谷歌 2010 年公布的 Dremel 系统、MapReduce 内存化以提高实时性的 Spark 框架等都合理地利用了大数据的并行计算方式。

1.3.3　数据分析技术

由于大数据复杂多变的特殊属性，目前还没有公认的大数据分析方法体系，不同的学者对大数据分析方法的看法各异。总结起来，包括 3 种方法体系，分别是面向数据视角的大数据分析方法、面向流程视角的大数据分析方法和面向信息技术视角的大数据分析方法。

（1）面向数据视角的大数据分析方法：主要是以大数据分析处理的对象“数据”为依据，从数据本身的类型、数据量、数据处理方式以及数据能够解决的具体问题等方面对大数据分析方法进行分类。例如，利用历史数据及定量工具进行回溯性数据分析来对模式加以理解并对未来做出推论，或者利用历史数据和仿真模型对即将发生的事件进行预测性分析。

（2）面向流程视角的大数据分析方法：主要关注大数据分析的步骤和阶段。一般而言，大数据分析是一个多阶段的任务循环执行过程。一些专家学者按照从数据收集、分析到可视化的流程，梳理了一些适用于大数据的关键技术，包括神经网络、遗传算法、回归分析、聚类、分类、数据挖掘、关联规则、机器学习、数据融合、自然语言处理、网络分析、情感分析、时间序列分析、空间分析等，为大数据分析提供了丰富的技术手段和方法。

（3）面向信息技术视角的大数据分析方法：强调大数据本身涉及的新型信息技术，从大数据的处理架构、大数据系统和大数据计算模式等方面来探讨具体的大数据分析方法。

实际上，现实中往往综合使用这 3 种大数据分析方法。综合来看，大数据分析方法正逐步从数据统计（statistics）转向数据挖掘（mining），并进一步提升到数据发现（discovery）和预测（prediction）。

1.3.4 数据可视化技术

数据可视化技术旨在借助于图形化手段，清晰有效地传达与沟通信息。但是，这并不意味着数据可视化就一定因为其要实现的功能用途而令人感到枯燥乏味，或者是为了看上去绚丽多彩而显得极端复杂。为了有效地传达思想观念，美学形式与功能需要齐头并进，通过直观地传达关键的方面与特征，从而实现对于相当稀疏而又复杂的数据集的深入洞察。

数据可视化技术包含以下几个基本概念。

（1）数据空间：是由 n 维属性和 m 个元素组成的数据集所构成的多维信息空间。

（2）数据开发：是指利用一定的算法和工具对数据进行定量的推演和计算。

（3）数据分析：指对多维数据进行切片、块、旋转等动作剖析数据，从而能多角度多侧面观察数据。

（4）数据可视化：是指将大型数据集中的数据以图形、图像形式表示，并利用数据分析和开发工具发现其中未知信息的处理过程。

数据可视化已经提出了许多方法，这些方法根据其可视化的原理不同可以划分为基于几何的技术、面向像素的技术、基于图标的技术、基于层次的技术、基于图像的技术和分布式技术等。

目前，市场上的数据可视化技术比较多，常用的有 Excel、Google Chart API、D3、Processing、OpenLayers 等。如图 1-3 所示是基于计算流体力学的三维呈现：用能场所 3D 场景、CFD 温度及能效云场呈现。

1.3.5 数据挖掘技术

数据挖掘就是从大量的、不完全的、有噪声的、模糊的、随机的实际应用数据中，提取隐含在其中的、人们事先不知道的，但又是潜在有用的信息和知识的过程。

大数据挖掘常用的算法有分类、聚类、回归分析、关联规则、特征分析、Web 页挖掘、神经网络等智能算法。这些在实际应用中应用的算法包括决策树算法、序列分析、聚类分析、关联分析和神经网络。

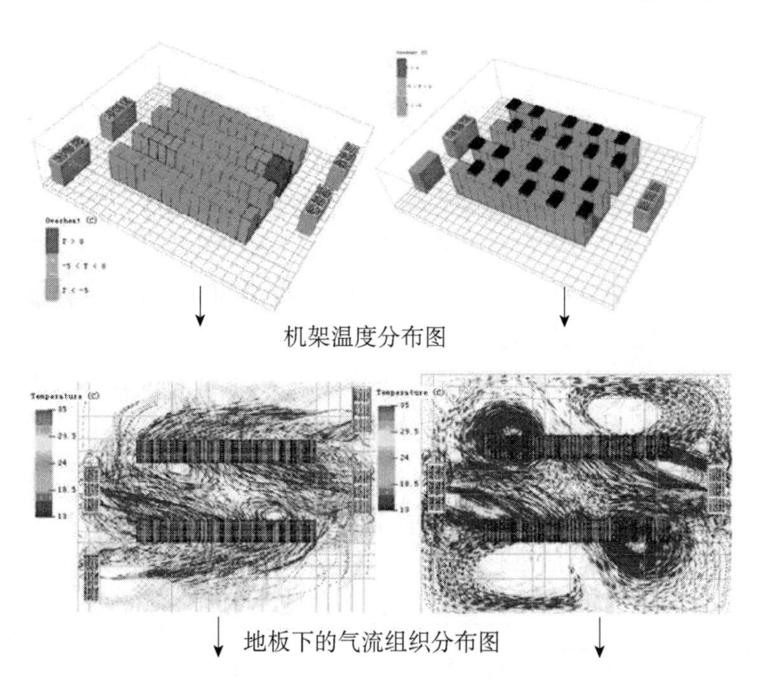

图 1-3　CFD 温度及能效云场

1.4　大数据应用场景

最早提出“大数据”时代已经到来的机构是全球知名咨询公司麦肯锡。根据麦肯锡全球研究所的分析，利用大数据能在各行各业产生显著的社会效益。美国健康护理利用大数据每年产出 3000 多亿美元，年劳动生产率提高 0.7%；欧洲公共管理每年产出价值 2500 多亿欧元，年劳动生产率提高 0.5%；全球个人定位数据服务提供商收益 1000 多亿美元，为终端用户提供高达 7000 多亿美元的价值；美国零售业净收益增长 6%，年劳动生产率提高 1%；制造业可节省 50%的产品开发和装配成本，营运资本下降 7%。可见，大数据无所不在，已经对人们的工作、生活和学习产生了深远的影响，并将持续发展。

大数据的应用场景包括各行各业对大数据处理和分析的应用，其中最核心的还是用户的个性需求。下面将对各个行业使用大数据的情况进行梳理，借此展现大数据的应用场景。

1.4.1　电商行业大数据应用

电子商务行业有两个层面的大数据应用。一个层面是零售行业能够了解客户的消费偏好和趋势，对商品进行精准营销，降低营销成本。例如，记录客户的购买习惯，在即将用完之前通过精准广告的方式提醒客户购买一些生活用品，或者定期通过网上商城发货，不仅可以帮助客户解决问题，还可以提升客户体验。另一个层面是根据客户购买的产品，为客户提供其他可能购买的产品，从而扩大销售，这也属于精准营销的范畴。例如，通过客户的购买记录，了解客户对相关产品的购买偏好，把与洗衣服相关的产品（例如，洗衣粉、消毒液、衣领清洁剂等）放进去一起销售，从而增加相关产品的销量。此外，零售行业可以通过大数据掌握未来的消费趋势，有利于热卖品和反季节商品的采购管理。

电子商务是最早使用大数据进行精准营销的行业，电商网站中的推荐引擎会根据客户的历史购买行为和同类人的购买行为来推荐产品，推荐产品的转化率一般为6%～8%。电子商务数据量大，数据集中，数据种类多。其商业应用具有极大的想象空间，包括预测时尚趋势、消费趋势、区域消费特征、顾客消费习惯、消费行为相关性、消费热点等。依靠大数据分析，电子商务可以帮助企业进行产品设计、库存管理、计划生产、资源配置等，有利于精细化大生产，提高生产效率，优化资源配置。

未来零售企业将面临的考验是如何挖掘消费者的需求，以及如何有效整合供应链以满足需求的能力，因此，信息技术水平已经成为获得竞争优势的关键因素。无论是国际零售巨头还是本土零售品牌，想要承受日益微薄的利润率带来的压力，就要思考如何拥抱新技术，给客户带来更好的消费体验。

1.4.2 金融行业大数据应用

金融行业数据丰富，数据维度和数据质量都非常好，所以应用场景非常广泛。典型的应用场景包括银行数据应用场景、保险数据应用场景和证券数据应用场景。

1. 银行数据应用场景

银行有丰富的数据应用场景，基本集中在用户管理、风险控制、产品设计、决策支持等方面。数据可以分为交易数据、客户数据、信用数据、资产数据等。大部分数据集中在数据仓库中，属于结构化数据。数据挖掘可以用来分析一些交易数据背后的商业价值。

例如，“用银行卡记录和寻找理财人”，我国有120万人属于高端财富群体，平均可支配金融资产超过1000万元，是所有银行理财的重点发展群体。这些人都有典型的高端消费习惯。银行可以参考POS机的消费记录，定位这些高端理财人士，为他们提供定制的理财解决方案，吸收到理财客户中，从而增加存款和理财产品的销售。

2. 保险数据应用场景

保险数据的应用场景主要集中在产品和客户上，典型的是利用用户行为数据设定车险价格，利用客户外部行为数据了解客户需求，向目标用户推荐产品。例如，基于个人数据、外部汽车维修App数据，为保险公司寻找车险客户；根据个人数据和移动设备位置数据，为保险公司寻找商旅人士，推广意外险和保障险；基于家庭数据、个人数据、人生阶段信息，为用户推荐财产险、寿险等。利用数据提高保险产品的精算水平，从而提高盈利水平和投资收益。

3．证券数据应用场景

证券行业拥有的数据类型有个人属性数据（含姓名、联系方式、家庭地址等）、资产数据、交易数据、收益数据等。证券公司可以利用这些数据建立业务场景，筛选目标客户，为客户提供适合的产品，提高单个客户收入。例如，借助数据分析，如果客户平均年收入低于 5%，交易频率很低，可以建议购买公司提供的理财产品；如果客户交易频繁，回报高，可以主动推送融资服务；如果客户交易不频繁，但资金数额较大，可以为客户提供投资咨询等。对客户交易习惯和行为的分析可以帮助证券公司获得更多的利润。

1.4.3　医疗行业大数据应用

医疗行业有大量的病例、病理报告、治愈方案、药物报告等。通过对这些数据的整理和分析，可以极大地帮助医生提出治疗方案，帮助患者早日康复。可以搭建一个大数据平台，收集不同的病例和治疗方案，以及患者的基本特征，建立疾病特征数据库，帮助医生诊断疾病。

特别是随着基因技术的发展和成熟，可以根据患者的基因序列特征对患者进行分类，建立医疗行业患者分类数据库。医生可以参考患者的疾病特征、实验室报告和检测报告，并参考疾病数据库来快速诊断患者的病情。医生在制订治疗方案时，可以根据患者的遗传特点，获得基因、年龄、种族、身体状况相似的有效治疗方案，制订出适合患者的治疗方案，帮助更多的人及时治疗。同时，这些数据也有利于医药行业开发更有效的药物和医疗器械。

例如，乔布斯从患胰腺癌开始直到离世经历了 8 年之久，在人类的历史上也算是奇迹。乔布斯为了治疗自己的疾病，支付了高昂的费用，获得了包括自身的整个基因密码信息在内的数据文档。凭借这份数据文档，医生们基于乔布斯特定的基因构成和大数据，根据需要的效果制订了用药方案，并调整了医疗方案。

大数据在医疗行业的应用一直在进行，但是数据还没有完全打通，基本都是孤岛数据，不可能大规模应用。未来，为了人类的健康，这些数据终有一天会被收集在一个统一的大数据平台上，造福人类。

1.4.4　教育行业大数据应用

早在多年以前信息技术就已经广泛应用于教育领域，例如，平时的教学考试、校园安全、家校互联、师生互动等。在国内尤其是一些比较大的城市，例如，上海、北京、广州等地，已经有了非常多的大数据在教育领域的应用，例如，慕课、在线课程、翻转课堂等就大量运用了大数据的分析和处理技术。

在不久的将来，可以提前预见的是，通过大数据技术，可以为教务部门、校长、教师、学生和家长分析并生成出不同角度的个性化分析报告，并且还可以通过对大数据的分析来优化教育制度，做出更好的决策，这将带来一场潜在的教育革命。

1.4.5 工业大数据应用

在大数据时代，工业领域正在以难以想象的速度创新，呈现出新的技术、新的产品、新的服务和新的业态。各行各业的决策都在从"业务驱动"向"数据驱动"转变。事实上，工业 4.0 和工业互联网都具有智能化和互联互通的特点，工业大数据应用的主要目的是充分利用信息和通信技术，将产品、机器、资源和人有效地结合起来，促进制造业向基于大数据分析和应用的智能化转型。智能制造时代的到来也意味着工业大数据时代的到来。工业大数据的应用将成为未来制造业大创新的关键要素，也是当前全球工业转型必须面对的重要课题。例如，某家电制造企业利用大数据技术优化供应链，改变了传统供应链系统对固定提前期概念的严重依赖。通过分析相关数据，创建更灵活的供应链，可以缩短供应周期，企业可以获得更大的利润。大数据技术在这家家电制造企业的应用，不仅能对其他家电企业有所启发，对手机、医药等其他对供应链有要求的行业也有一定的示范作用。

1.4.6 农业大数据应用

大数据在农业中的应用主要是指根据对未来商业需求的预测来生产产品，因为农产品不容易保存，农民合理种植和养殖农产品非常重要。借助大数据提供的消费能力和趋势报告，政府可以合理引导农业生产，按需生产，避免产能过剩造成的资源和社会财富的不必要的浪费。

实际上，在农业生产中也有很高的风险，虽然这些风险很大程度上可以通过使用现在的除草剂、杀菌剂、农药等产品进行消除，但是天气仍是农业生产的最大风险，并且很长一段时间内这都是一个难以解决的问题。但是现在可以通过大数据进行分析预测，得出更加准确的天气预测，这将有效地帮助农民克服这些来自于大自然的灾害，还能为政府农业的精细化管理和科学决策提供帮助。例如，Climate 公司曾经使用政府开放的气象站数据和土地数据建立了一套复杂的模型，并且通过模型来进行分析，可以知道哪些土地可以耕种，哪些土地需要喷药耕种，哪些土地处于生长期需要施肥，又或者是这些土地什么时间最适合耕种。这个示例说明将大数据运用在农业生产过程中具有巨大的潜在价值。又如，云创大数据（www.cstor.cn）研发了一种土壤探针，目前能够监测土壤的温度、湿度和光照等数据，并即将扩展监测氮、磷、钾等功能。该探针成本极低，通过 ZigBee 建立自组织通信网络，每亩地只需插一根针，最后将数据汇聚到一个无线网关，上传到万物云（www.wanwuyun.com）。

1.4.7 环境大数据应用

气象在人们的工作与生活中至关重要，同时也影响着社会的发展，以及社会的生产。例如，农业、运输等部门都需要准确的天气预报，来获取相应的气象信息，从而做出准确的判断，进行相应的业务调整。通过大数据技术可以大大地提高天气预报的准确性和及时性，在重大的自然灾害面前，大数据技术也可以帮助人们更加精确地了解自然灾害。例如地震，通过对大量的地震数据进行分析，人们不仅可以知道地震波传播的速度，还能知道地震的等级、震中心是哪儿，这样在下次地震来临时，就可以及时地提醒人们去避难，将灾害所造成的损失降到最低。

其实，美国海洋暨大气总署很早之前就通过大数据进行分析。通过收集每天超过 35 亿份的观察数据，来进行数据的分析和预测，从而绘制出一套复杂的高保真预测模型，并将其提供给美国 NWS（国家气象局）作为天气预报的参考。截至目前，NOAA（美国海洋和大气管理局）每年新增的数量高达令人震惊的 30 PB，通过它生成的最终分析结果就呈现在人们日常天气预报和预警报道中。再如，环境云（www.envicloud.cn）环境大数据服务平台通过获取权威数据源（中国气象网、中央气象台、国家环保部数据中心、美国全球地震信息中心等）所发布的各类环境数据，以及自主布建的数千个各类全国性环境监控传感器网络（包括 $PM_{2.5}$ 等各类空气质量指标、水环境指标传感器、地震传感器等）所采集的数据，并结合相关数据预测模型生成的预报数据，依托数据托管服务平台万物云（www.wanwuyun.com）所提供的基础存储服务，推出一系列功能丰富的、便捷易用的基于 RESTful 架构的综合环境数据调用接口。配合代码示例和详尽的接口使用说明，向各种应用的开发者免费提供可靠丰富的气象、环境、灾害及地理数据服务。目前，环境云的传感器数据即将达到上百万个之多。

1.4.8　智慧城市大数据应用

今天，世界上一半以上的人口生活在城市；到 2050 年，这个数字将增加到 75%。城市公共交通规划、教育资源配置、医疗资源配置、商业中心建设、房地产规划、产业规划、城市建设等都可以借助大数据技术进行很好地规划和动态调整。市内资源配置良好，可以避免资源配置不均衡导致的低效率和骚乱，避免不必要的资源浪费导致的过量财政支出。有效帮助政府实现资源科学配置，精细化经营城市，建设智慧城市。

大数据在城市道路交通中的应用主要体现在两个方面：一方面，利用大数据传感器数据可以获知车辆的密度，合理进行道路规划，包括单行线路规划；另一方面，可以利用大数据实现即时信号灯调度，提高现有线路的运行能力。信号灯的科学布置是一项复杂的系统工程，只有利用大数据计算平台才能制订出合理的方案。信号灯的科学布置将使现有道路的通行能力提高 30%左右。

大数据技术可以帮助人们了解经济发展、产业发展、消费支出、产品销售等情况。根据大数据分析结果，人们可以科学地制订宏观政策，平衡各行业发展，避免产能过剩，从而有效利用自然和社会资源，提高社会生产效率。大数据技术也可以帮助政府管理支出，透明合理的财政支出将有利于提高公信力和监督财政支出。大数据和大数据技术给政府带来的不仅仅是效率提升、科学决策和精细管理，更重要的是数据治理和科学管理的意识转变。未来大数据将有助于政府从各个方面实施高效精细化的管理，具有极大的想象空间。

习　题

1．什么是大数据？
2．大数据的主要特征有哪些？
3．大数据有哪些来源？
4．数据按其形式划分有哪几种？

参考文献

[1] 刘鹏. 大数据[M]. 3 版. 北京：电子工业出版社，2017.
[2] 付雯. 大数据导论[M]. 北京：清华大学出版社，2018.

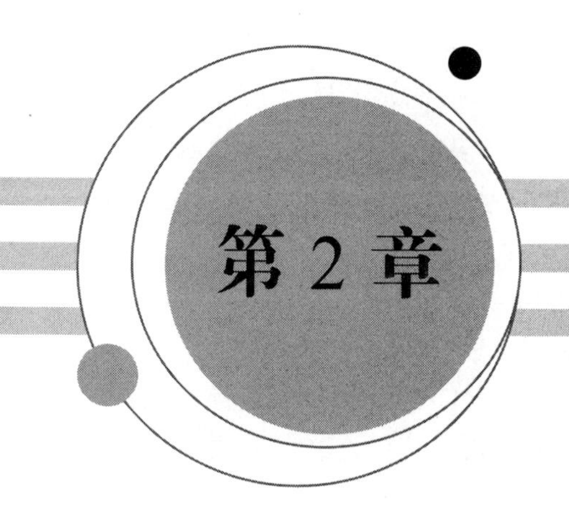

基础云架构

图灵奖获得者杰姆·格雷（Jim Gray）曾提出著名的“新摩尔定律”：每 18 个月全球新增信息量是计算机有史以来全部信息量的总和。时至今日，人类所累积的数据量之大，已经无法用传统方法处理，因而需要探索新的技术处理手段。而“云计算”就是其中主要的技术方法。那么，大数据与云计算到底是什么关系？云计算究竟是什么？云计算又是怎样实现的？本章将沿着这个线索展开，详细介绍云计算的技术特点、分类和应用现状，并以 OpenStack 和阿里云为例分别介绍私有云和公有云的相关技术概念。

2.1 云计算简介

在中国大数据专家委员会成立大会上，一位专家曾用一个公式描述了大数据与云计算的关系：$G=f(x)$。x 是大数据，f 是云计算，G 是我们的目标。也就是说，云计算是处理大数据的手段，大数据与云计算是一枚硬币的正反面。大数据是需求，云计算是手段。没有大数据，就不需要云计算。没有云计算，就无法处理大数据。

事实上，云计算（cloud computing）比大数据“成名”要早。2006 年 8 月 9 日，谷歌首席执行官埃里克·施密特在搜索引擎大会上首次提出了云计算的概念。

2.1.1 云计算的概念

什么是云计算？云计算领域知名专家刘鹏教授对云计算给出了长、短两种定义。长定义是：“云计算是一种商业计算模型。它将计算任务分布在大量计算机构成的资源池上，使各种应用系统能够根据需要获取计算力、存储空间和信息服务。”短定义是：“云计算是通过网络按需提供可动态伸缩的廉价计算服务。”

这种资源池称为“云”。“云”是一些可以自我维护和管理的虚拟计算资源，通常是一些大型服务器集群，包括计算服务器、存储服务器和宽带资源等。云计算将计算资源集中起来，并通过专门软件实现自动管理，无须人为参与。用户可以动态申请部分资源，支持各种应用程序的运转，无须为烦琐的细节而烦恼，能够更加专注于自己的业务，有利于提高效率、降低成本和技术创新。云计算的核心理念是资源池，这与早在 2002 年就提出的网格计算池（computing pool）的概念非常相似。网格计算池将计算和存储资源虚拟成为一个可以任意组合分配的集合，池的规模可以动态扩展，分配给用户的处理能力可以动态回收重用。这种模式能够大大提高资源的利用率，提升平台的服务质量。

之所以称为“云”，是因为它在某些方面具有现实中云的特征：云一般都较大；云的规模可以动态伸缩，它的边界是模糊的；云在空中飘忽不定，无法也无须确定它的具体位置，但它确实存在于某处。

有人将这种模式比喻为从单台发电机供电模式转向了电厂集中供电的模式，意味着计算能力也可以作为一种商品进行流通，就像煤气、水和电一样，取用方便，费用低廉。两者最大的不同在于，云计算是通过互联网提供的服务。

云计算是并行计算（parallel computing）、分布式计算（distributed computing）和网格计算（grid computing）的发展，或者说是这些计算科学概念的商业实现。云计算是虚拟化（virtualization）、效用计算（utility computing）、将基础设施作为服务（infrastructure as a service，IaaS）、将平台作为服务（platform as a service，PaaS）和将软件作为服务（software as a service，SaaS）等概念混合演进并跃升的结果。

从研究现状上看，云计算具有以下特点。

（1）超大规模。“云”具有相当的规模，谷歌云、亚马逊、IBM、微软、阿里巴巴、百度和腾讯等服务器规模早已达到百万台。“云”能赋予用户前所未有的计算能力。

（2）虚拟化。云计算支持用户在任意位置、使用各种终端获取服务。所请求的资源来自“云”，而不是固定的有形的实体。应用在“云”中某处运行，但实际上用户无须了解应用运行的具体位置，只需要一台计算机、Pad 或手机，就可以通过网络服务来获取各种能力超强的服务。

（3）高可靠性。“云”采用多路供电、多区域实现容错副本、负载均衡技术实现低延迟访问等技术来保证高可靠性。

（4）通用性。云计算不针对特定的应用，在“云”的支撑下可以构造出千变万化的应用，同一片“云”可以同时支撑不同的应用运行。

（5）高可伸缩性。“云”的规模可以动态伸缩，满足应用和用户规模增长的需要。

（6）按需服务。“云”是一个庞大的资源池，用户按需使用，即用即付。

（7）极其廉价。“云”的特殊容错措施使得可以采用极其廉价的节点来构成云；“云”的自动化管理使数据中心管理成本大幅降低；“云”的公用性和通用性使资源的利用率大幅提升；“云”设施可以建在电力资源丰富的地区，从而大幅降低能源成本。因此，“云”具有前所未有的性能价格比。

云计算按照服务类型大致可以分为3类：将基础设施作为服务（IaaS）、将平台作为服务（PaaS）和将软件作为服务（SaaS），如图2-1所示。

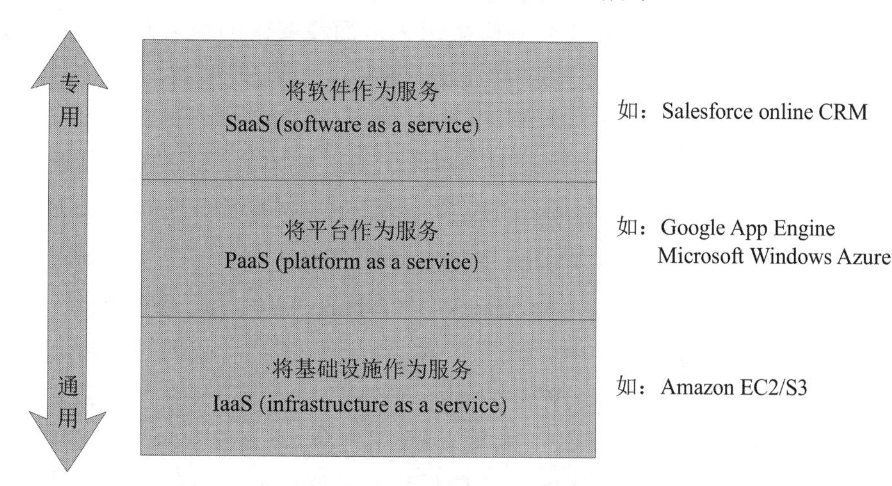

图2-1 云计算的服务类型

IaaS把计算基础（服务器、网络技术、存储和数据中心空间）作为一项服务提供给用户。它也包括提供操作系统和虚拟化技术来管理资源。用户通过Internet可以从完善的计算基础设施获得服务。同时，IaaS是完全自助的服务模式，它由高度可扩展和自动化的计算资源组成，所以它允许用户按照需求来购买资源，而不必购买全部硬件。

PaaS对资源的抽象层次更进一步，它提供用户应用程序的运行环境，典型的如Google App Engine。微软的云计算操作系统（Microsoft Windows Azure）也可大致归入这一类。PaaS自身负责资源的动态扩展和容错管理，用户应用程序不必过多考虑节点间的配合问题。但与此同时，用户的自主权降低，必须使用特定的编程环境并遵照特定的编程模型。这有点像在高性能集群计算机里进行MPI编程，只适用于解决某些特定的计算问题。例如，Google App Engine只允许使用Python和Java语言、基于称为Django的Web应用框架、调用Google App Engine SDK来开发在线应用服务。

SaaS的针对性更强，它将某些特定应用软件功能封装成服务。例如，Salesforce公司提供的在线客户关系管理（client relationship management，CRM）服务。SaaS既不像PaaS一样提供计算或存储资源类型的服务，也不像IaaS一样提供运行用户自定义应用程序的环境，它只提供某些专门用途的服务供应用调用。

在这里，还需要阐述一下云安全与云计算的关系。作为云计算技术的一个分支，云安全技术通过大量客户端的参与来采集异常代码（病毒和木马等），并汇总到云计算平台上进行大规模统计分析，从而准确识别和过滤有害代码。这种技术由中国率先提出，并取得了巨大成功，自此计算机的安全问题得到有效控制，大家才告别了被病毒搞得焦头烂额的日子。360安全卫士、瑞星、趋势、卡巴斯基、迈克菲（McAfee）、赛门铁克（Symantec）、江民科技、Panda、金山等均推出了云安全解决方案。值得一提的是，云安全的核心思想与刘鹏教授早在2003年提出的反垃圾邮件网格完全一致。该技术被IEEE Cluster 2003国际会议评为杰出网格项目，在香港的现场演示非常轰动，并被国内代表性的电子邮件服务商大规模采用，从而使我国的垃圾邮件过滤技术居于世界领先水平。

2.1.2 云计算发展现状

由于云计算是多种技术混合演进的结果，其成熟度较高，又有大公司推动，发展极为迅速。谷歌、亚马逊和微软等大公司是云计算的先行者。云计算领域的众多成功公司还包括VMware、Salesforce、Facebook、YouTube等。最近这几年的一个显著的变化，是以阿里云、华为云、云创大数据等为代表的中国云计算的迅速崛起。

亚马逊的云计算称为Amazon Web Services（AWS），它率先在全球提供了弹性计算云（elastic computing cloud，EC2）和简单存储服务（simple storage service，S3），为企业提供计算和存储服务。收费的服务项目包括存储空间、带宽、CPU资源以及月租费。月租费与电话月租费类似，存储空间、带宽按容量收费，CPU根据运算量时长收费。目前，AWS服务的种类非常齐全，包括计算服务、存储与内容传输服务、数据库服务、联网服务、管理和安全服务、分析服务、应用程序服务、部署与管理服务、移动服务和企业应用程序服务等。

谷歌是最大的云计算技术的使用者。谷歌搜索引擎就建立在分布在全球的Google数据中心站点、超过1000万台的服务器的支撑之上，而且这些设施的数量正在迅猛增长。谷歌的一系列成功应用平台，包括谷歌地球、地图、Gmail、Docs等也同样使用了这些基础设施。采用Google Docs之类的应用，用户数据会保存在互联网上的某个位置，可以通过任何一个与互联网相连的终端十分便利地访问和共享这些数据。而且，谷歌已经允许第三方在谷歌的云计算中通过Google App Engine运行大型并行应用程序。谷歌以发表学术论文的形式公开其云计算3项关键技术：GFS、MapReduce和Bigtable。相应地，模仿者应运而生，Hadoop是其中最受关注的开源项目。

微软公司紧跟云计算步伐，于2008年10月推出了Windows Azure操作系统。Azure（译为“蓝天”）是继Windows取代DOS之后，微软公司的又一次颠覆性转型——通过在互联网架构上打造新云计算平台，让Windows真正由PC延伸到“蓝天”上。Azure的底层是微软公司全球基础服务系统，由遍布全球的第4代数据中心构成。目前，微软公司的云平台包括几十万台服务器。微软公司将Windows Azure定位为平台服务：一套全面的开发工具、服务和管理系统。它可以让开发者致力于开发可用和可扩展的应用程序。微软公司将为Windows Azure用户推出许多新的功能，不但能更简单地将现有的应用程序转移到云中，而且可以加强云托管应用程序的可用服务，充分体现出微软公司的“云”+“端”战略。在中国，微软公司于2014年3月27日宣布由世纪互联负责运营的Microsoft Azure公有云服务正式商用，这是国内首个正式商用的国际公有云服务平台。

近几年，中国云计算的崛起是一道亮丽的风景线。截至 2021 年年初阿里云已经在北京、深圳、杭州、悉尼、伦敦、硅谷、新加坡、日本等 24 个地理区域内运营着 75 个可用区。阿里云提供云服务器（ECS）、关系型数据库服务（RDS）、开放存储服务（OSS）、内容分发网络（CDN）等产品服务。此外，国内代表性的公有云平台还有以游戏托管为特色的 UCloud、以存储服务为特色的七牛云和提供类似 AWS 服务的青云（QingCloud），以及专门支撑智能硬件大数据免费托管的万物云（www.wanwuyun.com）。

2.1.3　云计算实现机制

由于云计算分为 IaaS、PaaS 和 SaaS 3 种类型，不同的厂家又提供了不同的解决方案，目前还没有一个统一的技术体系结构，对读者了解云计算的原理构成了障碍。为此，本书综合不同厂家的方案，构造了一个供读者参考的云计算体系结构。这个体系结构如图 2-2 所示，它概括了不同解决方案的主要特征。

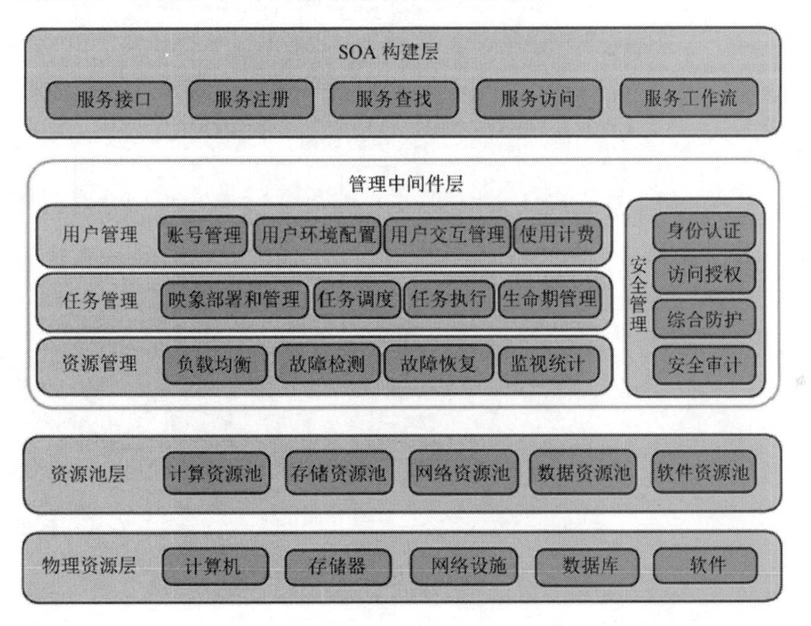

图 2-2　云计算技术体系结构

云计算技术体系结构分为 4 层：物理资源层、资源池层、管理中间件层和面向服务的体系结构（service-oriented architecture，SOA）构建层。物理资源层包括计算机、存储器、网络设施、数据库和软件等。资源池层是将大量相同类型的资源构成同构或接近同构的资源池，例如，计算资源池、数据资源池等。构建资源池更多的是物理资源的集成和管理工作，例如，研究在一个标准集装箱的空间如何装下 2000 个服务器、解决散热和故障节点替换的问题并降低能耗。管理中间件层负责对云计算的资源进行管理，并对众多应用任务进行调度，使资源能够高效、安全地为应用提供服务。SOA 构建层将云计算能力封装成标准的 Web Services 服务，并纳入 SOA 体系进行管理和使用，包括服务接口、服务注册、服务查找、服务访问和服务工作流等。管理中间件层和资源池层是云计算技术的最关键部分，SOA 构建层的功能更多依靠外部设施提供。

云计算的管理中间件层负责资源管理、任务管理、用户管理和安全管理等工作。资源管理负责均衡地使用云资源节点，检测节点的故障并试图恢复或屏蔽它，并对资源的使用情况进行监视统计；任务管理负责执行用户或应用提交的任务，包括完成用户任务映象（image）部署和管理、任务调度、任务执行、生命期管理等；用户管理是实现云计算商业模式的一个必不可少的环节，包括提供用户交互接口、管理和识别用户身份、创建用户程序的执行环境、对用户的使用进行计费等；安全管理保障云计算设施的整体安全，包括身份认证、访问授权、综合防护和安全审计等。

围绕本书的核心内容，本章主要介绍云计算的 IaaS 层的实现机制，如图 2-3 所示。

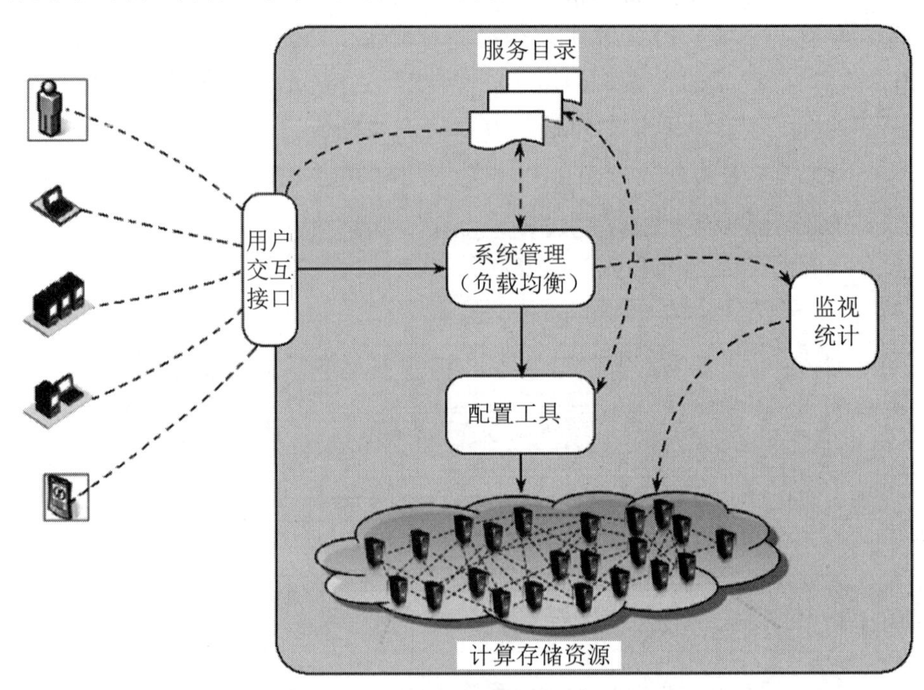

图 2-3 简化的 IaaS 实现机制图

图 2-3 中，用户交互接口为应用提供 Web Services 访问服务，获取用户需求。服务目录是用户可以访问的服务清单。系统管理模块负责管理和分配所有可用的资源，其核心是负载均衡。配置工具负责在分配的节点上准备任务运行环境。监视统计模块负责监视节点的运行状态，并完成用户使用节点情况的统计。执行过程并不复杂，用户交互接口允许用户从目录中选取并调用一个服务，该请求传递给系统管理模块后，将为用户分配恰当的资源，然后调用配置工具为用户准备运行环境。

2.1.4 云计算部署模型

云计算服务有 3 种部署模型，每一种都具备独特的功能，满足用户不同的要求。

1. 私有云

私有云（private cloud）是为一个客户单独使用而构建的，因而提供对数据、安全性和服务质量的最有效控制。私有云拥有基础设施，并可以控制在此基础设施上部署应用程序的方式。它既可以部署在企业数据中心的防火墙内，也可以将它们部署在一个安全的物理服务器托管场景，私有云的核心属性是专有资源。私有云服务提供了计算、存储和网络的资源服务，包括硬件虚拟化、集中管理、弹性资源调度等。

2. 公有云

公有云（public cloud）通常指第三方提供商为用户提供的能够使用的云，一般可通过 Internet 访问使用。公有云有许多实例，可在整个开放的公有网络中提供服务，其最大意义是能够以低廉的价格，提供有吸引力的服务给最终用户，创造新的业务价值。作为一个支撑平台，公有云能够整合上游的服务（例如，增值业务、广告）提供者和下游最终用户，打造新的价值链和生态系统。

公有云一般以按需付费的定价方式提供服务，通常具有较高的成本效益，但在迁移和复制大量应用数据时，其服务费用会迅速增加。同时，公共云服务的网络安全也是一个潜在的风险。

3. 混合云

混合云（hybrid cloud）是公有云和私有云两种服务方式的结合体。由于安全原因，并非企业都能在公有云上部署服务，大部分企业都是将应用部署在混合云模式上的。混合云为弹性需求提供了一个很好的基础，例如灾难恢复，即私有云把公有云作为灾难转移的平台，并在需要的时候去使用它。混合云的理念是，使用公有云作为一个选择性的平台，同时选择其他的公有云作为灾难转移平台，以保护数据的安全。

由于混合云是不同的云平台、数据和应用程序的组合，因此整合难度较大，容易出现基础设施之间的兼容性问题。

2.2 云计算与大数据

从技术上看，大数据与云计算是密不可分的。大数据必然无法用单台计算机进行处理，必须采用分布式架构。它的特色在于对海量数据进行分布式数据挖掘。但它必须依托云计算的分布式处理、分布式数据库和云存储、虚拟化技术。

2.2.1 云计算与大数据的关系

云计算是技术发展的趋势，技术的发展带动了电子信息社会的快速发展。这就导致了大数据现象的出现，而大数据的快速增长是电子信息社会发展可能面临的问题。云计算与大数据可以结合在一起，大数据需要使用云中巨大的计算和存储资源。因此，云计算通过为大数据应用提供计算能力，刺激和加速自身的发展。云计算与大数据相辅相成。云计算中的分布式存储技术有助于管理大数据。

云计算可以通过将数据划分为若干部分来扩展以处理大量数据，这些部分是在云中自动完成的。扩展环境是一个大数据需求，云计算的优势是通过支付所使用资源的价值来帮助降低成本，这有助于开发大数据。灵活性也被认为是大数据的一个需求，当需要更多的数据存储时，当希望在一个时间段内处理大量虚拟机时，云平台可以动态扩展以满足适当的存储需求。为了容错，云帮助处理提取和存储过程中的大数据。

云计算可以从任何地方访问分布在世界各地的数据资源，通过使用（公有）云允许这些资源更快地被访问及存储。

大数据的本质是由世界各地的技术和地点产生的，因此云资源服务提供并帮助收集和存储因使用技术而产生的大量数据。

2.2.2 云计算与大数据相结合的优势

云计算和大数据分析的结合带来了巨大的好处，并增强了这两种技术的有效性，它们可以相互加强。

1. 节省时间和大量金钱

购买和管理一个大到足以进行有效的大数据分析的数据中心可能非常昂贵，更不用说与维护相关的无数技术难题了。简言之，从成本、时间和专业人员方面来说，这是一项巨大的投资。一方面，有了云，这些责任就转移到了提供商身上，在绝大多数情况下，提供商拥有更多的技术诀窍，这些诀窍总是最新的。另一方面，该公司以按需付费的模式购买这些服务，以降低和优化成本。

2. 提高效率和灵活性

首先从初始阶段开始：本地服务器的安装和执行可能需要几周的时间，考虑到存储和数据管理技术的迅速过时，这些技术还需要不断地进行更新，因此导致其他低效率和成本问题。云计算解决了这些问题。事实上，供应商可以在短时间内提供必要的基础设施，并确保它们不断更新。

然后是灵活性和可伸缩性方面，这是绝对重要的。在云中，存储空间可以快速增加，但也可以减少，这取决于业务的需求。当谈论云和大数据之间的集成时，决不能忘记，它们构成了一个良性循环：云计算系统使数据分析更加高效，同时，它们有助于以全渠道和智能的方式发现大量来自最多样化来源的新数据。这就是为什么当今世界上最重要、最具创新意识的公司几乎完全依赖云计算。比如，阿里巴巴集团和华为就使用云计算来处理与业务协调和接口本身相关的复杂问题。

3. 安全性和隐私

在大数据的收集和分析方面，安全和隐私是最微妙和棘手的问题。稍微不注意，基础设施就会出现意想不到的弱点；或者不更新现行法律法规就足以引发真正的风暴，这类风暴可能导致营业额下降、客户流失、忠诚度和品牌声誉崩溃。

更强大的云计算服务提供商每天都在解决这些问题，对个别公司给予无与伦比的关注。这就是为什么依赖他们相当于确保在这些棘手的战线上获得了最大程度的安宁。

2.3　私有云平台 OpenStack

OpenStack 既是一个社区，也是一个项目和一个开源软件，提供了一个部署云的操作平台或工具集。用 OpenStack 易于构建虚拟计算或存储服务的云，既可以为公有云、私有云，也可以为大云、小云提供可扩展、灵活的云计算。

企业和服务供应商可以用它来安装和运行自己的云计算和存储基础设施。Rackspace 公司和美国宇航局（NASA）是主要的最早的贡献者，Rackspace 公司贡献了自己的“云文件”平台（Swift）作为 OpenStack 对象存储部分，而美国宇航局 NASA 贡献了他们的“星云”平台（Nova）作为计算部分。不到一年时间，OpenStack 社区已有超过 100 个成员，包括 Canonical、戴尔、思杰等。OpenStack 的服务能兼容亚马逊的 EC2/S3 API，因此为 AWS 写的客户端在 OpenStack 上也能很好地工作。

2.3.1　OpenStack 背景介绍

OpenStack 是一个免费的开源平台。它包括两个主要部分：①Nova，起初为 NASA 的计算处理服务而开发；②Swift，是 Rackspace 开发的存储服务组件。Rackspace 称其目标是推动互操作服务的发展，或者说是允许客户在云服务提供商之间迁移工作量，使其不被锁定。

1. OpenStack 是什么

OpenStack 是一个由美国宇航局 NASA 与 Rackspace 公司共同开发的云计算平台项目，且通过 Apache 许可证授权开放源码。它为私有云和公有云提供可扩展的弹性云计算服务，可以帮助服务商和企业实现类似于 Amazon EC2 和 S3 的云基础架构服务。下面是 OpenStack 官方给出的定义。

OpenStack 是一个管理计算、存储和网络资源的数据中心云计算开放平台，通过一个仪表盘，为管理员提供所有的管理控制，同时通过 Web 界面为其用户提供资源。OpenStack 是一个可以管理整个数据中心里大量资源池的云操作系统，包括计算、存储及网络资源。管理员可以通过控制台管理整个系统，并可以通过 Web 接口为用户划定资源。OpenStack 的主要目标是管理数据中心的资源，简化资源分配。

OpenStack 主要管理计算、存储和网络 3 部分资源。

1）计算资源管理

OpenStack 可以规划并管理大量虚拟机，从而允许企业或服务提供商按需提供计算资源；开发者可以通过 API 访问计算资源从而创建云应用，管理员与用户则可以通过 Web 访问这些资源。

2）存储资源管理

OpenStack 可以为云服务或云应用提供所需的对象及块存储资源；因对性能及价格有需求，很多组织已经不能满足于传统的企业级存储技术，因此 OpenStack 可以根据用户需要提供可配置的对象存储或块存储功能。

3）网络资源管理

如今的数据中心存在大量的设备，例如，服务器、网络设备、存储设备等、安全设备等，它们还将被划分成更多的虚拟设备或虚拟网络，这会导致 IP 地址的数量、路由配置、安全规则呈爆炸式增长。传统的网络管理技术无法真正高扩展、高自动化地管理下一代网络，而 OpenStack 可以有针对性地提供插件式、可扩展、API 驱动型的网络及 IP 管理。

2. OpenStack 的主要服务

OpenStack 有 3 个主要的服务成员：计算服务（Nova）、存储服务（Swift）、镜像服务（Glance）。图 2-4 描述了 OpenStack 的核心部件是如何工作的。

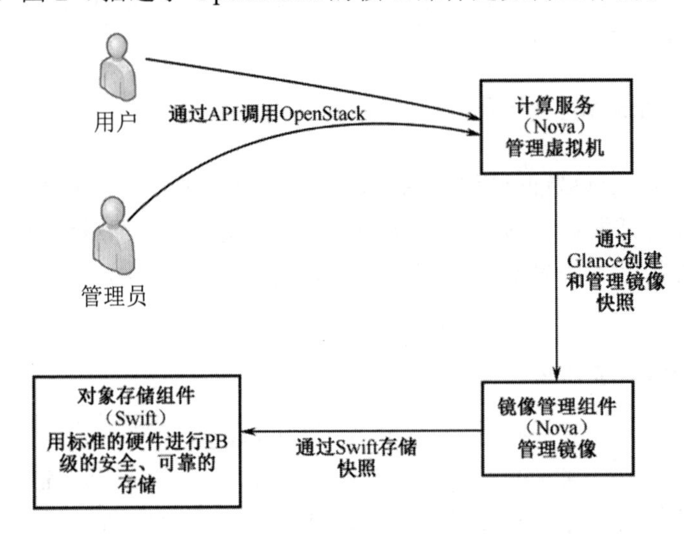

图 2-4　Openstack 核心部件的工作流程图

1）计算服务 Nova

Nova 作为管理平台管理着 OpenStack 云里的计算资源、网络、授权和扩展需求。但是，Nova 不能独立提供虚拟化功能，它使用 Libvirt 的 API 来支持虚拟机管理程序交互。Nova 通过 Web 服务接口开放所有功能，且兼容亚马逊 Web 服务的 EC2 接口。后文将对 Nova 进行详细介绍。

2）对象存储服务 Swift

Swift 提供的对象存储服务，允许对文件进行存储或者检索（但不通过挂载文件服务器上目录的方式来实现）。对于大部分用户来说，Swift 不是必需的，只有存储数量达到一定级别，而且在存储非结构化数据情况下才有这样的需求。Swift 为 OpenStack 提供了分布式的、最终一致的虚拟对象存储。和亚马逊的 Web 服务——简单存储服务（S3）

类似，通过分布式的存储节点，Swift 有能力存储数十亿的对象。Swift 具有内置冗余、容错管理、存档、流媒体的功能，它是高度扩展的，后文将对其进行详细介绍。

3）镜像服务 Glance

Glance 提供了一个虚拟磁盘镜像的目录和存储仓库，可以提供对虚拟机镜像的存储和检索。这些磁盘镜像广泛应用于 Nova 组件之中。OpenStack 镜像服务可查找和检索虚拟机的镜像系统，可以通过以下 3 种配置实现。

（1）OpenStack 对象存储到存储镜像。

（2）S3 存储直连。

（3）S3 存储结合对象存储成为中间级的 S3 访问。

4）身份认证服务 Keystone

它为 OpenStack 上的所有服务提供身份验证和授权，还提供了在特定 OpenStack 云服务上运行的服务的一个目录。任何系统中，身份认证和授权其实都比较复杂，尤其是 OpenStack 那么庞大的项目，每个组件都需要使用统一认证和授权。

5）网络管理服务 Neutron

Neutron 的设计目标是实现“网络即服务（networking as a service)”。为了达到这一目标，在设计上遵循了基于 SDN 实现网络虚拟化的原则，在实现上充分利用了 Linux 系统上的各种网络相关的技术。Neutron 为整个 OpenStack 环境提供网络支持，包括二层交换、三层路由、负载均衡、防火墙和 VPN 等。该服务也允许用户创建自己的网络，然后添加网络接口设备。它的插件架构使其能够支持许多主流的网络供应商和新的网络技术。通过配置，无论是开源还是商业软件都可以被用来实现这些功能。

6）存储管理服务 Cinder

Cinder 是 OpenStack 中提供块存储服务的组件，主要是为虚拟机实例提供虚拟磁盘。

Cinder 在 OpenStack 中提供卷的整个生命周期（从创建到删除）的管理，通过 API 使用户能够查询和管理卷、卷快照以及卷类型；提供 scheduler 调度卷创建请求，合理优化存储资源的分配；通过 driver 架构支持多种后端存储方式。

7）仪表盘 Horizon

Horizon 不是 OpenStack 的一个功能组件，而是方便用户操作和信息展示。对于很多用户来说，了解 OpenStack 基本都是从 Horizon、Dashboard 开始的。

2.3.2　计算服务 Nova

Nova 是 OpenStack 云中的计算组织控制器，它负责处理 OpenStack 云中实例（instances）生命周期的所有活动。

Nova 云架构包括以下主要组件。

1．API Server（Nova-Api）

API Server 对外提供一个与云基础设施交互的接口，也是外部可用于管理基础设施的唯一组件。管理使用 EC2 API，通过 Web Services 调用实现。API Server 通过消息队列（Message Queue）轮流与云基础设施的相关组件通信。作为 EC2 API 的另外一种选择，OpenStack 也提供一个内部使用的 OpenStack API。

2. Message Queue（Rabbit MQ Server）

OpenStack 节点之间通过消息队列使用 AMQP（advanced message queue protocol）完成通信。Nova 通过异步调用请求响应，使用回调函数在收到响应时触发。因为使用了异步通信，不会有用户长时间卡在等待状态。这是有效的，因为许多 API 调用预期的行为都非常耗时，例如，加载一个实例，或者上传一个镜像。

3. Compute Worker（Nova-Compute）

Compute Worker 管理实例生命周期，通过 Message Queue 接收实例生命周期管理的请求，并承担操作工作。在一个典型生产环境的云部署中有一些 Compute Worker，一个实例部署在哪个可用的 Compute Worker 上取决于调度算法。

4. Network Controller（Nova-Network）

Network Controller 处理主机的网络配置，包括 IP 地址分配、为项目配置 VLAN、实现安全组、配置计算节点网络。

5. Volume Workers（Nova-Volume）

Volume Workers 用来管理基于 LVM（logical volume manager）的实例卷。Volume Workers 有卷的相关功能，例如，新建卷、删除卷、为实例附加卷、为实例分离卷。卷为实例提供一个持久化存储，因为根分区是非持久化的，当实例终止时，对它所做的任何改变都会丢失。当一个卷从实例分离或者实例终止（这个卷附加在该终止的实例上）时，这个卷保留着存储在其上的数据。当把这个卷重复加载相同实例或者附加到不同实例上时，这些数据依旧能被访问。

一个实例的重要数据几乎总要写在卷上，这样可以确保能在以后访问。这个对存储的典型应用需要数据库等服务的支持。

6. Scheduler（Nova-Scheduler）

调度器 Scheduler 把 Nova-API 调用映射为 OpenStack 组件。调度器作为一个 Nova-Schedule 守护进程运行，通过恰当的调度算法从可用资源池获得一个计算服务。Scheduler 会根据诸如负载、内存、可用域的物理距离、CPU 构架等做出调度决定。Nova Scheduler 实现了一个可插入式的结构。

当前 Nova-Scheduler 实现了一些基本的调度算法。

（1）随机算法：计算主机在所有可用域内随机选择。

（2）可用域算法：跟随机算法相仿，但是计算主机在指定的可用域内随机选择。

（3）简单算法：这种方法选择负载最小的主机运行实例，负载信息可通过负载均衡器获得。

2.3.3 对象存储服务 Swift

Swift是OpenStack开源云计算项目的子项目之一，是一个可扩展的对象存储系统，提供了强大的扩展性、冗余性和持久性。Swift并不是文件系统或者实时的数据存储系统，它称为对象存储，用于永久类型的静态数据的长期存储，这些数据可以检索、调整，必要时进行更新。下面将从Swift特性、应用场景和主要组件3个方面讲述Swift。

1. Swift特性

在OpenStack官网中，列举了Swift的20多个特性，其中最引人关注的是以下几个。

1）高数据持久性

很多人经常将数据持久性（durability）与系统可用性（availability）两个概念相混淆，前者也可以被理解为数据的可靠性，是指数据被存储到系统中后，到某一天数据丢失的可能性。

2）完全对称的系统架构

"对称"意味着Swift中各节点可以完全对等，能极大地降低系统维护成本。

3）无限的可扩展性

这里的扩展性分为两个方面：一是数据存储容量无限可扩展；二是Swift性能（例如，QPS、吞吐量等）可线性提升。因为Swift是完全对称的架构，扩容只需要简单地新增机器，系统会自动完成数据迁移等工作，使各存储节点重新达到平衡状态。

4）无单点故障

在互联网业务大规模应用的场景中，存储的单点一直是个问题。例如，数据库一般的HA方法只能做主从，并且"主"一般只有一个；还有一些其他开源存储系统的实现中，元数据信息的存储一直以来是个头痛的地方，一般只能单点存储，而这个单点很容易成为瓶颈，并且一旦这个点出现差异，往往会影响整个集群，典型的如HDFS。而Swift的元数据存储是完全均匀、随机分布的，并且与对象文件存储一样，元数据也会存储多份。整个Swift集群中，没有一个角色是单点的，并且在架构和设计上保证无单点业务是有效的。

5）简单、可依赖

简单体现在实现易懂、架构优美、代码整洁，没有将高深的分布式存储理论用进去，而是采用简单的原则。可依赖是指Swift经测试、分析之后，可以放心地将Swift用于最核心的存储业务上，而不用担心Swift出问题，因为不管出现任何问题，都能通过日志、阅读代码迅速解决。

2. 应用场景

Swift提供的服务与Amazon S3相同，适用于许多应用场景。最典型的应用是作为网盘类产品的存储引擎，例如，Dropbox背后就是使用Amazon S3作为支撑的。在OpenStack中还可以与镜像服务Glance结合，为其存储镜像文件。另外，由于Swift

的无限扩展能力，也非常适于存储日志文件和数据备份仓库。

Swift 主要由两部分组成：代理服务（Proxy Server）、存储服务（Storage Server），其架构图如图 2-5 所示。认证服务（Auth）目前已从 Swift 中剥离出来，使用 OpenStack 的认证服务 Keystone，目的在于实现统一 OpenStack 各个项目间的认证管理。

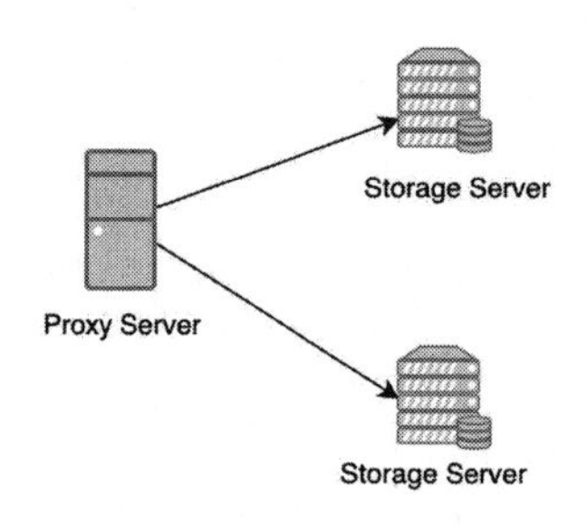

图 2-5　Swift 部署架构

3. Swift 主要组件

Swift 组件如下。

（1）代理服务（proxy server）：对外提供对象服务 API，会根据环的信息来查找服务地址并转发用户请求至相应的账户、容器或者对象服务；由于采用无状态的 REST（representational state transfer）请求协议，可以进行横向扩展来均衡负载。

（2）认证服务（authentication server）：验证访问用户的身份信息，并获得一个对象访问令牌（token），在一定的时间内会一直有效；验证访问令牌的有效性并缓存下来直至过期时间。

（3）缓存服务（cache server）：缓存的内容包括对象服务令牌、账户和容器的存在信息，但不会缓存对象本身的数据；缓存服务可采用 memcached 集群，Swift 会使用一致性散列算法来分配缓存地址。

（4）账户服务（account server）：提供账户元数据和统计信息，并维护所含容器列表的服务，每个账户的信息被存储在一个 SQLite 数据库中。

（5）容器服务（container server）：提供容器元数据和统计信息，并维护所含对象列表的服务，每个容器的信息也存储在一个 SQLite 数据库中。

（6）对象服务（object server）：提供对象元数据和内容服务，每个对象的内容会以文件的形式存储在文件系统中，元数据会作为文件属性来存储，建议采用支持扩展属性的 XFS 文件系统。

（7）复制服务（replicator）：会检测本地分区副本和远程副本是否一致，具体是通过对比散列文件和高级水印来完成，发现不一致时会采用推式（push）更新远程副本。例如，对象复制服务会使用远程文件复制工具 rsync 来同步；另外一个任务是确保被标记删除的对象从文件系统中移除。

（8）更新服务（updater）：当对象由于高负载的原因而无法立即更新时，任务将会被序列化到在本地文件系统中进行排队，以便服务恢复后进行异步更新。例如，成功创建对象后容器服务器没有及时更新对象列表，这个时候容器的更新操作就会进入排队中，更新服务会在系统恢复正常后扫描队列并进行相应的更新处理。

（9）审计服务（auditor）：检查对象、容器和账户的完整性，如果发现比特级的错误，文件将被隔离，并复制其他的副本以覆盖本地损坏的副本；其他类型的错误会被记录到日志中。

（10）账户清理服务（account reaper）：移除被标记为删除的账户，删除其所包含的所有容器和对象。

2.3.4 镜像服务 Glance

Glance 是一个虚拟磁盘镜像的目录和存储仓库，可以提供对虚拟机镜像的存储和检索。这些磁盘镜像常常广泛应用于 OpenStack Compute 组件之中。它能够以 3 种形式加以配置：利用 OpenStack 对象存储机制来存储镜像；利用 Amazon 的简单存储解决方案（简称 S3）直接存储信息；或者将 S3 存储与对象存储结合起来，作为 S3 访问的连接器。

OpenStack 镜像服务支持多种虚拟机镜像格式，包括 VMware（VMDK）、Amazon 镜像（AKI、ARI、AMI）以及 VirtualBox 所支持的各种磁盘格式。镜像元数据的容器格式包括 Amazon 的 AKI、ARI 以及 AMI 信息，标准 OVF 格式以及二进制大型数据。

1. Glance 的作用

Glance 作为 OpenStack 虚拟机的 Image（镜像）服务，提供了一系列的 REST API，用来管理、查询虚拟机的镜像，它支持多种后端存储介质。例如，用本地文件系统作为介质、用 Swift（OpenStack Object Storage）作为存储介质或者用与 S3 兼容的 API 作为存储介质。

如图 2-6 所示描述了 Glance 在整个 OpenStack 项目中的角色定位。

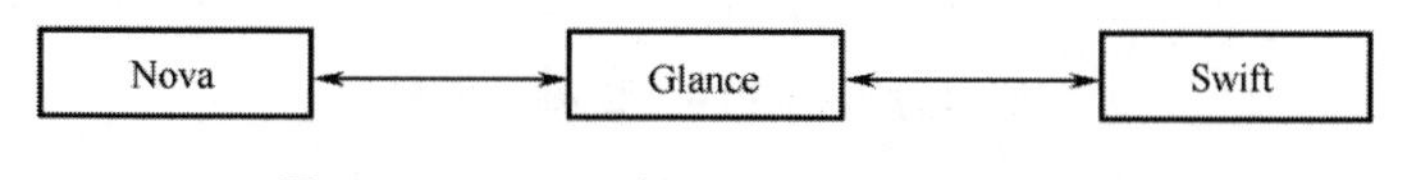

图 2-6 Glance 与 Nova、Swift 的关系

图 2-6 展示了 OpenStack 的 3 个模块的业务关系，Glance 为 Nova 提供镜像的查找操作，而 Swift 又为 Glance 提供实际的存储服务，Swift 可以看成 Glance 存储接口的一个具体实现。

2. Glance 的组成部分

OpenStack Image Service（Glance）包括两个主要的部分，分别是 API Server 和 Registry Server（s）。Glance 的设计，尽可能适合各种后端仓储和注册数据库方案。API Server（运行“glance-api”程序）起到了通信 Hub 的作用。例如，各种各样的客户程序、镜像元数据的注册，实际包含虚拟机镜像数据的存储系统，都是通过它来进行通信的。API Server 转发客户端的请求到镜像元数据注册处和它的后端仓储。Glance 服务就是通过这些机制保存虚拟机镜像的。

glance-api 主要用来接受各种 API 调用请求，并提供相应的操作。

glacne-registry 用来和 MySQL 数据库进行交互，存储或者获取镜像的元数据。注意， Swift 在自己的 Storage Server 中是不保存元数据的，这里的元数据是指保存在 MySQL 数据库中的关于镜像的一些信息，这个元数据是属于 Glance 的。

OpenStack Image Service 支持的后端仓储如下。

（1）OpenStack Object Storage（Swift）：它是 OpenStack 中高可用的对象存储项目。

（2）FileSystem：OpenStack Image Service 存储虚拟机镜像的默认后端，是后端文件系统。这个简单的后端会把镜像文件写到本地文件系统。

（3）S3：该后端允许 OpenStack Image Service 存储虚拟机镜像在 Amazon S3 服务中。

（4）HTTP：OpenStack Image Service 能通过 HTTP 在 Internet 上读取可用的虚拟机镜像。这种存储方式是只读的。

真正去创建一个实例（instance）的操作是由 nova-compute 完成的，而这个过程中 Nova 组件与 Glance 密不可分，创建一个实例的流程如图 2-7 所示。

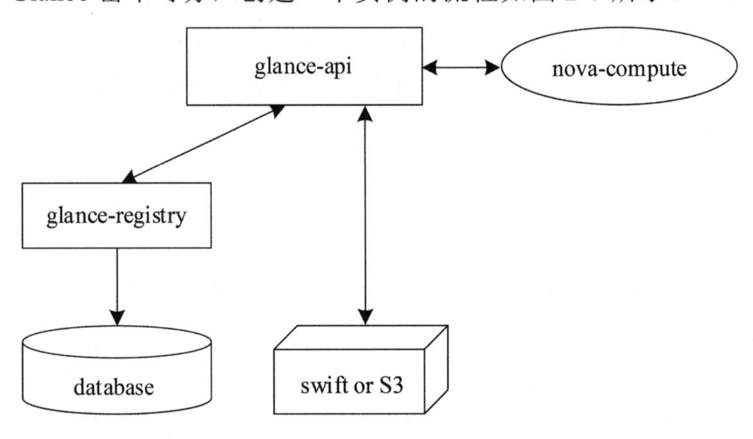

图 2-7 创建一个实例的流程

2.4 公有云平台阿里云

阿里云（www.aliyun.com）创立于 2009 年，是中国最大的公有云平台，服务范围覆盖全球 200 多个国家和地区。阿里云专注于云计算领域的研究，依托云计算的架构提供可扩展、高可靠、低成本的基础设施服务，致力于以在线公共服务的方式，提供安全、可靠的计算和数据处理能力，让计算和人工智能成为普惠科技。

2.4.1 阿里云简介

阿里云在全球 24 个地域开放了 75 个可用区（截至 2021 年），为全球数十亿用户提供可靠的云计算支持。2017 年 1 月，阿里云成为奥运会全球指定云服务商，同年 8 月阿里巴巴财报数据显示，阿里云付费用户超过 100 万。阿里云为全球客户部署 200 多个飞天数据中心，通过底层统一的飞天操作系统，为客户提供全球独有的混合云体验。其中，飞天（Apsara）是诞生于 2009 年 2 月，由阿里云自主研发、服务全球的超大规模通用计算操作系统，目前为全球 200 多个国家和地区的创新创业企业、政府、机构等提供服务。 它可以将遍布全球的百万级服务器连成一台超级计算机，以在线公共服务的方式为社会提供计算能力，从 PC 互联网到移动互联网到万物互联网，成为世界新的基础设施。

1. 阿里云的体系架构

阿里云的核心系统是底层的大规模分布式计算系统（飞天）、分布式文件系统以及资源管理和任务调度。阿里云在核心系统之上构建弹性计算服务、开放存储服务、开放结构化数据服务、开放数据处理服务和关系型数据库服务等。阿里云计算体系架构如图 2-8 所示。

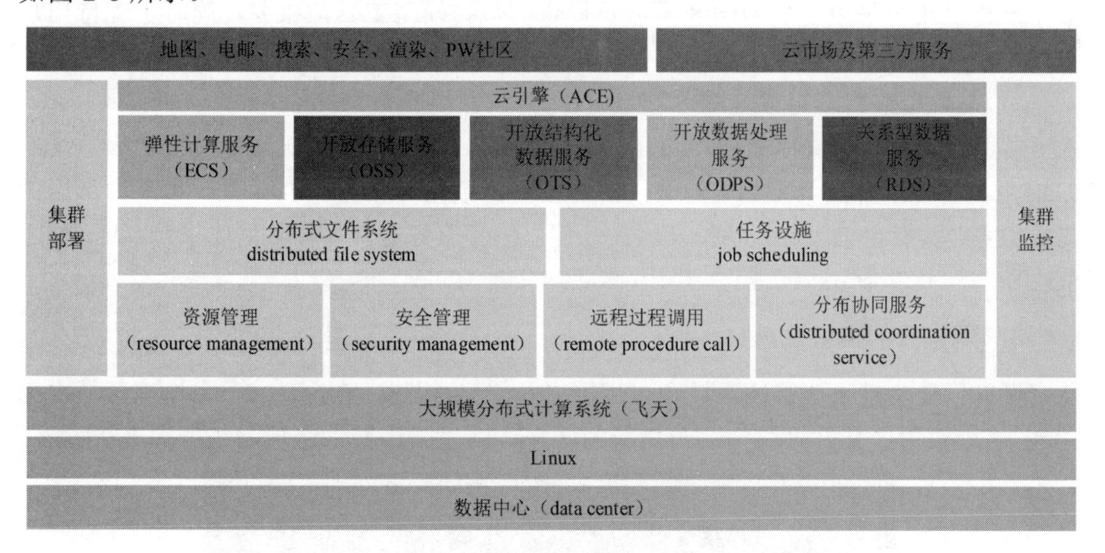

图 2-8 阿里云计算体系架构

2. 阿里云的主要服务

目前，阿里云的产品涵盖弹性计算、数据库、存储与 CDN、分析与搜索、云通信、网络、管理与监控、应用服务、互联网中间件、移动服务、视频服务等。

1）弹性计算服务（ECS）

弹性计算服务（elastic compute service，ECS）以阿里云自主研发的大型分布式操作系统飞天为基础，基于虚拟化等云计算技术，将普通基础资源整合在一起，以集群的方式给各行各业提供计算能力服务。阿里云弹性计算服务系统架构主要包括虚拟化平台与分布式存储、控制系统和运维及监控系统。

2）对象存储服务（OSS）

对象存储服务（object storage service，OSS）是阿里云对外提供的海量、安全、低成本、高可靠的云存储服务。用户可以通过简单的 REST 接口，在任何时间、任何地点上传和下载数据，也可以使用 Web 页面对数据进行管理，OSS 提供 Java、Python、PHP SDK 简化用户的编程。基于 OSS，用户可以搭建出各种多媒体分享网站、网盘、个人、企业数据备份等基于大规模数据的服务。

3）开放结构化数据服务（OTS）

开放结构化数据服务（open table service，OTS）又称表格存储（table store），它是构建在阿里云飞天分布式系统之上的 NoSQL 数据存储服务，提供海量结构化数据的存储和实时访问。

4）开放数据处理服务（ODPS）

开放数据处理服务（open data processing service，ODPS）是基于阿里云完全自主知识产权的云计算平台构建的数据存储与分析的平台。ODPS 提供大规模数据存储与数据分析，用户可以使用 ODPS 平台上提供的数据模型工具与服务，同时也支持用户自己发布数据分析工具。

5）关系型数据库服务（RDS）

阿里云关系型数据库服务（relational database service，RDS）又称阿里云云数据库 RDS 版，它是一种安全可靠、伸缩灵活的按需云数据库服务。RDS 是一种高度可用的托管服务，具有自动监控、备份及容灾功能，托管服务提供多种数据库引擎：MySQL、SQL Server 及 PostgreSQL。

3．阿里云的关键概念

阿里云云基础设施围绕区域和可用区（“AZ”）构建，在全球 24 个地理区域内运营着 75 个可用区并且仍在持续开拓新的区域。阿里云当前的全球足迹如图 2-9 所示。

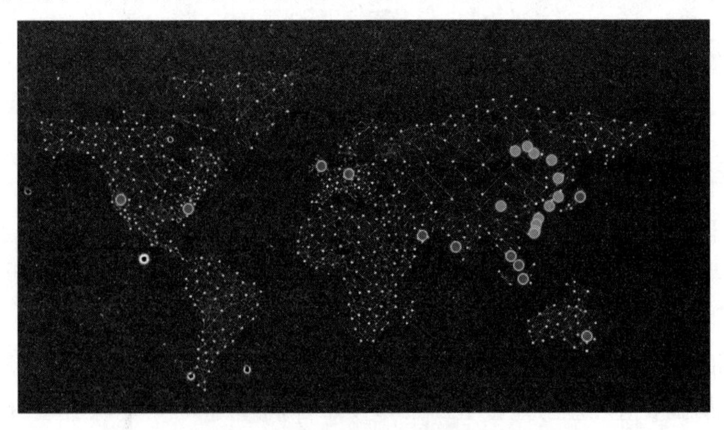

图 2-9　阿里云全球数据中心分布

1）区域（地域）

区域是指全球范围内的某个物理节点，每个区域由多个可用区组成。例如，华北 1（青岛）区域即国内区域的一个物理节点，它包含了2个可用区。区域直接决定了用户连接服务器的速度和网络延迟，所以购买阿里云服务器时要谨慎选择区域，一旦购买创建成功，就不可再变更区域。

（1）国内区域：国内区域目前包含了华北1（青岛）、华北2（北京）、华北3（张家口）、华北5（呼和浩特）、华东1（杭州）、华东2（上海）、华南1（深圳）、华南2（河源）、西南1（成都）和中国香港区域，国内区域数据中心提供多线BGP骨干网线路，网络能力覆盖全国，能够提供高速稳定的中国大陆访问。在基础设施、BGP网络品质、服务质量、云服务器操作使用与配置等方面，阿里云国内区域的数据中心没有太大区别。国内BGP网络保证全国地域的快速访问，一般情况下建议选择和目标用户所在地域最为接近的数据中心，可以进一步提升用户访问速度。

（2）国际地域：主要面向海外地区，在北美、新加坡提供国际带宽。大陆访问延迟可能稍高。亚太东南各地域适合面向东南亚、澳大利亚的用户。亚太南部地域适用于印度及周边地域的用户。亚太东北1地域适用于日、韩以及周边地域的用户。美国地域适合于面向美洲用户。中东东部1为中东用户提供的数据中心。

2）可用区

可用区（availability zone，AZ）是指在同一区域内，电力和网络互相独立的物理区域。同一可用区内实例之间的网络延时更小。在同一地域内可用区与可用区之间内网互通，可用区之间能做到故障隔离。是否将实例放在同一可用区内，主要取决于对容灾能力和网络延时的要求。

（1）如果应用需要较高的容灾能力，建议将实例部署在同一地域的不同可用区内。

（2）如果应用要求实例之间的网络延时较低，建议将实例创建在同一可用区内。

3）网络节点

阿里云CDN（内容分发网络）全称是Alibaba Cloud Content Delivery Network，其建立并覆盖在承载网之上，由分布在不同区域的边缘节点服务器群组成的分布式网络，替代传统的以Web Server为中心的数据传输模式。阿里云CDN将源内容发布到边缘节点，配合精准的调度系统；将用户的请求分配至最适合他的节点，使用户可以以最快的速度取得他所需的内容，有效解决Internet网络拥塞状况，提高用户访问的响应速度。阿里云CDN覆盖全球六大洲、70多个国家，有2800多个全球节点，其中国内节点超过2300个，国外节点超过500个。

2.4.2 计算服务ECS

云服务器ECS（elastic compute service）是阿里云提供的性能卓越、稳定可靠、弹性扩展的IaaS（infrastructure as a service）级别云计算服务。云服务器ECS免去了客户采购IT硬件的前期准备，让客户像使用水、电、天然气等公共资源一样便捷、高效地使用服务器，实现计算资源的即开即用和弹性伸缩。

1. ECS的主要组件

1）实例

一台云服务器ECS实例等同于一台虚拟机，包含vCPU、内存、操作系统、网络、磁盘等最基础的计算组件。用户可以方便地定制、更改实例的配置。用户对该虚拟机拥有完全的控制权，和使用本地服务器不同，用户只需要登录到阿里云，即可使用云服务器，进行独立的管理、配置等操作。

根据业务场景，ECS实例可以分为多个规格族；同一个规格族里，根据vCPU和内存的配置，可以分为多种不同的规格。不同实例规格具有不同的vCPU和内存等配置，包括物理CPU型号、主频等。某些软件或应用对实例规格的配置有要求，例如，运行Windows Server镜像要求实例规格不能低于512 MiB内存。其中，一个vCPU表示一个线程，一个物理CPU上可以运行多个线程。

2）镜像

ECS镜像提供了创建ECS实例所需的信息。创建ECS实例时，必须选择镜像。镜像文件相当于副本文件，该副本文件包含了一块或多块云盘中的所有数据，对于ECS实例而言，这些云盘可以是单块系统盘，也可以是系统盘加数据盘的组合。

ECS镜像根据来源不同，分为公共镜像、自定义镜像、共享镜像和镜像市场镜像。

（1）公共镜像：阿里云官方提供的镜像，皆是正版授权，安全性好，稳定性高。公共镜像包含了Windows Server系统镜像和主流的Linux系统镜像。

（2）自定义镜像：用户使用实例或快照创建的镜像，或是用户从本地导入的自定义镜像。

（3）共享镜像：其他阿里云账号共享的镜像。

（4）镜像市场镜像：镜像市场的镜像根据供应商不同，可分为以下两种。

①由阿里云官方账号提供的镜像。

②由第三方服务商ISV（independent software vendor）通过阿里云云市场授权提供的镜像。

镜像市场的镜像包括操作系统和预装软件等，均经过服务商与阿里云严格测试，保证镜像内容的安全性。

3）块存储

块存储是阿里云为云服务器ECS提供的块设备产品，具有高性能和低时延的特点，支持随机读写。用户可以像使用物理硬盘一样格式化并建立文件系统来使用块存储，满足大部分通用业务场景下的数据存储需求。阿里云为云服务器ECS提供了丰富的块存储产品，包括基于分布式存储架构的云盘以及基于物理机本地硬盘的本地盘产品。

（1）云盘：数据块级别的块存储产品。云盘采用多副本的分布式机制，具有低时延、高性能、持久性、高可靠等性能，支持随时创建、扩容以及释放。

（2）本地盘：基于云服务器ECS所在物理机（宿主机）上的本地硬盘设备，为ECS实例提供本地存储访问能力。它是为对存储I/O性能和海量存储性价比有极高要求的业务场景而设计的产品，具有低时延、高随机 IOPS、高吞吐量、高性价比等优势。

4）快照

阿里云快照可以为所有类型的云盘创建崩溃一致性快照，这是一种便捷高效的数据容灾手段，常用于数据备份、制作自定义镜像、应用容灾等。快照是某一时间点云盘数据状态的备份文件。云盘第一份快照是实际使用量的全量快照，不备份空数据块，后续创建的快照均是增量快照，只存储变化的数据块。当系统发生故障或者误操作时，可以使用快照对系统进行恢复。

5）安全

（1）安全组：安全组是一种虚拟防火墙，具备状态检测和数据包过滤能力，用于在云端划分安全域。通过配置安全组规则，可以控制安全组内 ECS 实例的入流量和出流量。安全组是一个逻辑上的分组，由同一地域内具有相同安全保护需求并相互信任的实例组成。一条安全组规则由规则方向、授权策略、协议类型、端口范围、授权对象等属性确定，建立数据通信前，安全组逐条匹配安全组规则查询是否放行访问请求。

（2）密钥对：阿里云 SSH 密钥对是一种安全便捷的登录认证方式，由公钥和私钥组成，仅支持 Linux 实例。SSH 密钥对通过加密算法生成一对密钥，默认采用 RSA 2048 位的加密方式。要使用 SSH 密钥对登录 Linux 实例，用户必须先创建一个密钥对，并在创建实例时指定密钥对或者创建实例后绑定密钥对，然后使用私钥安全地连接实例。

2. ECS 的应用场景

云服务器 ECS 具有广泛的应用场景，既可以作为 Web 服务器或者应用服务器单独使用，又可以与其他阿里云服务集成提供丰富的解决方案。

1）企业官网或轻量的 Web 应用

网站初始阶段访问量小，只需要一台低配置的云服务器 ECS 实例即可运行 Apache 或 Nginx 等 Web 应用程序、数据库、存储文件等。随着网站发展，用户可以随时升级 ECS 实例的配置，或者增加 ECS 实例数量，无须担心低配计算单元在业务突增时带来的资源不足。

2）多媒体以及高并发应用或网站

云服务器 ECS 与对象存储 OSS 搭配，对象存储 OSS 承载静态图片、视频或者下载包，进而降低存储费用。同时配合内容分发网络 CDN 和负载均衡 SLB，可大幅减少用户访问等待时间、降低网络带宽费用以及提高可用性。

3）高 I/O 要求数据库

它支持承载高 I/O 要求的数据库，例如，OLTP 类型数据库以及 NoSQL 类型数据库。用户可以使用较高配置的 I/O 优化型云服务器 ECS，同时采用 ESSD 云盘，可实现高 I/O 并发响应和更高的数据可靠性。用户也可以使用多台中等偏下配置的 I/O 优化型 ECS 实例，搭配负载均衡 SLB，建设高可用底层架构。

4）访问量波动剧烈的应用或网站

某些应用，例如，抢红包应用、优惠券发放应用、电商网站和票务网站，访问量可能会在短时间内产生巨大的波动。这时可以配合使用弹性伸缩，自动化实现在请求高峰来临前增加 ECS 实例，并在进入请求低谷时减少 ECS 实例，满足访问量达到峰值时对资源的要求，同时还降低了成本。如果搭配负载均衡 SLB，还可以实现高可用应用架构。

5）大数据及实时在线或离线分析

云服务器 ECS 提供了大数据类型实例规格族，支持 Hadoop 分布式计算、日志处理和大型数据仓库等业务场景。由于大数据类型实例规格采用了本地存储的架构，云服务器 ECS 在保证海量存储空间、高存储性能的前提下，可以为云端的 Hadoop 集群、Spark 集群提供更高的网络性能。

6）机器学习和深度学习等 AI 应用

通过采用 GPU 计算型实例，用户可以搭建基于 TensorFlow 框架等的 AI 应用。此外，GPU 计算型还可以降低客户端的计算能力要求，适用于图形处理、云游戏云端实时渲染、AR/VR 的云端实时渲染等瘦终端场景。

2.4.3 存储服务

阿里云提供针对各种存储资源（块、文件和对象）的低成本、高可靠、高可用的存储服务，涵盖数据备份、归档、容灾等场景。本文介绍阿里云各类存储服务及特性的适用场景、性能、安全、接口和费用模型等，帮助读者选择最适合自己业务场景和需求的云存储服务。

1. 阿里云存储服务概述

1）对象存储 OSS

对象存储（object storage service，OSS）是一款海量、安全、低成本、高可靠的云存储服务，其容量和处理能力弹性扩展，提供多种存储类型供选择，覆盖从热到冷的各种数据存储场景，可以帮助读者全面优化存储成本。

2）块存储

块存储是阿里云为云服务器 ECS 提供的块设备，高性能、低时延、随机读写。用户可以像使用物理硬盘一样格式化并建立文件系统来使用块存储。

3）文件存储 NAS

阿里云文件存储 NAS（network attached storage）是一款面向阿里云 ECS 实例、E-HPC 和容器服务等计算节点的高可靠、高性能的分布式文件系统，可共享访问、弹性扩展。NAS 基于 POSIX 文件接口，天然适配原生操作系统。

4）文件存储 CPFS

文件存储 CPFS（cloud paralleled file system）是一款并行文件系统，其数据存储在集群中的多个数据节点，多个客户端可以同时访问，满足大型高性能计算机集群的高 IOPS、高吞吐、低时延的数据存储需求。

5）阿里云文件存储 HDFS

阿里云文件存储 HDFS（apsara file storage for HDFS）是一款面向阿里云 ECS 实例及容器服务等计算资源的文件存储服务，满足以 Hadoop 为代表的分布式计算业务类型对分布式存储性能、容量和可靠性的多方面要求。

6）表格存储

表格存储（tablestore）是阿里云自研的结构化数据存储，提供海量结构化数据存储以及快速的查询和分析服务，具备 PB 级存储、千万 TPS 以及毫秒级延迟的服务能力。

7）云存储网关

云存储网关（cloud storage gateway）是一款可以部署在用户 IDC 和阿里云上的网关产品，以阿里云对象存储 OSS 为后端存储，为云上和云下应用提供业界标准的文件服务（NFS 和 SMB）和块存储服务（iSCSI）。

2. 对象存储 OSS 基本概念

1）存储类型（storage class）

OSS 提供标准、低频访问、归档、冷归档 4 种存储类型，全面覆盖从热到冷的各种数据存储场景。其中标准存储类型提供高持久、高可用、高性能的对象存储服务，能够支持频繁的数据访问；低频访问存储类型适合长期保存不经常访问的数据（平均每月访问频率为 1 次到 2 次），存储单价低于标准类型；归档存储类型适合需要长期保存（建议半年以上）的归档数据；冷归档存储适合需要超长时间存放的极冷数据。

2）存储空间（bucket）

存储空间是用于存储对象（object）的容器，所有的对象都必须隶属于某个存储空间。存储空间具有各种配置属性，包括地域、访问权限、存储类型等。用户可以根据实际需求，创建不同类型的存储空间来存储不同的数据。

3）对象（object）

对象是 OSS 存储数据的基本单元，也被称为 OSS 的文件。对象由元信息（object meta）、用户数据（data）和文件名（key）组成。对象由存储空间内部唯一的 key 来标识。对象元信息是一组键值对，表示了对象的一些属性，例如，最后修改时间、大小等信息，同时用户也可以在元信息中存储一些自定义的信息。

4）地域（region）

地域表示 OSS 数据中心所在的物理位置。用户可以根据费用、请求来源等选择合适的地域创建 bucket。更多信息，请参见 OSS 已开通的地域。

5）访问域名（endpoint）

Endpoint 表示 OSS 对外服务的访问域名。OSS 以 HTTP RESTful API 的形式对外提供服务，当访问不同地域的时候，需要不同的域名。通过内网和外网访问同一个地域所需要的域名也是不同的。更多信息，请参见各个 region 对应的 endpoint。

6）访问密钥（accesskey）

accesskey 简称 AK，指的是访问身份验证中用到的 accesskey ID 和 accesskey secret。OSS 通过使用 accesskey ID 和 accesskey secret 对称加密的方法来验证某个请求的发送者身份。accesskey ID 用于标识用户；accesskey secret 是用户用于加密签名字符串和 OSS 用来验证签名字符串的密钥，必须保密。关于获取 accesskey 的方法，请参见创建 accesskey。

3. 对象存储 OSS 适用场景

1）静态网站内容和音视频的存储和分发

每个存储在 OSS 上的文件（object）都有唯一的 HTTP URL 地址，用于内容分发。同时，OSS 还可以作为内容分发网络（CDN）的源站。由于无须分区，OSS 尤其适用于托管那些数据密集型、用户生产内容的网站，例如，图片和视频分享网站。各种终端设备、Web 网站程序、移动应用可以直接向 OSS 写入或读取数据。OSS 支持流式写入和文件写入两种方式。

2）静态网站托管

作为低成本、高可用、高扩展性的解决方案，OSS 可用于存储静态 HTML 文件、图片、视频、JavaScript 等类型的客户端脚本。

3）计算和分析的数据仓库

OSS 的水平扩展性使用户可以同时从多个计算节点访问数据而不受单个节点的限制。

4）数据备份和归档

OSS 为重要数据的备份和归档提供高可用、可扩展、安全可靠的解决方案。用户可以通过设置生命周期规则将存储在 OSS 上的冷数据自动转储为低频或者归档存储类型以节约存储成本；还可以使用跨区域复制功能在不同地域的不同存储空间之间自动异步（近实时）复制数据，实现业务的跨区域容灾。

2.4.4 网络服务 VPC

专有网络 VPC（virtual private cloud）是用户基于阿里云创建的自定义私有网络，不同的专有网络之间二层逻辑隔离，用户可以在自己创建的专有网络内创建和管理云产品实例。

1. 什么是 VPC

专有网络是用户独有的云上私有网络。用户可以完全掌控自己的专有网络，例如，选择 IP 地址范围、配置路由表和网关等；也可以在自己定义的专有网络中使用阿里云资源，例如，云服务器、云数据库 RDS 和负载均衡等。另外，用户可以将专有网络连接到其他专有网络或本地网络，形成一个按需定制的网络环境，实现应用的平滑迁移上云和对数据中心的扩展。

每个 VPC 都由一个路由器、至少一个私网网段和至少一个交换机组成，如图 2-10 所示。

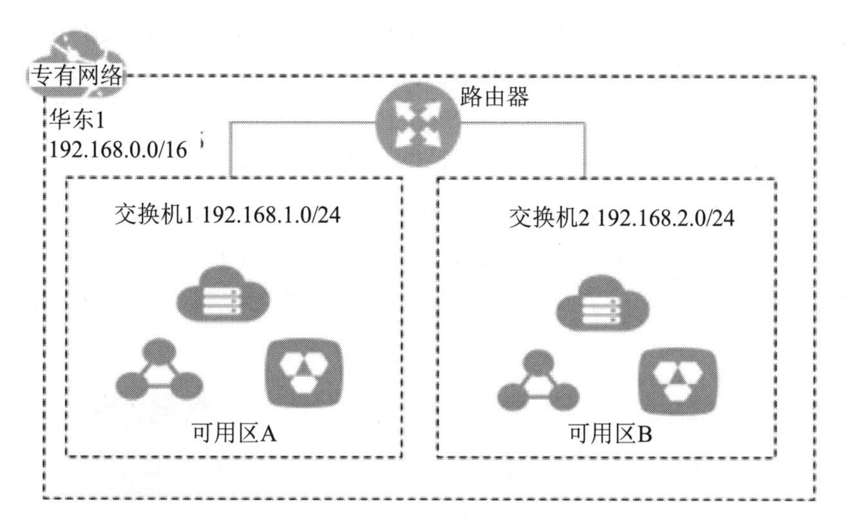

图 2-10 VPC 组成部分

1）私网网段

在创建专有网络和交换机时，需要以 CIDR 地址块的形式指定专有网络使用的私网网段。可以使用表 2-1 所示的私网网段及其子网作为 VPC 的私网网段。

表 2-1 私有网段表

网 段	可用私网 IP 数量 （不包括系统保留地址）
192.168.0.0/16	65 532
172.16.0.0/12	1 048 572
10.0.0.0/8	16 777 212

2）路由器

路由器（VRouter）是专有网络的枢纽。作为专有网络中重要的功能组件，它可以连接 VPC 内的各个交换机，同时也是连接 VPC 和其他网络的网关设备。每个专有网络创建成功后，系统会自动创建一个路由器。每个路由器关联一张路由表。

3）交换机

交换机（VSwitch）是组成专有网络的基础网络设备，用来连接不同的云资源。创建专有网络后，用户可以通过创建交换机为专有网络划分一个或多个子网。同一专有网络内的不同交换机之间内网互通。用户可以将应用部署在不同可用区的交换机内，以提高应用的可用性。

2．VPC 的基础架构

基于目前主流的隧道技术，专有网络隔离了虚拟网络。每个 VPC 都有一个独立的隧道号，一个隧道号对应着一个虚拟化网络。一个 VPC 内的 ECS（elastic compute service）实例之间的传输数据包都会加上隧道封装，带有唯一的隧道 ID 标识；然后送到物理网络上进行传输。不同 VPC 内的 ECS 实例因为所在的隧道 ID 不同，本身处于两个不同的路由平面，所以不同 VPC 内的 ECS 实例无法进行通信，天然地进行了隔离。

基于隧道技术和软件定义网络 SDN（software defined network）技术，阿里云的研发在硬件网关和自研交换机设备的基础上实现了 VPC 产品。VPC 包含交换机、网关和控制器 3 个重要的组件。交换机和网关组成了数据通路的关键路径，控制器使用自研协议下发转发表到网关和交换机，完成了配置通路的关键路径，配置通路和数据通路互相分离。交换机是分布式的结点，网关和控制器都是集群部署并且是多机房互备的，而且所有链路上都有冗余容灾，提升了 VPC 的整体可用性。VPC 的逻辑架构如图 2-11 所示。

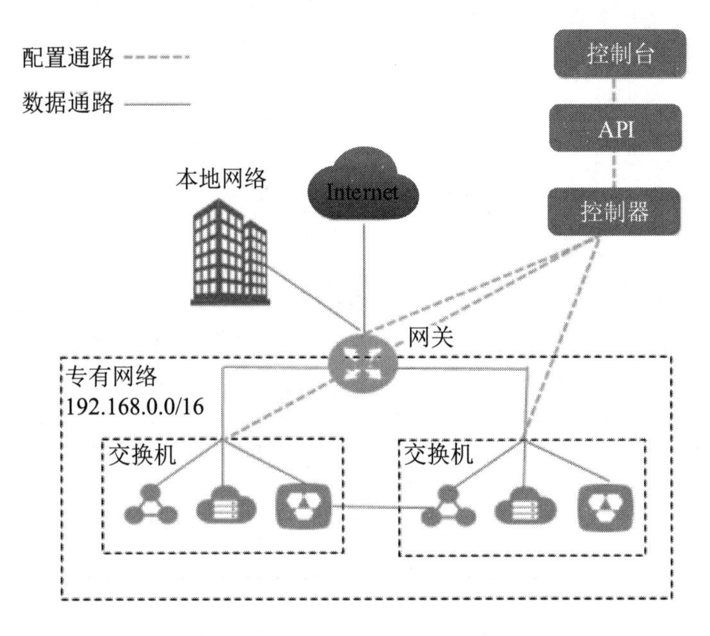

图 2-11 VPC 的逻辑架构

3. VPC 的应用场景

专有网络（VPC）是完全隔离的网络环境，配置灵活，可满足不同的应用场景。

1）托管应用程序

用户可以将对外提供服务的应用程序托管在 VPC 中，并且可以通过创建安全组规则、访问控制白名单等方式控制 Internet 访问；也可以在应用程序服务器和数据库之间进行访问控制隔离，将 Web 服务器部署在能够进行公网访问的子网中，将应用程序的数据库部署在没有配置公网访问的子网中。

2）托管主动访问公网的应用程序

用户可以将需要主动访问公网的应用程序托管在 VPC 中的一个子网内，通过网络地址转换（NAT）网关路由其流量。通过配置 SNAT 规则，子网中的实例无须暴露其私网 IP 地址即可访问 Internet，并可随时替换公网 IP，避免被外界攻击。

3）跨可用区容灾

用户可以通过创建交换机为专有网络划分一个或多个子网。同一专有网络内不同交换机之间内网互通。用户可以通过将资源部署在不同可用区的交换机中，实现跨可用区容灾。

4）业务系统隔离

不同的 VPC 之间逻辑隔离。如果用户有多个业务系统，例如，生产环境和测试环境要严格进行隔离，那么可以使用多个 VPC 进行业务隔离。当有互相通信的需求时，可以在两个 VPC 之间建立对等连接。

5）构建混合云

VPC 提供专用网络连接，可以将本地数据中心和 VPC 连接起来，扩展本地网络架构。通过该方式，用户可以将本地应用程序无缝地迁移至云上，并且不必更改应用程序的访问方式。

6）多个应用流量波动大

如果用户的应用带宽波动很大，用户可以通过 NAT 网关配置 DNAT 转发规则，然后将 EIP 添加到共享带宽中，实现多 IP 共享带宽，减轻波峰波谷效应，从而减少成本。

习　　题

1．云计算有哪些特点？

2．云计算技术体系结构可以分为哪几层？

3．云计算按照部署模型可以分为哪几类？

4．OpenStack 是什么？

5．OpenStack 有哪些核心服务？各服务的功能是什么？

6．简单列举目前市场主流的公有云服务平台。

7．概述阿里云的体系结构及核心服务。

参考文献

[1] 刘鹏．云计算[M]．3 版．北京：电子工业出版社，2017．

[2] 张雪萍．Python 程序设计[M]．北京：电子工业出版社，2019．

[3] 阿里云官方文档：https://help.aliyun.com/.

[4] 百度百科：https://baike.baidu.com/item/阿里云.

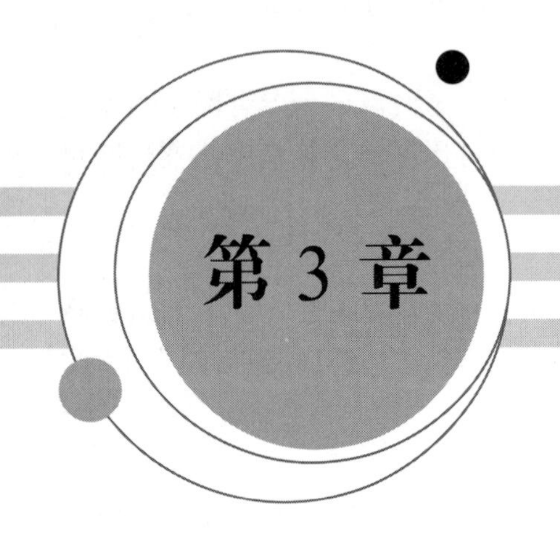

第3章 大数据业务流程

由于云计算、物联网、社交网络的发展，人类社会的数据产生方式发生了变化，社会数据的规模正在以前所未有的速度增长，数据的种类不胜枚举。这种海量、异构的数据不仅改变了我们的生活，也带来了数据存储技术的变革与发展。

数据采集、处理、存储本身就是大数据中几个很重要的组成部分，随着大数据技术的到来，对于结构化、半结构化、非结构化的数据存储也呈现出新的要求，特别对统一存储也有了新的变化。大数据集容易消耗巨大的时间和成本，从而造成非结构化数据的雪崩。也就是说，如果没有合适的数据应用业务流程，就不能轻松采集处理大量数据。

本章以大数据当前系统、管理、应用方面带来的挑战牵头，展开介绍数据采集、数据预处理、数据存储与处理等相关概念和技术。

3.1 数据采集

由于数据纷繁复杂，变化多样，因此研究和分析大数据的前提是要拥有非常多的数据，形成海量数据；然后对海量数据进行分析和利用，利用大数据技术和方法提炼出有用的数据，从而形成真正意义上的大数据采集进而创造价值。拥有数据的方式有很多种，可以自己采集和汇聚数据，也可以通过其他方式和手段获取收据。例如，通过业务系统来积累大量的业务数据和用户的行为数据。

数据是大数据分析和应用的基础，数据采集和预处理是数据分析的第一个环节，也是最重要的环节之一。本章从数据采集的概念谈起，从大数据采集、大数据预处理和 ETL 工具等几个方面介绍大数据采集和预处理的相关知识。读者可以了解到大数据采集与预处理的原理，以及常用的 ETL 工具。

3.1.1 数据采集的概念

数据采集（DAQ）又称数据获取，是大数据生命周期中的第一个环节，通过射频数据（RFID）、传感器数据、社交网络数据、移动互联网数据等方式获得各种类型的结构化、半结构化及非结构化的海量数据。

大数据采集是在确定目标用户的基础上，针对该范围内所有结构化、半结构化和非结构化的数据进行的采集。其数据量大、数据种类繁多、来源广泛，大数据采集的研究分为大数据智能感知层和基础支撑层。

1. 智能感知层

智能感知层包括数据传感体系、网络通信体系、传感适配体系、智能识别体系及软硬件资源接入系统，可以实现对结构化、半结构化、非结构化的海量数据的智能化识别、定位、跟踪、接入、传输、信号转换、监控、初步处理和管理等。涉及大数据源的智能识别、感知、适配、传输、接入等技术，随着物联网的不断推广，这些感知技术也会显得越来越重要。

2. 基础支撑层

基础支撑层提供大数据服务平台所需的虚拟服务器，结构化、半结构化及非结构化数据的数据库及物联网络资源等基础支撑环境。重点要解决分布式虚拟存储技术，大数据获取、存储、组织、分析和决策操作的可视化接口技术，大数据的网络传输与压缩技术，大数据隐私保护技术等。

大数据的分析从传统关注数据的因果关系转变为相关关系，且为了后期分析的时候找到数据的价值，在采集阶段的态度应该是“全而细”。“全”是指各类数据都要采集到，“细”则是说在采集阶段要尽可能地采集到每一个数据。

根据采集数据的结构特点，可以将数据划分为结构化数据和非结构化数据。其中结构化数据包括生产报表、经营报表等具有关系特征的数据；非结构化数据包括互联网网页、格式文档、文本文件等文字性描述的资料。这些数据通过关系数据库和专用的数据挖掘软件进行数据的挖掘采集。特别是非结构化数据，综合运用定点采集、元搜索和主题搜索等搜索技术，对互联网和企业内网等数据源中符合要求的信息资料进行收集整理，并保证有价值信息的发现和提供及时性及有效性。在数据采集模块中，针对不同的数据源，设计针对性的采集模块，分别进行采集工作，主要的采集模块有：网络信息采集模块、关系数据库采集模块、文件系统资源采集模块、其他信息源数据的采集。

3.1.2 数据采集的工具

数据采集最常用的传统方式是企业自己收集自己生产系统所产生的数据，例如，淘宝的商品交易数据、京东商城的交易数据。在采集自身数据的同时还采集了大量的客户信息，例如，客户的交易行为数据等。随着时间的推移，这些数据越来越多地被商家关注，得到重视，通过假设日志采集系统来对这些采集来的数据进行保存分析，可以获取其更大的商业或社会价值。

常用的日志系统有 Cloudera 的 Flume 和 LinkedIn 的 Kafka，这些工具大部分采用分布式架构，来满足大规模日志采集的需求。下面对集中常用日志系统的采集工具进行简单介绍。

1. Flume

Flume 是一个可用性极高且非常可靠的日志采集系统，也是一个分布式的能够对海量日志进行采集、聚合和传输的日志采集系统。Flume 可以在定制各类数据的发送方，用于收集数据。Flume 可以对数据进行简单的处理，然后将其写入各种接收方。其体系架构如图 3-1 所示。

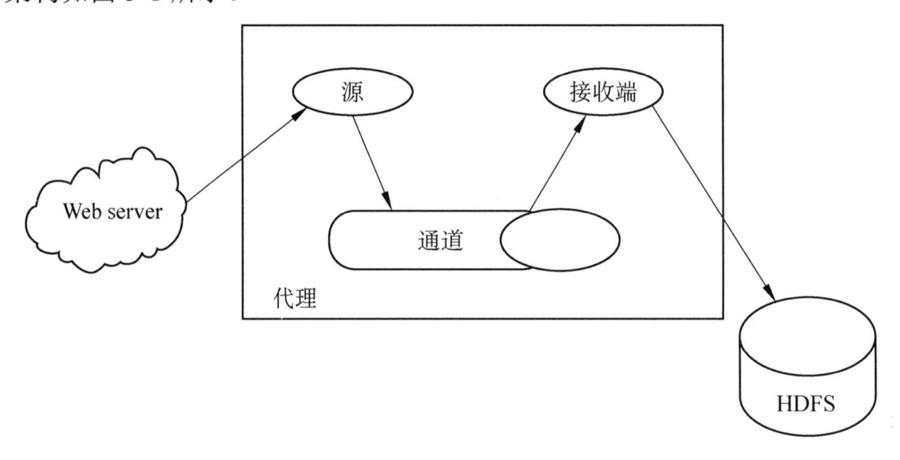

图 3-1 Flume 体系架构图

（1）在数据处理方面，Flume 提供对数据进行简单处理，并写到各种数据接收方处。它提供了从 console（控制台）、RPC（Thrift RPC）、text（文件）、tail（UNIX tail）、syslog（syslog 日志系统，支持 TCP 和 UDP 两种模式）、exec（命令执行）等数据源上收集数据的能力。

（2）在工作方式上，Flume 初始发行版本采用了多 master 的形式。为了保证配置数据的一致性，Flume 引入了 ZooKeeper，用于保存系统配置的数据，ZooKeeper 本身具有保证数据一致性和高可用性的能力；同时，在配置数据发生变化时，ZooKeeper 可以通知 Flume master 节点。Flume master 间使用 gossip 协议同步数据。

Flume 重构后版本取消了集中管理配置的 master 和 ZooKeeper，变为一个纯粹的传输工具。Flume 重构后版本还有一个不同点是读入数据和写出数据现在由不同的工作线程处理（称为 Runner）。在 Flume 初始发行版本中，读入线程同样做写出工作（除了故障重试）。如果写出慢（不是完全失败），它将阻塞 Flume 接收数据的能力。这种异步的设计使读入线程可以顺畅地工作而无须关注下游的任何问题。

2. Kafka

Kafka 是一个分布式的、分区的、多副本和多订阅者且基于 ZooKeeper 进行协调的分布式的日志系统，能够处理大型网站中所有的动作数据流。由于这些数据具有高吞吐量的需求，所以一般通过处理日志与日志聚合来解决这些问题。其最终的目的是通过 Hadoop 来统一处理线上、线下的消息，从而提供实时的消费。

Kafka 是一种高吞吐量的分布式发布订阅消息系统，具有如下特性。

（1）高稳定性：通过 O(1)的磁盘数据结构提供消息的持久化。

（2）高吞吐量：即便是非常普通的硬件，Kafka 也可以支持每秒数百万的消息。

Kafka 支持通过 Kafka 服务器和消费机集群对消息进行划分，支持 Hadoop 并行数据加载。

Kafka 中 3 种主要的角色分别为 producer、broker 和 consumer。

（1）producer：producer 的任务是向 broker 发送数据。其提供了两种 producer 接口，一种是 low level 接口，这种接口会向特定的 broker 中某个 topic 下的某一个 partition 发送数据；另外一种是 high level 接口，支持同步/异步发送数据，它基于 ZooKeeper 的 broker 自动识别和负载均衡。

（2）broker：broker 采取许多不同的策略提高数据处理的效率。

（3）consumer：consumer 可以将日志信息加载到中央存储系统中。

3.1.3　数据采集的方法

大数据环境下数据来源非常丰富且类型多样，依据采集的数据来源分，大数据的采集有以下几种方法。

1. 系统日志采集方法

许多公司的业务平台每天都会产生大量的日志数据。日志收集系统要做的事情就是收集业务日志数据供离线和在线的分析系统使用。

日志收集系统所具有的基本特征是高可用性、高可靠性、可扩展性。行业比较主流的组件有 Flume 和 Kafka 等，这些工具大部分采用分布式架构，来满足大规模日志采集的需求。Flume 是 Cloudera 提供的一个高可用的、高可靠的、分布式的海量日志采集、聚合和传输系统，目前是 Apache 的一个子项目；Kafka 是 LinkedIn 公司提供的一种高吞吐量的分布式发布订阅消息系统，它可以处理大规模的网站中的所有动作流数据。

1）Flume 日志采集流程

Flume 的核心是从数据源收集数据并将其传输到目的地。为了保证传输成功，只有在将收集来的数据传输到接收方后，才会从自身的缓存中删除数据。

flume 的传输单位是 event，如果是 text，大多数情况中就只有一条记录，这是事务的基本单位。event 自身是一个字节数组，并且可以携带 headers 信息。数据流的完整最小单元是 event，它自外部数据源而来，并最终向外部目的地而去。

2）Kafka 日志采集流程

Kafka 的日志采集流程是发布、订阅消息。

生产者定期向主题发送消息：Kafka 存储为该特定主题配置的分区中的所有消息，确保消息在分区之间平等共享。如果生产者发送两个消息并且有两个分区，Kafka 会将消息分别保存在两个分区中。

消费者订阅特定主题：一旦消费者订阅主题，Kafka 将向消费者提供主题的当前偏移，同时偏移将保存在 ZooKeeper 系统中。消费者会定期请求 Kafka 需要新的消息，具体的工作流程如下。

（1）Kafka 收到来自生产者的消息，会将这些消息转发给消费者。

（2）消费者将收到消息并进行处理。

（3）当消息被处理，消费者将向 Kafka 代理发送消息确认。

（4）Kafka 收到确认，将偏移更改为新值，并在 ZooKeeper 中更新它。

（5）重复上述流程，直到消费者停止请求。

（6）消费者可以随时回退/跳到所需的主题偏移量，并阅读所有后续消息。

在队列消息传递系统而不是单个消费者中，具有相同组 ID 的一组消费者将订阅主题。实际工作流程会和转发方式有所不同，具体工作流程如下。

（1）生产者以固定间隔向某个主题发送消息。

（2）Kafka 存储在为该特定主题配置的分区中的所有消息。

（3）单个消费者订阅特定主题，假设 topic-01 的 group ID 为 group-1。

（4）Kafka 以与发布-订阅消息相同的方式与消费者交互，直到新消费者以相同的组 ID 订阅相同主题 topic-01。

（5）当新消费者到达时，Kafka 将其操作切换到共享模式，并在两个消费者之间共享数据，直到用户数达到为该特定主题配置的分区数。

（6）当消费者的数量超过分区的数量，新消费者将不会接收任何进一步的消息，直到现有消费者取消订阅任何一个消费者。

2. 网络数据采集方法

网络数据采集是利用互联网搜索引擎技术对数据进行针对性、行业性、精准性的抓取，并按照一定规则和筛选标准将数据进行归类，形成数据库文件的一个过程。

互联网数据是大数据的重要来源之一，这些数据包含了用户的消费、交易、产品评价等商业信息，也包含了其社交、关注和特点爱好等行为信息。网络数据采集常用网络爬虫或网站公开 API 等方式从网站获取数据信息。该方法可以将非结构化数据从网页中抽取出来，将其存储为统一的本地数据文件，并以结构化的方式存储。它支持图片、音频、视频等文件或附件的采集，附件与正文可以自动关联。

目前，网络数据采集在技术上都是利用垂直搜索引擎技术的网络蜘蛛（或数据采集机器人）、分词系统、任务与索引系统等技术进行。人们一般通过专门技术将海量信息和数据采集后，进行分拣和二次加工，实现网络数据更专业化、价值与利益最大化的目的。

国内从事海量数据采集的企业越来越多，他们大多采用垂直搜索引擎技术，还有一些企业同时实现了多种技术的综合运用。根据网络环境不同的数据类型与网站结构，一套完善的数据采集系统都采用分布式抓取、分析、数据挖掘等功能于一身的信息技术，数据采集系统能对指定的网站进行定向数据抓取和分析，在专业知识库建立、企业竞争分析、报社媒体资讯获取、网站内容建设等领域应用很广。例如，火车采集器采用的“垂直搜索引擎+网络雷达+信息追踪与自动分拣+自动索引”技术，将海量数据采集与后期处理进行了结合。数据采集系统能大大降低企业和政府部门在信息建设过程中的人工成本。同时能够挖掘更巨大的商机。网络数据采集的具体工作流程如下。

（1）将需要抓取数据网站的 URL 信息写入 URL 队列。

（2）爬虫从 URL 队列中获取需要抓取数据网站的 Site URL 信息。

（3）爬虫从 Internet 抓取对应网页内容，并抽取其特定属性的内值。

（4）爬虫将从网页中抽取出的数据写入数据库。

（5）dp 读取 SpiderData，并进行处理。

（6）dp 将处理后的数据写入数据库。

通俗地讲，从事海量数据采集的企业就是从事计算机数据分析的研究。除了网络中包含的内容之外，对于网络流量的采集可以使用 DPI 或 DFI 等带宽管理技术进行处理。

3．数据库采集方法

一些企业会使用传统的关系型数据库 MySQL 和 Oracle 等来存储数据。这些数据库中存储的海量数据，相对来说结构化更强，也是大数据的主要来源之一。其采集方法支持异构数据库之间的实时数据同步和复制，理论基于的是对各种数据库的日志（log）文件进行分析，然后进行复制。

4．其他数据采集方法

在一些特定领域，例如，对于企业生产经营数据或学科研究数据等保密性要求较高的数据，可以通过与企业或研究机构合作，使用特定系统接口等相关方式采集数据。

3.2　数据预处理 ETL

数据预处理（data preprocessing）是指在主要处理以前对数据进行的一些处理。现实世界中存在的数据是零散不完整的，还有脏数据的存在，通常无法直接使用这些无关的数据。为了提高对数据使用的质量，需要对数据进行挖掘处理，在这个过程中就产生了数据预处理技术。数据预处理的方法有很多：数据清理、数据集成、数据变换、数据归约等。这些技术用在数据挖掘之前，能够提高数据挖掘模式的质量，降低实际挖掘所需要的时间。

数据的预处理是指对所收集数据进行分类或分组前所做的审核、筛选、排序等必要的处理。其主要采用数据清理、数据集成、数据转换、数据规约的方法来完成数据的预处理任务。其流程如图 3-2 所示。

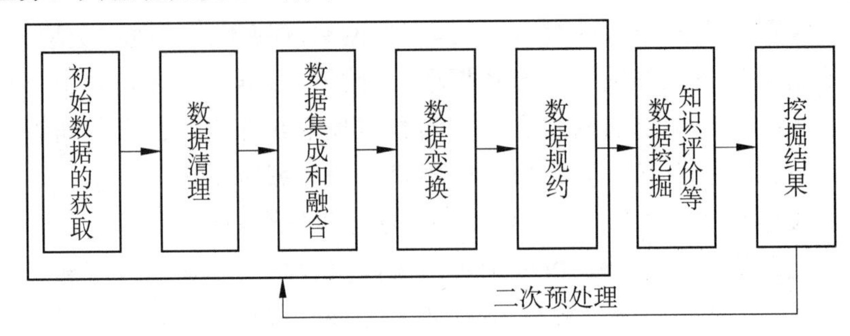

图 3-2 数据预处理流程图

3.2.1 数据清洗

数据清洗是发现并纠正数据文件中可识别的错误的最后一道程序，包括对数据一致性的检查、无效值和缺失值的处理。数据清洗与问卷审核结果不同时，录入后的数据清理工作一般由计算机来完成而不是由人工来操作。

数据清洗的原理是利用有关技术，例如，数据挖掘或预定义的清理规则将脏数据转化为满足数据质量要求的数据，如图 3-3 所示。

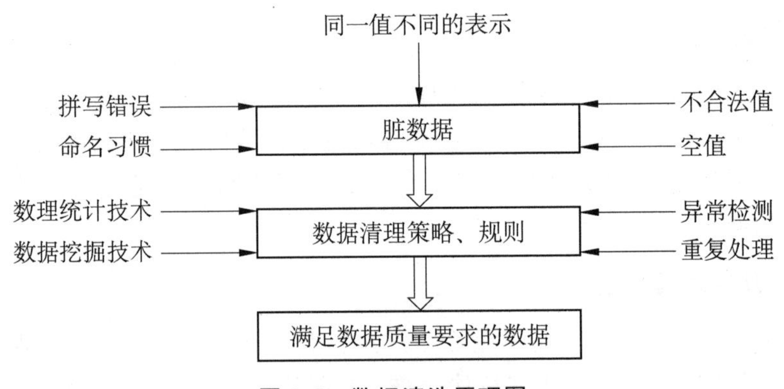

图 3-3 数据清洗原理图

在数据清洗过程中，针对数据的类型和特性的不同，大致将数据类型分为 3 类来进行数据的清洗工作。

1. 残缺数据

这一类数据主要是因为部分信息缺失，例如，公司的名称、客户的区域信息、业务系统中主表与明细表不能匹配等数据。将这一类数据过滤出来，按照缺失的内容分别填入对应的文档信息，并提交给客户，在规定时间内补全，才可写入数据仓库。

2. 错误数据

这一类错误产生的原因往往是业务系统不够健全，在接收输入信息后没有进行判断直接将数据写入后台数据库导致的。例如，数值数据输成全角数字字符、字符串数据后面有一个回车操作、日期格式不正确等。这类数据也需要分类，当出现类似于全角字符、数据前后有不可见字符问题的时候，只能用写 SQL 语句的方式查找出来；然后要求客户在业务系统修正之后抽取。日期格式不正确的错误会导致 ETL 运行失败，这样的错误需要去业务系统数据库用 SQL 的方式挑出来，交给业务主管部门并要求在一定时间范围内予以修正，修正之后再抽取。

3. 重复数据

这一类数据多出现在维护表中，是将重复数据记录的所有字段导出来，让客户确认并整理。

数据清洗是一个反复执行的过程，需要一定的时间来执行操作，要在这个过程中不断地发现问题、解决问题。对于是否过滤，是否修正，一般要求客户确认。对于过滤掉的数据，可以写入 Excel 文件或者写入数据表。在 ETL 开发的初期可以每天向业务单位发送过滤数据的邮件，从而促使他们尽快完成对错误的修正，同时也可以作为将来验证数据的依据。在整个数据清洗过程中需要用户不断进行确认。

数据清理的方法是通过填写无效和缺失的值、光滑噪声的数据、识别或删除离群点并解决不一致性来“清理”数据，主要是为达到格式标准化、异常数据消除、错误纠正、重复数据的清除等目的。

一般来说，数据清理是将数据库中所存数据精细化，去除重复无用数据，并使剩余部分的数据转化成标准可接受格式的过程。数据清理流程是将数据输入数据清理处理设备中，通过一系列步骤对数据进行清理，然后以期望的格式输出清理过的数据。数据清理从数据的准确性、完整性、一致性、唯一性、适时性、有效性等几个方面来处理数据的丢失值、越界值、不一致代码、重复数据等问题。

数据清理一般针对具体应用来对数据做出科学的清理。下面介绍几种数据清理的方法。

（1）填充缺失值：大部分情况下，缺失的值必须要用手工来进行清理。当然，某些缺失值可以从它本身数据源或其他数据源中推导出来，可以用平均值、最大值或更为复杂的概率估计代替缺失的值，从而达到清理的目的。

（2）修改错误值：用统计分析的方法识别错误值或异常值，例如，数据偏差、识别不遵守分布的值，也可以用简单规则库检查数据值，或使用不同属性间的约束来检测和清理数据。

（3）消除重复记录：数据库中属性值相同的情况被认定为是重复记录。通过判断记录间的属性值是否相同来检测记录是否相等，将相等的记录合并为一条记录。

（4）数据的不一致性：从多数据源集成的数据语义会不一样，可供定义完整性约束用于检查不一致性，也可通过对数据进行分析来发现它们之间的联系，从而保持数据的一致性。

数据清洗工具使用领域特有的知识对数据进行清洗。通常采用语法分析和模糊匹配技术完成对多数据源数据的清理。数据审计工具可以通过扫描数据发现规律和联系。因此，这类工具可以看作是数据挖掘工具的变形。

3.2.2 数据集成

数据集成是将不同应用系统、不同数据形式，在原应用系统不做任何改变的条件下，进行数据采集、转换和存储的数据整合过程。其主要目的是解决多重数据储存或合并时所产生的数据不一致、数据重复或冗余的问题，以提高后续数据分析的精确度和速度。目前通常采用联邦式、基于中间件模型和数据仓库等方法来构造集成的系统，这些技术在不同的着重点和应用上解决数据共享和为企业提供决策支持。简单来说，数据集成就是将多个数据源中的数据结合起来并统一存储，建立数据仓库。

目前，异构性、分布性、自治性是解决数据集成的主要难点。

（1）异构性指需要集成的数据往往都是独立开发的，数据模型异构给集成也带来了困难，其主要表现在数据语义及数据源的使用环境上。

（2）分布性指的是数据源是异地分布的，依赖网络进行数据的传输，网络在传输过程中对网络质量和安全性是个挑战。

（3）自治性描述的是各数据源都有很强的自治性，可以在不通知集成系统的前提下改变自身的结构和数据，给数据集成系统的鲁棒性提出新挑战。

对数据集成体系结构来说，关键是拥有一个包含有目标计划、源目标映射、数据获得、分级抽取、错误恢复和安全性转换的数据高速缓存器。数据高速缓存器包含有预先定制的数据抽取工作，这些工作自动地位于一个企业的后端及数据仓库之中。

高速缓存器作为企业和电子商务数据的一个唯一集成点，最大限度地减少了对直接访问后端系统和进行复杂实时集成的需求。这个高速缓存器从后端系统中卸载众多不必要的数据请求，使电子商务公司可以增加更多的用户，同时让后端系统从事其指定的工作。通常采用联邦式、基于中间件模型和数据仓库等方法来构造集成的系统，这些技术在不同方面解决了数据的共享并为企业提供了决策支持。

联邦数据库（FDBS）是早期人们采用的一种模式集成方法，是最早采用的数据集成方法之一。它通过在构建集成系统时将各数据源的数据视图集成为全局模式，使用户能够按照全局模式访问各数据源的数据。用户可以直接在全局模式的基础上提交请求，由数据集成系统将这些请求处理后，转换成各个数据源在本地数据视图基础上能够执行的请求。模式集成方法的特点是直接为用户提供透明的数据访问方法。构建全局模式与数据源数据视图间的映射关系、处理用户在全局模式基础上的查询请求是模式集成要解决的两个基本问题。

在联邦数据库中，数据源之间共享自己的一部分数据模式，形成一个联邦模式。

联邦数据库系统按集成度可分为两种：一种是采用紧密耦合联邦数据库系统，另一种是采用松散耦合联邦数据库系统。紧密耦合联邦数据库系统使用统一的全局模式，将各数据源的数据模式映射到全局数据模式上，解决了数据源间的异构性。这种方法集成度较高，需要用户参与少；缺点是构建一个全局数据模式的算法较为复杂，扩展性差。松散耦合联邦数据库系统比较特殊，没有全局模式，采用联邦模式。这种方法提供统一的查询语言，将很多异构性问题交给用户自己去解决。松散耦合方法对数据的集成度不高，但其数据源的自治性强、动态性能好，集成系统不需要维护一个全局模式。

所以说联邦数据库系统（FDBS）是由半自治数据库系统构成的，相互之间分享数据，联邦其他数据源之间相互提供访问接口，同时联邦数据库系统可以是集中数据库系统或分布式数据库系统及其他联邦式系统。无论采用什么样的模式，其核心都是必须解决所有数据源语义上的问题。

基于中间件模型通过统一的全局数据模型来访问异构的数据库、遗留系统、Web资源等。中间件位于异构数据源系统和应用程序之间，向下协调各数据源系统，向上为访问集成数据的应用提供统一数据模式和数据访问的接口。各数据源的应用仍然独自完成它们的任务，中间件系统则主要集中为异构数据源提供一个高层次检索服务。

中间件模式是目前比较流行的数据集成方法，它通过在中间层提供一个统一的数据逻辑视图来隐藏底层的数据细节，使用户可以把集成数据源看成一个统一的整体。与联邦数据库不同，中间件系统不仅能够集成结构化的数据源信息，还可以集成半结构化或非结构化数据源中的信息，中间件注重于全局查询的处理和优化，与联邦数据库系统相比，其优点是它能够集成非数据库形式的数据源，有很好的查询性能，自治性强；中间件集成的缺点在于它通常是只读，而联邦数据库对读写都支持。

数据仓库是一种典型的数据复制方法。该方法将各个数据源的数据复制到同一处，用来存放这些数据的地方即数据仓库。用户则像访问普通数据库一样直接访问数据仓库。数据仓库是在数据库已大量存在的情况下，为进一步挖掘数据资源和决策需要而产生的。数据仓库方案建设的目的是将前端查询和分析作为基础，由于在查询和分析中会产生大量数据冗余，所以需要的存储容量也较大，因此形成一个专门存放数据的仓库。数据仓库其实就是一个环境，而不是一件产品。

简而言之，传统的操作型数据库是面向事务设计的，数据库中通常存储在线交易数据，设计时尽量合理规避冗余，一般采用符合范式的规则设计。而数据仓库是面向主题设计的，存储的一般是历史数据，在设计时有意引入冗余，采用反范式的方式设计。

从设计的目的来讲，数据库是为捕获数据而设计的，而数据仓库是为存储分析数据而设计的，其两个基本的元素是维表和事实表。维是看问题的角度，事实表里放着要查询的数据，同时有维的ID。

数据仓库是在企业管理和决策中面向主题的、集成的、与时间相关的和不可修改的数据集合。其中，数据被归类为功能上独立的、没有重叠的主题。

这几种方法在一定程度上解决了应用之间的数据共享和互通的问题，但也存在异同。数据仓库技术则从另外一个层面表达了数据信息之间的共享，它主要是为了针对企业中的某个应用领域而提出的一种数据集成方法，可以将其看成面向主题并为企业提供数据挖掘和决策支持的系统。

3.2.3 数据转换

数据转换（data transfer）时采用线性或非线性的数学变换方法将多维数据压缩成较少维的数据，消除它们在时间、空间、属性及精度等特征表现方面的差异。实际上就是将数据从一种表示形式变为另一种表现形式的过程。

由于软件的全面升级，数据库也要随之升级。因为每一个软件对与之对应的数据库的架构与数据的存储形式是不一样的，因此需要数据转换。由于数据量在不断地增加，原来数据构架的不合理，不能满足各方面的要求，问题日渐暴露，也会产生数据转换。这些是产生数据转换的原因。

常用的数据转换工具有开源的 ETL 工具 Kettle。Kettle 被广泛利用在各种内部数据（例如，ERP、设备数据、日志）以及外部数据（行业数据、社交媒体、评论）中，用以完成对多种数据源的抽取（extraction）、加载（loading）、数据落湖（data lake injection）以及数据的清洗（cleansing）、转换（transformation）、混合（blending），并将这些处理后的数据作为基础数据依赖，完成对现有/未来业务的分析与预测，从而期望最终以数据驱动业务。同时对于很多使用 Hadoop 的企业，往往因为数据量大的性能考量，会以脚本的方式在集群里直接进行数据转换，一般将其叫作 ELT（extract load transform），就是先把数据加载到 Hadoop，再在 Hadoop 集群里进行转换。为了让用户仍然能通过 kettle 中简单的拖曳方式构建数据转换管道，同时又可以让数据在集群里进行 in-cluster 转换，Kettle 提供了把数据转换任务下压到 Spark 来执行的 AEL（adaptive execution layer）功能，搭建好的数据管道会被 AEL 转成 Spark 任务来执行，这样数据就不需要离开集群，而是在集群里透过 Spark 强大的分布式处理能力来进行处理。

3.2.4 数据归约

由于在数据挖掘时会产生非常大量的数据信息，在少量数据上进行挖掘分析需要很长的时间，而采用数据归约技术可以得到数据集的归约表示，它很小，但并不影响原数据的完整性，其结果与归约前的结果相同或几乎相同。所以，可以说数据归约是指在尽可能保持数据原貌的前提下，最大限度地精简数据量保持数据的原始状态。

数据归约主要有两个途径：属性选择和数据采样，分别针对原始数据集中的属性和记录。按照规约方式划分，数据归约还可以分为 3 类，分别是特征归约、样本归约、特征值归约。

1. 特征归约

特征归约是将不重要的或不相关的特征从原有特征中删除，或者通过对特征进行重组和比较来减少个数。其原则是在保留甚至提高原有判断能力的同时减少特征向量的维度。特征归约算法的输入是一组特征，输出是它的一个子集。其包括3个步骤。

（1）搜索过程：在特征空间中搜索特征子集，每个子集称为一个状态，由选中的特征构成。

（2）评估过程：输入一个状态，通过评估函数或预先设定的阈值输出一个评估，值搜索算法的目的是使评估值达到最优。

（3）分类过程：使用最后的特征集完成最后的算法。

2．样本归约

样本归约就是从数据集中选出一个有代表性的子集作为样本。子集大小的确定要考虑计算成本、存储要求、估计量的精度以及其他一些与算法和数据特性有关的因素。

样本都是预先知道的，通常数目较大，质量高低不等，对实际问题的先验知识也不确定。原始数据集中最大和最关键的维度数就是样本的数目，也就是数据表中的记录数。

3．特征值归约

特征值归约是特征值离散化技术，它将连续型特征的值离散化，使之成为少量的区间，每个区间映射到一个离散符号。优点在于简化了数据描述，并易于理解数据和最终的挖掘结果。

特征值归约分为有参和无参两种。有参方法是使用一个模型来评估数据，只需存放参数，而不需要存放实际数据，包含回归和对数线性模型两种。无参方法的特征值归约有3种，包括直方图、聚类和选样。

对于小型或中型数据集来说，一般的数据预处理步骤已经可以满足需求。但对大型数据集来讲，在应用数据挖掘技术以前，更可能采取一个中间的、额外的步骤，就是数据归约。步骤中简化数据的主题是维归约，主要问题为是否可在没有牺牲成果质量的前提下，丢弃这些已准备好的和预处理的数据，能否在适量的时间和空间中检查已准备的数据和已建立的子集。

对数据的描述、特征的挑选，归约或转换决定了数据挖掘方案的质量。在实践中，特征的数量可达到数百万，如果在对数据进行分析的时候，只需要上白条样本，就需要进行维归约，以挖掘出可靠的模型；另外，高维度引起的数据超负，会使一些数据挖掘算法不实用，唯一的方法也就是进行维归约。在进行数据挖掘准备时进行标准数据归约操作，计算时间、预测/描述精度和数据挖掘模型的描述将让人们清楚地知道这些操作中将得到和失去的信息。

数据归约的算法特征包括可测性、可识别性、单调性、一致性、收益增减、中断性、优先权7条。

3.2.5 常用 ETL 工具

1. 概念

ETL（extract-transform-load）是一种数据仓库技术，即数据抽取（extract）、转换（transform）、装载（load）的过程，它的本质是数据流动的过程，使不同异构数据源流向统一的目标数据。ETL 负责将关系数据、平面数据文件等分布式、异构数据源的数据提取到临时中间层后进行清洗、转换、集成，最后加载到数据仓库或数据集中，成为在线分析处理和数据挖掘的基础，是构建数据仓库的重要环节。

典型的 ETL 工具有 Informatica、Datastage、OWB、微软 DTS、Beeload、Kettle 等。开源的工具有 Eclipse 的 ETL 插件 cloveretl。

实现 ETL，首先要实现 ETL 转换的过程。

（1）空值处理：捕获字段空值，加载或替换为其他含义数据，并根据字段空值实现分流加载到不同目标库中。

（2）规范化数据格式：可实现字段的格式约束定义，对于数据源中的时间、数值、字符之类数据，可自定义其加载格式。

（3）拆分数据：根据业务需求对字段进行分解。

（4）验证数据正确性：通过 Lookup 及拆分功能来进行数据验证。

（5）数据替换：对于业务因素，可实现无效数据、缺失数据的替换。

（6）Lookup：查获丢失数据 Lookup 实现子查询，返回通过其他方式得到的丢失的字段，保证字段完整性。

（7）建立 ETL 过程的主外键约束：对没有依赖性非法的数据，可以替换或者导出到错误数据文件当中，保证主键的唯一记录的加载。

在 ETL 架构中，数据的流向是从源数据流到 ETL 工具的，ETL 工具可以看成一个单独的数据处理引擎，通常在单独的硬件服务器上，实现所有数据转化的工作，然后将数据加载到目标数据仓库中，如果要增加整个 ETL 过程的效率，那么只能增强 ETL 工具服务器的配置，优化系统处理流程。IBM 的 datastage 和 Informatica 的 PowerCenter 原来都是采用的这种架构。

ETL 架构的优势如下。

（1）可以分担数据库系统的负载。

（2）相对于 ELT 架构可以实现更为复杂的数据转化逻辑。

（3）采用单独的硬件服务器。

（4）与底层的数据库数据存储无关。

这里简单介绍一下 ELT 架构。在 ELT 架构中，它只负责提供图形化的界面来设计业务规则，数据的整个加工过程都在目标和源的数据库之间流动，ELT 协调相关的数据库系统来执行相关的应用，数据加工过程既可以在源数据库端执行，也可以在目标数据仓库端执行。

一个优秀的 ETL 设计应该具有如下功能：管理简单，采用元数据方法，集中进行管理；接口、数据格式、传输有严格的规范；尽量不在外部数据源安装软件；数据抽取系统流程自动化，并有自动调度功能；抽取的数据及时、准确、完整；可以提供同各种数据系统的接口，系统适应性强；提供软件框架系统，系统功能改变时，应用程序很少改变便可适应变化；可扩展性强。

标准定义数据，合理的业务模型设计对 ETL 至关重要。数据仓库的设计建模一般都依照三范式、星型模型、雪花模型，无论哪种设计思想，都应该最大化地涵盖关键业务数据，把运营环境中杂乱无序的数据结构统一成为合理的、关联的、分析型的新结构，而 ETL 则会依照模型的定义去提取数据源，进行转换、清洗，并最终加载到目标数据仓库中。模型的标准化定义的内容包括标准代码统一、业务术语统一。

拓展新型应用对业务数据本身及其运行环境的描述与定义的数据，称为元数据（metadata）。元数据是描述数据的数据。业务数据主要用于支持业务系统应用的数据，而元数据则是企业信息门户、客户关系管理、数据仓库、决策支持和 B2B 等新型应用所不可或缺的内容。

元数据对于 ETL 的集中表现为：定义数据源的位置及数据源的属性、确定从源数据到目标数据的对应规则、确定相关的业务逻辑、在数据实际加载前的其他必要的准备工作等。它一般贯穿整个数据仓库项目，而 ETL 的所有过程必须最大化地参照元数据，这样才能快速实现 ETL。

2. 常用 ETL 工具比较

ETL 工具有很多种，如图 3-4 所示。可根据以下几个方面考虑选择合适的 ETL 分析工具：对平台的支持程度；对数据源的支持程度；抽取和装载的性能是不是较高，对业务系统的性能影响大不大，倾入性高不高；数据转换和加工的功能强不强；是否具有管理和调度功能；是否具有良好的集成性和开放性。

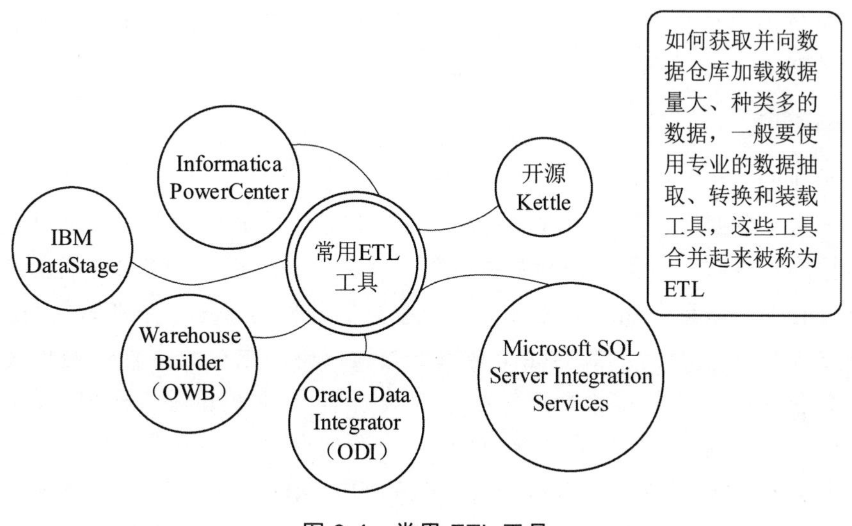

图 3-4　常用 ETL 工具

常用的 ETL 工具有以下几种。

（1）Kettle 是一款国外开源的 ETL 工具，纯 Java 编写，并且无须安装，数据抽取高效稳定。Kettle 中有两种脚本文件：Transformation 完成数据的转换，Job 则完成工作流的控制。

（2）Talend 可同步数据仓库的数据到数据库中，并且提供基于 Eclipse RCP 的图形操作界面。Talend 采用用户友好型、综合性很强的 IDE 来设计不同的流程。这些流程可以在 IDE 内部编译成 Java 代码，可以随时编辑生成的 Java 代码，从而实现强大的控制力和灵活性。

（3）Scriptella 是一个开源并采用 Java 开发的 ETL 工具和一个脚本执行工具。Scriptella 可以在单个的 ETL 文件中与多个数据源运行。Scriptella 可与任何 JDBC/ODBC 兼容的驱动程序集成并提供与非 JDBC 数据源和脚本语言的互操作性接口，并且还可以与 JMX、JNDI、Java EE、Spring 和 JavaMail 集成。

3.3 大数据存储

由于人类进入了信息社会，人类社会的数据产生方式也发生了质的变化，社会数据的规模正以前所未有的速度增长，数据类型不计其数。这种海量、异构的数据不仅改变了人们的生活，也带来了数据存储技术的变化和发展，当然在发展的同时，大数据所面对的困境也同样急迫。下面几节主要描述了大数据存储场景下所面临的问题与挑战，同时也介绍了为了应对这些问题，目前行业内所能应用的主流解决方案与工具。

3.3.1 大数据存储困境

大量数据的存储需求自人类诞生以来就一直伴随人类左右。商代人们用甲骨文记录信息，西周、春秋时期人们用竹简作为记录信息的载体，再到东汉造纸术成功出现，这些都不断体现出数据存储对人类生活的重要性。本节主要讲述近几十年来大数据存储所面对的两大主要问题。

1. 系统问题

从公元 1900 年到现在，人们相对较快地经历了机器打孔、电子存储计算器、在线数据库、关系型数据库、多类型数据处理 5 个阶段后，正式进入了大数据处理阶段。从关系型数据库阶段起，被称为现代数据处理。其基础技术组件如图 3-5 所示，包含数据集成、文件存储、数据存储、数据计算、数据分析、平台管理 6 个基本能力组件。

从图 3-5 中可以看出，数据存储是数据处理架构中进行数据管理的高级单元。其功能是存储按照特定的数据模型组织起来的数据集合，并提供独立于应用的数据增加、删除、修改能力。例如，IBM 的 DB2 就是一个数据存储能力组件。面对大数据的爆炸式增长，且具有大数据量、异构型、高时效性的需求时，数据的存储不仅仅有存储容量的压力，还给系统的存储性能、数据管理乃至大数据的应用方面带来了挑战。

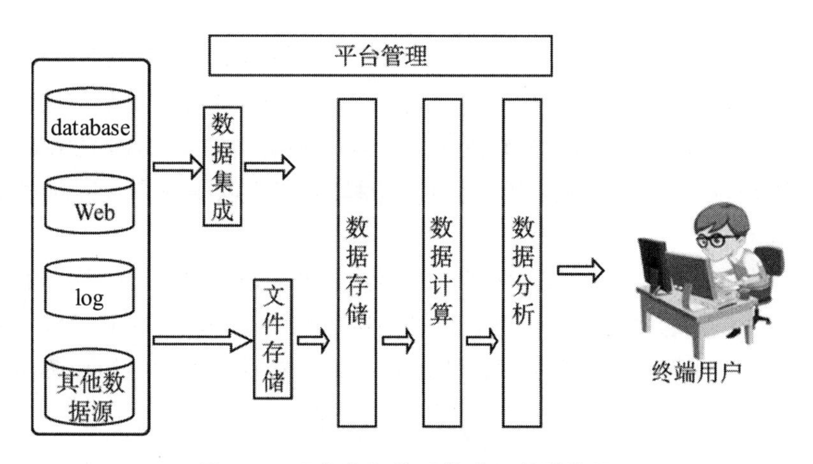

图 3-5 现代数据处理基础组件结构图

为了应对大数据对存储系统的挑战，数据存储领域的工作者通过不懈努力提升了数据存储系统的能力。数据存储系统能力的提升主要有 3 个方面：提升系统的存储容量、提升系统的吞吐量、提升数据存储系统的容错性。

1）提升系统的存储容量

提升系统容量有两种方式：一种是提升单硬盘的容量，通过不断采用新的材质和新的读写技术来提升，目前单个硬盘的容量已经进入 TB 时代；另一种是在多硬盘的情况下如何提升整体的存储容量。经过多年发展，系统存储技术由早期的直连式存储（direct-attached storage，DAS）发展到网络接入存储（network-attached storage，NAS）和存储区域网络（storage area network，SAN），现在已经进入到云存储阶段。

（1）直连式存储（DAS）：直连式存储是最早出现的最直接的扩展数据存储模式，即将数据存储设备与数据使用设备（服务器或工作站）直接相连的模式。DAS 很典型的应用场景就是一个包含大量数据存储能力的设备（例如，磁盘阵列）与一个数据使用设备（例如，数据处理服务器）通过数据传输接口相连，而常用的传输接口就是 SCSI 和 FC（fibre channel）。在这种模式下，数据存储设备和数据使用设备之间没有任何存储网络连接，如图 3-6 所示。

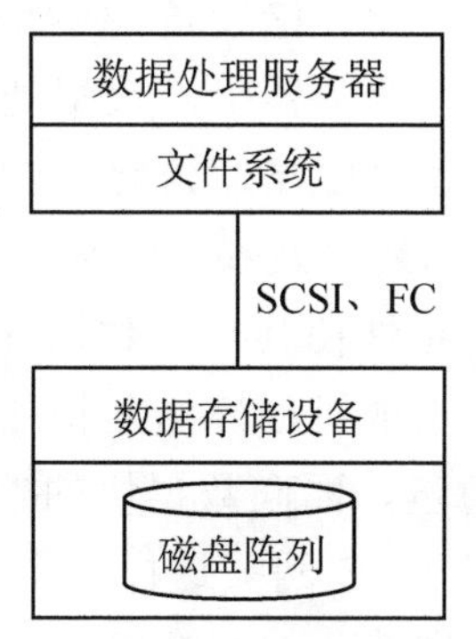

图 3-6 DAS 存储技术结构

由于早期的应用场景相对来讲比较简单，所以 DAS 存储结构发挥了重要的作用。

但是由于计算机技术不断的发展，使得数据处理的应用场景越来越复杂，DAS 结构的不足之处也随之表现出来。DAS 结构不足主要有以下 3 点：①成本高且扩展性差；②资源利用率较低；③备份、恢复和扩容较为烦琐。这些不足制约了 DAS 在大数据环境下的使用，为了解决以上几个问题，出现了 NAS 和 SAN，以不同方式应对大数据环境中面临的存储挑战。

（2）网络接入存储（NAS）：网络接入存储，顾名思义是通过网络与其他设备相连并提供具有文件访问能力的存储设备。通过高速的网络交换机连接存储设备和服务器主机，以实现高速度和大容量的数据存储和访问。NAS 的存储技术结构如图 3-7 所示。

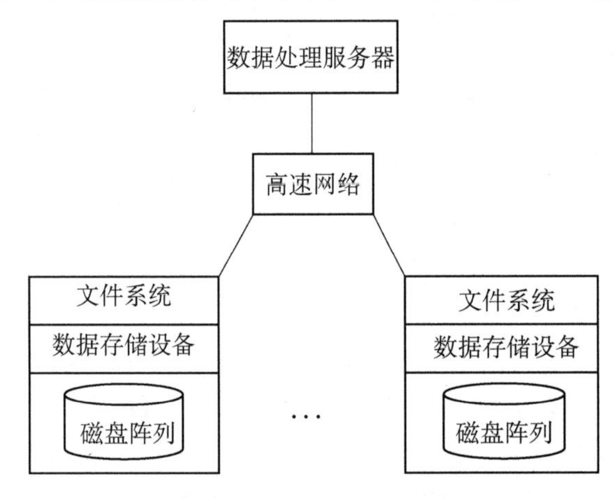

图 3-7　NAS 技术结构

NAS 使用 TCP/IP 进行数据传输，可以兼容异构系统和设备，继承了磁盘阵列技术的几乎所有优点。随着万兆以太网技术的出现和日益降低的存储设备成本，NAS 已经被各类型企业和机构广泛采用。虽然 NAS 技术被广泛使用，但是仍然存在与大数据不相适应的问题。

（3）存储区域网络（SAN）：相对于直连式存储和网络接入存储，存储区域网络的发展历史较短，是指提供格式统一的、数据块级访问能力的一种专用局域网络。SAN 通常是用于将具有大数据存储能力的存储设备（例如，磁盘阵列、磁带库、光盘机等），通过高速交换网络连接在数据处理服务器上，数据处理服务器上的操作系统可以像访问本地盘数据一样对这些存储设备进行高速访问。SAN 的存储技术结构如图 3-8 示。

随着千兆以太网和万兆以太网的普及和 CSI 协议的成熟，有力推动了 SAN 技术设备的推广部署。SAN 技术优良的特性使其在大数据环境中有着举足轻重的作用。在图 3-9 所示的架构中，NAS 和 SAN 实现了很好的互相补充。NAS 提供了文件级别的共享服务和数据访问，SAN 实现了海量、面向数据块的数据传输。从图 3-9 中可以看到随着 SAN 和 NAS 的结合，出现了 NAS 网关这样一个新兴设备；NAS 网关通常是由针对提供文件访问服务进行优化的硬件和定制的操作系统组成，可视为一个专用的文件转接设备。它的原理是：当网关接收到请求端请求后，将该请求转换为向 SAN 存储设备发出的块数据请求，SAN 存储设备处理这个请求后将结果发回给 NAS 网关，NAS

网关又将这个块信息的结果转换为文件数据，发给请求端。NAS 网关使得 SAN 的存储空间可以作为 NAS 使用，使 NAS 存储空间可以根据需求扩展相应的容量。

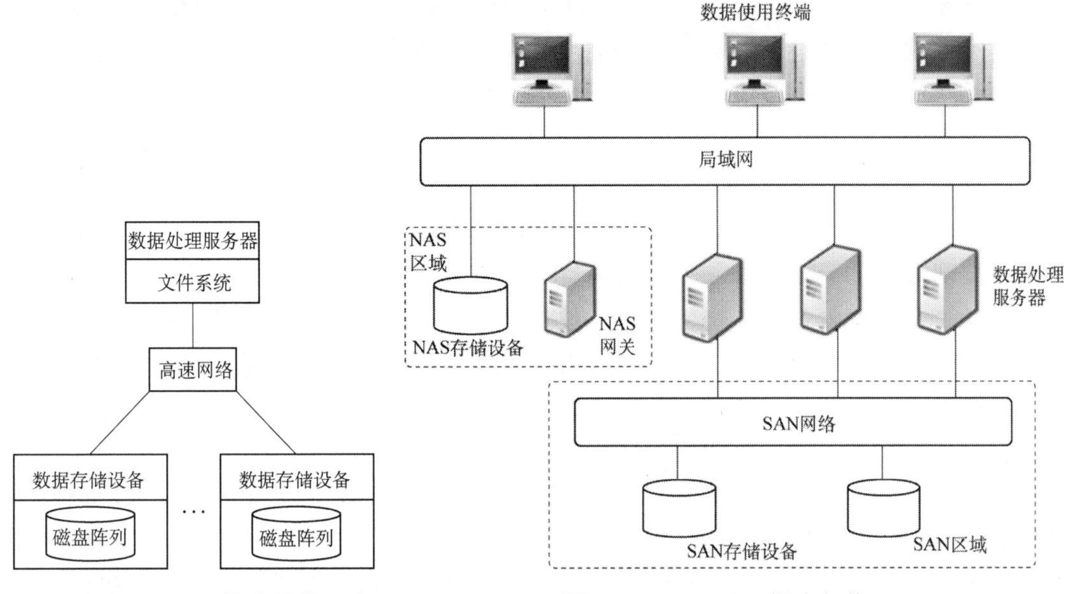

图 3-8　SAN 技术结构　　　　图 3-9　NAS/SAN 混合架构

（4）云存储：随着全球数据量的迅猛增长，对现有的存储技术提出了挑战，数据存储问题受到越来越多的企业关注，云计算的发展伴随着数据存储技术的云化发展，云存储的发展同样源于集群技术、网络技术、分布式存储技术、虚拟化存储技术的发展。因此云存储是指通过网络技术、分布式文件系统、集群应用、服务器虚拟化等技术将网络中海量的不同类型的存储设备构成可扩展、低成本、低能耗的共享存储资源池，并提供数据存储访问、处理功能的系统服务。在云存储的快速发展过程中，不同厂商对云存储提供了不同的结构模型，目前云存储还没有统一的结构模型，下面列出了一种比较具有代表性的云存储结构模型，如图 3-10 所示。

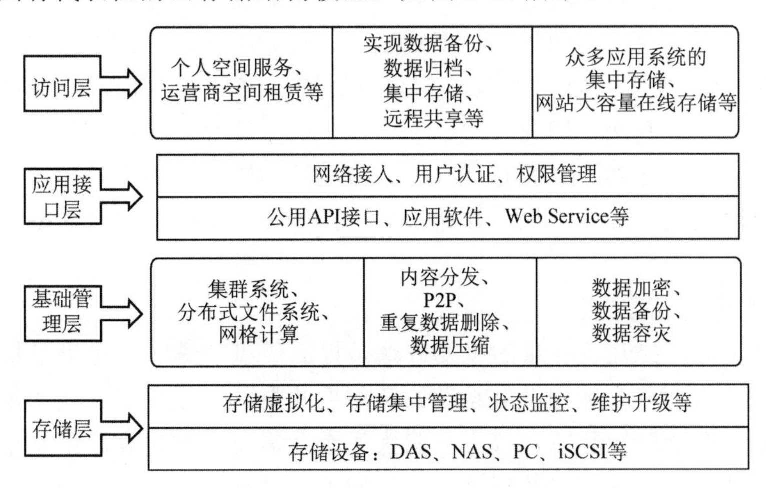

图 3-10　云存储系统的结构模型

这种云存储的结构模型自底向上分为存储层、基础管理层、应用接口层和访问层。

①存储层：存储层是云存储最基础的促成部分，由大量的、多种多样的存储设备构成，例如，FC 光纤通道存储设备、NAS 和 iSCSI 等 IP 存储设备、SCSI 或 SAS 等 DAS 存储设备。处于这一层的存储设备数量众多，大多分布于不同的地理位置，彼此之间通过广域网、互联网或者 FC 光纤通道网络进行连接，构成一个海量的资源池。在存储设备的上层，需要一个统一的存储设备管理系统，来实现存储设备的逻辑虚拟化管理、多链路冗余管理以及硬件设备的状态监控和故障维护。

②基础管理层：基础管理层是云存储最核心的部分，也是云存储中实现起来最为困难和复杂的部分。基础管理层通过集群、分布式文件系统和网格计算技术，实现云存储中多个存储设备之间的协同工作，使多个存储设备可以对外提供一致的服务，并且提供更好的数据访问性能。该层中的内容分发、数据加密技术用于保证云存储环境中的数据被安全地访问，并且不会被恶意用户访问或修改。同时，通过各种数据备份以及容灾技术和措施可以有效地保证云存储自身的安全和稳定。

③应用接口层：应用接口层是云存储结构模型中最为灵活多变的部分。用户通过应用接口层实现对云端数据的存取操作。云存储更加强调服务的易用性，它提供了基本的数据存储功能。在不同的存储应用领域中，具体需求会千差万别，服务提供商会根据实际业务类型，为特定领域的用户提供更加友好的服务接口，提供针对具体应用的云存储解决方案。

④访问层：任何一个授权的用户都可以通过标准的公用应用接口来登录云存储系统，享受云存储提供的服务。访问层的构建一般都追寻友好化、简便化和实用化的原则。访问层的用户通常有个人数据存储用户、企业数据存储用户和服务集成商等。目前商用云存储系统对于中小型用户具有较大的性价比优势，尤其适合处于快速发展阶段的中小型企业。但由于云存储运营单位的不同，云存储提供的访问类型和访问手段也不尽相同。

云存储已然成为存储发展的一种趋势，但存储的发展也面临着一些挑战。首先是云存储中心的建设需要大量的投入。不同企业的实力不均，而大型企业已经有了自己的 IT 设施，如果放弃原先的 IT 设施，对企业的信息化系统、存储系统进行重新布置，则需要巨大的投入。其次是国内虽然已经建立了部分云存储中心，但大部分客户都是政府或大型企业，因此客户群具有局限性且盈利能力较弱。最后是云存储服务的可靠性还无法完全达到企业级的要求，如何确保用户数据的绝对可靠也是云存储需要解决的问题。

2）提升系统的吞吐量

对于单个硬盘，提升吞吐量的主要方法是提高硬盘转速、改进磁盘接口形式或增加读写缓存等。而要提升数据存储系统的整体吞吐量，比较典型的技术是早期的专用数据库机体系。在 20 世纪 70 年代，一些大型企业需要对数据仓库中累积的海量数据进行分析，因此需要对这些大数据进行大量的关系性查询。在当时的技术条件下，数据库服务器普遍采用基于冯·诺依曼架构实现的通用计算机，在这种架构及当时的硬件条件下，通用数据库服务器在处理当时的大数据时出现了严重的不足。当时采用通用计算单元处理所有的数据操作，使用有限能力的I/O总线在分离的内存组件和磁盘组件间传输大量数据的架构来实现的数据库服务器不适用于大数据的处理。其原因在于基于通用计算机架构实现的数据库服务器将大量的计算能力用于解析软件发出的数据库操作请求，然后调用一系列软件模块去处理这些请求并检索出相应的数据，再通过I/O操作将大量数据从次要存储组件（例如，硬盘）复制到主要存储组件（例如，内存），最终经过大量运算得出结果返回给应用软件。所以，在当时的技术条件下，大数据库操作的需求与通用计算机架构间的差距表现在以下两个方面。

首先，数据库的操作目的不同。通用计算机更多的是面向计算。特点是少量数据，大量计算，关注的是计算与寻址，实现方式是计算单元访问高速存储部件（例如，内存）中的数据获得计算结果。而数据库操作更多的是检索与更新，特点是大量数据，少量运算，关注的是查找与内容，实现方式是计算单元访问大容量存储部件（例如，硬盘）中的数据获得处理结果。

其次，由于通用计算机上操作系统隔离了数据库软件模块与底层硬件，使得对数据存储部件和I/O缓存的控制变得非常困难，从而导致了数据访问效率低下。

基于以上矛盾和当时日趋成熟的数据关系模型中可描述任意复杂数据操作的基本数据操作集理论，数据库的学者们提出了一种在当时解决大数据处理的思路，即将一些基础的数据操作功能（例如，检索、更新等）放在单独的专用硬件上实现，而将通用计算资源和I/O通道释放出来用于其他复杂处理，从而实现高效的数据访问。基于这样的思路，并利用当时逐渐提高的硬件技术和不断降低的硬件成本，逐步实现了用于支持大规模高速数据库访问的专用计算机和硬件系统，即数据库机（database machine）。数据库机的抽象模型如图3-11所示。

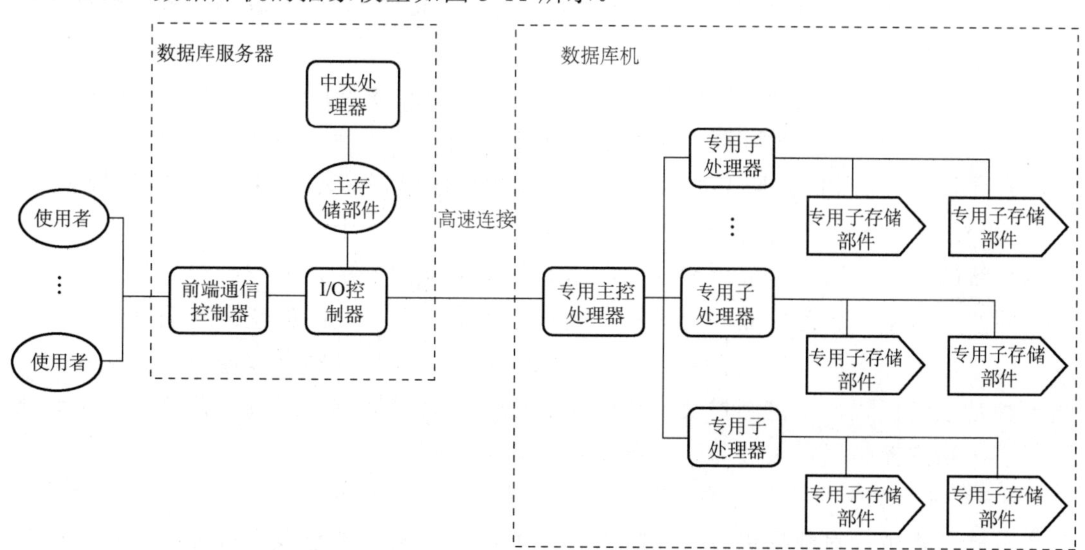

图3-11 数据库机抽象模型

3）提升数据存储系统的容错性

数据存储容错是指当系统中的部件或节点由于硬件或软件故障，导致数据、文件损坏或丢失时，系统能够自动将这些损坏或丢失的文件和数据恢复到故障发生前的状态，使系统能够维持正常运行的技术。从支撑的技术角度来分，目前主要的数据存储容错技术包括以下 3 类。

（1）磁盘镜像和磁盘双工：磁盘镜像和磁盘双工是中小型网络系统中经常使用的容错技术。磁盘镜像是指将两个硬盘接在同一个硬盘控制卡上，用同一个硬盘控制卡来管理两个硬盘的数据读写，其结构如图 3-12（a）所示，当系统向服务器写入数据时，该部分数据将同时写入两个硬盘。当出现一个硬盘损坏时，可以从另一个硬盘获得数据，确保系统正常运行。从理论上来说，磁盘镜像可以成倍提高系统的可靠性。在磁盘镜像中磁盘可以划分主盘和从盘，主盘是系统中原有的一个硬盘或已存放数据的一个磁盘，从盘则为存放主盘数据的磁盘。从磁盘镜像结构图中可以看出，如果磁盘控制器出现故障，则主机无法使用任何一个磁盘上的数据，镜像的容错功能完全失效。为了改进这一问题，磁盘双工技术采用了两个独立的磁盘控制器分别控制两个磁盘，从而避免了磁盘控制器的单点故障问题。磁盘双工的结构如图 3-12（b）所示。

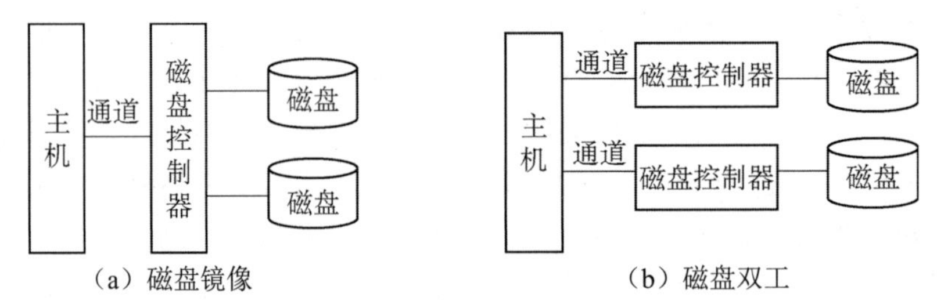

图 3-12　磁盘镜像与磁盘双工结构图

（2）基于 RAID 的磁盘容错：冗余磁盘阵列（RAID）技术是通过多块硬盘组成硬盘阵列，并通过分散数据存储的设计，从而使数据存储容错性变高。RAID 可以分成多种等级，以数字编号。比较常见的等级有 RAID0、RAID1、RAID3、RAID5。但是 RAID 技术构建的磁盘阵列，也存在一个潜在的单点故障，那就是 RAID 通道。当 RAID 通道出现故障时，所有的数据就不能读出。因此在 RAID 系统中还可以使用冗余的 RAID 控制卡提高系统容错性。当多个 RAID 控制卡中的一个出现故障时，不会影响系统的整体可用性。双 RAID 控制卡系统一般有两种实现方式：一种是全激活模式，即两个 RAID 通道独立同时运行，通过心跳监控两者之间的状态，当其中一个出现故障时，另一个会自动接管其工作，故障恢复后自动回到独立双通道的工作状态；另一种是主备模式，主控制器负责控制所有磁盘，备用控制器通过心跳监控主控制器的状态，当主控制器发生故障时，备用控制器会接管工作。

（3）基于集群的数据容错：集群容错是建立在多个存储节点中的。它的原理是在多个存储节点中，对数据进行冗余储存，从而确保当某个节点发生故障时不会影响到系统的正常运行。以双机容错系统为例，它有两种可以采用的方式：双机热备模式、双机互援模式。在双机互援模式下，两个存储节点都是独立的数据节点，但它们之间会通过一种检测机制用于监控对方的运行状态，当其中一个节点出现故障，正常的那个存储节点会自动接管故障存储节点的工作，从而使整个系统能够保持正常。在双机热备模式中，工作节点只有一个，另外一个节点会以热备份的形式运行，其中备份节点会监控工作节点上的数据，并获取工作节点的状态，当工作节点出现故障时，备份节点可以替代工作节点，从而提供完整的数据。

2. 管理问题

存储管理是大数据研究与应用中的“重要组件”，它已经悄然潜入日常生活的方方面面。人们使用移动终端设备会不断产生数据，人们用计算机访问网页也会产生数据，人们生活的城市、小区遍布的摄像头同样会产生数据。利用这些海量的数据来改善人们的日常生活、提高企业运营能力的过程都离不开数据的存储与管理。这些数据结构复杂、种类繁多，因此对分布、多态、异构的大数据进行管理的问题已经不期而至，传统的数据存储方式面对大数据的猛烈增长已不能满足需求，需要开展分布式存储的研究，大数据的分布式存储主要涉及以下几个管理技术。

1）存储资源管理方法

为了解决集群存储环境下的存储资源管理问题，采用存储资源映射方法通过在物理资源和虚拟存储资源请求之间建立合理的映射关系，来进行有效的存储资源管理。国内外相关研究提出合理的集群存储资源映射方法，将虚拟存储资源请求均匀地分配到节点上，然后进行节点内部设备级别的资源映射。

2）支持多用户的资源使用和存储环境隔离机制

当用户数量增多，有限的存储资源已经不能满足用户对该类资源的需求时，用户与资源的矛盾就会凸显出来。解决这种矛盾的最有效的方法就是采取有效资源共享机制，将有限数量的资源按需求动态共享给多个用户使用。此外，在存储资源共享的同时，从用户角度看每个应用系统都是独立的，不依赖与其他应用系统运行而运行，也不受其他应用系统和资源运行结果的影响，因此需要存储环境隔离技术来屏蔽各个应用系统对存储资源运行的互相影响。

研究表明，利用存储虚拟化技术来整合不同厂商的存储系统，通过隔离主机层与物理存储资源，存储虚拟化技术可以将来自于不同存储设备（即使是不同厂商的设备）的存储容量汇集到一个共享的逻辑资源池中，这样存储的管理就更容易。任何单体存储阵列所创建的物理卷的容量都是有限制的，而多个异构的存储系统联合在一起就可以创建出一个更大的逻辑卷。

3）基于 Hadoop 的大数据存储机制

大数据中各类描述方式具有多样性，有结构化数据、半结构化数据和非结构化数据需要进行处理。对于结构化数据，虽然现在出现了各种各样的数据库类型，但通常的处理方式仍是采用关系型数据知识库进行处理；对于半结构和非结构化数据，Hadoop 框架提供了很好的解决方案。

Hadoop 分布式文件系统（HDFS）是建立在大型集群上可靠存储大数据的文件系统，是分布式计算的存储基石。基于 HDFS 的 Hive 和 HBase 能够很好地支持大数据的存储。具体来说，使用 Hive 可以通过类 SQL 语句快速实现 MapReduce 统计，十分适合数据仓库的统计分析。HBase 是分布式的、基于列存储的、非关系型数据库，它的查询效率很高，主要用于查询和展示结果。Hive 是分布式的关系型数据仓库，主要用来并行处理大量数据。将 Hive 与 HBase 进行整合，共同用于大数据的处理，可以减少开发过程，提高开发效率。使用 HBase 存储大数据，并使用 Hive 提供的 SQL 语言，可以十分方便地实现大数据的存储和分析。

3.3.2　大数据存储中的数据结构处理样例

在大数据存储场景中，一般把数据结构分为 3 种类型：结构化数据、非结构化数据、半结构化数据。下面讲解 3 种类型的常见处理样例。

1．结构化数据

数据表是由表名、表中字段和表的记录 3 个部分组成的。创建数据表结构需要优先确定表名，表中对应的各个字段及字段所使用的记录数据类型、大小等，以上的表结构定义包括后续录入表中的数据都可以通过常用的关系型数据库 MySQL、Oracle、DB 持久化输入到计算机中。常见表结构数据如表 3-1 所示。

表 3-1　结构树数据格式样例

主键/ID	课程/NAME	类型/TYPE
1	Oracle	关系型数据库
2	Hadoop	大数据分布式架构
3	Java	编程语言

2．非结构化数据——图像处理

图像处理是指用计算机对图像进行分析处理以达到所需要求和结果的技术。图像处理技术一般包括图像压缩，增强和复原，匹配、描述和识别 3 个部分。而其所对应的常用方法则主要包括 6 种。

1）图像变换：由于图像阵列很大，直接在空间域中进行处理，涉及计算量很大。因此，往往采用各种图像变换的方法，例如，傅立叶变换、沃尔什变换、离散余弦变换等间接处理技术，将空间域的处理转换为变换域处理。

2）图像编码压缩：图像编码压缩技术可减少描述图像的数据量（即比特数），以便节省图像传输、处理时间和减少所占用的存储器容量。

3）图像增强和复原：图像增强和复原的目的是为了提高图像的质量，例如，去除噪声、提高图像的清晰度等。图像增强不考虑图像降质的原因，突出图像中所感兴趣的部分。

4）图像分割：图像分割是将图像中有意义的特征部分提取出来，其有意义的特征有图像中的边缘、区域等，这是进一步进行图像识别、分析和理解的基础。

5）图像描述：图像描述是图像识别和理解的必要前提。作为最简单的二值图像可采用其几何特性描述物体的特性，一般图像的描述方法采用二维形状描述，它有边界描述和区域描述两类方法。对于特殊的纹理图像可采用二维纹理特征描述。

6）图像分类（识别）：图像分类（识别）属于模式识别的范畴，其主要内容是图像经过某些预处理（增强、复原、压缩）后，进行图像分割和特征提取，从而进行判决分类。

3. 半结构化数据——JSON 标准化

JSON（JavaScript Object Notation）是一种轻量级的数据交互格式。它基于 ECMAScript（欧洲计算机协会制订的 JS 规范）的一个子集，采用完全独立于编程语言的文本格式来存储和表示数据。通俗地说，JSON 就是一种在各种介质或者编程语言，应用组件间进行数据交互的约定格式。而 JSON 的语法规则也十分简单，具体有如下 5 条语法。

（1）数组（array）用方括号（[]）表示。

（2）对象（object）用大括号（{}）表示。

（3）名称/值对（name/value）之间用冒号（:）隔开。

（4）名称（name）置于双引号中，值（value）有字符串、数值、布尔值、null、对象和数组。

（5）并列的数据之间用逗号（,）分隔。

语法样例如下。

```
{
 "name": "半结构化数据 Json 格式",
 "item": [{
  "id": "1",
  "name": "oracle",
  "type": "关系型数据库"
 }, {
  "id": "2",
  "name": "Hadoop",
  "type": "大数据分布式架构"
 }, {
  "id": "3",
  "name": "Java",
  "type": "编程语言"
 }]
}
```

JSON 由于其简约清晰的数据书写及阅读性被广泛应用于各种数据交互场景中，并且同时也衍生出很多对 JSON 格式进行解析与封装的工具包，比较常见的有 Gson、FastJson、Jackson 等。

3.3.3 分布式系统

分布式系统到底是做什么的？分布式系统可以用多台计算机解决单个计算机无法解决的计算、存储等问题。分布式系统是独立计算机的集合，这些计算机对用户来说就像一个单独的相关系统。它的定义包括以下两个方面。

（1）硬件方面：机器本身是独立的。

（2）软件方面：对于用户来说，它们就像跟单个系统打交道。

这两个方面一起阐明了分布式系统的本质，缺一不可。此外，分布式系统还有以下一些特性。

（1）计算机之间的差异和计算机之间的通信方式对用户是隐藏的，所以用户无法看到分布式系统的内部组织结构。

（2）无论何时何地，用户和应用程序都可以以一致和统一的方式与分布式系统交互。

（3）扩展或升级分布式系统应该是相对容易的。这是因为分布式系统是由独立的计算机组成的，单个计算机在系统中承担任务的细节是隐藏的。即使分布式系统中某些部分发生故障，但整体在正常情况下总是可用的。用户和应用程序察觉不到哪些部件正在被替换和修复，哪些新部件正在被添加以服务更多的用户和应用程序。为了使种类各异的计算机和网络都呈现为单个的系统，分布式系统常常通过一个“软件层”组织起来，该“软件层”在逻辑上位于由用户和应用程序组成的高层与由操作系统组成的低层之间，如图 3-13 所示。这样的分布式系统有时又被称为中间件（middleware）。

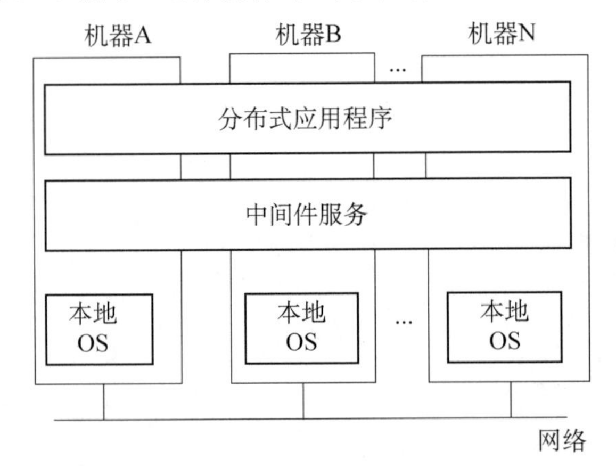

图 3-13　作为中间件组织的分布式系统

以万维网为例，它使用了超文本标记语言。用户如果要看某一个文档只需要点击一个链接，文档就会被加载出来。理论上不需要知道文档在哪个服务器，更不用关心服务器的位置。要发布一个文档也很简单：只需要一个 URL 名，让该 URL 指向包含文档内容的本地文件。用户看到的万维网是一个庞大的文档系统，实质上可以把它理解成一个分布式的文档系统。

前面提到了分布式系统是使用多台计算机解决单台计算机所不能独立完成的任务，那么分布式系统处理问题的速度远远超出了单台系统所能处理的数据的能力，即处理数据量存在着明显差异。那么如果将一个大数据量的问题使用分布式系统来解决，首要的问题是如何将问题进行拆解，使得分布式系统中每个节点只负责问题的一个子集。实际上不论是计算还是存储，所输入的都是数据，所以拆解输入数据成为分布式系统的最基础的问题，通常把这样的数据拆解叫作数据分布（存储）方式。分布式系统中常见的数据分布方式有哈希方式、按数据范围分布、按数据量分布和一致性哈希 4 种。接下来分别介绍这 4 种数据分布方式。

（1）哈希方式。

哈希方式是最常见的数据分布方式，它根据数据的某个特征计算出哈希值并与集群中的服务器建立映射关系，从而将数据分布到不同的机器中。数据特征可以是键值对（key-value）系统中的键（key），也可以是跟业务逻辑相关的值。例如，根据用户的 ID 计算哈希值，随后把集群中的服务器按照从 0 到服务器的数量减 1 的方式进行编号，再用哈希值除以服务器的个数，所得结果的余数即为该数据的服务器编号。在实际运用中，往往需要考虑服务器冗余的问题。例如，将两台服务器组成一组，把哈希值除以组的数量，把余数作为服务器组编号。图 3-14 给出了一个利用哈希方式来分布数据的示例，它把数据根据哈希值分配到了 4 个节点上。

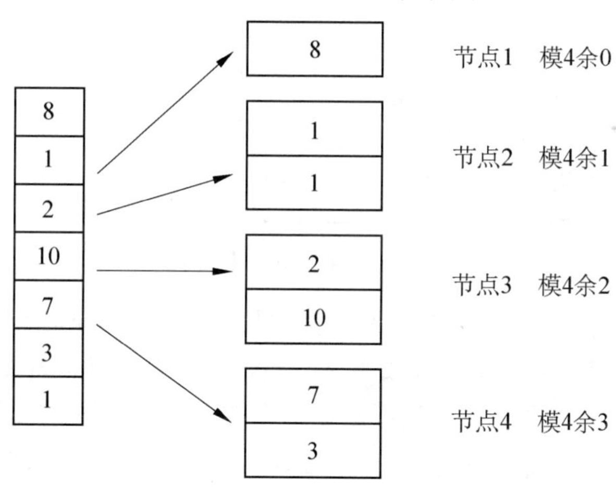

图 3-14　哈希方式分布数据

可以把哈希方式想象成哈希表，每台或每组机器就是一个哈希表中的桶，数据根据哈希值分布到每个桶中。如果哈希的函数散列特性好，那么使用哈希方式可以均匀地将数据分布到集群中。哈希方式需要保存的元数据信息也非常简单，不管在什么情况下，只需要知道哈希的计算方式就可以知道是哪台机器处理的数据。

哈希分布式数据的一个突出缺点是可扩展性低，一旦需要扩展集群的规模，那么几乎所有的数据都需要被迁移和重写分布。为了解决这个缺点，人们不再简单地将哈希值与机器做除法取模映射，而是使用专门的元数据服务器管理哈希的对应关系。在访问数据时，首先计算出哈希值，然后从元数据服务器中进行查询，从而得到该哈希值对应的机器。大多数情况下，哈希值取模个数通常大于机器的个数，这样同一台机器就需要负责多个哈希值，取模的余数。在集群扩容时，将部分余数分配到新加入的机器并将数据迁移到新机器上，这样扩容就不会因为机器的数量而成倍地增长。不过这种做法需要很复杂的机制来维护元数据。

哈希分布数据还有一个缺点，即当某个数据特征值不均时，出现“数据倾斜”问题的概率会比较大。例如，在某系统中，通过用户 ID 做哈希分布数据，当某个用户 ID 的数据量非常庞大时，该用户数据始终只有某一台服务器进行处理，假设用户的数据量超过了这台服务器的处理数据量的上限，则该用户的数据就不能够被正确处理。而且更加严重的是，不管如何扩展该集群的规模都无法解决这个问题，因为该用户的数据将始终只能由这一台服务器进行处理。图 3-15 给出了一个数据倾斜的示例，当通过用户 ID 做哈希分布数据，且用户 1 的数据非常多时，该用户的数据全部堆积到节点 2 上。

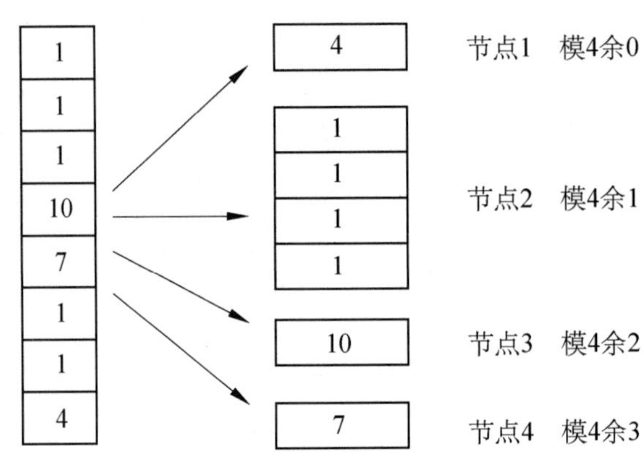

图 3-15 哈希方式的数据倾斜

这种情况下只能重新选择用户哈希数据的特征，例如，哈希函数的输入选择用户 ID 与另一个数据维度的组合，但是如果这样做，则需要重新分布数据，在实际运用中可操作性不高。还有一种思路是，使用数据的全部而不是某些维度的特征计算哈希值，但是这样做数据会被完全打散在集群中。然而在实际运用中有时候并不能这么做，这是因为它会让每个数据之间的关联性完全消失。例如，在上面的示例中，一旦需要处理指定用户 ID 的数据，那么所有的机器都需要参与计算，因为用户 ID 的数据可能分布在任何一台服务器上。当然，如果系统处理的数据没有任何的联系，就可以用全部数据做哈希分布的方式解决数据倾斜问题。

（2）按数据范围分布。

按数据范围分布是另一种常见的数据分布方式。根据特征值的范围将数据划分为不同的区间，使集群中的每个服务器（组）可以在不同的区间处理数据。

例 3-1　在某集群中用户 ID 的值域区间是［1,100)，集群中含有 3 台服务器，使用数据范围分布数据的方法，把用户 ID 的值域分成 3 个不同的区间 [1,33)，[33,90)，[90,100)，分别由 3 台服务器进行处理，如图 3-16 所示。

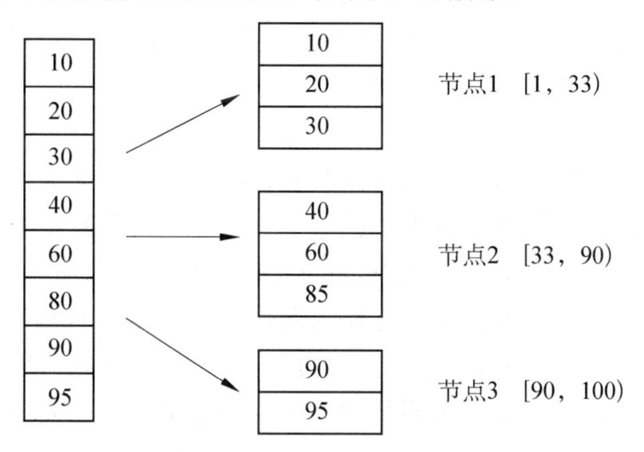

图 3-16　按数据范围分布

值得注意的是，每个数据区间的数据大小和区间大小无关。在例 3-1 中按用户 ID 划分的 3 个区间，虽然 ID 的值域不是相等大小，但 3 个区间的数据量却有可能差不多。这是因为有些用户 ID 可能存在大量的数据，而有些用户 ID 的数据比较小；也有可能有些区间的用户 ID 比较多，有些区间的用户 ID 比较少。在实际运用中，为了操作的方便，往往利用动态划分区间的技术，使得每个区间中的数据量尽量一致，当一个区间的数据量较大时，通过将区间进行“分裂”的方式，把一个区间拆分为两个区间，使得每个数据间隔中的数据量尽可能保持在相对固定的阈值下。与哈希分布数据的方式只需要记录哈希函数及分桶个数不同，按数据范围分布数据需要记录所有数据分布情况，通常需要使用一个特殊的服务器来维护内存中的数据分布信息，这被称为元信息。在大规模集群中，由于元信息的规模巨大，单台计算机无法独立维护，这个时候就需要多台机器作为元信息服务器。

例如，分布式系统使用数据范围来分布数据，平均每个数据分区中保存约 256 MB 的数据，其中每个数据分区都有 3 个副本。每台服务器有约 10 TB 的容量，集群里有 1000 台服务器。每个数据分区需要 1 KB 的元信息来记录数据分布和副本所在的服务器。1000 台服务器的总存储量为 10 000 TB，总分区数为 10 000 TB/256 MB=40 M，由于使用 3 个副本，则独立分区数为 40 M/3=13 M，需要的元信息数为 13 M×1 KB=13 GB，假设考虑到读写压力，单个元数据服务器可以维护的元数据量为 2 GB，则需要 7 台元数据服务器。使用哈希分布数据的方式让系统中的数据看上去像一个哈希表，按范围分布数据的方式让数据看上去像一个 B 树，每台服务器都是 B 树的子节点，元数据服务器则是 B 树的中间节点。

使用范围分布数据的好处是可以根据数据量的具体情况灵活拆分原来的数据区间，拆分后的数据区间可以迁移到其他机器上，一旦集群需要完成负载均衡，按使用范围分布数据的方式比哈希方式更灵活。另外，在集群需要扩容时，可以任意添加服务器，只需将原机器上的部分数据分区迁移到新加入的机器上就可以完成集群扩容。按范围分布数据方式的缺点是需要维护复杂的元信息。随着集群规模的不断增长，元信息服务器将会成为集群的性能瓶颈，进而需要更多的元信息服务器来解决这个问题。

（3）按数据量分布。

根据按数据量分布数据的方式也同样是常用的数据分布方式，跟哈希分布方式和按数据范围分布相比，按数据量分布数据与具体的数据特征无关，而是把数据看成一个按顺序增长的文件，并按照固定大小把这个文件分成几个数据块，将不同的数据块分布到不同的服务器中。类似于按数据范围分布数据的方式，按数据量分布也需要记录数据块的分布情况，并将该分布信息作为元信息使用专门的服务器进行管理。

因为与具体的数据特征无关，按照数据量分布数据的方式一般不存在数据倾斜的问题，数据总被均匀切分从而分布到集群当中。当集群需要重新进行负载均衡时，只要迁移数据块就能完成重新负载均衡。对于集群的扩容，也没有特别的限制，只需要将部分数据迁移到新增的机器上就能完成集群的扩容。与按范围分布数据相同，按数据量分布数据的一个特点是需要管理非常复杂的元数据信息，元数据信息也会随着集群的扩容变得非常庞大。所以，如何高效地管理元数据信息是人们需要研究的新课题。

（4）一致性哈希。

一致性哈希也是经常使用的数据分布方式之一。一致性哈希早期被用作 P2P 网络中分布式哈希表的一种常用数据分布算法，它的基本方法是通过哈希函数来计算数据或数据特征的哈希值，使它的输出值成为封闭的环，所以说它输出的最大值是最小值的前序，并将节点随机分布在这个封闭的环中，每个节点负责处理从其自身顺时针方向到下一个节点的所有哈希值值域中的数据。

例 3-2　某个一致性哈希函数值域为［0,10)，系统有 3 个节点 A、B、C，这 3 个节点所处的一致性哈希的位置分别为 1、4、9，节点 A 负责的值域范围为［1,4)，节点 B 负责的范围为［4,9)，节点 C 负责的范围为［9,10)和［0,1)。若某数据的哈希值为 3，则该数据应由节点 A 负责处理。图 3-17 给出了这个示例的示意图。

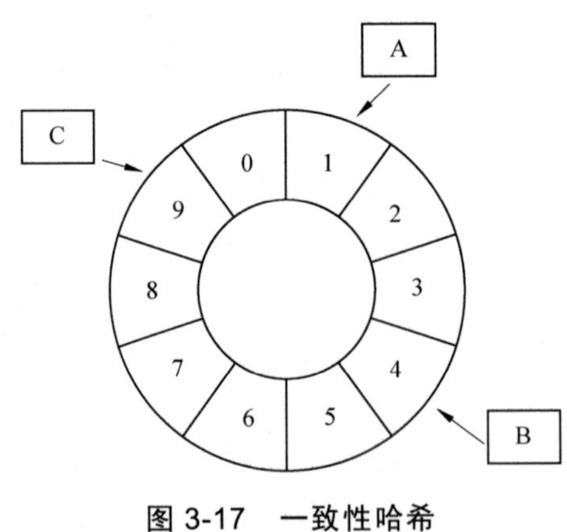

图 3-17　一致性哈希

相比哈希分布的方式，一致性哈希分布数据的优势是可以动态添加、删除节点，每次添加、删除一个节点仅影响环上相邻的节点。

例 3-3 假设需要在图 3-17 中增加一个新节点 D，为 D 分配的哈希位置为 3，则首先将节点 A 中［3,4)的数据从节点 A 复制到节点 D，然后加入节点 D 即可。

使用一致哈希分布数据的方式需要将节点在一致哈希环中的位置作为元信息进行管理，这样比直接使用哈希方式要复杂得多，但是节点的位置信息只跟集群的规模大小有关。使用一致哈希的分布数据方式的元信息通常比按数据范围分布数据和按数据量分布的元信息的量要小。不过一致性哈希分布数据有一个缺点，就是在使用随机分布节点的方式时会导致很难均匀地分布哈希值域，尤其是在动态添加节点之后，即使原先分布的比较均匀但很难保证在添加节点之后分布仍然均匀，所以它引发了另外一个问题就是在一个节点发生故障时，故障节点的压力会转移到相邻的一个节点。

为此创建了一个改进的算法就是使用虚节点（virtual node）的概念，在整个系统开始就创建很多虚拟的节点，虚拟节点个数会远远大于集群中的服务器的数量，只需要将虚节点分布到一致性哈希值域环上，其功能基本与一致性哈希分布数据方式中的节点相同。为每个节点分配一定数量的虚拟节点，在使用时只要通过数据的哈希值在环上找到对应的虚节点，就可以找到对应的真实节点。使用虚节点有很多优点。在某个节点不可用时，节点上对应的虚节点都会变得不可用，这样可以使相邻的多个真实节点承载原先的压力。类似地，一旦加入一个新节点，使得新节点可以承载多个原节点的压力，从全局角度来看，更容易实现扩展时的负载均衡。

3.3.4 Hadoop 框架

Hadoop 是 Apache 基金会开发的一个分布式系统基础架构。用户可以在不了解分布式底层的情况下，充分利用集群架构的高速运算能力和存储能力进行分布式程序的开发。Hadoop 还实现了一个分布式文件系统（distributed file system），其中一个组件是 HDFS。HDFS 具有高容错性，可以部署在廉价的设备上；而且 HDFS 提供了极高的吞吐量来访问应用程序中的数据，适合那些有着超大数据集的应用程序。HDFS 放宽了 POSIX 的要求，可以通过流的形式访问文件系统中的数据。Hadoop 框架的核心就是 HDFS 和 MapReduce。HDFS 用于存储海量的数据，而 MapReduce 则用于处理海量的数据。

1）发展历史

Hadoop 起源于 Apache Nutch，是 Apach Lucene 的一部分。2002—2004 年，谷歌介绍了其云计算的核心部分 GFS（Google file system）、MapReduce 以及 BigTable。谷歌在自身多年的搜索引擎业务中构建了突破性的 GFS，从此文件系统进入分布式时代。除此之外，Google 在 GFS 上如何快速分析和处理数据方面开创了 MapReduce 并行计算框架，让以往的高端服务器计算变为廉价的 x86 集群计算，也让许多互联网公司能够从 IOE（IBM 小型机、Oracle 数据库以及 EMC 存储）中解脱出来，Google 虽然没有将其核心技术开源，但是这 3 篇论文已经向开源社区指明了方向。得益于 Google

的启发，Doug Cutting 使用 Java 语言对 Google 的云计算核心技术（主要是 GFS 和 MapReduce）做了开源的实现。后来，Apache 基金会整合 Doug Cutting 以及其他 IT 公司（例如，Facebook 等）的贡献成果，开发并推出了 Hadoop 生态系统。

2）生态圈

（1）Hadoop Common：一组分布式文件系统和通用 I/O 的组件与接口（序列化、Java RPC 和持久化数据结构），用于支持其他 Hadoop 模块。

（2）MapReduce：并行计算框架，非常适合在大量计算机组成的分布式并行环境里进行数据处理。

（3）HDFS：分布式文件系统，有着高容错性特点，设计用来部署在低廉的硬件上，适合那些有着超大数据集的应用程序。

（4）ZooKeeper：一个分布式、高性能的协调服务，提供分布式锁之类的基本服务，用于构建分布式应用。

（5）HBase：一个分布式、按列存储数据库，使用 HDFS 作为底层存储，同时支持 MapReduce 的批量式计算和点查询（随机读取）。

（6）Pig：一种数据流语言和运行环境，用以检索非常大的数据集，运行在 MapReduce 和 HDFS 的集群上。

（7）Hive：数据仓库工具，提供基于 SQL 的查询语言（运行时翻译成 MapReduce 作业），用于数据的离线分析。

（8）Mahout：一个在 Hadoop 上运行的可扩展的机器学习算法和数据挖掘类库。

（9）Avro：一种支持高效、跨语言的 RPC 以及永久存储数据的序列化系统。

（10）Sqoop：在传统数据库和 HDFS 之间高效传输数据的工具。

3.3.5 NoSQL 数据库

提到数据存储，一般都会想到关系型数据库。但是关系型数据库也不是万能的，它也有不足之处，因而 NoSQL 非关系型数据库应运而生。NoSQL 数据库究竟是什么含义呢？它是 Not Only SQL 的缩写，即适用关系型数据库的时候就使用关系型数据库，不适用的时候也没必要非使用关系型数据库不可，可以考虑使用更加合适的数据存储方式。为了更好地理解 NoSQL 数据库，对关系型数据库进行了解很有必要。

在 20 世纪 60 年代末，埃德加·弗兰克·科德（Edgar Frank Codd）发表了一篇论文，首次提出了关系型数据库的概念。但遗憾的是，刊登论文的是 IBM 公司的内部刊物，所以论文的反响一般，直到 1970 年科德在刊物 *Communication of the ACM* 上发表了题为 *A Relational Model of Data for Large Shared Data banks*（《大型共享数据库的关系模型》）的论文，才成功引起了大家的关注。他所提出的关系型数据模型的概念是现今关系型数据库的基石。由于当时的硬件性能较差，导致了关系型数据库一直没有得到广泛运用，直到后来随着硬件性能的逐步提升，加上关系型数据库本身性能优异，并且容易使用才得到了广泛的运用。

关系型数据库具有非常好的通用性和非常高的性能，对于绝大多数应用来说它都是最有效的解决方案。关系型数据库作为应用广泛的通用型数据库，它的突出优势主要有以下几点。

（1）保持数据的一致性（事务处理）。

（2）由于以标准化为前提，数据更新的开销很小（相同的字段基本上都只有一处）。

（3）可以进行 join 等复杂查询。

（4）存在很多实际成果和专业技术信息（成熟的技术）。

其中保持数据的一致性是关系型数据库的最大优势。当需要保证数据一致性和处理完整性的时候，使用关系型数据库是最适合不过的。但是有些时候并不需要 join，对上述关系型数据库的优点也不是特别需要，这时候就没必要再拘泥于关系型数据库了。

关系型数据库的短板又有哪些呢？前面提到过关系型数据库的性能非常高。但它毕竟是一个通用型的数据库，并不适用某些特殊的用途，具体来说它不擅长的处理主要有以下几点。

（1）大量数据的写入处理。

在数据读入方面，由复制产生的主从模式（数据的写入由主数据库负责，数据的读入由从数据库负责）可以比较简单地通过增加从数据库来实现规模化。但是在数据写入方面却没有简单的方法来解决规模化的问题。

（2）为有数据更新的表做索引或表结构（schema）变更。

在使用关系型数据库时，为了加快查询速度需要创建索引，为了增加必要的字段就一定需要改变表结构。为了进行这些处理，需要对表进行共享锁定，这期间数据变更（更新、插入、删除等）是无法进行的。如果需要进行一些耗时操作（例如，为数据量比较大的表创建索引或者是变更其表结构），必然会出现长时间内数据可能无法进行更新的情况。

（3）字段不固定时应用。

如果字段不固定，利用关系型数据库也是比较困难的。一种方案是在需要的时候，加入相应字段，但在实际运用中每次都进行反复的表结构变更是一件非常痛苦的事。另一种方案是预先设定大量的预备字段，这样做带来的烦恼是很容易弄不清楚字段和数据的对应状态（即哪个字段保存哪些数据），不易操作。

（4）对简单查询需要快速返回结果的处理。

关系型数据库并不擅长对简单的查询快速返回结果。这是因为关系型数据库是使用专门的 SQL 语言进行数据读取，它需要对 SQL 语言进行解析，同时还有对表的锁定和解锁这样的额外开销。这样并不是说关系型数据库太慢，而是当希望对简单查询进行高速处理时，没有必要非使用关系型数据库不可。

为了弥补上述不足，设计了 NoSQL 数据库。它不是对关系型数据库的否定，而是对关系型数据库的补充，增加了数据存储的方式。那么，NoSQL 数据库有何特点可以对具有非常好的通用性和非常高的性能的关系型数据库进行补充？

首先，NoSQL 数据库易于数据的分散。如前所述，关系型数据库并不擅长大量数据的写入处理。原本关系型数据库就是以 join 为前提的，也就是说，各个数据之间存在关联是关系型数据库得名的主要原因。为了进行 join 处理，关系型数据库不得不把数据存储在同一个服务器内，这不利于数据的分散。相反，NoSQL 数据库原本就不支持 join 处理，各个数据都是独立设计的，很容易把数据分散到多个服务器上。由于数据被分散到了多个服务器上，减少了每个服务器上的数据量，即使要进行大量数据的写入操作，处理起来也更加容易。同理，数据的读入操作当然也同样容易。

其次，NoSQL 数据库能适应以低成本的方式来提高服务器对大数据的处理能力。如果想要使服务器能够轻松地处理大数据，那么只有两个选择：一是提升性能，二是增大规模。

提升性能指的就是通过提升现行服务器自身的性能来提高处理能力。这是一个非常简单的方法，程序方面也不需要进行变更，但需要一些费用。若要购买性能翻倍的服务器，需要的资金往往不只是原来的两倍，可能达到 5～10 倍。这种方法虽然简单，但是成本较高。性能和费用的曲线关系如图 3-18 所示。

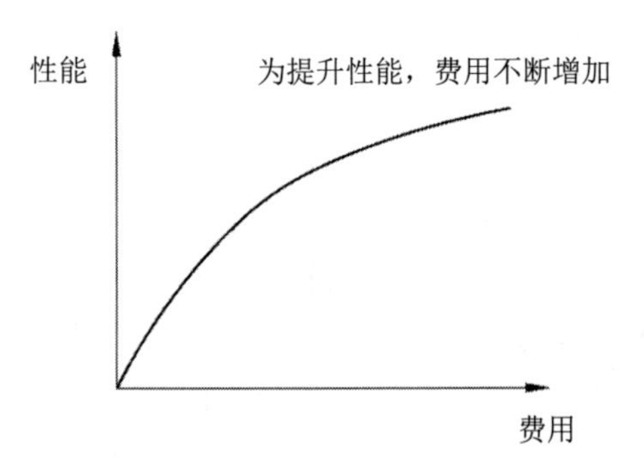

图 3-18　提升性能的费用与性能曲线

增大规模指的是使用多台廉价的服务器来提高处理能力。它需要对程序进行变更，但由于使用廉价服务器，可以控制成本。另外，以后想要更高的处理能力，只需要再增加服务器的数量即可。如图 3-19 所示为提升性能和增大规模示意图。

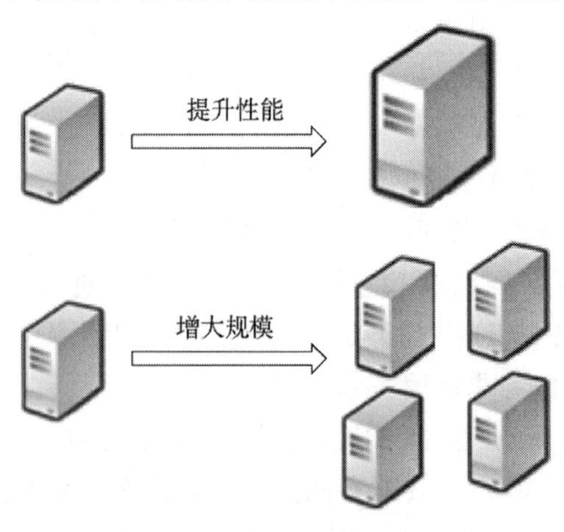

图 3-19　提升性能和增大规模

NoSQL 数据库用途非常广泛。NoSQL 数据库虽然是为了使大量数据的写入处理更加容易而设计的，但如果不是对大量数据进行操作，NoSQL 数据库的应用就没有意义了吗？答案是否定的。的确，它在处理大量数据方面很有优势，但实际上 NoSQL 数据库还有各种各样的特点，如果能够恰当地利用这些特点，它就会非常有用。例如，希望顺畅地对数据进行缓存处理的时候、希望对数组类型的数据进行高速处理的时候、希望进行全部保存的时候等。

NoSQL 数据库目前已经多达 225 种。其中包括键值存储、文档型数据库、列存储数据库、图数据库、对象数据库等。下面介绍几种具有代表性的 NoSQL 数据库以及它们的特点。读者可到 NoSQL 数据库的官网（http://nosql-database.org/）做进一步的了解。

1）键值存储

键值存储是常见的 NoSQL 数据库，它的数据是以键值（key-value）的形式存储的。虽然它非常快，但想要查询数据基本上只可以通过键（key）。这种数据库的保存方式可以分为 3 种：临时性、永久性和两者兼具。

（1）临时性。所谓临时性就是“数据有可能丢失”的意思。memcached 把所有的数据都保存在内存中，这样保存和读取的速度非常快；但是当 memcached 停止的时候，数据就不存在了。由于数据保存在内存中，所以无法操作超出内存容量的数据（旧数据会丢失）。

（2）永久性。所谓永久性键值存储就是“数据不会丢失”的意思，Tokyo Tyrant、Flare、ROMA 等就属于永久性键值存储。这种键值存储与 memcached 在内存中保存数据不同，它是把数据保存在硬盘上。与 memcached 在内存中处理数据比起来，这种键值存储由于必然要发生对硬盘的 I/O 操作，所以在性能上有一定的差距，但是可以保证的是数据不会丢失。

（3）两者兼具。所谓两者兼具的意思就是“集合了临时性键值存储和永久性键值存储的优点”。Redis 就属于这种类型。Redis 首先将数据保存在内存中，在满足特定条件（默认是 15 分钟内 1 次以上，5 分钟内 10 个以上，1 分钟内 10 000 个以上的键值发生变更）的时候将数据写入到硬盘中。这样既保存了内存数据的处理速度，又可以通过写入硬盘来保证数据的永久性。这种类型的数据库特别适合处理数组类型的数据。

2）面向文档的数据库

MongoDB（详见后文）、CouchDB 是面向文档的数据库，它们也属于 NoSQL 数据库，但与键值存储类型数据库不同是，面向文档的数据库具有以下特征。

（1）不定义表结构。即使不定义表结构，也可以像定义了表结构一样使用。关系型数据库在变更表结构时比较费事，而且为了保持一致性还需要修改程序。而 NoSQL 数据库则可以省去这些麻烦，使用起来更加方便快捷。

（2）可以使用复杂的查询条件。跟键值存储不同的是，面向文档的数据库可以通过复杂的查询条件来获取数据。虽然不具备事务处理和 join 这些关系型数据库所具有的处理能力，但除此以外的其他处理基本上都能实现，这是非常容易使用的 NoSQL 数据库。

3）面向列的数据库

Cassandra、HBase、HyperTable 是面向列的数据库。由于近年来数据量增长迅速，这种类型的 NoSQL 数据库吸引了很多人的目光。普通关系数据库以行为单位存储数据，擅长读取行为单位的数据，例如，获取特定条件的数据。所以关系型数据库也是面向行的数据库。相反，面向列的数据库根据列存储数据，并且善于读取列中的数据。表 3-2 是面向行的数据库和面向列的数据库的比较情况。

表 3-2 面向行的数据库和面向列的数据库的比较情况

数据类型	数据存储方式	优势
面向行的数据库	以行为单位	对少量行进行读取和更新
面向列的数据库	以列为单位	对大量行少数列进行读取，对所有行的特定列进行同时更新

面向列的数据库具有高扩展性，即使数据增加也不会降低相应的处理速度（特别是写入速度），所以它主要应用于需要处理大量数据的情况。另外，利用面向列的数据库的优势，把它作为批处理程序的存储器来对大量数据进行更新也非常有用。但是由于面向列的数据库跟现行数据库存储的思维方式有很大不同，所以应用起来十分困难。

1．MongoDB

MongoDB 是一个介于关系数据库和非关系数据库之间的产品，是非关系数据库当中功能最丰富、最像关系数据库的。它支持的数据结构非常松散，是类似 json 的 bson 格式，因此可以存储比较复杂的数据类型。MongoDB 最大的特点是它支持的查询语言非常强大，其语法有点类似于面向对象的查询语言，几乎可以实现类似关系数据库单表查询的绝大部分功能，而且还支持对数据建立索引。

1）基本原理

MongoDB 所谓的“面向集合”（collection-oriented）存储，意思是数据被分组存储在数据集中，被称为一个集合（collection）。每个集合在数据库中都有一个唯一的标识名，并且可以包含无限数目的文档。集合的概念类似关系型数据库（RDBMS）里的表（table），不同的是它不需要定义任何模式（schema）。Nytro MegaRaid 技术中的闪存高速缓存算法，能够快速识别数据库内大数据集中的热数据，提供一致的性能改进。存储在集合中的文档，被存储为键-值对的形式。键用于唯一标识一个文档，为字符串类型；而值则可以是各种复杂的文件类型。通常称这种存储形式为 BSON（binary serialized document format）。

2）特性优势

在讨论 MongoDB 业务场景时，经常会听到类似“这个场景 MySQL 也能解决，没必要一定用 MongoDB”的声音。的确，并没有某个业务场景必须要使用 MongoDB 才能解决，但使用 MongoDB 通常能让用户以更低的成本解决问题（包括学习、开发、运维等成本），表 3-3 是 MongoDB 的主要特性，大家可以与自己的业务需求相对照，匹配的内容越多，用 MongoDB 就越合适。

表 3-3 MongoDB 特性

MongoDB 特性	优 势
事务支持	MongoDB 目前只支持单文档事务，需要复杂事务支持的场景暂时不适合
灵活的文档模型	JSON 格式存储最接近真实对象模型，对开发者友好，方便快速开发迭代
高可用复制集	满足数据高可靠、服务高可用的需求，运维简单，故障自动切换
可扩展分片集群	海量数据存储，服务能力水平扩展
高性能	mmapv1、wiredtiger、mongorocks（rocksdb）、in-memory 等多引擎支持满足各种场景需求
强大的索引支持	地理位置索引可用于构建各种 O2O 应用、文本索引解决搜索的需求、TTL 索引解决历史数据自动过期的需求
Gridfs	解决文件存储的需求
aggregation&mapreduce	解决数据分析场景需求，用户可以自己写查询语句或脚本，将请求都分发到 MongoDB 上完成

从目前市面上的用户看，MongoDB 的应用已经渗透到各个领域，例如，游戏、物流、电商、内容管理、社交、物联网、视频直播等。

2. HBase

HBase 是 Hadoop Database 的简称，HBase 项目由 Powerset 公司的 Chad Walters 和 Jim Kelleman 在 2006 年年末发起，根据 Google 的 Chang 等人发表的论文 *Bigtable: A Distributed Storage System for Structured Data* 来设计的。2007 年 10 月发布了第一个版本。2010 年 5 月，HBase 从 Hadoop 子项目升级成 Apache 顶级项目。

HBase 是分布式、面向列的开源数据库（其实准确地说是面向列族）。HDFS 为 HBase 提供可靠的底层数据存储服务，MapReduce 为 HBase 提供高性能的计算能力，ZooKeeper 为 HBase 提供稳定服务和 Failover 机制，因此 HBase 是一个通过大量廉价的机器解决海量数据的高速存储和读取的分布式数据库解决方案。

1）数据模型

逻辑上，HBase 的数据模型同关系型数据库很类似，数据存储在一张表中，有行有列。但从 HBase 的底层物理存储结构（K-V）来看，HBase 更像是一个 multi-dimensional map（一个 key 可以存多个 value 的版本）。

（1）name space：命名空间，类似于关系型数据库的 database 概念，每个命名空间下有多个表。HBase 有两个自带的命名空间，分别是 HBase 和 default，HBase 中存放的是 HBase 内置的表，default 表是用户默认使用的命名空间。

（2）region：类似于关系型数据库的表概念。不同的是，HBase 定义表时只需要声明列族即可，不需要声明具体的列。这意味着，往 HBase 写入数据时，字段可以动态、按需指定。因此，和关系型数据库相比，HBase 能够轻松应对字段变更的场景。

（3）row：HBase 表中的每行数据都由一个 rowkey 和多个 column（列）组成，数据是按照 rowkey 的字典顺序存储的，并且查询数据时只能根据 rowkey 进行检索，所以 rowkey 的设计十分重要。

（4）column：hbase 中的每个列都由 column family（列族）和 column qualifier（列限定符）进行限定，例如 info:name,info:age。建表时，只需指明列族，而列限定符无须预先定义。

（5）time stamp：用于标识数据的不同版本（version），每条数据写入时，如果不指定时间戳，系统会自动为其加上该字段，其值为写入 HBase 的时间。

（6）cell：由{rowkey, column family:column qualifier, time stamp} 唯一确定的单元。cell 中的数据是没有类型的，全部是字节数组形式存储。

2）特点描述

（1）海量存储：HBase 适合存储 PB 级别的海量数据，在 PB 级别的数据以及采用廉价 PC 存储的情况下，能在几十到百毫秒内返回数据。这与 HBase 的极易扩展性息息相关。正是因为 HBase 良好的扩展性，才为海量数据的存储提供了便利。

（2）列式存储：这里的列式存储其实说的是列族存储，HBase 是根据列族来存储数据的。列族下面可以有非常多的列，列族在创建表的时候就必须指定。

（3）极易扩展：HBase 的扩展性主要体现在两个方面，一个是基于上层处理能力（RegionServer）的扩展，一个是基于存储的扩展（HDFS）。通过横向添加 RegionSever 的机器，进行水平扩展，提升 HBase 上层的处理能力，提升 HBsae 服务更多 Region 的能力。

（4）高并发：由于目前大部分使用 HBase 的架构都是采用的廉价 PC，因此单个 I/O 的延迟其实并不小，一般在几十到上百毫秒之间。这里说的高并发，主要是在并发的情况下，HBase 的单个 I/O 延迟下降并不多，能获得高并发、低延迟的服务。

（5）稀疏：稀疏主要是针对 HBase 列的灵活性，在列族中，可以指定任意多的列，在列数据为空的情况下，是不会占用存储空间的。

HBase 的特点示意图如图 3-20 所示。

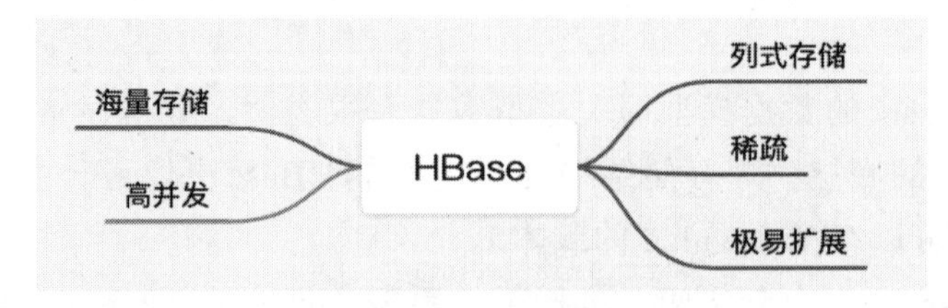

图 3-20　HBase 特点

3.3.6 云存储

1．什么是云存储

云存储是伴随着云计算技术的发展而衍生出来的一种新兴的网络存储技术，它是云计算的重要组成部分，也是云计算的重要应用之一。它不仅是数据信息存储的新技术、新设备模型，也是一种服务的创新模型。因此，云存储的概念是指通过网络技术、分布式文件系统、服务器虚拟化、集群应用等技术将网络中海量的异构存储设备构成可弹性扩张、低成本、低能耗的共享存储资源池，并提供数据存储访问、处理功能的系统服务。

当云计算系统运算和处理的核心是大量数据的存储与管理时，云计算系统中就需要配置大量的存储设备，这时的云计算系统就转变为一个云存储系统。所以，云存储实际上也是一个以数据存储和管理为核心的云计算系统。简单来说，云存储就是将存储资源放到云上供用户存取的一种新兴方案，使用者可以在任何时间、任何地点，通过任何可联网的设备连接到云上，方便地存储数据。所以，云存储也是对大数据进行处理的一种方式。

2．云存储的分类

云存储可以分为公共云存储、内部云存储和混合云存储 3 类。

1）公共云存储

亚马逊公司的 Simple Storage Service（S3）和 Nutanix 公司提供的存储服务一样，它们都可以低成本地提供大量的文件存储。供应商可以保持每个客户的存储、应用都是独立私有的。其中以 Dropbox 为代表的个人云存储服务是公共云存储发展较为突出的代表，国内比较突出的代表有搜狐企业网盘、百度云盘、360 云盘、115 网盘、华为网盘、腾讯微云等。公共云存储可以划出一部分用作私有云存储，一个公司可以拥有或控制基础架构以及应用的部署，私有云存储可以部署在企业数据中心或相同地点的设施上。私有云可以由公司的 IT 部门管理，也可以由服务供应商管理。

2）内部云存储

内部云存储跟私有云存储比较类似，唯一的不同点在于它在企业的防火墙内部。目前可提供私有云的平台主要有 Eucalyptus、3A Cloud、minicloud 安全办公私有云、联想网盘等。

3）混合云存储

混合云存储把公共云、内部云或私有云结合在一起。其主要用于按客户要求的访问，特别是需要临时配置容量的时候，从公共云上划出一部分容量配置一种内部云或私有云可以帮助公司面对迅速增长的负载波动或高峰。正因如此，混合云存储带来了跨公共云和私有云分配应用的复杂性。

3. 云存储的特点

1）低成本

前面所介绍的云存储通常是由大量的普通廉价主机构建成的集群，它可以是跨地域的多个数据中心，并且采用软件架构的方式来保障其可靠性和高性能。云存储的容灾机制与传统存储系统中的故障恢复机制不同，在一开始的架构体系设计和每一个开发环节中都已经包含了云存储的容灾机制，且快速更换单位不是单个 CPU、内存等硬件，而是一个存储主机。当集群中的某一个节点的硬件出现故障时，新的节点就会更换掉故障节点，数据就能自动恢复到新的节点上。由此可见，云存储的出现，企业不仅不再需要购买昂贵的服务器来应付数据的存储，还节省了聘请专业 IT 人士来管理、维护服务器的劳务开销，大大降低了企业的成本。

2）服务模式

实际上云存储不仅是一个采用集群式的分布式架构，还是一个通过硬件和软件虚拟化而提供的一种存储服务。其显著的特点就是按需使用，按量收费。企业或个人只需购买相应的服务就可以把数据存储到云计算存储中心，而无须购买并部署这些硬件设备来完成数据的存储。

3）可动态伸缩性

存储系统的动态伸缩性主要指的是读/写性能和存储容量的扩展与缩减。一个设计优良的云存储系统可以在系统运行过程中简单地通过添加或移除节点来自由扩展和缩减，这些操作对用户来说都是透明的。

4）高可靠性

云存储系统是以实际失效数据分析和建立统计模型着手，寻找软硬件失效规律，根据不间断的服务需求设计多种冗余编码模式，然后在系统中构建具有不同容错能力、存取和重构性能等特性的功能区，通过负载、数据集和设备在功能区之间自动匹配和流动，实现系统内数据的最优布局，并在站点之间提供全局精简配置和公用网络数据及带宽复用等高效容灾机制，从而提高系统的整体运行效率，满足可靠性要求。

5）高可用性

云存储方案中包括多路径、控制器、不同光纤网、端到端的架构控制、监控和成熟的变更管理过程，从而很大程度上提高了云存储的可用性。

6）超大容量存储

云存储可以支持数十 PB 级的存储容量和高效管理上百亿个文件，同时还具有很好的线性可扩展性。

7）安全性

自从云计算诞生以来，安全性一直是企业实施云计算首要考虑的问题之一，同样在云存储方面，安全性仍是首要考虑的问题。所有云存储服务间传输以及保存的数据都有被截取或篡改的隐患，因此就需要采用加密技术来限制对数据的访问。此外，云存储系统还采用数据分片混淆存储作为实现用户数据私密性的一种方案。因此云存储数据中心比传统的数据中心具有更高的数据安全性。

4．存储系统的类别

不同类型的数据具有不同的访问模式，需要使用不同类型的存储系统。总体有 3 类存储系统：块存储系统、文件存储系统和对象存储系统。

1）块存储系统

块存储系统是指能直接访问原始的未格式化的磁盘。这种存储的特点就是速度快、空间利用率高。块存储多用于数据库系统，它可以使用未格式化的磁盘对结构化数据进行高效读写。而数据库最适合存放的是结构化数据。

2）文件存储系统

文件存储系统是最常用的存储系统。使用格式化的磁盘为用户提供文件系统的使用界面。当人们在计算机上打开或关闭文档的时候，所看到的就是文件系统。尽管文件系统在磁盘上提供了一层有用的抽象，但是它不适合于管理大量的数据，或者超量使用文件中的部分数据。

3）对象存储系统

对象存储系统是指一种基于对象的存储设备，具备智能、自我管理能力，通过 Web 服务协议实现对象的读写和存储资源的访问。它只提供对整个对象的访问，简单来说就是通过特定的 API 对其进行访问。对象存储的优势在于它可以存放无限增长的内容，最适合用来存储包含文档、备份、图片、Web 页面、视频等非结构化或半结构化的数据。除此之外，对象存储还具备低成本、高可靠的优点。

3.4　大数据处理

3.4.1　大数据处理框架

无论是系统中的历史数据，还是不断进入系统的实时数据，只要数据是可访问的，就可以对其进行处理。根据对处理数据的形式和得到结果的时效性分类，数据处理框架可分为批处理系统和流处理系统两类。

批处理是一种用于计算大规模数据集的方法。批处理的过程包括将任务划分为较小的任务，在集群中的每台计算机上进行计算；然后根据中间结果对数据进行重新组合；最后计算并组合最终结果。批处理系统在处理非常大的数据集时是最有效的。典型的批处理系统就是 Apache Hadoop。

而流处理则对由连续不断的单条数据项组成的数据流进行操作，注重数据处理结果的时效性。典型的流处理系统有 Flink、Storm、Spark 体系下的 Spark Streaming。另外，如 Apache Spark 由于本身同时具有两种处理能力，所以被定义为混合处理系统。大数据处理系统分类树形图如图 3-21 所示。接下来详细讲解这 3 类处理方式中的几个处理系统。

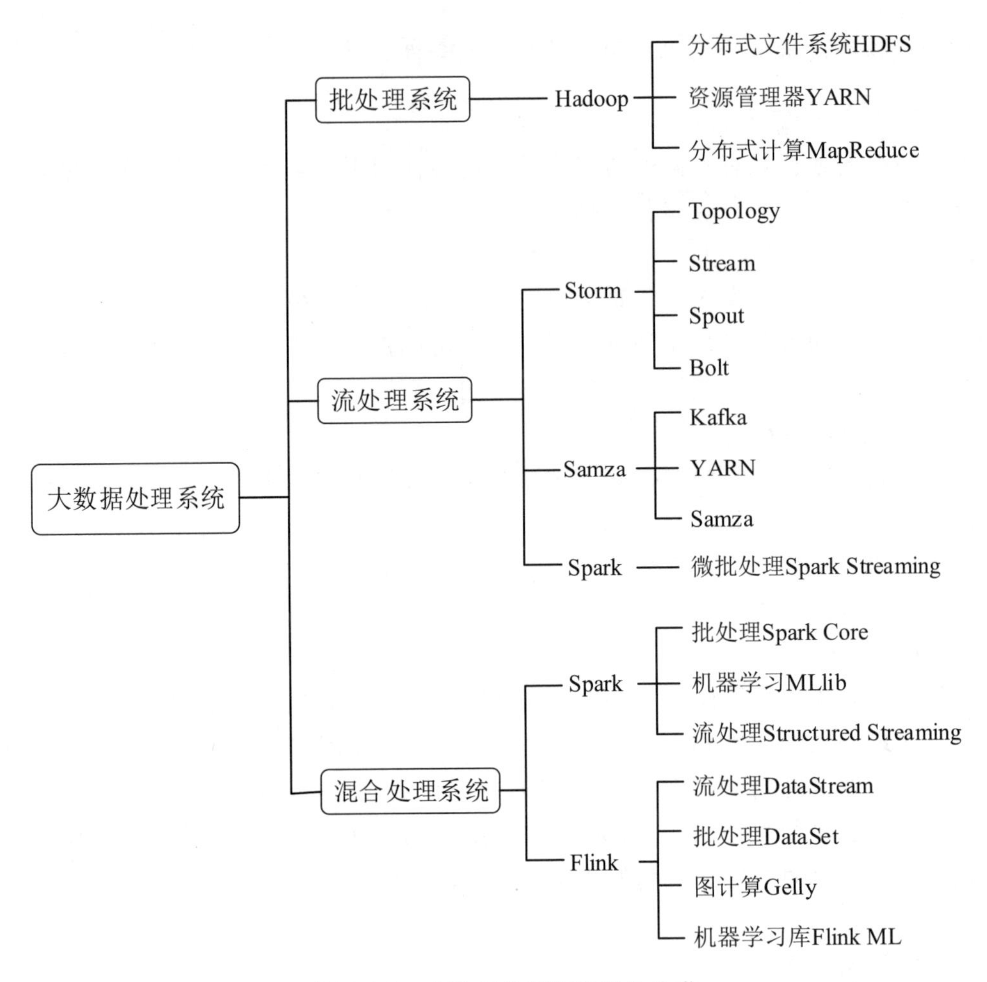

图 3-21 大数据处理框架拆分分类

3.4.2 批处理系统

批处理的过程包括将一个大的任务划分为多个较小的任务，在集群中的每个计算机上进行计算；然后根据中间结果对数据进行重新组合；最后计算和组合最终的结果。因此，批处理系统主要操作大量的静态数据，直到全部处理完成才能得到返回的结果。

批处理系统由于在处理大量持久数据方面具有优异的性能，所以通常用于处理历史数据，很多在线分析处理系统的底层计算框架就是使用的批处理系统。但是由于海量数据的处理需要耗费很多时间，所以批处理系统不适用于对延时要求较高的应用场景。批处理系统的代表就是 Hadoop。Hadoop 是首个在开源社区获得极大关注的大数据处理框架，在很长一段时间里，它几乎是大数据技术的代名词。

1. HDFS 分布式文件系统

HDFS 为分布式计算存储提供了底层支持。它使用 Java 语言开发，可以部署在多种普通的机器上，以集群数量为基础从而达到大型主机性能。HDFS 采用 master/slave

架构。一个 HDFS 集群包含一个单独的 NameNode 和多个 DataNode。NameNode 管理文件系统的元数据，而 DataNode 存储了实际的数据。

NameNode 作为 master 服务，负责管理文件系统的命名空间和客户端对文件的访问。NameNode 会保存文件系统的具体信息，包括文件信息、文件被分割成具体 block（块）的信息，以及每一个 block（块）归属的 DataNode 的信息。

HDFS 通过 NameNode 为用户提供了一个单一的命名空间。DataNode 作为 slave 服务，在集群中可以存在多个。通常每一个 DataNode 都对应于一个物理节点。DataNode 负责管理节点上它们拥有的存储，它将存储划分为多个 block，管理 block 信息，同时周期性地将其所有的 block 信息发送给 NameNode。NameNode 执行文件系统的命名空间操作，例如打开、关闭、重命名文件或目录。它也负责确定数据块到具体 DataNode 节点的映射。DataNode 负责处理文件系统客户端的读写请求。在 NameNode 的统一调度下进行数据块的创建、删除和复制。

HDFS 包括 NameNode、DataNodes、SecondaryNode 3 个进程。通过 jps 可以查询到其进程是否在运行状态。HDFS 原理结构如图 3-22 所示。

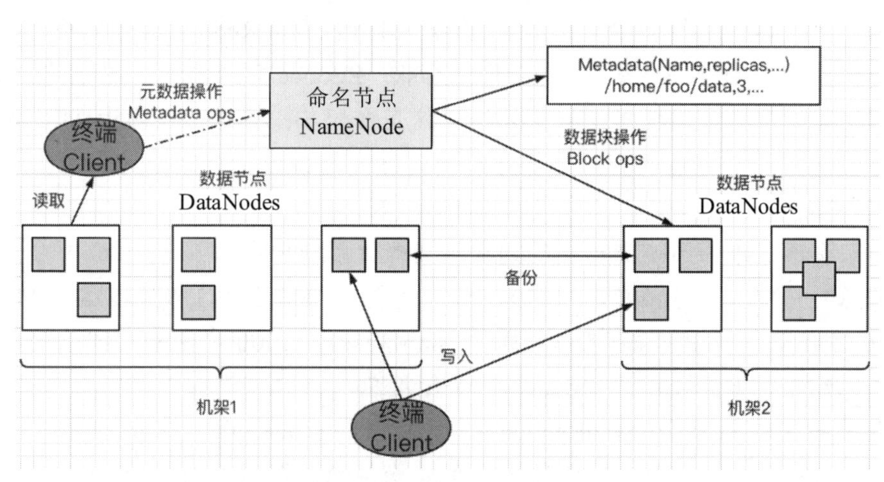

图 3-22 HDFS 原理结构

2. MapReduce 分布式运算框架

MapReduce 是一种分布式计算模型，主要用于搜索领域，可以用来解决海量数据的计算问题。MapReduce 的核心，就是对一个需要计算的任务进行拆分，然后并行处理。MapReduce 合并了两种经典函数：映射（mapping）对集合里的每个目标应用同一个操作。化简归约（reducing）遍历集合中的元素来返回一个综合的结果。首先，Client 向 JobTracker 提交一个任务。JobTracker 将任务分配到一个或者多个 TaskTracker 进行处理。不同的 TaskTracker 上，有的运行 Map 阶段的任务，有的运行 Reduce 阶段的任务。对于 Map 阶段，首先对输入的内容进行分割（InputSplit），不同 Mapper 任务负责各自分割后的内容的映射。而在 Reduce 阶段，则是接受多个 Mapper 的输出，进行归一后，得到最终的输出。

下面介绍 MapReduce 的设计思想。

这个编程模型究竟是怎样的呢？它实际上说了这样一个事儿：已知手头上有许许多多 PC，每一个可能都是普通配置，但是如果这些 PC 团结协作起来，其数据处理能力可以与一个大型的工作站相抗衡。现在有个复杂的任务，需要处理海量的数据。数据在哪里？数据实际上是随机分布式地存储于这些 PC 服务器上的。不需要统一地把数据一起存到一个超大的硬盘上，数据可以直接散布在这些 PC 服务器上，这些 PC 服务器自身不仅是许许多多个处理器，也是许许多多个小硬盘。

这些 PC 服务器分为 3 类。第一类称为 MRAppMaster（只有一个运行实例），MRAppMaster 负责调度，相当于工地的工头。第二类叫 Worker（根据数据规模可以有大量运行实例），相当于用来干活的工人。Woker 进一步分为两种，一种 Worker 叫 Map Task，另一种叫 Reduce Task。假设有一个巨大的数据集，里面有海量规模的元素，元素的个数为 *M*，每个元素都需要调用同一个函数进行逻辑处理，于是便有了下面的操作。

MRAppMaster 将 *M* 分成许多小份（数据切片，在 MapReduce 中称为 FileSplit），然后将每一个数据切片指派给一个 Map Task 来处理；MapReduce 处理完成后，将自己所负责的数据切片的处理结果传给 Reduce Task；Reduce Task 统计汇总各个 Map Task 传过来的结果，得到最后任务的结果。当然这是最简单的描述，实际上 MRAppMaster 的任务分配过程非常复杂，会考虑任务时间、任务是否出错、网络通信负担等诸多问题，这里不做详述。

举例来说，统计一系列文档中的词频。文档数量规模很大，有 1000 万个文档，英文单词的总数可能只有 3000（常用的）。于是，使用 10 000 台 PC 服务器运行 Map Task，100 台 PC 服务器运行 Reduce Task。每个 Map Task 做 1000 个文档的词频统计，完成之后将中间结果分发给 100 个 Reduce Task 做汇总。

数据分发其实是整个 MapReduce 流程中的一个关键点，这个过程称为数据的 shuffle，shuffle 的机制既要考虑将数据尽可能均匀地分发给 Reduce Task，又要保证将需要进行聚合统计的数据发给同一个 Reduce Task。在 MapReduce 中，数据的传递基本单位是一个键值（key-value）对，而默认的 shuffle 逻辑是将数据的 key 的 hashCode 对 Reduce Task 的数量进行模除取余，根据余数来将数据分发给相应编号的 Reduce Task。例如，Map Task 处理后得到一个中间结果数据：key 为单词 hello，value 为词频 980，Reduce Task 的数量为 5，而"hello".hashCode()%5 = 3，则可知，与 hello 单词相关的数据都将发给编号为 3 的 Reduce Task 机器。100 个 Reduce Task 计算机把各自收到的数据进行最终的汇总处理分析，得到最终统计结果。其实 MapReduce 讲的就是分而治之的程序处理理念，把一个复杂的任务划分为若干个简单的任务分别来做。另外，就是程序的调度问题，哪些任务给哪些 Map Task 来处理是一个着重考虑的问题。MapReduce 的根本原则是信息处理的本地化，哪台 PC 持有相应要处理的数据，哪台 PC 就负责处理该部分的数据，这样做的意义在于可以减少网络通信的负担。

3.4.3 流处理系统

流处理系统就相当于一个水池，把流进来的水（数据）进行加工，然后把加工过的水（数据）从出水管放出去。这样，数据就像水流一样永不停止，在水池中就可以被处理。通常，把这种处理永不停止的接入数据的系统叫作流处理系统。

流处理系统和批处理系统的区别是，流处理系统不能操作现有的数据集，而是处理从外部系统接入的数据。可以把流处理系统分为两种。

（1）逐项处理：每次处理一条数据，是真正意义上的流处理。

（2）微批处理：这种处理方式把一小段时间内的数据当作一个微批次，对这个微批次内的数据进行处理。

不管是哪一种处理方式，其对实时性的要求都远远高于批处理系统。因此，流处理系统非常适合应用于对实时性要求较高的场景，例如，日志分析、设备监控、网站实时流量变化等。流处理系统的代表就是下面将要详细介绍的 Spark Streaming 与 Apache Flink。

1．Spark Streaming

Spark Streaming 是 Spark 核心 API 的一个扩展，可以实现高吞吐量的、具备容错机制的实时流数据的处理。

Spark Streaming 支持从多种数据源获取数据，包括 Kafka、Flume、Twitter、ZeroMQ、Kinesis 以及 TCP Sockets。从数据源获取数据之后，可以使用诸如 map、reduce、join 和 window 等高级函数进行复杂算法的处理，如图 3-23 所示，最后还可以将处理结果存储到文件系统、数据库和现场仪表盘中。

图 3-23 Spark 数据入口及出口

在 Spark Streaming 中，处理数据的单位是一批而不是单条，而数据采集却是逐条进行的，因此 Spark Streaming 系统需要设置间隔使得数据汇总到一定的量后再一并操作，这个间隔就是批处理间隔。批处理间隔是 Spark Streaming 的核心概念和关键参数，它决定了 Spark Streaming 提交作业的频率和数据处理的延迟，同时也影响着数据处理的吞吐量和性能。

和 Spark 基于 RDD 的概念很相似，Spark Streaming 使用离散化流（discretized stream）作为抽象表示，叫作 DStream。DStream 是随时间推移而收到的数据的序列。

DStream 可以从各种输入源创建，例如，Flume、Kafka 或者 HDFS。创建出来的 DStream 支持两种操作：一种是转化操作（transformation），会生成一个新的 DStream；另一种是输出操作（output operation），可以把数据写入外部系统中。

可以将 Dstream 看作一组 RDDs，即 RDD 的一个序列，Spark 的 RDD 可以理解为空间维度，Dstream 的 RDD 可以理解为在空间维度上又加了个时间维度。如图 3-24 所示，数据流被切分为 4 个分片，内部处理逻辑都是相同的，只是时间维度不同。

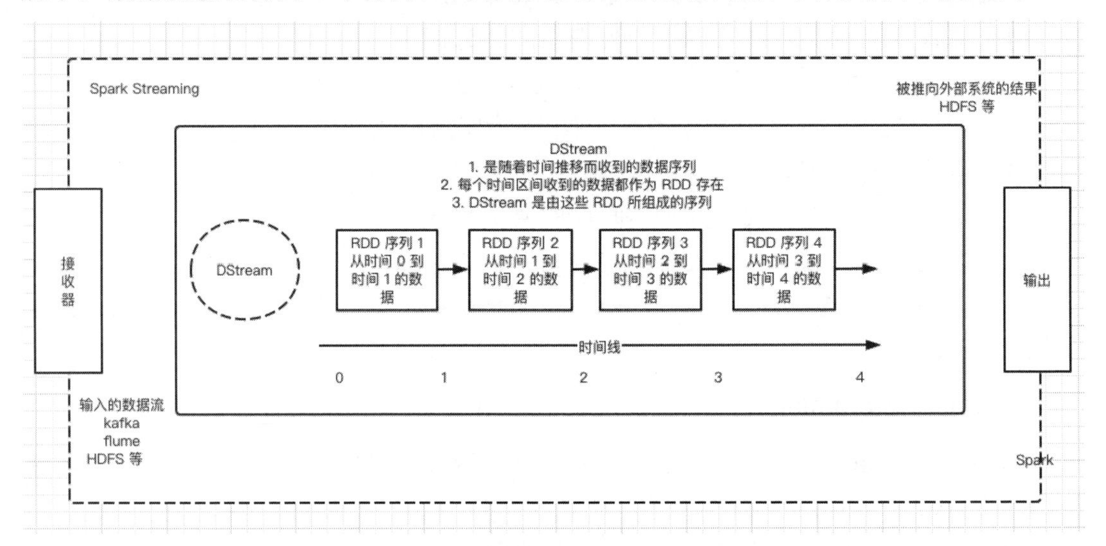

图 3-24　DStream 空间及时间维度数据流分片

Spark Streaming 的一些常用术语的说明如表 3-4 所示。

表 3-4　Spark Streaming 术语描述

名　称	说　明
离散流（discretized stream）或 DStream	Spark Streaming 对内部持续的实时数据流的抽象描述，即处理的一个实时数据流，在 Spark Streaming 中对应于一个 DStream 实例
时间片或批处理时间间隔（BatchInterval）	拆分流数据的时间单元，一般为 500 ms 或 1 s
批数据（BatchData）	一个时间片内所包含的流数据，表示成一个 RDD
窗口（Window）	一个时间段。系统支持对一个窗口内的数据进行计算

Spark Streaming 流处理的机制是将源源不断的流式数据按照一定时间间隔，分隔成一个一个小的 batch 批次，然后经过 Spark 引擎处理后输出到外部系统。实际上是一种微批处理模式，因此上述的时间间隔称为 Batch Duration，即批处理时间间隔。Spark Streaming 这种把流当作一种批的设计思想具有非常高的吞吐量，但避免不了较高的延时，因此 Spark Streaming 的场景也受到了限制，实时性要求非常高的场景不适合使用 Spark Streaming。

2．Apache Flink

Apache Flink 是由 Apache 软件基金会开发的开源流处理框架，其核心是用 Java 和 Scala 编写的分布式流数据流引擎。Flink 以数据并行和流水线方式执行任意流数据程序，Flink 的流水线运行时系统可以执行批处理和流处理程序。此外，Flink 的运行时本身也支持迭代算法的执行。

Flink 作为一款分布式的计算引擎，既可以用来做批处理，即处理静态的数据集、历史的数据集；也可以用来做流处理，即实时地处理一些实时数据流，实时地产生数据的结果；还可以用来做一些基于事件的应用，例如，说滴滴通过 Flink CEP 实现实时监测用户及司机的行为流来判断用户或司机的行为是否正当。

总而言之，Flink 是一个 Stateful Computations Over Streams，即数据流上的有状态的计算。这里面有两个关键字，一个是 Streams，Flink 认为有界数据集是无界数据流的一种特例，所以说有界数据集也是一种数据流，事件流也是一种数据流。Everything is streams，即 Flink 可以用来处理任何的数据，可以支持批处理、流处理、AI、MachineLearning 等。

另外一个关键词是 Stateful，即有状态计算。有状态计算是近些年越来越被用户需求的一个功能。举例说明状态的含义，例如，一个网站一天内访问 UV 数，那么这个 UV 数便为状态。Flink 提供了内置的对状态的一致性的处理，即如果任务发生了 Failover，其状态不会丢失、不会被多算少算，同时提供了非常高的性能。

1）运行架构

在 Flink 运行时涉及的进程主要有以下两个。JobManager，主要负责调度 task，协调 checkpoint 已经产生的错误/恢复动作等。当客户端将打包好的任务提交到 JobManager 之后，JobManager 就会根据注册的 TaskManager 资源信息将任务分配给有资源的 TaskManager；然后启动运行任务。TaskManger 从 JobManager 获取 task 信息，然后使用 slot 资源运行 task。TaskManager：执行数据流的 task，一个 task 通过设置并行度，可能会有多个 subtask。 每个 TaskManager 都是作为一个独立的 JVM 进程运行的。它主要负责在独立的线程执行的 operator。其中能执行多少个 operator 取决于每个 TaskManager 指定的 slot 数量。Task slot 是 Flink 中最小的资源单位。假如一个 TaskManager 有 3 个 slot，它就会给每个 slot 分配 1/3 的内存资源，目前 slot 不会对 CPU 进行隔离。同一个 TaskManager 中的 slot 会共享网络资源和心跳信息。

2）处理无界和有界数据

任何类型的数据都可以形成一种事件流，如图 3-25 所示。信用卡交易、传感器测量、机器日志、网站或移动应用程序上的用户交互记录，所有这些数据都形成一种流。数据可以被作为无界或者有界流来处理。

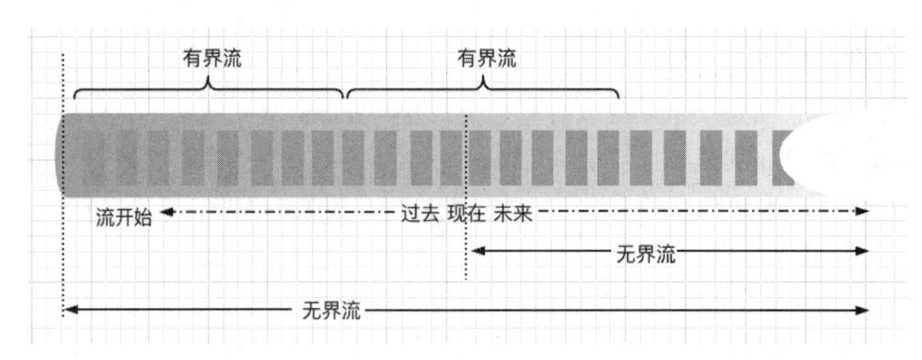

图 3-25 无界流与有界流

（1）无界流：有定义流的开始，但没有定义流的结束。它们会无休止地产生数据。无界流的数据必须持续处理，即数据被摄取后需要立刻处理。不能等到所有数据都到达再处理，因为输入是无限的，在任何时候输入都不会完成。处理无界数据通常要求以特定顺序摄取事件，例如，事件发生的顺序，以便能够推断结果的完整性。

（2）有界流：有定义流的开始，也有定义流的结束。有界流可以在摄取所有数据后再进行计算。有界流所有数据可以被排序，所以并不需要有序摄取。有界流处理通常被称为批处理。

Apache Flink 擅长处理无界和有界数据集，精确的时间控制和状态化使得 Flink 在运行时（runtime）能够运行任何处理无界流的应用。有界流则由一些专为固定大小数据集特殊设计的算法和数据结构进行内部处理，产生了出色的性能。

3.4.4 混合处理系统

一些处理框架可以进行批处理和流处理。这些框架可以使用相同或相关的应用编程接口来处理历史和实时数据。尽管专注于一种方法可能非常适合特定的场景，但是混合框架为数据处理提供了一个通用的解决方案。目前主流的混合处理框架主要是 Spark 和 Flink。Spark 是由加州大学伯克利分校的 AMP 实验室开发的，最初的设计灵感来自 MapReduce 的思想，但与 MapReduce 不同的是 Spark 通过内存计算模型和执行优化极大地提高了数据处理能力。而且除了最初开发用于批处理的 Spark Core 和用于流处理的 Spark Streaming，Spark 还提供了其他编程模型用于支持图计算、交互式查询和机器学习。

同样作为混合处理框架，Flink 采用了与 Spark 是完全不一样的设计思想。Spark 将流拆分成几个小批次的流进行处理，而 Flink 把批处理任务当作有界的流来处理。除了流处理（DataStream API）和批处理（DataSet API），Flink 也提供了类 SQL 查询（Table API）、图计算（Gelly）和机器学习库（Flink ML）。而令人惊讶的是，Flink 在很多性能测试上甚至比 Spark 略胜一筹。

在当前数据处理框架的领域中，Flink 可谓是特点鲜明。虽然 Spark 同样也提供批处理和流处理功能，但 Spark 流处理的微批次架构使其响应时间略长。Flink 的流处理优先方法实现了低延迟、高吞吐量和真正的逐条处理。但是，Flink也有缺点，它缺乏大公司实际生产项目中的成功实际使用案例。Flink相对于Spark没有Spark那么成熟，社区活跃度也没有Spark那么高。但也许有一天，Flink会改变数据处理框架的格局。

下面介绍Spark并行运算框架。

Apache Spark是一个快速通用的计算引擎，设计用于大规模数据处理。Spark是加州大学伯克利分校的AMP实验室所开源的类Hadoop MapReduce的通用并行框架，Spark拥有Hadoop MapReduce的所有优点；但与MapReduce不同的是，Job中间输出结果可以保存在内存中，从而不再需要读写HDFS，因此Spark可以更好地应用到需要迭代的MapReduce算法中。例如，数据挖掘、机器学习等。

Spark是一个类似Hadoop的开源集群计算环境，但它们之间存在着一些差异，这些差异使Spark在某些工作负载（workload）方面比Hadoop表现得更加优异，换句话说，Spark启用了内存分布数据集，它除了提供交互式查询，还可以优化迭代工作负载。

Spark是使用Scala来实现的，Scala作为其应用程序框架。与Hadoop不同的是，Spark和Scala能够紧密集成，Scala可以像操作本地集合对象一样轻松地操作分布式数据集。虽然Spark是为了支持分布式数据集上的迭代作业而创建的，但它实际上是Hadoop的补充，可以在Hadoop文件系统中并行运行。这种行为可以通过第三方集群框架Mesos来支持。Spark可用来构建大型的、低延迟的数据分析应用程序。

1）Spark基本原理

Spark的基本原理是将Stream数据分成小的时间片段（几秒），以类似batch（批量）处理的方式来处理这小部分数据。Spark Streaming构建在Spark上，一方面是因为Spark的低延迟执行引擎（100 ms以上），虽然比不上专门的流式数据处理软件，但也可以用于实时计算；另一方面相比基于Record的其他处理框架（例如，Storm），一部分窄依赖的RDD数据集可以从源数据重新计算达到容错处理目的。此外小批量处理的方式使得它可以同时兼容批量和实时数据处理的逻辑和算法，方便了一些需要历史数据和实时数据联合分析的特定应用场合。

2）Spark性能特点

（1）高效性。与早期的Hadoop相比，Spark的运行速度可以比Hadoop快10～100倍甚至更快，在Hadoop当中运行和在Spark上运行同样的程序，速度的提升大大提高了计算效率，Spark使用了先进DAG调度程序、查询优化程序和物理执行引擎来实现高性能的批处理和流数据。

（2）易用性。Spark在应用层面提供Java、Python和Scala的API，支持多达80种高级算法，可以根据实际的数据处理需求，快速构建满足数据处理需求的计算平台，并且Spark还支持交互式的Python和Scala的shell，极大地方便了用户的操作。

（3）通用性。Spark的生态圈已经趋于完善，各个组件可以共同完成绝大部分的数据处理需求和场景。批处理、交互查询（Spark SQL）、实时流、机器学习（Spark

MLlib）、图形计算（GraphX）都可以在 Spark 生态圈中找到相应的解决方案。

3）Spark 内置模块

（1）Spark Core：实现了 Spark 的基本功能，包含任务调度、内存管理、错误恢复、与存储系统交互等模块。Spark Core 中还包含了对弹性分布式数据集（resilient distributed dataset，RDD）的 API 定义。

（2）Spark SQL：是 Spark 用来操作结构化数据的程序包。通过 Spark SQL，可以使用 SQL 或者 Apache Hive 版本的 HQL 来查询数据。Spark SQL 支持多种数据源，例如，Hive 表、Parquet 以及 JSON 等。

（3）Spark Streaming：是 Spark 提供的对实时数据进行流式计算的组件。它提供了用来操作数据流的 API，并且与 Spark Core 中的 RDD API 高度对应。

（4）Spark MLlib：提供常见的机器学习功能的程序库，包括分类、回归、聚类、协同过滤等，还提供了模型评估、数据导入等额外的支持功能。

（5）Spark GraphX：主要用于图形并行计算和图挖掘系统的组件。

（6）集群管理器：Spark 设计为可以高效地在一个计算节点到数千个计算节点之间伸缩计算。为了实现这样的要求，同时获得最大灵活性，Spark 支持在各种集群管理器（cluster manager）上运行，包括 Hadoop YARN、Apache Mesos，以及 Spark 自带的一个简易调度器，叫作独立调度器。

Spark 内置模块如图 3-26 所示。

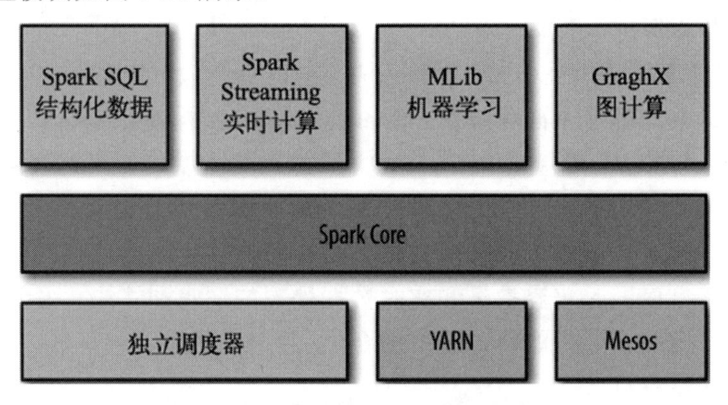

图 3-26　Spark 内置模块

3.4.5　大数据处理框架的选择

1. 行业趋势

Hadoop 框架在大数据领域已经被大量运用，所以对于学习数据处理框架的初学者仍然推荐学习 Hadoop。尽管 MapReduce 性能不够出色，在未来的使用会变得越来越少，但是 YARN 和 HDFS 仍然被广泛用作其他框架的基本组件（例如，HBase 依赖于 HDFS，YARN 可以为 Spark、Samza 等框架提供资源管理）。

在当前的企业应用中，Apache Spark 应该是当之无愧的王者。在批处理领域，虽然 Spark 与 MapReduce 的市场占有率不相上下，但 Spark 稳定上升，而 MapReduce 在稳定下降。在流处理领域，Spark Streaming 和另一个大的流处理系统 Apache Storm 一起占据了大部分市场（当然很多公司会使用内部研发的数据处理框架，但它们多数并不开源）。伯克利的正统出身、活跃的社区、大量的商业案例都是 Spark 的优势。除了用于批处理和流处理系统之外，Spark 还支持交互式查询、图计算和机器学习，因此 Spark 仍将是未来几年大数据处理的主流框架。

另一种混合处理框架 Apache Flink 潜力巨大，被称为“下一代数据处理框架”。虽然目前社区活跃度不够高、商业案例很少，不过如果 Flink 在商业应用上表现突出，在未来可能会挑战 Spark 的地位。

2. 企业规划

如果企业只需要批量处理，并且对时间并不敏感，那么可以使用低成本的 Hadoop 集群。

如果企业只进行流处理，对低延迟要求高，那么 Storm 将会更加适合；如果对延迟不是很敏感，可以使用 Spark Streaming。而如果企业内部已经存在 Kafka 和 Hadoop 集群，并且需要多团队合作开发（下游团队会使用上游团队处理过的数据作为数据源），那么 Samza 是一个很好的选择，如图 3-27 所示。

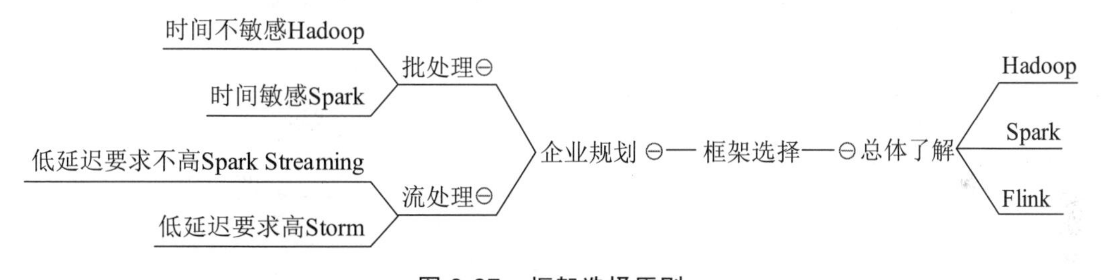

图 3-27　框架选择原则

如果批处理和流处理任务需要同时兼顾，那么使用 Spark 是不错的选择。混合处理框架的另一个优点是降低了开发人员的学习成本，从而为企业节省了人力成本。Flink 提供真正的流处理能力，同时也有批处理能力，但商用案例较少。对于第一次尝试数据处理的企业来说，大规模使用 Flink 有一定的风险。

3.5　环境监控大数据应用实例

环境对社会的影响涉及方方面面，传统上依赖环境的主要是农业、林业和水运等行业部门，而如今环境俨然成了 21 世纪社会发展的资源，并支持定制化服务满足各行各业用户的需要。借助于大数据技术，天气预报的准确性和实效性将会大大提高，预报的及时性将会大大提升，同时对一些自然灾害如地震以及环境污染，通过大数据计算平台，人们将会更加精确地了解其运动轨迹、危害的等级以及扩散速度，有利于帮助人们提高应对自然灾害的能力。本节以案例的形式去模仿环境云平台，完成一次数据的业务全过程。

环境数据的采集主要分为 3 块内容：数据的采集、数据格式的清洗与预处理、数据的存储与服务化。数据的采集基于采集实时性的要求分为实时采集以及定时工具采集两种方式。

实时采集可以通过 Flume 以及 Kafka 实时获取记录数据进行入库采集动作。Flume 的数据依赖于日志数据的集中化，多个系统同步上传日志数据到指定位置，然后通过 Flume 进行集中化采集，虽然数据采集的目标为文件，但是文件的定义也可以是连续性的数据集文件。Kafka 的数据获取则依赖于队列数据的订阅与发布，由子系统主动调用队列服务传递对应的采集数据记录。

定时采集的方式相对于实时采集，手段则更为丰富，基于实时采集的数据获取方式都可以应用于定时采集，此外还可以通过 ETL 工具进行多库数据的集中化采集，当然最直接的采集数据的来源还是通过与采集设备直连，获取原始数据记录进行入库动作。

本次采用的案例架构如图 3-28 所示，数据采集阶段采用统一的地震环境猫进行日常环境数据的采集，采集数据通过 Netty 通信框架进行中间层的数据通信。采集的数据通过设备直接进入平台服务层进行数据的初步清洗和入库动作。数据在进入传统的结构模型数据库后，通过导出数据包的方式导入大数据文件存储中，这个过程也可以直接通过 Sqoop 工具进行步骤上的简化。在数据入库后，数据的导向分为两部分：一部分基于服务层面，通过标准 API 对外提供统一的数据查询及获取服务；另一部分则直接构建前端统计展示页面给用户进行展示。

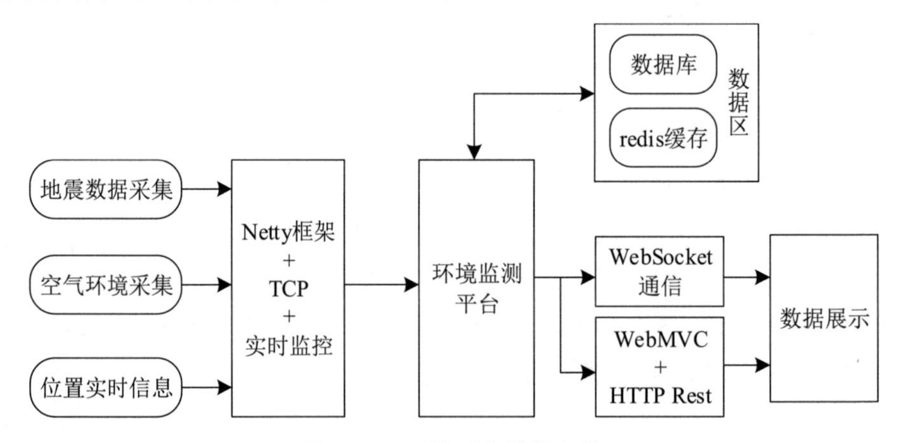

图 3-28　环境采集模拟架构

1. 数据采集：地震环境猫+Netty 框架

地震环境猫按照一定频率通过 socket 服务发送检测的环境数据给平台服务接收 API，需要注意的是数据的采集内容一般是以大数据量、频繁批次、半结构化数据形式传递给后台服务的。这里主要注意的是采集设备与服务的网络环境是否一致并且可连接。如果是部署在公网的服务则要遵循国家对端口域名服务的要求。

2. 数据预处理及入库：平台服务层+MySQL

在后台接收到采集服务获取的这些数据后，需要经过 3 个维度的处理动作以完成最后的入库。

（1）要对采集的半结构化数据进行初步的格式化整理，以保证数据的基本约定以及可阅读性。

（2）要对采集数据的过程进行数据完整度及数据缺失情况的校验，以保证在服务或者采集设备出现异常情况时，能够及时进行报警知悉，同时这部分在异常情况过程中所收集的数据，在后续的统计报表过程中也要予以注明与标记。这种标记可以体现在统计取值过程中的减权与截取。

（3）要根据采集数据的半结构化约定特征构建结构化表结构进行数据存储，当然这种从半结构化到结构化数据的梳理其实并不只是体现在传统数据库层面，在直接通过采集器进入分布式大数据存储的真实环境中也同样遵循。

3. 数据后续处理及存储：Sqoop+HDFS+Spark

在数据完成入库并整理为结构化数据后，就进入了大数据整理阶段。一般大数据的内容数据都是通过采集器进入分布式存储，而本例则是把数据先通过采集器以及预处理服务梳理入数据库。转存储的方式也有很多种，可以通过 ETL 工具 Kettle 或者 Sqoop 直接把 MySQL 表数据写入 HDFS 中；也可以把 MySQL 表数据定时导出对应数据包放入指定文件目录提供给 HDFS 主动读取；当然也可以直接通过 Spark 在服务侧实现对数据的批量读取和写入。这个存储的过程也存在对数据的二次处理，这部分主要依赖于 Spark Streaming 的分布式处理以及业务输出结果集的业务要求。

4. 数据展示及服务 API：RESTFul+VUE+ECharts

大数据结果的应用还是非常丰富的，主要应用场景分为 3 部分：数据大屏的实时监控、对外提供 API 服务查询、图表报告展示。需要注意的是，在做数据展示的过程中可能需要基于业务最终结果进行数据的多次处理，最后形成结果图表。

习　　题

1. 通常变更的组织架构包括什么？
2. 大数据存储目前面临着哪些挑战？面对这些挑战有什么样的应对措施？
3. 大数据存储的方式有哪些？
4. 分布式系统是什么？在分布式系统中有哪些常见的数据分布方式？
5. 请简述 NoSQL 数据库的含义。常见的键值存储、面向文档的数据库、面向列的数据库的特点分别是什么？
6. 什么是云存储？云存储的分类、特点分别是什么？
7. 大数据处理框架有哪些？主要是按照什么进行分类的？

参考文献

[1] 刘鹏．大数据[M]．3 版．北京：电子工业出版社，2017．
[2] 刘鹏，张燕．大数据实践[M]．北京：清华大学出版社，2018．
[3] 刘鹏，张燕．大数据系统运维[M]．北京：清华大学出版社，2018．
[4] 百度百科：https://baike.baidu.com/item/Kettle．
[5] 百度百科：https://baike.baidu.com/item/MongoDB．
[6] 百度百科：https://baike.baidu.com/item/HDFS．
[7] 简书：https://www.jianshu.com/p/3204145e4f30．
[8] 百度百科：https://baike.baidu.com/item/Spark．
[9] CSDN：https://blog.csdn.net/haboop/article/details/89812330．

系统安装部署

大数据系统运维中很重要的一件事就是大数据软件的安装部署，包括对配置文件、用户手册、帮助文档等进行收集、打包、安装、配置、发布的过程。软件安装部署要实现的目标是使软件能够正确运行，方便后续基于软件的工作进行展开。本章主要通过部署一些软件，并对软件进行测试、变更、升级等操作，从理论和实践两方面熟悉大数据组件的运维。

4.1 安装部署的概念

软件部署的验证和实施过程一般包括如下步骤。

（1）开发试验性系统（构建网络和硬件基础结构、安装和配置相关的软件）。

（2）根据测试计划/设计执行安装测试、功能测试、性能测试和负载测试。

（3）测试通过后，开始规划原型系统。

（4）完成原型系统的网络构建、软硬件的安装和配置。

（5）数据备份或做好可以恢复的准备。

（6）将数据从现有应用程序迁移到当前解决方案。

（7）根据培训规划，对部署管理员和用户进行培训。

（8）完成所有的部署。

4.1.1 软件安装概述

软件部署首先要基于一个操作系统，而操作系统则又基于硬件环境，用户可以通过各种不同的方式获取这个操作系统。只要操作系统相同，那么最终进行安装时的操作也不会有什么不同。

1. 通过现有的物理机创建虚拟机以进行软件系统的部署

在使用物理机创建虚拟机进行软件部署时，用户要通过虚拟软件对系统进行虚拟化，Windows 系统常用 VMware Workstation、VirtualBox 等软件，MacOS 系统建议使用 VMware Fusion 软件。

通过这种方式，用户可以简单快捷地获得一个或多个用于部署软件的操作系统；但是使用虚拟机的方法获取集群，实际上不能发挥出大数据组件的优势，通常在企业中也不这样使用，仅仅是在练习的时候这样使用。

2. 通过部署服务器的方式进行软件部署

从物理服务器上组装系统，然后在系统上部署大数据软件，这是一般企业采用的方式。通过这种方式，用户可以获取自己需要数目的机器，机器性能也可以自己指定，而且能够保证企业的数据安全性，但是会有机器价格昂贵、灵活性差等一系列问题。

3. 通过云服务的方式进行软件部署

通过购买公有云（例如，阿里云）服务或私有云（例如，OpenStack），将大数据软件部署在云上，可以实现在相对更低的预算下获取更多的收益；但考虑到在云上部署不可避免地要使数据进入云运营商的网络，因此安全性相比于部署物理服务器会差一些。

4.1.2 大数据部署概述

现阶段，用户使用的大数据组件基本包含如图 4-1 所示的内容，在图片中可以看到，Hadoop 的 HDFS 与 YARN 是大数据组件的基础，接下来将详细讲解 Hadoop 的搭建。

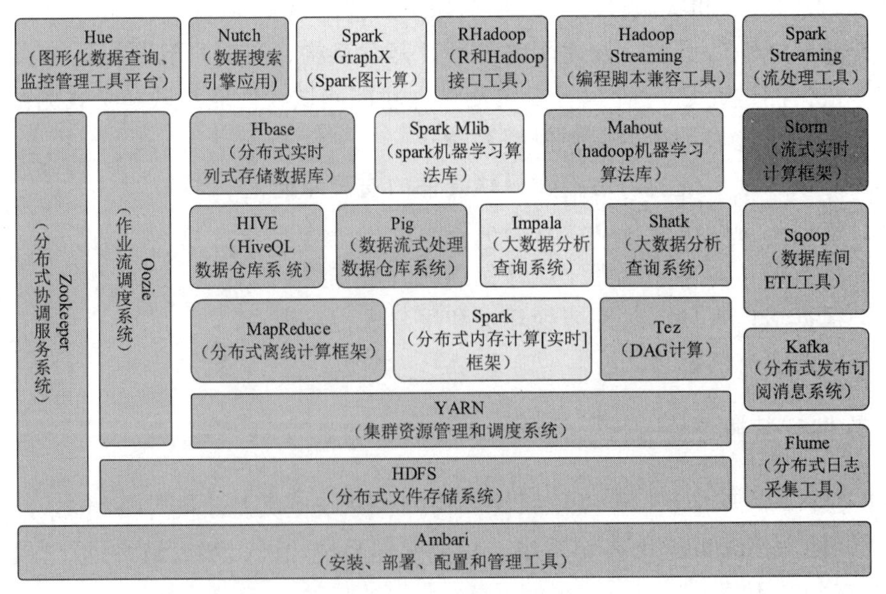

图 4-1 大数据相关组件介绍

另外，在大数据计算中，用户会经常使用到 Spark 作为分布式计算框架，因此 Spark 也是一个相对重要的部署重点，本章也会详细讲解 Spark 的搭建。

4.2　安装部署分布式系统

4.2.1　Hadoop 安装部署

1. 单节点部署

1）基础知识

要学习和使用 Hadoop，需要熟悉 Linux 基本命令，例如，下载文件、使用 Vi/Vim 编辑文件、创建文件和创建目录等。并且要能够配置网络参数，例如，修改主机名、配置静态 IP 地址、配置 DNS 和配置本地域名解析等。

2）软硬件环境

Hadoop 可以运行在 Windows 平台和 Linux 平台，推荐在 64 位 Linux 系统上运行。本书选择的 Linux 是 CentOS 7.0。一般学习和工作使用 Windows 系统，在 Windows 中使用虚拟机来运行 Linux。虚拟机可以选择 VirutalBox 或者 VMware Workstation。

本书选择的 Hadoop 版本是 2.7.3，它是一个稳定的正式版本。Hadoop 2.6 以及以前的版本只支持 JDK6，从 Hadoop 2.7 开始需要 JDK7 以上版本。本书推荐使用 OpenJDK 7。

3）安装步骤

（1）在虚拟机中安装 CentOS 7.0。

（2）安装 ssh。

```
$sudo yum install ssh
```

（3）安装 rsync。

```
$sudo yum install rsync
```

（4）安装 OpenJDK。

```
$sudo yum install java-1.7.0-openjdk-devel
```

（5）确认 JDK 版本。

```
$java -version
java version "1.7.0_131"
OpenJDK Runtime Environment (rhel-2.6.9.0.el7_3-x86_64 u131-b00)
OpenJDK 64-Bit Server VM (build 24.131-b00, mixed mode)
```

（6）下载 Hadoop 的安装包。

先在 Hadoop 官网 hadoop.apache.org 上找到 Hadoop 相应版本的下载地址，如图 4-2 所示。

Apache Hadoop Releases

PDF

Download

Hadoop is released as source code tarballs with corresponding binary tarballs for convenience. The downloads are distributed via mirror sites and should be checked for tampering using GPG or SHA-256.

Version	Release Date	Tarball	GPG	SHA-256
3.0.0-alpha2	25 January, 2017	source	signature	checksum file
		binary	signature	checksum file
3.0.0-alpha1	03 September, 2016	source	signature	checksum file
		binary	signature	checksum file
2.7.3	25 August, 2016	source	signature	227785DC 6E3E6EF8..
		binary	signature	D489DF38 08244B90..
2.6.5	08 October, 2016	source	signature	3A843F18 73D9951A..
		binary	signature	001AD18D 4B6D0FE5..
2.5.2	19 Nov, 2014	source	signature	139EF872 09C5637E..
		binary	signature	0BDB4850 A3825208..

图 4-2　下载链接

Apache 官网同时提供了二进制包（binary）和源码包（source）的下载，用户只需要下载可执行程序。单击某个版本的 binary 之后，会跳转到镜像服务器的选择页面，如图 4-3 所示。然后复制.tar.gz 文件的下载地址。

Google Custom

The Apache Way

Contribute

ASF Sponsors

We suggest the following mirror site for your download:

http://mirror.olnevhost.net/pub/apache/hadoop/common/hadoop-2.7.3/hadoop-2.7.3.tar.gz

Other mirror sites are suggested below. Please use the backup mirrors only to download PGP and MD5 signatures to verify your downloads or if no other mirrors are working.

HTTP

http://apache.claz.org/hadoop/common/hadoop-2.7.3/hadoop-2.7.3.tar.gz

http://apache.cs.utah.edu/hadoop/common/hadoop-2.7.3/hadoop-2.7.3.tar.gz

http://apache.mesi.com.ar/hadoop/common/hadoop-2.7.3/hadoop-2.7.3.tar.gz

http://apache.mirrors.hoobly.com/hadoop/common/hadoop-2.7.3/hadoop-2.7.3.tar.gz

http://apache.mirrors.ionfish.org/hadoop/common/hadoop-2.7.3/hadoop-2.7.3.tar.gz

图 4-3　hadoop 2.7.3 下载链接

在当前登录 Linux 的用户的 Home 目录中下载 Hadoop 安装包。

```
$cd ~
$wget 下载地址
```

（7）解压。

```
tar zxvf hadoop-2.7.3.tar.gz
```

解压成功之后，Hadoop 的路径为/home/hadoop/hadoop-2.7.3，一般称该路径为 Hadoop 的 Home，后面的命令一般都是在该路径下执行。

（8）在 Hadoop 的配置文件（etc/hadoop/hadoop-env.sh）中增加环境变量 JAVA_HOME。

在 CentOS 7 中 yum 安装 JDK 之后，JAVA_HOME 一般设置为/etc/ alternatives/java_sdk/jre_1.7.0_openjdk 或者/etc/alternatives/jre_1.7.0_openjdk。其他发行版本的 Linux 的 JDK 位置稍有不同，请根据实际情况做适当调整，如下所示，将原来的 export JAVA_HOME 这一行注解掉，然后配置为实际的值。

```
# Licensed to the Apache Software Foundation (ASF) under one
# or more contributor license agreements.  See the NOTICE file
# distributed with this work for additional information
# regarding copyright ownership.  The ASF licenses this file
# to you under the Apache License, Version 2.0 (the
# "License"); you may not use this file except in compliance
# with the License.  You may obtain a copy of the License at
#
#     http://www.apache.org/licenses/LICENSE-2.0
#
# Unless required by applicable law or agreed to in writing, software
# distributed under the License is distributed on an "AS IS" BASIS,
# WITHOUT WARRANTIES OR CONDITIONS OF ANY KIND, either express or implied.
# See the License for the specific language governing permissions and
# limitations under the License.

# Set Hadoop-specific environment variables here.

# The only required environment variable is JAVA_HOME.  All others are
# optional.  When running a distributed configuration it is best to
# set JAVA_HOME in this file, so that it is correctly defined on
# remote nodes.

# The java implementation to use.
export JAVA_HOME=/usr/local/jdk1.8.0_161
```

（9）至此完成了 Hadoop 的单节点部署，接下来验证配置是否正确。

```
$bin/hadoop version
```

在 hadoop-2.7.3 的安装目录下运行 bin/hadoop version，结果如下所示。

```
[hadoop@master ~]$ cd /home/hadoop/
[hadoop@master hadoop]$ bin/hadoop version
```

```
Hadoop 2.7.3
Subversion https://git-wip-us.apache.org/repos/asf/hadoop.git -r baa91f7c6bc9cb92be5982de4719c1c8af91ccff
Compiled by root on 2016-08-18T01:41Z
Compiled with protoc 2.5.0
From source with checksum 2e4ce5f957ea4db193bce3734ff29ff4
This command was run using /usr/cstor/hadoop/share/hadoop/common/hadoop-common-2.7.3.jar
```

（10）运行 MapReduce 任务。

Hadoop 的发行包里提供了一个名称为 hadoop-mapreduce-examples- 2.7.3.jar 的 jar 包。该 jar 包是 MapReduce 的演示程序，开发人员可以按它的结构、思路进行开发，测试人员可以用它测试集群能否正常工作。该程序本身的一个功能是从文本文件中按用户提供的正则表达式提取内容，把提取到的内容放到指定的目录中。例如，可以用它来分析一个文本文件，把其中纯数字的行提取出来。首先在 hadoop-2.7.3 的根目录下创建一个 input 目录，在目录里新建一个文本文件，名称为 1.txt，内容如下，其中有两行纯数字，分别是 123 和 456。

```
ab
cd
dd
aadada
123
aaaaaa
3dddd
dddd3
456
zzz
bbbb
ccccccc
1.0f
100%
pi
3.14
ddd
zzz
ccccccc
dddddd
ddddd
ddddd
```

接下来，在 hadoop-2.7.3 的根目录下运行命令。

```
$bin/hadoop jar share/hadoop/mapreduce/hadoop-mapreduce-examples-2.7.3.jar grep /input /output '^\d+$'
```

上述命令的含义是执行当前目录下 bin 目录里的 hadoop 程序。jar 是 bin/hadoop 的参数，表示后面的 jar 包（share/hadoop/mapreduce/ hadoop-mapreduce-examples-2.7.3.jar）通过 bin/hadoop 目录加载执行。grep 以及后面的部分是 hadoop-mapreduce-examples-2.7.3.jar 需要的参数，指定了输入目录是 input，输出目录是 output，输入的正则表达式是'^\d+$'。特别要注意 output 不需要自己创建，也不能自己创建，否则运行时将抛出异常。结果如下所示。

```
[root@master hadoop]$ bin/hadoop jar share/hadoop/mapreduce/hadoop-mapreduce-examples-2.7.3.jar grep /input /output '^\d+$'
21/04/13 15:51:28 INFO client.RMProxy: Connecting to ResourceManager at master/10.30．88.4:8032
21/04/13 15:51:37 INFO input.FileInputFormat: Total input paths to process : 1
21/04/13 15:51:37 INFO mapreduce.JobSubmitter: number of splits:1
21/04/13 15:51:38 INFO mapreduce.JobSubmitter: Submitting tokens for job: job_1618298307166_0002
21/04/13 15:51:40 INFO impl.YarnClientImpl: Submitted application application_1618298307166_0002
21/04/13 15:51:40 INFO mapreduce.Job: The url to track the job: http://master:8088/proxy/application_1618298307166_0002/
21/04/13 15:51:40 INFO mapreduce.Job: Running job: job_1618298307166_0002
```

如果没有提示异常，表示 MapReduce 任务执行成功。最后验证结果是否正确，如下所示。MapReduce 处理之后，提取出来的结果符合预期。

```
[root@master hadoop]$ hadoop fs -cat /output/*
1 456
1 123
```

2. 集群部署

学习了单机部署之后，接下来学习集群部署。Hadoop 的集群有多种架构，常见的有：传统的 NameNode 加 SecondaryNameNode 方式、Active Namenode 加 Standby Namenode 方式即 High Availability 方式，以及 High Availability 加 Federation 方式，如表 4-1 所示。

表 4-1　Hadoop 集群部署架构

编　号	常见集群部署架构	特　点	Hadoop 版本
1	传统方式	NameNode 加 SecondaryNameNode	1.x 和 2.x
2	HA	Active Namenode 加 Standby Namenode	2.x
3	HA + Federation	两组 Active Namenode 和 Standby Namenode	2.x

相比于 Hadoop 1.0，Hadoop 2.0 中的 HDFS 增加了两个重大特性：HA 和 Federaion。HA 即为 high availability，用于解决 NameNode 单点故障问题，该特性通过热备的方式为主 NameNode 提供一个备用者，当主 NameNode 故障时，可以迅速切换至备用

SecondaryNameNode，从而实现不间断对外提供服务。Federation 即为“联邦”，该特性允许一个 HDFS 集群中存在多个 NameNode 同时对外提供服务，这些 NameNode 分管一部分目录（水平切分），彼此之间相互隔离，但共享底层的 DataNode 存储资源，进一步提升集群的性能和可靠性。建议初学者先学习传统方式的配置。本书不对 HA 和 Federation 做详细介绍。

1）集群规划

为了更好地理解集群中各服务器的功能，这里计划安排 6 台 Linux 服务器进行搭建；例如表 4-2 所示。

表 4-2 集群规划

编　号	机 器 名	IP	进　程
1	m1	10.17.147.101	NameNode
2	m2	10.17.147.102	SecondaryNamenode
3	m3	10.17.147.103	ResourceManager、JobHistory
4	m4	10.17.147.104	DataNode、DataNodeManager
5	m5	10.17.147.105	DataNode、DataNodeManager
6	m6	10.17.147.106	DataNode、DataNodeManager

2）准备工作

（1）准备 6 台 Linux 服务器，也可以用虚拟机。1 GB 以上内存，10 GB 以上存储空间。

（2）分别将 6 台机器命名为 m1~m6，并指定静态 IP 地址。建议使用连续 IP 地址，并且使机器名与 IP 地址有一定的对应关系，减少出错的可能。例如，m1 的 IP 地址为 10.17.147.101，m2 的 IP 地址为 10.17.147.102。

（3）所有机器配置本地机器名解析。修改/etc/hosts，增加 m1~m6 的解析。

（4）所有机器之间配置 SSH 免密码登录。

SSH 为 secure shell 的缩写，是专为远程登录会话和其他网络服务提供安全保障的协议。在 Hadoop 启动过程中，很多 Hadoop 核心服务需要通过 SSH 远程登录来启动，这就需要在节点之间执行指令时不输入密码，因此需要配置 SSH 使用无密码公钥认证。配置过程如下。

①产生密钥，结果如下。

```
$ssh-keygen
```

执行上述命令，会在当前用户 home 里创建.ssh 目录，并且在该目录下生成一对公钥和私钥。

```
$ ssh-keygen
Generating public/private rsa key pair.

Enter file in which to save the key (/root/.ssh/id_rsa): Created directory '/root/.ssh'.
```

```
Enter passphrase (empty for no passphrase):
Enter same passphrase again:
Your identification has been saved in /root/.ssh/id_rsa.
Your public key has been saved in /root/.ssh/id_rsa.pub.
The key fingerprint is:
SHA256:AEuc1JSdLF88RrxlGG6nlCWU/zBHyEthoxMqpeO7rlw root@slave1
The key's randomart image is:
+---[RSA 2048]----+
|    o===*=Boo    |
|    +o+=*BoO o   |
|   + o ==.=o=.   |
|. o    +*ooo     |
|   .      S=.    |
|    .      .     |
|   .             |
|o. .             |
|Eoo              |
+----[SHA256]-----+
```

②将生成的密钥复制到所有节点。

```
$ssh-copy-id {m1~m6}
```

③验证。在终端执行 ssh m1。由于~/.ssh/known_hosts 中没有记录本地机器，第一次登录时，会有一个确认动作，需要输入 yes，以后登录不再需要确认。注销登录用 exit 命令。机器输出如下。

```
[hadoop@master ~]$ ssh localhost
Last login: Tue Apr 13 16:26:57 2021 from ::1
The authenticity of host 'localhost (localhost)' can't be established.
ECDSA key fingerprint is SHA256:9crHkBsHolmQOCnm71l199WuGWzNmO9FRYFZBQ6xFbA.
Are you sure you want to continue connecting (yes/no/[fingerprint])? yes
Warning: Permanently added 'localhost' (ECDSA) to the list of known hosts.
[hadoop@master ~]$ exit
logout
```

实验环境中可以使用前面 SSH 免密码的配置方式，用一个公钥和私钥管理集群中所有的机器。

④关闭防火墙。CentOS 7.0 下关闭、禁用默认防火墙以及检查其状态的命令如下，其他 Linux 请查阅相关文档。

```
$sudo systemctl stop firewalld
$sudo systemctl disable firewalld
$sudo systemctl status firewalld
```

⑤下载 Hadoop 安装包，并解压到适当的位置。

⑥所有机器上使用相同版本的 JDK 和 Hadoop，并且保证 Hadoop 的目录在相同的位置。

3）准备工作的验证

（1）验证本地机器名解析正常。

在任意一台机器上 ping 其他机器，能解析到 IP 地址，并且网络延迟小。

（2）验证 SSH 免密码配置成功。

在任意一台机器上用 SSH 登录，其他机器不用输入密码也没有其他提示。请注意，这个步骤一定要做。因为第一次使用 SSH 登录时，本地~/.ssh/known_hosts 是空的。SSH 会核对远端机器的 IP 地址，并将发过来的公钥与本地 known_hosts 文件中的内容做比较。如果文件中没有该 IP 的公钥，会显示一个警告信息，询问是否继续连接。这个警告信息会中断自动化操作。

（3）在每台机器上运行 java -version，检查 JDK 版本。

（4）在每台机器上检查防火墙状态。

4）配置 Hadoop 参数

可以在 m1 上配置参数，待全部参数配置完成后再分发到其他机器上。

（1）配置 etc/hadoop/hadoop-env.sh。找到 JAVA_HOME，改为以下内容。

```
export JAVA_HOME=/etc/alternatives/jre_1.7.0_openjdk
```

（2）配置 core-site.xml。fs.defaultFS 指定 hdfs 入口，一般放在 NameNode 上。开发 Hadoop 应用时，程序访问集群需要用到它。hadoop.tmp.dir 指定 Hadoop 的数据目录的位置，默认值为/tmp/hadoop-${user.name}，建议放在用户 home 目录里。例如，/home/用户名/hadoopData。

```
<configuration>
        <property>
                <name>fs.defaultFS</name>
                <value>hdfs://m1:9000</value>
        </property>
        <property>
                <name>hadoop.tmp.dir</name>
                <value>/home/hadoopData</value>
        </property>
        <property>
                <name>io.file.buffer.size</name>
                <value>131072</value>
        </property>
</configuration>
```

（3）配置 etc/hadoop/hdfs-site.xml。dfs.namenode.http-address 和 dfs.namenode.secondary.http-addres 分别指定 NameNode 和 SecondaryNameNode 的 Web 页面地址。

用户可以通过这两个地址观察运行情况。dfs.replication 指定了文件副本数量。当一个文件被存储到集群的时候，副本数为多少，文件就被存储几份，该参数不能大于 DataNode 节点的数量。

```
<configuration>
        <property>
                <name>dfs.namenode.http-address</name>
                <value>m1:50070</value>
        </property>
        <property>
                <name>dfs.namenode.secondary.http-address</name>
                <value>m2:50070</value>
        </property>
        <property>
                <name>dfs.replication</name>
                <value>3</value>
        </property>
</configuration>
```

（4）配置 etc/hadoop/mapred-site.xml。mapreduce.framework.name 指定使用 YARN 运行 MapReduce 程序。mapreduce.jobhistory.address 指定 JobHistoryServer 的地址。mapreduce. jobhistory.webapp.address 指定 JobHistoryServer 的 Web 地址，用户可以通过这个地址查看它的运行状况。

```
<configuration>
        <property>
                <name>mapreduce.framework.name</name>
                <value>yarn</value>
        </property>
        <property>
                <name>mapreduce.jobhistory.address</name>
                <value>m3:10020</value>
        </property>
        <property>
                <name>mapreduce.jobhistory.webapp.address</name>
                <value>m3:19888</value>
        </property>
</configuration>
```

（5）配置 etc/hadoop/yarn-site.xml。参数 yarn.resourcemanager. hostname 是指运行 ResorceManager 的服务器。

```
<configuration>
        <property>
                <name>yarn.resourcemanager.hostname</name>
                <value>m3</value>
```

```
        </property>
        <property>
                <name>yarn.nodemanager.aux-services</name>
                <value>mapreduce_shuffle</value>
        </property>
</configuration>
```

（6）配置 etc/hadoop/slaves。

```
m4
m5
m6
```

（7）分发配置文件。在 m1 上执行下面的命令，下列命令会将整个 Hadoop 的目录分发出去，如果只分发配置文件，可以只复制/home/ hadoop/hadoop-2.7.3/etc/hadoop 目录。

```
scp -r /home/hadoop/hadoop-2.7.3 hadoop@m2:/home/hadoop/
scp -r /home/hadoop/hadoop-2.7.3 hadoop@m3:/home/hadoop/
scp -r /home/hadoop/hadoop-2.7.3 hadoop@m4:/home/hadoop/
scp -r /home/hadoop/hadoop-2.7.3 hadoop@m5:/home/hadoop/
scp -r /home/hadoop/hadoop-2.7.3 hadoop@m6:/home/hadoop/
```

5）启动集群

（1）格式化 NameNode。在 m1 上执行以下操作。

```
$ bin/hdfs namenode -format
```

请勿多次格式化，否则会造成 NameNode 和 DataNode 的 clusterID 不一致。如果不小心格式化了两次或者多次，可以将 NameNode 和 DataNode 对应机器（m1, m2, m4, m5, m6）的 hadoop.tmp.dir 指定的目录删除，然后再格式化。

（2）启动 NameNode。在 m1 上执行命令，并检查 NameNode 进程是否启动成功。

```
$sbin/hadoop-daemon.sh --script hdfs start namenode
$jps
```

执行结果如下所示。

```
[hadoop@ml hadoop-2.7.3]$ sbin/hadoop-daemon.sh -script hdfs start namenode
Starting namenode,logging to /home/hadoop/hadoop-2.7.3/logs/hadoop-hadoop-namenode-ml. out
[hadoop@ml hadoop-2.7.3]$ jps
3343 Jps
3275 NameNode
```

（3）启动 DataNode。在 m4 上执行命令，并检查 m4、m5、m6 上的进程是否启动成功。

```
$sbin/hadoop-daemons.sh --script hdfs start datanode
$jps
```

```
$ssh m5 jps
$ssh m6 jps
```

执行结果如图 4-12 所示。

```
[hadoop@m4 hadoop-2.7.3]$ pwd
/home/hadoop/hadoop-2.7.3
[hadoop@m4 hadoop-2.7.3]$ sbin/hadoop-daemons.sh -script hdfs start datanode
M4: starting datanode, logging to /home/hadoop/hadoop-2.7.3/logs/hadoop-hadoop-d
m5: starting datanode, logging to /home/hadoop/hadoop-2.7.3/logs/hadoop-hadoop-d
m6: starting datanode, logging to /home/hadoop/hadoop-2.7.3/logs/hadoop-hadoop-d
[hadoop@m4 hadoop-2.7.3]$ jps
3096 DataNode
3170 Jps
[hadoop@m4 hadoop-2.7.3]$ ssh m5 jps
2606 Jps
2528 DataNode
[hadoop@m4 hadoop-2.7.3]$ ssh m6 jps
2611 Jps
2533 DataNode
```

（4）启动全部 dfs 进程。在 m1 上执行命令，并检查 SecondaryNameNode 是否启动成功。

```
$sbin/start-dfs.sh
$jps
$ssh m2 jps
```

执行结果如下所示。

```
[hadoop@m1 hadoop-2.7.3]$ pwd
/home/hadoop/hadoop-2.7.3
[hadoop@m1 hadoop-2.7.3]$ sbin/start-dfs.sh
Starting namenodes on [m1]
ml: namenode running as process 2581．Stop it first.
m6: datanode running as process 2533．Stop it first.
m4: datanode running as process 3096．Stop it first.
m5: datanode running as process 2528．Stop it first.
Starting secondary namenodes [m2]
m2:starting secondarynamenode,logging to /home/hadoop/hadoop-2.7.3/logs/hadoop-hadoop-
secondarynamenode-m2.out
[hadoop@m1 hadoop-2.7.3]$ jps
2581 NameNode
2931 Jps
[hadoopQml hadoop-2.7.3]$ ssh m2 jps
2357 SecondaryNameNode
2402 Jps
```

注意，前面第（2）步和第（3）步都可以不做，第（4）步会先起动 NameNode 以及 DataNode。按书上这个顺序来启动，可以方便初学者找出配置错误。

（5）启动 ResourceManager。在 m3 上执行命令，并检查 ResourceManager 进程的状态。

```
[hadoop@m3 hadoop-2.7.3]$ sbin/yarn-daemon.sh start resourcemanager
[hadoop@m3 hadoop-2.7.3]$ jps
```

执行结果如下所示。

```
[hadoop@m3 hadoop-2.7.3]$ sbin/yarn-daemon.sh start resourcemanager
starting resourcemanager,logging to /home/hadoop/hadoop-2.7.3/logs/yarn-hadoop-resource
manager-m3.out
[hadoop@m3 hadoop-2.7.3]$ jps
2373 ResourceManager
2408 Jps
```

（6）接下来启动 NodeManager。在 m4、m5、m6 上执行命令，并检查一下 NodeManager 进程状态。

```
[hadoop@m3 hadoop-2.7.3]$ sbin/yarn-daemon.sh start nodemanager
[hadoop@m3 hadoop-2.7.3]$ jps
```

执行结果如下所示。

```
[hadoop@m4 hadoop-2.7.3]$ sbin/yarn-daemon.sh start nodemanager
starting nodemanager, logging to /home/hadoop/hadoop-2.7.3/logs/yarn-hadoop-nodemanager-
m4.out
[hadoop@m4 hadoop-2.7.3]$ jps
3096 DataNode
3255 NodeManager
3305 Jps
```

第（5）步和第（6）步可以合成一步完成。在 m3 上执行命令。

```
$sbin/start-yarn.sh
```

执行结果如下所示。

```
[hadoop@m3 hadoop-2.7.3]$ sbin/start-yarn.sh
starting yarn daemons
resourcemanager running as process 2373. Stop it first.
m4: nodemanager running as process 3255. Stop it first.
m6: starting nodemanager, logging to /home/hadoop/hadoop-2.7.3/logs/yarn-hadoop-nodemanag
er-m6.out
m5: starting nodemanager, logging to /home/hadoop/hadoop-2.7.3/logs/yarn-hadoop-nodemanag
er-m5.out
```

（7）然后启动 JobHistory Server。在 m3 上执行命令。

```
$sbin/mr-jobhistory-daemon.sh start historyserver
$jps
```

执行结果如下所示。

```
[hadoop@m3 hadoop-2.7.3]$ sbin/mr-jobhistory-daemon.sh start historyserver
starting historyserver, logging to /home/hadoop/hadoop-2.7.3/logs/inapred-hadoop-historyserver-m3.out
[hadoop@m3 hadoop-2.7.3]$ jps
2373 ResourceManager
2782 Jps
2745 JobHistoryServer
```

（8）用浏览器检查 Web 接口是否工作正常。

①NameNode：http://m1:50070，如图 4-4 所示。

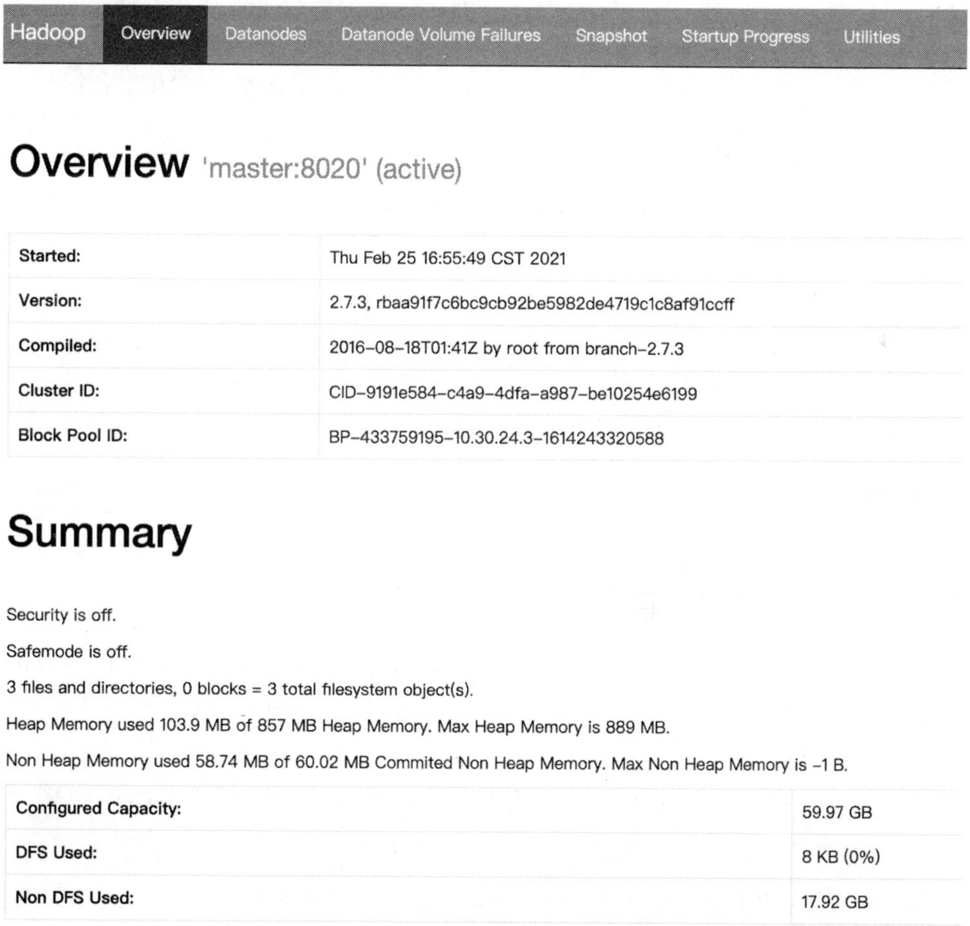

Hadoop　Overview　Datanodes　Datanode Volume Failures　Snapshot　Startup Progress　Utilities

Overview 'master:8020' (active)

Started:	Thu Feb 25 16:55:49 CST 2021
Version:	2.7.3, rbaa91f7c6bc9cb92be5982de4719c1c8af91ccff
Compiled:	2016-08-18T01:41Z by root from branch-2.7.3
Cluster ID:	CID-9191e584-c4a9-4dfa-a987-be10254e6199
Block Pool ID:	BP-433759195-10.30.24.3-1614243320588

Summary

Security is off.

Safemode is off.

3 files and directories, 0 blocks = 3 total filesystem object(s).

Heap Memory used 103.9 MB of 857 MB Heap Memory. Max Heap Memory is 889 MB.

Non Heap Memory used 58.74 MB of 60.02 MB Commited Non Heap Memory. Max Non Heap Memory is -1 B.

Configured Capacity:	59.97 GB
DFS Used:	8 KB (0%)
Non DFS Used:	17.92 GB

图 4-4　NameNode 的 Web 界面

②ResourceManager：http://m3:8088，如图 4-5 所示。

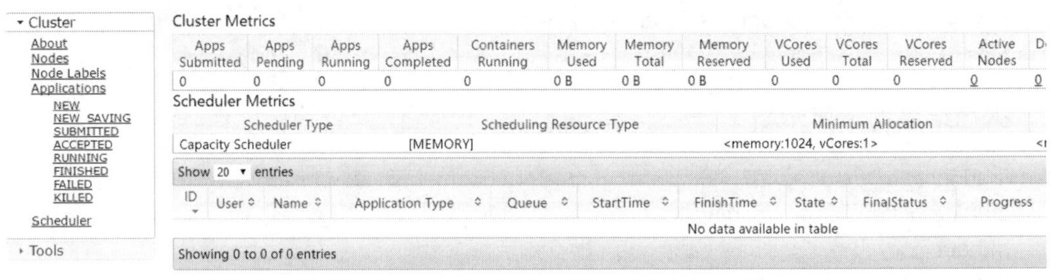

图 4-5　ResourceManager 的 Web 界面

③JobHistory：http://m3:19888，如图 4-6 所示。

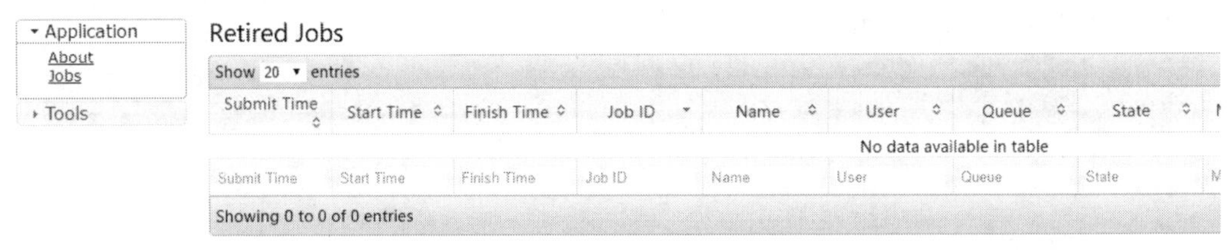

图 4-6　JobHistory 的 Web 界面

（9）关闭集群。

在 m3 上执行下面的命令：

```
$sbin/stop-yarn.sh
```

在 m1 上执行下面的命令：

```
$sbin/stop-dfs.sh
```

到此集群部署完成。

3. Hadoop 其他组件部署

在进行了 Hadoop 部署的同时，也有一些其他的软件值得用户了解它们的部署方式，这些软件和 Hadoop 有着一定的依赖关系，所以本节将做一些粗略的介绍。

1）Hive 安装

进行 Hive 的安装相对比较简单，只需要在 conf/hive-env.sh 中填写 HADOOP_HOME 即可。

```
# Set HADOOP_HOME to point to a specific hadoop install directory
# HADOOP_HOME=${bin}/../../hadoop
```

然后打开 hive 目录下的 bin 文件夹，在文件夹下有二进制文件 hive，直接访问，就能进入 hive 命令行执行 hive 操作，结果如下。

```
[root@master hive]$ bin/hive
ls: cannot access /usr/cstor/spark/lib/spark-assembly-*.jar: No such file or directory
Logging initialized using configuration in jar:file:/home/hive/lib/hive-common-1.2.1.jar!/hive-log4j.
properties
hive >
```

2）HBase 安装

默认已经搭建好 Hadoop 与 ZooKeeper，接下来搭建 HBase，需要配置 conf/hbase-env.sh，在 hbase-env.sh 中配置 Java 安装路径。

```
export JAVA_HOME=/usr/java/jdk1.8.0_161
```

通过修改这两项配置，使 HBase 获知 Java 的位置，以及不使用 HBase 自带的数据库。接下来配置 hbase-site.xml 文件。

```
<configuration>
    <property>
        <name>hbase.rootdir</name>
        <value>hdfs://master:8020/hbase</value>
    </property>
    <property>
        <name>hbase.cluster.distributed</name>
        <value>true</value>
    </property>
    <property>
        <name>hbase.zookeeper.quorum</name>
        <value>m1,m4,m5</value>
    </property>
    <property>
        <name>hbase.tmp.dir</name>
        <value>/usr/cstor/hbase/data/tmp</value>
    </property>
</configuration>
```

通过配置使 HBase 获取其数据存放在 HDFS 的地址、ZooKeeper 节点等信息。然后配置 regionservers 文件，用来指定节点。

```
vim regionservers
m4
m5
```

之后直接通过 start-hbase.sh 启动 hbase 即可。

```
[root@master hbase]$ bin/start-hbase.sh
starting master, logging to /usr/cstor/hbase/logs/hbase-root-master-master.out
```

```
slavel: starting regionserver, logging to /usr/cstor/hbase/bin/../logs/hbase-roo
t-regionserver-slavel.out
slave2: starting regionserver, logging to /usr/cstor/hbase/bin/../logs/hbase-roo
t-regionserver-slave2.out
```

通过 jps 命令可以看到 hbase 的运行进程。

```
[root@master ~]$ jps
432 NameNode
755 HMaster
148 QuorumPeerMain
1098 Jps
[root@slave1 ~]$ jps
1323 DataNode
2545 HRegionServer
1422 QuorumPeerMain
981 Jps
```

4.2.2 Spark 部署

1. 搭建单节点 Spark

部署 Spark 的 Linux 版本可以选择 CentOS、Ubuntu 等稳定版本。初学者学习体验 Spark 可以先选择单节点部署，而要使用 Spark 进行大数据处理或者大规模计算则需要选择集群部署。单节点部署只需准备一台 Linux 机器，而集群部署需要准备多台 Linux 机器，并且各台机器能通过网络互连。

1）安装 JDK

Spark 运行需要 Java 运行环境，并要求 Java 7 及以上版本。在实际的部署中基本会和 Hadoop 一并部署，可以选择 JDK 1.7 或 JDK 1.8 安装。在上一节中已介绍了 JDK 的安装步骤，此处不再赘述。

2）下载 Spark

Spark 的官方下载地址为 http://spark.apache.org/downloads.html。打开后如图 4-7 所示。

Download Apache Spark™

1. Choose a Spark release: 2.1.0 (Dec 28 2016)
2. Choose a package type: Pre-built for Hadoop 2.7 and later
3. Choose a download type: Direct Download
4. Download Spark: spark-2.1.0-bin-hadoop2.7.tgz
5. Verify this release using the 2.1.0 signatures and checksums and project release KEYS.

Note: Starting version 2.0, Spark is built with Scala 2.11 by default. Scala 2.10 users should download the Spark source package and build with Scala 2.10 support.

图 4-7 Spark 下载页面

下载过程分 5 步。

（1）选择 Spark 版本，使用 2.1.0 版本。

（2）选择包类型，在此选择 Pre-built for Hadoop 2.7 and later（编译好的包），其适用于 Hadoop 2.7 以及更高版本。Spark 在做大数据处理或调度管理时可以使用 Hadoop 的组件，需要和 Hadoop 混合部署，这样用户需要选择对应 Hadoop 版本的预编译包。

（3）选择下载方式，在此选择直接下载。

（4）下载 spark-2.1.0-bin-hadoop2.7.tgz 安装包。

（5）校验下载的文件是否正确。

下载好的文件为 spark-2.1.0-bin-hadoop2.7.tgz，这是一个压缩文件。文件名中显示 Spark 的版本为 2.1.0，相应的 Hadoop 版本为 2.7。这里只显示了 Hadoop 的主版本号和次版本号，说明可以支持 2.7.1、2.7.2、2.7.3 等版本。

3）Spark 集群部署

Spark 集群部署是指把 Spark 部署到多台网络互通的机器上，构成分布式系统。集群部署的好处是可以利用多台机器的计算、内存、磁盘资源，有效地运行大数据处理程序，能够处理的数据量或计算量远远大于使用单台计算机部署的 Spark。同时集群还提供了资源调度、高可用性、高可靠性等功能，可使 Spark 程序的运行稳定、可靠、高效。

Spark 集群依照所使用的集群管理器被分为 3 种模式：Standalone、Spark on YARN、Spark on Mesos。其中 Standalone 模式利用 Spark 自带的集群管理器，可以方便快速地搭建集群；Spark on YARN 模式使用 Hadoop 资源管理器 YARN 管理集群，YARN 支持资源的动态分配，并可以统一管理 Hadoop 与 Spark 集群；Spark on Mesos 模式则使用 Apache Mesos 管理集群，它是一种通用的集群管理器，同时也支持运行 Hadoop MapReduce。

用户可以先从搭建 Standalone 模式集群开始，熟悉部署方法；然后再搭建 Hadoop on YARN 模式集群。

4）搭建 Standalone 模式集群

搭建集群之前首先要规划好集群的规模及角色分配。Spark 集群中的机器角色可以人为地分为 Master 和 Slave 两种。通常把部署了 Master 角色的机器称为 Master 节点，部署了 Slave 角色的机器称为 Slave 节点。Master 节点担任调度管理的角色，而 Slave 节点则担任任务计算及数据处理的工作。在集群中 Master 节点与 Slave 节点的部署关系如图 4-8 所示。

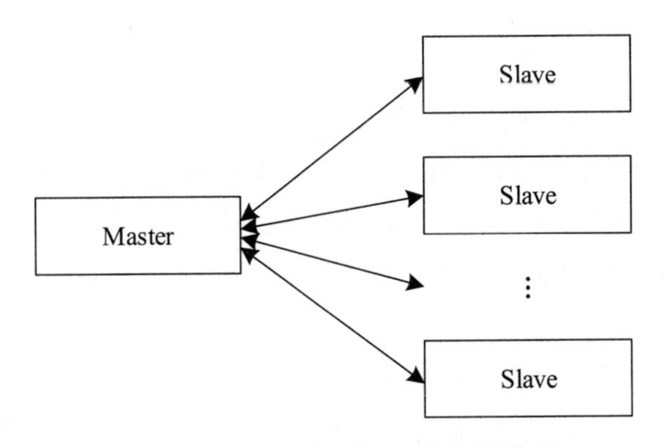

图 4-8 Master 与 Slave 的部署关系

将节点分成 Master 节点和 Slave 节点，具体规划如表 4-3 所示。

表 4-3 Standalone 集群规划

集群角色	机器名	IP 地址
Master	cloud1	192.168.100.10
Slave	cloud2	192.168.100.11
Slave	cloud3	192.168.100.12

集群规划完成后，开始搭建集群，详细步骤如下。

（1）为 3 台 Linux 机器分别配置好机器名和 IP 地址，并确保每台机器间的网络能够相互连通。默认配置下 Spark 会占用 8080、8081、6066、7077 等端口，若防火墙开启，这些端口可能无法连通，所以需要停掉每台机器的防火墙。不同发行版本的 Linux 系统关闭防火墙的命令有些差异，此处不再赘述。

（2）为每台机器创建一个用户（本例中使用 dtadmin），此用户具有管理员权限，后续登录每台机器均使用此用户。

（3）配置每台机器的 IP 映射文件。使用 vi 编辑文件，命令如下。

```
sudo vi /etc/hosts
```

在 hosts 文件最后加入如下内容。

```
192.168.100.10 cloud1
192.168.100.11 cloud2
192.168.100.12 cloud3
```

（4）为每台机器安装 Java 开发组件 JDK。

（5）配置 SSH 免密登录。登录到 cloud1，配置免密码登录，使得从 cloud1 到 cloud2 和 cloud3 的 SSH 登录无须密码。具体方法请参考 2.2 节中介绍的免密码登录方法。

验证免密码登录，在 cloud1 上各自输入以下命令，若 SSH 登录不再要求输入密码，那么免密就配置成功了。

```
ssh cloud2
```

```
ssh cloud3
```

（6）把准备工作时下载好的包文件 spark-2.1.0-bin-hadoop2.7.tgz 分别放到每台机器上（从 Windows 机器上传文件到 Linux 机器可以使用工具 Winscp），并且放到相同的路径下（例如，都放到/home/dtadmin），通过以下命令解压缩。

```
tar xvf spark-2.1.0-bin-hadoop2.7.tgz
cd spark-2.1.0-bin-hadoop2.7
```

最终，每台机器 Spark 目录的位置如下。

```
/home/dtadmin/spark-2.1.0-bin-hadoop2.7
```

（7）在主节点上进行 slaves 文件的修改，并在主节点上进入 Spark 目录/home/dtadmin/spark-2.1.0-bin-hadoop2.7，执行以下命令。

```
cd conf
cp slaves.template slaves
```

在 Spark 的 conf 目录下创建名为 slaves 的文件，该文件可以通过复制 slaves.template 得到。

使用任意文本编辑工具修改创建好的 slaves 文件，添加 cloud2 和 cloud3 到文件中。

```
# A Spark Worker will be started on each of the machines listed below
cloud1
cloud2
```

（8）在 Master 节点（机器名为 cloud1）上执行启动脚本。

```
cd ~/spark-2.1.0-bin-hadoop2.7
./sbin/start-all.sh
```

（9）接下来要验证安装结果。在每台机器上运行 jps 命令检查 Java 进程，jps 命令用来检查所有正在执行的 Java 程序信息。

在 Master 节点 cloud1 上运行 jps，结果如下所示。

```
[dtadmin@cloud1 spark]$ jps
5382 Jps
4489 Master
```

在 Slave 节点 cloud2 上运行 jps，结果如下所示。

```
[dtadmin@cloud2 spark]$ jps
4738 Jps
2219 Worker
```

在 Slave 节点 cloud3 上运行 jps，结果如下所示。

```
[dtadmin@cloud3 spark]$ jps
2212 Jps
2552 Worker
```

可以看出在主节点上运行了一个名为 Master 的 Java 程序，而在 Worker 节点上分别运行了一个名为 Worker 的 Java 程序。至此 Spark 进程在主节点和从节点上都已启动成功。

在 Master 节点上的 Web 界面中也可以看到集群的状态，Master 节点的 Web 界面默认 URL 为 http://<masterAddress>:8080，访问 Master 节点 cloud1 的 Web 界面，如图 4-9 所示。

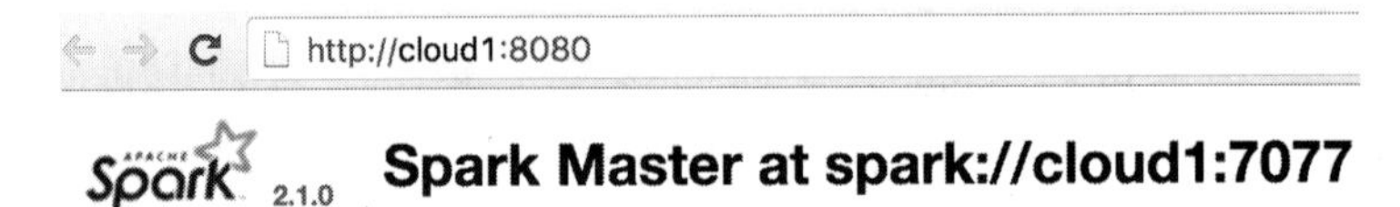

URL: spark://cloud1:7077
REST URL: spark://cloud1:6066 *(cluster mode)*
Alive Workers: 2
Cores in use: 2 Total, 0 Used
Memory in use: 2.0 GB Total, 0.0 B Used
Applications: 0 Running, 0 Completed
Drivers: 0 Running, 0 Completed
Status: ALIVE

图 4-9　Master 节点 Web 界面

Status: ALIVE 代表集群处于正常状态，Alive Workers: 2 代表有两个 Worker 可用。

（10）提交测试程序。通常用 spark-submit 脚本提交 Spark 应用到集群执行计算，此脚本提供了统一的接口，可以使用统一的方法提交应用到不同类型的集群，执行命令如下。

```
cd ~/spark-2.1.0-bin-hadoop2.7
./bin/spark-submit \
--class org.apache.spark.examples.SparkPi \
--master spark://cloud1:6066 \
--deploy-mode cluster ./examples/jars/spark-examples_2.11-2.1.0.jar 100
```

运行结果如下所示。

```
21/03/11    15:20:03 INFO yarn.Client: Submitting application application_1615446828138_0001 to
ResourceManager
21/03/11    15:20:03 INFO impl.YarnClientImpl: Submitted application application_1615446828138
_0001
21/03/11    15:20:04 INFO yarn.Client: Application report for application_1615446828138_0001
(state: ACCEPTED)
21/03/11    15:20:04 INFO yarn.Client:
client token: N/A
diagnostics: N/A
ApplicationMaster host: N/A
```

```
ApplicationMaster RPC port: -1
queue: default
start time: 1615447203473
final status: UNDEFINED
tracking URL: http://master:8088/proxy/application_1615446828138_0001/
user: root
```

在最后显示的 JSON 结构中"success" : true 代表提交成功。和单机模式运行测试程序不同的是，spark-submit 脚本提交成功后即退出，并没有把最终的运行结果显示给用户。要查询运行结果需要访问 Master 节点的 Hadoop Web 界面，如图 4-10 所示。

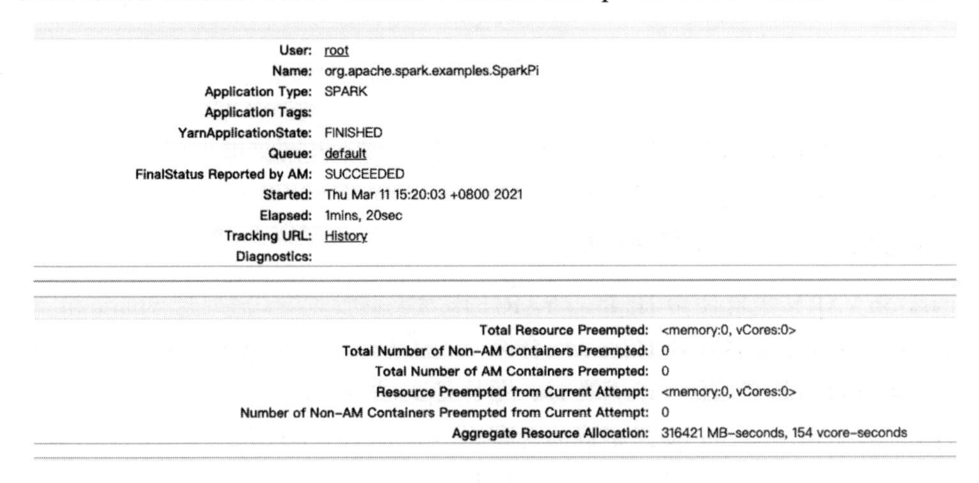

图 4-10 Master 节点 Web 界面查看程序运行

在 cloud1 的 Web 界面最后有两个表格，分别为完成的程序和完成的 Drivers，这里编号为 app-20170318061154-0000 的应用即用户提交的测试程序，对应的状态为完成。而编号为 driver-20170318061148-0000 的 driver 即此应用的 driver 程序，对应的状态也为完成。单击 Completed Drivers 表格中 Worker 列中的 Worker 编号，跳转到 Worker 页面，如图 4-11 所示。

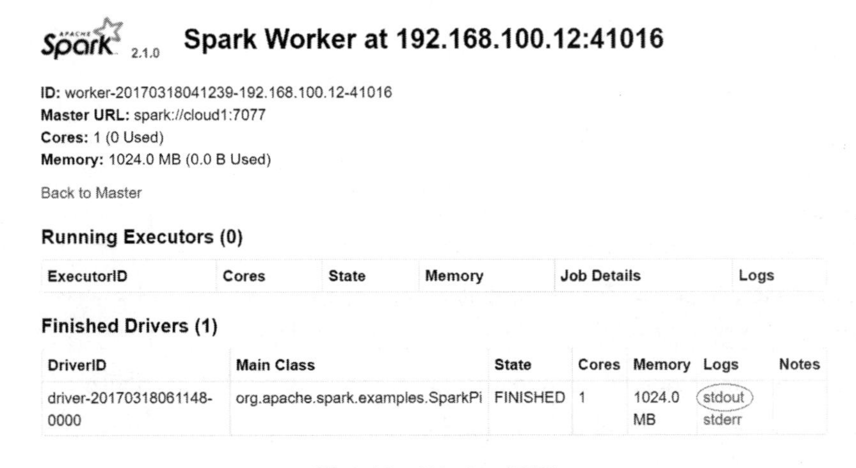

图 4-11 Worker 页面

在 Finished Drivers 表格中单击 Driver 编号为 driver-20170318061148- 0000 的 stdout 即可看到最终的运行结果，如图 4-12 所示。

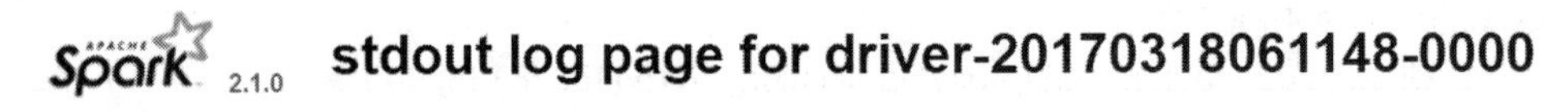

图 4-12　测试程序运行结果

至此 Spark Standalone 模式集群的部署、测试完成。可以看出集群部署要比单机部署复杂，在实际部署时要严格按照步骤进行。

2. 搭建 Spark on YARN 模式集群

Spark on YARN 集群使用 Hadoop YARN 作为集群管理器，需要把 Spark 和 Hadoop 部署在一起。Spark 能够处理 Hadoop HDFS 上的数据，之所以 Spark 与 Hadoop 部署在一起，是因为如此 Spark 可以更高效、更快捷地访问 HDFS。

前面介绍了 Standalone 模式集群的部署方式，搭建 Spark on YARN 模式集群只需要在 Standalone 模式集群的基础上，部署 Hadoop 并做相应配置。在搭建之前需要规划好 Hadoop 的机器角色如何部署到已有的 Spark Standalone 模式集群上。把 HDFS 中的 NameNode 模块放到主节点上，而把 DataNode 模块放到从节点上，把 YARN 中的 ResourceManager 模块放到主节点上。具体规划如表 4-4 所示。

表 4-4　Spark on YARN 模式集群规划

机　器　名	Spark 角色	Hadoop 角色	IP 地址
cloud1	Master	NameNode SecondaryNameNode ResourceManager	192.168.100.10
cloud2	Slave	DataNode NodeManager	192.168.100.11
cloud3	Slave	DataNode NodeManager	192.168.100.12

Spark on YARN 集群可以在已搭建好的 Standalone 集群上继续搭建，具体步骤如下。

（1）在 3 台机器上部署 Hadoop 集群，只需要配置 Hadoop 的 HDFS 和 YARN 组件。对于 HDFS，将 NameNode 和 SecondaryNameNode 部署到 Master 节点 cloud1 上，而将 DataNode 部署到 Slave 节点 cloud2 和 cloud3 上。对于 YARN，将 ResourceManager 部署到 Master 节点 cloud1 上，而将 NodeManager 部署到 Slave 节点 cloud2 和 cloud3 上。

Hadoop 的部署方法参见上一节，此处不再赘述。Hadoop 配置文件 core-site.xml、hdfs-site.xml、yarn-site.xml 和 slaves 文件的关键配置信息如下，以供参考。

```
vim core-site.xml
```

```
<configuration>
<property>
<name>hadoop.tmp.dir</name>
<value>/home/dtadinin/hadooptmp</value>
<description>A base for other temporary directories.</description>
</property>
<property>
<name>fs.defaultFS</name>
<value>hdfs://cloudl:9000</value>
</property>
<property>
<name>io.file.buffer.size</name>
<value>131072</value>
</property>
</configuration>
vim hdfs-site.xml
<configuration>
<property>
  <name>dfs.namenode.name.dir</name>
  <value>file:/home/dtadmin/hadoopdata/namenode</value>
</property>
<property>
  <name>dfs.datanode.data.dir</name>
  <value>file:/home/dtadmin/hadoopdata/datanode</value>
</property>
<property>
  <name>io.file.buffer.size</name>
  <value>131072</value>
</property>
<property>
  <name>dfs.namenode.handler.count</name>
  <value>100</value>
</property>
</configuration>
<property>
<name>yarn.resourcemanager.scheduler.address</name>
<value>cloud1:8030</value>
</property>
<property>
<name>yarn.resourcemanager.address</name>
```

```
<value>cloud1:8032</value>
</property>
<property>
<name>yarn.acl.enable</name>
<value>false</value>
</property>
<property>
<name>yarn.admin.acl</name>
<value>*</value>
</property>
<property>
<name>yarn.log-aggregation-enable</name>
<value>false</value>
</property>
<property>
<name>yarn.resourcemanager.webapp.address</name>
<value>cloud1:8088</value>
</property>
<property>
<name>yarn.resourcemanager.hostname</name>
<value>cloud1</value>
</property>
vim slaves
cloud2
cloud3
```

（2）修改每台机器的 spark-env.sh 文件。在 Spark 的 conf 目录下若没有 spark-env.sh 文件则需要从 spark-env.sh.template 复制，执行命令如下。

```
cd ~/spark-2.1.0-bin-hadoop2.7/conf
cp spark-env.sh.template spark-env.sh
```

编辑 spark-env.sh 文件并在其中加入配置项 HADOOP_CONF_DIR，配置为 Hadoop 配置文件所在目录，如图 4-13 所示。

```
# - HADOOP_CONF_DIR, to point Spark towards Hadoop confi
guration files
export HADOOP_CONF_DIR=/home/dtadmin/hadoop-2.7.3/etc/ha
doop
```

图 4-13　配置 spark-env.sh 的 HADOOP_CONF_DIR 选项

（3）重启 Spark。登录到主节点 cloud1 并写入以下命令。

```
cd ~/spark-2.1.0-bin-hadoop2.7
./sbin/stop-all.sh                                        （停止 spark）
./sbin/start-all.sh                                       （启动 spark）
```

（4）验证是否安装成功。在每台机器上运行 jps 命令查看 Java 进程信息。

在主节点 cloud1 上运行 jps，结果如下所示。

```
[dtadmin@cloud1 spark]$ jps
4738 Jps
2219 Master
2701 ResourceManager
2254 NameNode
```

Master 节点 cloud1 上运行了 Spark 的 Master 进程、Hadoop HDFS 的 NameNode 和 SecondaryNameNode 进程、Hadoop YARN 的 ResourceManager 进程。

在 Slave 节点 cloud2 上运行 jps，如果如下所示。

```
[dtadmin@cloud2 spark]$ jps
4738 Jps
2593 Worker
2169 DataNode
2283 NodeManager
```

在 Slave 节点 cloud3 上运行 jps，结果如下所示。

```
[dtadmin@cloud3 spark]$ jps
4738 Jps
2597 Worker
2167 DataNode
2281 NodeManager
```

Slave 节点 cloud2 和 cloud3 上都运行了 Spark 的 Worker 进程、Hadoop HDFS 的 DataNode 进程和 Hadoop YARN 的 NodeManager 进程。至此 Spark 集群和 Hadoop 进程都已经启动成功。

（5）提交测试程序。与测试 Standalone 模式一样，使用 spark-submit 脚本运行测试程序，但脚本参数中--master 指定为 yarn 模式，执行命令如下。

```
./bin/spark-submit \
--class org.apache.spark.examples.SparkPi \
--master yarn \
--deploy-mode cluster \
./examples/jars/spark-examples_2.11-2.1.0.jar 100
```

输出的日志最后如下，final status: SUCCEEDED 说明最终运行成功。

```
21/04/13 23:20:30 : Application report for application_1
501903056153_0001 (state: FINISHED)
21/04/13 23:20:30 :
         client token: N/A
         diagnostics: N/A
         ApplicationMaster host: 192.168.100.11
         ApplicationMaster RPC port: 0
         queue: default
```

```
        start time: 1501903171728
        final status: SUCCEEDED
        tracking URL: http://cloudl:8088/proxy/applicat
ion_1501903056153_0001/
        user: dtadmin
```

在 Standalone 模式集群中查看提交的程序运行结果需要登录 Spark Master 节点的 Web 界面，而在 Spark on YARN 模式集群中由于任务管理已交给 Hadoop YARN 来完成，所以查看程序运行结果需要登录 Hadoop 的 ResourceManager 的 Web 界面。ResourceManager 的默认 URL 为 http://<ResourceManager Address>:8088，当前 URL 为 http://cloud1:8088，打开页面如图 4-14 所示。

All Applications

Cluster Metrics

Apps Submitted	Apps Pending	Apps Running	Apps Completed	Containers Running	Memory Used	Memory Total	Memory Reserved	VCores Used	VCores Total	VCores Reserved	Active Nodes
1	0	0	1	0	0 B	16 GB	0 B	0	16	0	2

Scheduler Metrics

Scheduler Type	Scheduling Resource Type	Minimum Allocation
Capacity Scheduler	[MEMORY]	<memory:1024, vCores:1>

Show 20 entries

ID	User	Name	Application Type	Queue	StartTime	FinishTime	State
application_1490058549121_0001	dtadmin	org.apache.spark.examples.SparkPi	SPARK	default	Tue Mar 21 11:19:31 +0800 2017	Tue Mar 21 11:20:47 +0800 2017	FINISHED

Showing 1 to 1 of 1 entries

图 4-14　Hadoop ResourceManager 的 Web 界面

ResourceManager 的 Web 界面中显示有一个状态为 FINISHED、名称为 org.apache.spark.examples.SparkPi 的应用程序，单击第一栏就会显示应用程序的具体信息，如图 4-15 所示。

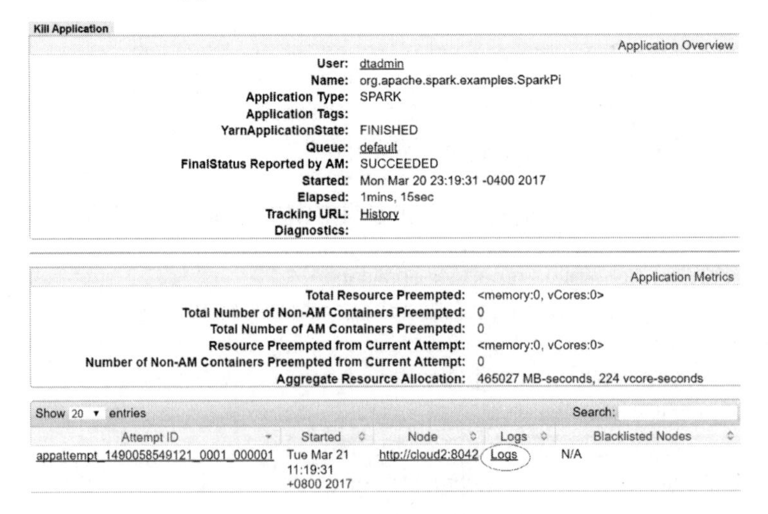

图 4-15　应用程序详细信息

继续单击 Logs 链接，进入日志详细信息。

日志详细信息页面中显示了两个文件 stderr 和 stdout，单击 stdout 文件链接，显示应用程序运行结果，如图 4-16、图 4-17 所示。

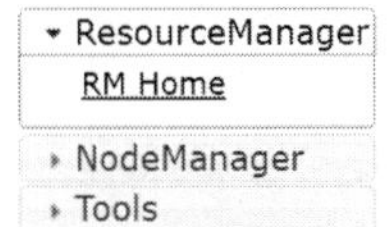

图 4-16　日志详细信息

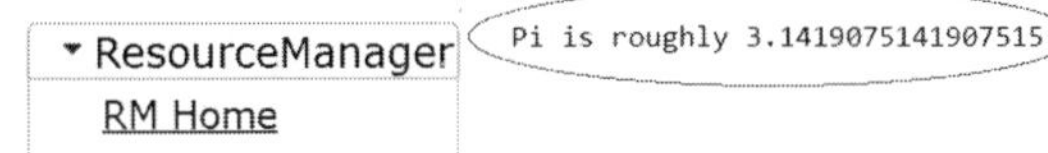

图 4-17　应用程序运行结果

至此，测试程序提交并运行成功，Spark on YARN 集群就完成了搭建。

3．搭建高可用集群

前面两节以 3 台机器构成的集群为例分别介绍了 Standalone 模式和 Spark on YARN 模式集群的搭建。在 Standalone 模式中将主进程部署到 cloud2 和 cloud3 上，而只将 Master 进程部署到 cloud1 上。在实际的应用中若只有一个主节点，那么有可能会造成单点故障，即若主节点出现故障则会影响到整个集群的运行，导致 Spark 不可用。部署高可用集群便可以解决单点故障问题，所以在生产环境中一般部署高可用集群。

Standalone 集群的主节点可能会呈现单点错误，有以下两种方法实现 Standalone 高可用集群。

（1）通过添加备用 Master 节点以实现高可用。

增加一台或多台备用的 Master 节点到集群，并连接到 ZooKeeper 集群中。ZooKeeper 能够选一台 Master 机器作为主节点，而使其他 Master 机器作为备用节点。当主节点出现故障后，ZooKeeper 会重新选择一台可用的 Master 机器作为主节点，这样就解决了单点故障问题。高可用集群的部署如图 4-18 所示。

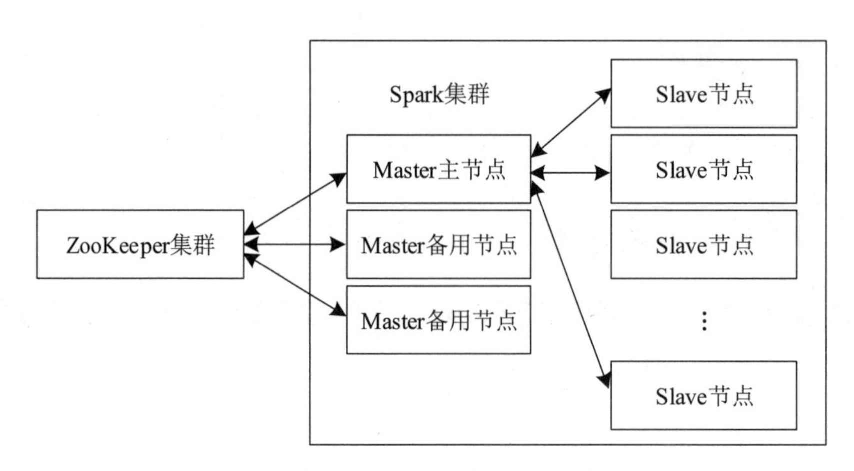

图 4-18 Standalone 高可用集群部署

具体配置方法为：在 Master 节点的 spark-env.sh 文件中的配置项 SPARK_DAEMON_JAVA_OPTS 中加入相关属性配置，如表 4-5 所示。

表 4-5 Master 节点 ZooKeeper 配置

属 性 名	值
spark.deploy.recoveryMode	ZOOKEEPER
spark.deploy.zookeeper.url	ZooKeeper URL
spark.deploy.zookeeper.dir	Spark 在 ZooKeeper 中的目录

ZooKeeper 集群的搭建可以参考 ZooKeeper 官方网站 http://zookeeper. apache.org 上的说明完成。

（2）配置 Master 节点本地文件系统恢复。

这种方法不需要搭建备用 Master 节点。如果 Master 节点故障，可以通过重启主节点来恢复之前在文件系统中保存的状态。该方法虽然不是最佳的高可用方案，但也提供了一种只有单台 Master 节点时的高可用方案。具体配置方法为：在 Master 节点的 spark-env.sh 文件配置项 SPARK_DAEMON_JAVA_OPTS 中添加配置，如表 4-6 所示。

表 4-6 Master 节点文件系统恢复配置

属 性 名	值
spark.deploy.recoveryMode	FILESYSTEM
spark.deploy.recoveryDirectory	用于存放恢复数据的目录

前面介绍过 Spark on YARN 模式集群如何把 Hadoop 集群与 Spark 集群部署在一起。其中，Hadoop HDFS 的 NameNode 节点和 Secondary NameNode 节点都被部署到单台机器上，Hadoop YARN 的 ResourceManager 也被部署到单台机器上。这些都可能出现单点故障问题，在实际的部署中也需要考虑高可用集群方案，包括 Hadoop 的高可用集群。部署如图 4-19 所示。

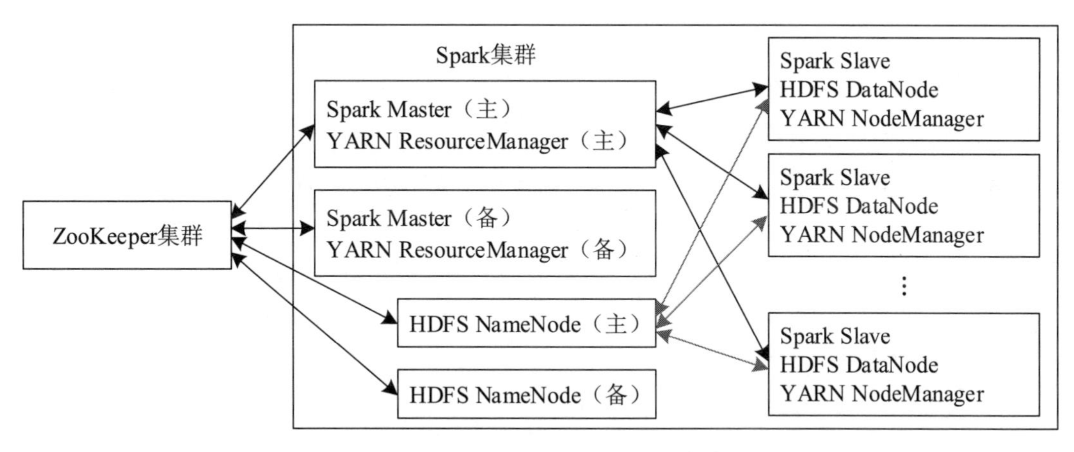

图 4-19　Spark 与 Hadoop 混合高可用集群部署

4.3　升级管理

这一节将简要介绍系统升级的一些概念，以及 Hadoop、Spark 的升级管理，包括升级风险、关键组件、升级配置等。由于牵扯到数据继承，因此 Hadoop 升级时最复杂的部分是 HDFS 分布式文件系统的升级，所以本节会着重介绍 HDFS 的升级；相比之下 Spark 升级则很简单，由于 Spark 仅仅是被用来进行数据计算而不牵扯数据继承，因此升级并不复杂，而且 Spark 本身并不像是直觉地“安装”在集群上，而只是通过 JVM 运行，因此需要升级时只需要下载新版本并进行一定的配置，修改一些环境变量即可。

4.3.1　系统升级的概念

通常，人们认为系统升级就是将一个系统从低版本升级到高版本以达到提升性能或者使用高版本新功能的目的。在升级时，一般需要注意以下几个方面。

（1）软件可用性：一般地，升级一个软件，绝不希望它在升级完成后变得不可用，因此软件在升级完成后一定要对其可用性进行测试。

（2）数据继承性：通常不选择把一个系统或软件直接删除再重新下载以达到升级的目的，一个原因是为了方便，但更重要的是希望旧版本的数据可以在新版本中继续使用，所以数据的继承性是系统升级中很重要的方面。

（3）回滚可行性：不可避免地，有的时候升级完系统后系统会出现不可用、数据丢失、升级版本使用不畅等问题，因此软件能否进行回滚也是需要注意的一方面，如果是不能回滚的软件，一定要提前做好数据的备份。

4.3.2　Hadoop 升级管理

Hadoop 是一个由 Apache 基金会所开发的分布式系统基础架构。在这个框架下用户可以在不懂得分布式框架内部运行逻辑的情况下开发分布式应用，通过框架运用集群进行存储与计算。总而言之，Hadoop 是一个能够让用户利用多集群算力相对低门槛地处理、开发大规模数据的数据计算框架。

Hadoop 内部开发实现了一个分布式文件系统（HDFS）。HDFS 开发时最初的思路是将它部署在大量价格低廉的硬件上，大量与低廉意味着不稳定与低效率，所以 Hadoop 设计时考虑了高可用功能。HDFS 放宽了对系统接口的要求，因此可以使存储的数据以数据流的方式被访问。

Hadoop 的特点。

（1）可扩容性：能够简单地进行集群的扩容。

（2）经济性：可以使用低成本机器进行数据处理。通过成千上万的低成本机器算力组合运算以达到更加昂贵的高性能机器的功能。

（3）高效性：通过将海量数据分发到各个节点的方式，在每个计算节点上处理一部分数据，以达到高效处理的特性。

（4）可靠性：Hadoop 可以通过多种方式自动进行数据备份，使数据丢失的风险被降到最低，提交的计算任务也可以自动重新部署。

1．Hadoop 版本升级

通过版本升级，可以在 Hadoop 数据继承的基础上使用 Hadoop 开发的新特性。

1）Hadoop 升级风险

Hadoop 的升级，最大的难点是数据的继承，也就是升级 HDFS，重要的是不能让升级后的数据出现丢失的情况，如果出现了数据的丢失，升级本身其实就失败了。

2）HDFS 的数据和元数据升级

Hadoop 自带分布式文件系统 HDFS，通过将常规文件存入 HDFS 中，可以将文件自动地进行多种方式的备份，可以使数据在任意节点受灾后依然不会产生无可挽回的数据丢失。因为其数据可靠的特性，可以将其作为数据来源、数据存储中间件以及数据处理结果存储器。

- ❑ 下载 Hadoop 2.7.3，配置文件 hdfs-site.xml 中的 dfs.namenode.name.dir 和 dfs.datanode.data.dir 的 value，分别使用 Hadoop1.x 的配置文件 hdfs-site.xml 中的 dfs.name.dir 和 dfs.data.dir 的 value。
- ❑ 升级 namenode：/usr/local/hadoop 2.7.3/sbin/hadoop-daemon.sh start namenode –upgrade。
- ❑ 升级 datanode：/usr/local/hadoop 2.7.3/sbin/hadoop-daemon.sh start datanode。

升级 HDFS 并不复杂，比单纯启动要慢一点，也基本没有数据丢失风险。万一出现了升级失败的情况，也可以通过命令很简单地进行回滚操作，不过要注意记录会被回滚到升级操作前，所以升级后新增或者修改的记录会完全丢失。

回滚命令如下。

（1）启动 namenode 回滚：{oldHadoopDir}/bin/hadoop-daemon.sh start namenode–rollback。

（2）启动 datanode 回滚：{oldHadoopDir}/bin/hadoop-daemon.sh start datanode–rollback。

3）YARN 升级配置

YARN 是 Yet Another Resource Negotiator（另一个资源管理器）的缩写，可充当 Hadoop 堆栈的集群协调组件。一般地，可以通过将任务提交给 YARN，让 YARN 自动协调资源并进行作业调度。通过充当集群资源的接口，YARN 能够自动配置资源，提升了运算的性能。

由于 YARN 一般只作为资源分配组件使用，因此 YARN 的升级比较简单，只需要普通的启动 YARN 即可。不过还是要注意，Hadoop 任务的资源分配方式发生了一些改变，所以要根据自己的需求做一些参数的调整。

2. Hadoop 扩容升级

Hadoop 的扩容升级目的是在计算及存储性能达到瓶颈的时候，通过添加节点的方式扩展计算以及存储能力。

扩容的方式也很简单，以之前部署好的集群做参照；在之前部署好的机器上添加一台机器 m7 作为 datanode 和 nodeManager，方法很简单，只需要在 m1 节点上把 m7 添加到 hosts 以及 slaves 文件中，单独对 m1 和 m7 进行 SSH 免密，通过 m1 中 hadoop/sbin 目录下的 stop-all.sh 脚本将启动的集群全部停止，然后用 start-all.sh 脚本重新启动。

4.3.3 Spark 升级管理

Spark 是以快速运算、易使用以及大量数据计算为原点开发的大数据处理框架。加州大学伯克利分校的一个实验室在 2009 年开发了这个框架，2010 年这个项目被转为 ASF 的开源孵化项目。

1. Spark 的特性

Spark 通过在数据处理过程中成本更低的洗牌（shuffle）方式，将 MapReduce 提升到一个更高的层次。通过内存存储方式以及快速的计算能力，现阶段 Spark 比其他大数据处理技术的性能要快很多倍。

Spark 还支持大数据查询的延迟计算，这可以帮助优化大数据处理流程中的处理步骤。Spark 还提供了高级的程序接口以用来提高创造能力；另外，还提供了大数据解决方案以解决一部分系统一致性问题。

Spark 在进行数据计算时，产生的中间数据会被保存在内存中而不会被写入硬盘，因此其数据处理速度会特别快。Spark 在设计之初就考虑做一个既可以在硬盘上运行，又可以在内存中工作的执行引擎。当随机存储中的数据不合适使用时，Spark 就会去硬盘中寻找数据。因此 Spark 在依赖内存的同时，也可以运行大于内存限制的数据计算。

Spark 设计逻辑上会尽量向内存中存数据，过多的数据才会选择向硬盘中存储。Spark 可以切分数据的一部分放入内存，另一部分放入硬盘。开发者在做数据开发的时候要具体情况具体分析，评估内存数量。Spark 的快速计算特性也是受益于这种基于内存优先的数据存储方式。

Spark 的其他特性包括以下方面。

- 内置包括 Map 和 Reduce 在内的多种方法。
- 优化过的随机操作算子图。
- 可以帮助优化整体数据处理流程的大数据查询的延迟计算。
- 提供了简单明了、操作规范性高的 Python、Scala 和 Java 的应用开发接口。
- 提供了交互式的 Python 和 Scala 命令行工具。

Spark 是基于 Scala 语言编写的，因此运行于 Java 虚拟机环境上。目前，支持编写 Spark 应用的程序语言包括 Scala、Java、Python、Clojure、R 等。

2. Spark 生态系统

Spark 除常用的核心接口外，还有更多针对更具体的应用场景的扩展库。

1）Spark Streaming

Spark Streaming 能够用少量多次的方式将数据进行流式计算，一般使用 Spark Streaming 主要用来处理相对实时的流式数据，使用的数据格式是 DStream；可以把 DStream 理解为是多个 RDD 的聚合，用于处理实时数据。

2）Spark SQL

JDBC 接口能够将 Spark SQL 中的 Spark 数据集传递到数据库，还能够使用通用的数据可视化软件在 Spark 处理的相关数据上进行 SQL 操作。用户还可以用 Spark SQL 对不同类型的数据执行数据抽取、转换和加载，将其转换成能用的数据；然后传递给相应的任务。

3）Spark MLlib

MLlib 是一个可扩展的 Spark 机器学习库，由通用的学习算法和工具组成，内置了一些机器学习的算法，可以供开发者快速使用。

4）Spark GraphX

Spark GraphX 是一个用来做图计算的 Spark 工具包。其使用图的概念拓展了 Spark RDD 的应用场景。为了支持图计算，它放开了一些操作符和一个优化过的 Pregel 开发接口，可以方便用户快速计算一些特定数据。

3. Spark 版本升级操作

由于 Spark 本身是一个计算框架，不存储数据，因此升级时不涉及数据的更新。升级方法就是停止现在正在运行的 Spark 集群，然后重新部署更高版本的 Spark。部署方法可以参考“4.2.2　Spark 部署”，只需要下载部署更高版本的 Spark 便可以完成升级。

有时候 Spark 运行会出现一些错误，而 Spark 在提交任务运行时会自动打印日志，可以根据运行产生的日志进行错误分析，并快速排查错误。

4. Spark 扩容升级操作

Spark 的扩容需要首先完成上一步的 Hadoop 的扩容，因为 Spark 集群的调度与资源利用同样需要用到 Hadoop 组件。在 Hadoop 扩容完成后，在 Spark 的 slaves 文件中添加新增的节点，之后重新启动 Spark 即可。例如，有两个旧的计算节点 cloud2 和 cloud3，新加一个节点 newslave，将主节点的 Spark 复制到 newcloud 中，在主节点中配置好 conf 下的 slaves 文件，如下所示。

```
# A Spark Worker will be started on each of the machines listed below
cloud1
cloud2
newcloud
```

然后重新启动 Spark 即可。

习　　题

1. 简要描述 HDFS 的搭建过程。
2. 简要描述 YARN 的搭建过程。
3. 简要描述 Spark on YARN 的搭建过程。

参考文献

[1] 刘鹏. 大数据[M]. 3 版. 北京：电子工业出版社，2017.

[2] 刘鹏，张燕. 大数据实践[M]. 北京：清华大学出版社，2018.

[3] 刘鹏，张燕. 大数据系统运维[M]. 北京：清华大学出版社，2018.

[4] 逄利华. 基于 Hadoop 的分布式数据库系统[J]. 办公自动化，2014(5)：47-49.

[5] CSDN 博客：https://blog.csdn.net/CH_Axiaobai/article/details/107049363.

[6] 用 Apache Spark 进行大数据处理——第一部分：入门介绍：https://www.cnblogs.com/lucks/articles/6855282.html.

[7] 马玉春，李应勇，张鲲，等. 数据的编码与处理技术[J]. 电脑编程技巧与维护，2011，000（8）：56-61.

日常维护管理

IT 系统管理就是优化 IT 部门的各类管理流程，保证能够按照一定的服务级别为业务部门或客户提供高质量、低成本的 IT 服务。尽管系统管理及运维主要涉及系统管理对象、内容、工具及流程制度等方面的内容，但大数据系统由于其固有的数据量大、机器规模大、分布式架构及并行计算等特点，会不同于传统运维，更加复杂且困难。因此，大数据系统的运维管理须通过自动化手段取代大量重复性、简单的手工操作，进行资源统一调配及管理，提升系统运维的可靠性；通过提供弹性的灵活可配置的服务与计算，提升 IT 资源利用率；通过构建一套规范化的完善运维体系，体现出服务生命周期的管理要求。

5.1　系统管理对象

大数据系统是一个复杂的、提供不同阶段的数据处理功能的系统。本章将大数据系统分为 3 个模块进行讲解，包含系统硬件基础层、系统软件实施层、系统数据应用层，如图 5-1 所示。

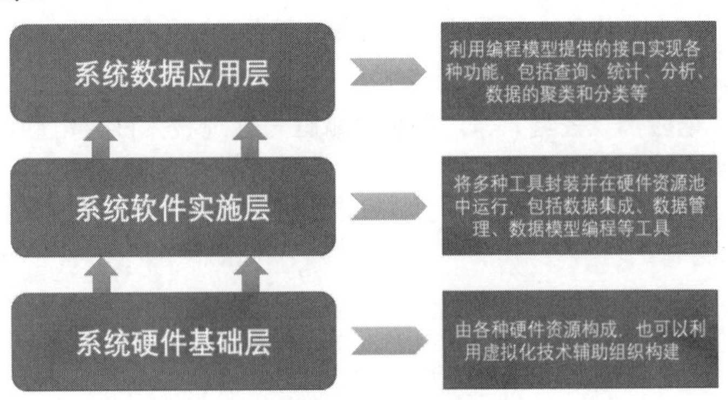

图 5-1　大数据系统架构体系

5.1.1 系统软件

以关系型数据为主的传统数据管理和分析系统在处理结构化数据时，往往有着优异的性能表现和垂直式扩展的能力。通过增加硬件数量可以不断地拓展其扩展能力。然而在现如今大量异构性数据的场景下，其不足也同样明显，无法通过增加硬件的方式来有效支持“大数据”的分析处理工作。为了应对这些挑战，分布式架构下的大数据分析系统成为人们的主要选择之一，其部署过程主要可分为以下几个部分。

1. 底层操作系统

这里推荐 Linux/UNIX 类的底层操作系统。为了确保大数据系统的稳定性，需要对磁盘实施 RAID（磁盘阵列），并且在挂载数据存储节点时按需配置。

2. 分布式计算系统架构

面向大数据的分布式计算系统，往往包含自底向上的多个层次：硬件基础层、软件实施层、数据应用层等。

1）硬件基础层

硬件基础层包含数据存储层和资源管理及分布式协调层。数据存储层负责将大规模数据（PB 级甚至更大）切割成数据块的形式并保存在分布式环境中，利用数据本地性实现其分布式并行处理的逻辑。数据存储层一般包括分布式数据库、分布式文件系统、跨数据中心的超级存储系统等。而其中，分布式文件系统作为其他存储模块的基础，对外提供了数据冗余备份、分布式存储的自动负载均衡、失效节点检测等分布式存储所依赖的基础功能。

2）软件实施层

软件实施层负责实现大数据的分布式并行处理，主要有批处理、图处理、流处理等几种模式。MapReduce 是比较常见的批处理框架，它具有很强的可扩展性与容错性，但其缺少对数据处理的进一步抽象。

3）数据应用层

数据应用层结合具体的应用场景，利用底层的数据存储与处理框架实现特定的功能。例如，其通过分布式搜索引擎实现对数据的快速检索，以及通过可视化工具实现对数据的可视化多维度展现以及报表的生成。比较常见的产品有 ElasticSearch 与 tableau、Plotly 等。

分布式计算系统框架的构建，需要根据实际需求和所要实现的业务场景有机结合起来统筹规划。上面提到的很多大数据组件，如何将其有效组合高效完成某个任务并不是一件简单的工作，需要综合考虑各自的整体 IT 架构规划和对于开源系统组件的掌控能力而进行相应的实施。

分布式计算系统框架需要根据实际需求和业务场景来进行构建规划。有效组合大数据体系下的各个组件并能高效地完成指定的任务目标并不是一个简单的工作，其实施工作需要在综合考虑各自整体系统架构规划以及熟练掌握开源系统组件的前提下进行。

3. 数据分析算法及工具

数据分析的两个主要阶段分别是数据预处理和数据建模分析。在数据预处理阶段，需要从多样化大规模的数据来源中提取需要的数据特征，而从其数据形式的特点分析，主要可以将其划分为3类：结构化数据、半结构化数据和非结构化数据。针对不同的结构类型的数据在各个数据分析处理场景适配时则略有不同，但主要有以下两个环节。

（1）数据预处理。

结构化数据可以较容易地转换成特征值，而半结构化或非结构化的数据则需要通过自然语言处理算法进行转化后才可以。为了让不同来源的数据统一具备较高的数据质量，还需要对数据进行清洗、去噪、归一化等操作。详细内容参见本书第3章3.2节。

（2）数据建模分析。

通过预处理环节生成特征向量集合之后，可以进行下一步的数据建模分析工作。其主要是对数据集采用特定的机器学习算法并基于一定业务目标进行建模的过程，根据数据分析的深度，可以将数据建模分析分为以下3个层次。

①描述性分析：基于历史数据描述发生内容。例如，利用回归技术从数据集中发现简单的趋势，可视化技术用于更有意义地表示数据，数据建模则以更有效的方式收集、存储和删减数据。描述性分析通常应用于商业智能和可见性系统。

②预测性分析：用于预测未来的概率和趋势。例如，预测性模型使用线性和对数回归等统计技术发现数据趋势，预测未来的输出结果，并使用数据挖掘技术提取数据模式给出预见。

③规则性分析：用于决策制订和提高分析效率。例如，仿真用于分析复杂系统以了解系统行为并发现问题，而优化技术则在给定约束条件下给出最优解决方案。

5.1.2 系统硬件

大数据应用平台时常需要接入各行业的重要数据，可以通过系统对接、网络采集两种方式来接入数据。大数据系统的硬件基础主要包括服务器环境、存储环境、备份环境、网络环境。

1. 服务器环境

（1）数据采集服务器：承担数据接收和数据抽取功能的服务器，能够集中化处理需要分析的数据，可部署在分步式大数据系统中。

（2）数据清洗转换服务器：承担数据清洗转换服务。

（3）分步式存储服务器：针对大规模数据进行数据的分片化存储，保证数据的可用性和可靠性。

（4）并行分析服务器：承担并行分析数据的职责，分析并挖掘海量数据。

（5）数据管理服务器：用于部署大数据管理系统和大数据的数据库，并可以解决高并发在线数据服务问题。

（6）数据运营服务器：对下游系统提供分析后的价值数据输出。

2．存储环境

数据存储主要包含结构化数据存储、半结构化数据存储、非结构化数据存储三大类，可以随着持续运营数据量的递增逐步由 TB 级存储磁盘过渡到 PB 级存储设备。

3．备份环境

选择适配自身架构需求的合理备份方式及适当的备份存储空间。较为推荐的方式是使用第三方数据服务结构所提供的异地备份服务。

4．网络环境

如果相关数据信息经由互联网采集，则必须选择满足互联网基本采集要求且适配其大数据系统的网络类型。

5.1.3　系统数据

1．原始系统数据

原始数据是指从真实对象获取的原始的数据。不准确的数据将影响后续数据处理并导致得到无效结果。原始数据的收集方法的选择不仅取决于数据源的物理性质，还要考虑数据分析的目标。目前，Web 网络、日志文件和传感器是 3 种最常用的数据收集方式。原始数据是指从真实对象获取的原始数据。需要自上而下的通过数据分析的目标、数据源的物理性质决定原始数据的收集方式，不准确的数据将会影响后续数据处理过程甚至导致目标结果的无效。目前数据收集的方式越来越多样化，但 Web 网络资源、日志文件和传感器仍然是 3 种最常用的收集方式。收集原始数据后，必须将其传输到数据存储设备，等待数据中心的进一步处理。数据传输过程可分为传输 IP 骨干和传输数据中心两个方式。

2．预处理后数据

数据分析的挑战主要包含数据多样性、数据冗余、数据干扰诱因和相干因素等。从需求场景出发，某些数据分析工具对数据的质量有着严格的要求，因此需要使用数据预处理技术来提高数据质量。针对预处理后的数据，可以根据数据的使用方式把数据分为存储数据与备份数据。

1）存储数据

大数据系统中的数据存储系统以相应的格式保存所需的信息，直至所存储的数据被进行分析和创造价值。在此前提下，数据存储系统应具备以下两个特点：存储设施应能够可靠并永久地保存信息；存储系统应对外提供访问数据的 API 接口及文档，以方便数据被用户进行查询和分析。从功能上讲，存储数据系统可划分为基础设施硬件、数据管理软件。

2）备份数据

根据大数据系统的主备存储之间同步需求的不同要求，备份可分为 3 种情况，分别为冷态备份、暖态备份和热态备份。

5.2 系统管理的内容

系统管理是 IT 服务的核心工作之一，负责 IT 部门内部的系统日常运营与管理。系统管理主要有 7 项内容：事件管理（event management）、问题管理（problem management）、故障管理（incident management）、性能管理（performance management）、配置管理（configuration management）、日志管理（log management）、备份管理（backup management）。值得一提的是，以 ITIL（信息技术基础架构库）理念为导向的 IT 服务正在为企业创造巨大的价值。

5.2.1 事件管理

1. 事件

事件是指可被组件识别的动作。事件分为系统事件和用户事件，系统本身生成的事件称为系统事件，用户操作所生成的事件称为用户事件。

2. 事件管理

事件管理指及时处理中断的 IT 服务并快速恢复 IT 服务能力，是 IT 服务管理中的重要流程之一，而系统管理服务质量的重要指标即时间处理的时效性。用户报告以及监控系统的自动转发都是事件的主要来源。

3. 事件管理流程的目标

事件管理流程的目标是为了降低 IT 故障对企业业务的影响，达到提升业务稳定性的作用。根据事件的优先级、影响度进行综合分类排序，通过多渠道及时响应服务请求，快速有序地解决事件内容，在紧急事件场景中升级事件处理流程，为客户提供实时的处理状态信息，从而减少事件中业务中断所造成的影响。在必要场景下，可以优先对监控过程进行管理和技术升级，以确保处理过程中的关键信息能被正确记录，为后续事件处理维基库提供实例样本，并为流程的持续优化提供准确的数据信息。当然最后也要按照规范完成事件信息及处理过程的记录与留档。

事件管理的其他功能还包括查看服务台及后台技术资源使用情况，受理用户的投诉与建议，对用户投诉与建议进行处理与反馈，从而提高用户满意度。

5.2.2 问题管理

1. 问题

问题是指多次发生的事件、重大事件、主动问题管理发现的问题、超过服务等级协议（SLA）中规定时限的事件、可用性事件、未查到根本原因的事件。

2. 问题管理

问题管理是以帮助企业提高工作效率为目的，通过标准化的方法管理已发生的技术问题。问题管理流程中的主要环节包括：问题的识别和提交、调查和诊断、实施解决以及回溯关闭。问题管理的持续进行可以协助企业优化运维管理的过程，从而预防并尽早发现问题，以期在问题扩大化前完成问题回溯与解决。

3. 问题管理流程的目标

问题管理流程作为一个旨在提高效率的管理流程，其目的首先是要排查过滤出现问题的根本原因，设计并实施解决方案，提高系统稳定性。问题管理流程包括：建立发现机制及审查机制、查明根本原因、规范及优化问题处理流程、制订解决方案。尽可能杜绝问题的反复出现，永久性地解决问题；扩充知识库的内容，并及时共享给全体运维人员以提高运维人员的整体技术水平；通过对问题的趋势分析进行主动性问题管理，提高服务的可用性和可靠性；建立主动机制排查潜在问题，把问题的发生率降到最低；知识库资源共享，以避免相同问题的反复出现；提高资源的使用率，保证服务级别的实现。

5.2.3 故障管理

1. 故障

故障是系统不能执行规定功能的状态。通常而言，故障是指系统中部分功能失效而导致整个系统功能恶化的事件。故障一般具有 5 个基本特征：层次性、传播性、放射性、延时性、不确定性等。

2. 故障管理

故障管理是系统管理最基本的功能之一。所有用户都希望有一个可靠运作的系统。当系统体系中某个组成模块失效时，运维体系必须迅速查找到故障所在之处并进行及时排除。通常情况下，迅速隔离某个故障的可能性不大，因为产生系统故障的因素常常都是很复杂的，尤其是由多个系统组成，共同引起的故障。在这种状况下，一般应该先对故障源头进行修复，再分析故障的原因。通过分析故障原因可以防止类似故障的再度发生，这对系统的可靠性是相当重要的。

3. 故障管理的流程目标

由运维体系相关人员首先对故障范围进行预估，之后需要完成两部分内容：首先是对故障源头原因的定位，并及时去对故障原因进行解决处理；其次是对故障范围内的影响及负面情况进行短时间内的补救处理。在大部分场景下，故障原因没办法及时处理时，应尽快通过运维预先预案，保证系统短时间内的业务有效性。

完整的应急预案有助于保证故障发生时业务的连续性，而消除和减小故障的影响范围与解决故障本身同等重要。

5.2.4 性能管理

1. 性能

性能一般是指系统资源利用率、系统吞吐量以及响应时间等指标。系统相对于其他产业系统来说，更加关注其计算性能及系统吞吐量。

2. 性能管理

性能管理是用来评估系统性能的，包括对系统资源的运行状况和通信效率等进行的评估。其能力包括对被管网络和其所提供服务的性能机制的监视以及分析。性能分析的结果是为了维护网络性能，可能触发某个诊断测试过程或进行重新配置。性能管理进行数据信息的收集、分析被管网络当前状况，同时维护和分析性能日志。

3. 性能管理的流程目标

性能管理是对系统瓶颈以及系统业务连续性最直接的保障。通过探测性能瓶颈、解决性能优化问题、验证系统在高业务压力下的性能表现，从另一个角度提升了用户的体验，确保了系统的稳定性与健壮性。

5.2.5 配置管理

1. 配置

配置是指系统的配置信息，包括物理设备的硬件信息、外部资源使用信息等。具体的配置项内容视不同系统和不同业务需求而定。

2. 配置管理

配置管理是对 IT 资源进行管理的重要步骤之一，也是大数据运维的重要依据。配置管理是 IT 管理的关键，也是事件管理、问题管理等流程审查原因，具体数据来自配置管理数据库。配置管理数据库中的资源是为大数据运维配备全面信息的基础，也是为了更好地提高企业 IT 服务的质量途径。

配置管理作为大数据运维的重要依据也是 IT 资源管理的重要步骤之一。配置管理中的资源是为大数据运维提供切入的基础，随着配置管理在管理流程中重要性的逐步提升，其在事件管理与问题管理中的关键角色也逐步凸显，成为上述两个流程审查原因所在。

3. 配置管理的流程目标

配置管理中录入及管理的内容是 IT 服务的准确信息来源。

由配置流程管理人员制订或修订相关定义及策略，划定管理范围、生成结构规划、审核策略等。审核流程严格按照逐级审批确认（否决回滚）的原则，而配置管理本身的业务动作也逐步流程化。最终使配置管理本身成为稳定的运维管理基础。

配置流程需要定期回顾、整理管理流程，简化流程环节，完善配置内容，生成配置管理报告进行上报。

5.2.6 日志管理

1. 日志

日志记录是由计算机、设备、软件等记录系统用户的操作及运行状态等内容，按照功能区分为诊断日志与统计日志。

诊断日志包括外部服务调用和返回、资源消耗操作、容错行为、后台操作、配置操作等。统计日志包括用户访问统计、存储占用情况、数据变化趋势等。

2. 日志管理

日志管理的质量直接影响故障处理时问题定位的时效。另外，日志还能记录事件信息，例如，性能信息、故障检测等。通过观察和分析日志内容，用户可以预估系统健康状态，探查可能存在的风险。

3. 日志管理的流程目标

每种日志需求都存在特定的日志记录格式和内容，如何把不同需求的日志进行分类归档以方便问题的排查和处理已经成了日志管理的重点。

此外，日志管理的最终目标是为了分析日志，可以通过日志分析系统自动解析标准格式日志内容，提取日志的核心数据点，让用户能够更快速高效地获取日志描述的内容，节省运维人员的工作时间和精力，提高系统处理问题的效率。

5.2.7 备份管理

1. 备份

备份的目的是为了防止因意外或人为失误导致数据的丢失或损坏，具体方式是把部分重要或所有数据通过数据备份手段存放到长期可靠的存储介质中。备份数据的设备包括备份服务器、备份软件（按照预先设定的程序将数据备份到存储介质上）、数据服务器、备份介质。数据备份的主流方式有数据库备份、远程镜像备份、网络数据备份、光盘库备份等。

2. 备份管理

备份管理会从备份系统中找到对应的备份副本，还原数据到由于数据传输、数据存储和数据交换过程中故障的系统，从而最大限度地降低系统故障所造成的损失。从信息安全的角度出发，备份管理是保护数据的一道有效措施，也是避免人为恶意破坏数据的一个后置保障。

3. 备份管理的流程目标

备份管理的根本目的就是快速、准确、全面地恢复数据。除此之外，备份本身也可以达到归档留底历史数据的功能。

5.3 故障管理

即使再精心设计的系统，在运行过程中，由于一些无法预料的因素，也会遇到各种各样的故障。作为一个合格的系统运维人员，首先，要对系统的架构、特征和弱点有所掌握；其次，“工欲善其事，必先利其器”，排查和消除故障，可以先搭建并且掌握先进顺手的工具软件；最后，可以通过一个完整的流程和制度规范对故障进行报告、解决和管理。

本章更强调的是教给读者故障管理的通用方法和思路，使读者对运维工作的故障管理有一定掌握，并为读者的后续工作起到一定的帮助和指导作用。

5.3.1 集群结构

一个简单的大数据集群体系结构包含了以下模块：系统部署和管理，数据存储，资源管理，处理引擎，安全、数据管理，工具库以及访问接口。

集群服务器根据集群中节点所承载的任务性质分为工作节点和管理节点。工作节点一般部署各自角色的存储、容器或计算角色。管理节点一般部署各自组建管理角色。集群功能配置如表 5-1 所示。根据业务类型不同，集群具体配置也有所区别，以实时流处理服务集群为例：Hadoop 实时流处理性能对节点内存和 CPU 有较高要求，基于 Spark Streaming 的流处理消息吞吐量可随着节点数量的增加而线性增长。硬件配置如表 5-2 所示。

表 5-1 集群功能配置

模 块	组 件	管理角色	工作角色
系统部署	Ambari		
数据存储	HDFS	NameNode	DataNode
		Secondary NameNode	
		JournalNode	
		FailoberController	
	HBase	HBase Master	RegionServer

续表

模　块	组　件	管 理 角 色	工 作 角 色
资源管理	YARN	ResourceManager	NodeManager
		Job HistoryServer	
处理引擎	Spark	History Server	
	Impala	Impala Catalog Server	Impala Daemon
		Impala StateStore	
	Search		Solr Server
安全、数据管理	Sentry	Sentry Server	
工具库	Hive	Hive Metastore	
		Hive Server2	

表 5-2　硬件配置

硬　件	管 理 节 点	工 作 节 点
处理器	两路 Intel®至强处理器，可选用 E5-2650 处理器	两路 Intel®至强处理器，可选用 E5-2660 处理器
内核数	6 核/CPU（或者可选用 8 核/ CPU），主频 2.5 GHz 或以上	6 核/CPU（或者可选用 8 核/ CPU），主频 2.0 GHz 或以上
内存	64 GB ECC DDR5	64 GB ECC DDR5
硬盘	两个 2TB 的 SAS 硬盘(5.5 寸)，7200 RPM，RAID1	4～12 个 4 TB 的 SAS 硬盘（5.5 寸），7200 r/min，不使用 RAID
网络	至少两个 1 Gbps 以太网电口，推荐使用光口提高性能。 使用两个网口链路聚合提供更高带宽	至少两个 1 Gbps 以太网电口，推荐使用光口提高性能。 使用两个网口链路聚合提供更高带宽
硬件尺寸	1 U 或 2 U	1 U 或 2 U
接入交换机	48 口千兆位交换机，要求全千兆，可堆叠	
聚合交换机（可选）	4 口 SFP+万兆位光纤核心交换机，一般用于 50 节点以上大规模集群	

一个中等规模的集群，其节点数一般为 30~200，通常的数据存储可以规划到几百太字节，适用于一个中型企业的数据平台。结构本身也可以通过细分管理节点、主节点、工具节点和工作节点的方式，进一步降低节点复用程度。

5.3.2　故障报告

1．发现

在运维过程中，发现故障的方式一般分为用户报告、监控告警和人工检查 3 种。随着运维成熟度的逐步提高，用户报告故障的比例会越来越低，呈现反比趋势。其主要原因是大部分故障都通过运维自检提前发现提前解决。通过监控系统配置的监控策略叫监控告警，自动根据监控资源发现异常，并通过预先配置的一种或多种告警方式通知管理人员。最后的人工检查是对上述告警的补充，对于监控无法覆盖到的指标项，定期人为地进行巡检，能够更全面地评估系统的健康状态。

在故障发现之后，详细精确记录包括故障起因（如果是用户，要保留用户的联系方式）、故障的现象、故障发生的时间点、故障暂时的影响等，故障的描述详细程度决定了后续故障处理与故障排查的效率，帮助管理员快速定位问题原因。一个典型的故障记录单如表 5-3 所示。

表 5-3 故障记录单

分 类	记 录
单号	2020022509150021
状态	已指派
等待代码	等待管理员接单
记录人员	张三
分析员	李四
报告时间	2017-05-11 11:18:20
客户	王五
客户组织	业务一部
客户电话	×××
客户邮箱	×××
VIP 属性	VIP
故障来源	用户报告
摘要	大数据分析系统×无法登录
详细信息	今天 10:00，王五使用 Chrome 浏览器在×系统×模块下使用×××功能时，单击业务数据保存，页面弹出“网络服务中断 304，请联系管理员”，页面错误信息如截图所示
故障分类	大数据分析系统/×系统/用户××业务使用保存故障
故障级别	低

2. 影响分析

在运维体系下，一般会划分一、二、三线的人员层级：一线人员指的是直接面向客户处理日常运维问题的前台运维人员；二线人员一般是负责跟进复杂故障问题的专业系统管理员或业务资深运维顾问；三线人员主要是处理深层次故障以及严重问题的研发人员、服务供应商。当架构体系引起组件冲突、软件代码异常性报错等问题出现时，会由一线、二线逐级上报给三线人员进行排查和后续跟进，在完全修复后逐级向下回溯反馈。

当故障发生之后，一线人员会通过故障记录单记录下故障的详细内容；然后对故障进行初步归类与判断，划分故障的性质与所属模块的重要性，通过这两个初核信息加上用户故障记录单的反馈数量可以判定故障的影响范围。

判断故障的影响程度对后续处理至关重要，运用合适的处置手段应对不同层级影响程度的故障。在运维工作中，既不能过度耗费重要资源去处理微小故障问题，也不能按部就班地用常规方式应对可能对系统可用性造成严重打击的致命故障问题。前者可能过度消耗企业的生产资源，且无法让真正重要的事项得到及时支持；后者则会造成核心功能数据的污染甚至造成直接经济损失。对故障的影响程度进行分级，安排合适的资源，给定合适的预期时间适配同等层级的问题是一般运维工作的重要经验。故障影响分析如表 5-4 所示。

表 5-4　故障影响分析

类　别	识 别 标 准	处 理 方 法
致命	核心系统整体功能或者核心功能失效	立即上报上级管理层或者相关联部门协调对应资源处理
高	核心系统的非核心功能失效； 非核心系统的整体功能失效	协调二线立即参与处置
中	非核心系统的部分功能失效	协调二线参与处置
低	个别用户反馈无法使用； 尚未导致功能受影响的故障	一线参与处置和进一步分析
微小	暂时对可用性未造成影响，或者只是个别用户的特例性故障	记录

5.3.3　故障处理

故障诊断

从故障的发生所属层面来看，可以细化为应用层故障、网络层故障、硬件层故障、系统层故障、客户端故障、机房环境故障等；而如果从故障原因角度出发，则可以参照如表 5-5 所示的故障列表。

表 5-5　常见故障

故 障 原 因	描　　述
人为操作失误	由于人为操作失误造成的故障，例如，误删了系统重要资源
性能容量问题	由于访问量增加，运行时间的累积，JVM heap 空间、磁盘空间、线程数、网络连接数、打开文件数等超限
软件缺陷	软件在研发过程中遗留的技术债务，临时解决方案，常常在升级变更之后出现问题
硬件故障	服务器因为长时间运行所导致的元部件老化、损坏等故障
兼容性问题	由于应用、服务器、组件、网络等配置参数的冲突，抑或是组件应用服务与组件本身的软件冲突，在同一个集群环境运行时产生了故障。例如，在应用服务升级过程中发现应用本身依赖的服务 jar 包对高版本上层应用不兼容，从而引起的服务报错

在故障诊断中，有如下几个重要因素。

1. 故障的完整描述

如本节前文所述，运维人员对故障的快速定位以及故障范围的准确预估，依赖于故障记录人员准确详实的故障描述。详尽的故障描述应该尽可能包括下列几个信息：问题的报错码、报错时间段、是否首次发生、可能涉及的业务范围等。通过对上述几个方面的仔细核实，可以避免运维人员把大量的时间成本浪费在资源排查上面。

2. 现场快照

故障发生时的现场信息是排查故障的关键，汇总获取日志、监控信息、dump 文件、网络抓包情况等现场内容，以完成对故障的复现与定位。应用开发时预留的日志输出点这时显得尤为重要，大多数故障其实都可以通过故障现场的日志数据发现端倪，一些复杂的故障则需要依靠多块日志记录或者监控手段才能定位原因。需要注意的是，这种预留日志的输出需要遵循以下 3 个原则：日志的输出并非越多越好，无用冗余的业务日志甚至可能影响关键信息的获取；日志关键位置输出，合理安排日志输出点的位置，尽力做到以最小输出的代价包含模块的定位；故障现场的保留，可以在异常捕获时多输出一部分故障当场的参数信息，各环节执行结果等。遵循上述 3 个原则的日志信息可以极大加快故障解决的进度，减少运维及开发人员的无效排查工作。

3. 文档、经验和知识

通过现场快照发现错误的具体信息后，还要根据系统本身的文档、知识库或者管理员的经验，进行更深入的分析。例如，输出日志显示用户授权失败，则表明用户的权限信息没有被正常赋权获取。这类常见的问题场景其实是可以通过以往问题检索快速找到解决方案的。建立运维体系的知识库和文档资源，有助于帮助运维人员迅速提升自身运维经验，同时运维经验的提升也极大减少资源诊断排查的时间。当然经验的积累其实并不局限于企业或者公司，互联网开源软件的帮助文档、论坛、搜索引擎检索到的相关问题记录和解决方案，都是故障排查处理的有效手段。

4. 故障排除

故障排除通常有两种做法：变通解决和根本解决。变通解决是当服务故障导致系统不可用时，在服务恢复的时效成为第一要素的情况下，通过其他替代方案或是临时方案进行短期内的服务快速恢复。根本解决是指找到并解决引起故障的直接深层原因。例如，常见的系统蓝屏，通过重启计算机的方式解决即为变通解决，而根据蓝屏的报错码找到蓝屏的最终原因并予以解决，就是根本解决。

对于不同种类的故障也有不同的排除方法，如表 5-6 所示。

表 5-6　故障排除方法

排除方法	适应场景
重启服务	软件或者硬件不明原因的故障，通过重启相关模块来恢复服务，但要注意的是，复杂系统尤其是分布式系统包含多台服务器、多个应用模块，按照怎样的顺序重启、重启哪些模块也都是可以注意的点

续表

排 除 方 法	适 应 场 景
性能调度	当访问量激增时，系统会出现卡顿，一些模块可能会由于资源耗尽而无法再服务，可以通过扩充系统性能来解决。如果系统部署在云上，可以通过云管理平台动态地增加 CPU、内存，甚至整个服务器等来解决性能问题
修补数据	当故障造成了数据错误、丢失、重复，故障的处理就会变得异常麻烦；如果数据特别重要，一定要修复，则可以安排资源对数据进行逐笔核对，识别出错误的地方，这个工作量通常非常大
升级变更	如果是硬件故障，通过升级变更更换硬件；如果是软件问题，通过升级变更修复缺陷
隔离、重置等其他应急操作	当系统存在冗余的模块，为了避免流量仍然导向故障模块，可以彻底手工隔离故障模块；一些系统可能由于自身结构原因，有一些常发性故障，例如，用户登录状态错误，则可以将重置用户登录状态做成一个功能，方便在排除故障时使用
自动化	在有了一定故障处理经验和原则之后，对于固定场景的故障，可以考虑开发成自动处理，在捕获到异常之后，由系统管理模块对故障进程自动隔离、自动重启、自动重置、自动扩容等

5.3.4　故障后期管理

1．建立和更新知识库

在集群结构这一节中已经介绍过，在发现故障之后，可以通过单据记录故障的信息，故障的分析和处理过程也可以通过单据记录处理情况，保证整个故障处理过程都可以被查阅跟踪。如果是用户反馈的问题，还可以在故障完全解决并验证完成后，由一线运维人员回访用户，完成故障处理的整个业务闭环。一般的机构会遵循 ITIL 的事件和问题流程来对故障进行流程化管理。故障处理过程中的单据也应该由运维人员进行收集整理，形成知识库故障处理样例，以供后续类似运维问题的借鉴参考。

企业知识库建立之前，运维工作累积的大量故障处理经验资源被分散存储在个人存储介质中。这样的情况导致 3 个主要问题，运维日常故障处理的过程完全依赖于特定关键人物的经验积累；运维体系下的全部人员在有限的沟通交流方式下很难做到经验知识的有效分享与积累；已存在的固有经验与处理方案随着环境组件版本的升级无法做到及时更新整理与版本拉平。

针对上述问题，建立知识管理系统，可以实现对大量有价值的案例、规范、手册、经验等知识内容的分类存储和管理，积累知识资产避免流失；规范知识内容的分类与存储，以此为基础实现后续使用过程中的快捷检索；通过记录并分析故障的处理过程，促进故障处理经验的记录、共享、复用与传承，并与现有管理体系、流程系统进行嵌入，实现整个架构层面的多系统间知识整合。

2．故障预防

对于重大故障，找到故障的根本原因有助于预防和消除同类故障。海恩法则是由德国飞机涡轮机的发明者帕布斯·海恩提出的，是一个在航空界关于飞行安全的法则。海恩法则指出：每一起严重事故的背后，必然有29次轻微事故和300起未遂先兆以及1000起事故隐患。法则强调两点：一是事故的发生是量的积累的结果；二是再好的技术，再完美的规章，在实际操作层面，也无法取代人自身的素质和责任心。

海恩法则多被用于企业的生产管理，特别是安全管理中。海恩法则对企业来说是一种警示，它说明任何一起事故都是有原因的，并且是有征兆的；它同时说明安全生产是可以控制的，安全事故是可以避免的；它也给了企业管理者生产安全管理的一种方法，即发现并控制征兆。具体来说，利用海恩法则进行生产的安全管理主要步骤如下。

（1）首先任何生产过程都要进行程序化，这样使整个生产过程都可以进行考量，这是发现事故征兆的前提。

（2）对每一个程序都要划分相应的责任，可以找到相应的负责人，要让他们认识到安全生产的重要性，以及安全事故带来的巨大危害性。

（3）根据生产程序的可能性，列出每一个程序可能发生的事故，以及发生事故的先兆，培养员工对事故先兆的敏感性。

（4）在每一个程序上都要制订定期的检查制度，及早发现事故的征兆。

（5）在任何程序上一旦发现生产安全事故的隐患，要及时报告、及时排除。

（6）在生产过程中，即使有一些小事故发生，可能是避免不了或者经常发生，也应引起足够的重视，并及时排除。当事人即使不能排除，也应该向安全负责人报告，以便找出这些小事故的隐患，及时排除，避免安全事故的发生。

许多企业在对安全事故的认识和态度上普遍存在一个“误区”：只重视对事故本身进行总结，甚至会按照总结得出的结论“有针对性”地开展安全大检查，却往往忽视了对事故征兆和事故苗头进行排查；而那些未被发现的征兆与苗头，就成为下一次事故的隐患，长此以往，安全事故的发生就呈现出“连锁反应”。一些企业会发生安全事故，甚至重特大安全事故接连发生，问题就在于对事故征兆和事故苗头的忽视。

5.4 性能管理

大数据的利用需经过数据采集、数据清洗、数据集成、数据转换等多个环节，再进入数据分析和挖掘阶段；在这个阶段，由于涉及大量的数据读取和操作处理，其性能的表现将直接决定大数据应用的业务连续性。本章以开源 Hadoop 大数据平台为例，阐述大数据性能分析、监控和优化的方法。

5.4.1 性能监控

应用系统的性能管理是通过性能监控工具来完成的。性能监控工具不但管理操作系统平台的性能、网络的性能、数据库的性能，而且能够在事物一级对企业系统进行监控和分析，指出系统瓶颈，并且允许管理员设置各种预警条件。在资源还没有被耗尽以前，系统或管理员可以采取一些预防性措施，以保证系统高效运行，增强系统的可用性。

Hadoop 应用平台内置了性能监控工具，下面就来介绍 Hadoop 的内置监控工具。

Hadoop 启动时会运行两个服务器进程：一个是用于 Hadoop 各进程间进行通信的 RPC 服务进程；另一个是提供了便于管理员查看 Hadoop 集群各进程相关信息页面的 http 服务进程。其中，最常用的是 Hadoop 的名为 NameNode 的 Web 管理工具。

1．GUI

通过浏览器查看 Hadoop NameNode 开放的 50070 端口，可以了解 Hadoop 集群的基本配置信息并监控 Hadoop 集群的状态，如图 5-2～图 5-5 所示。

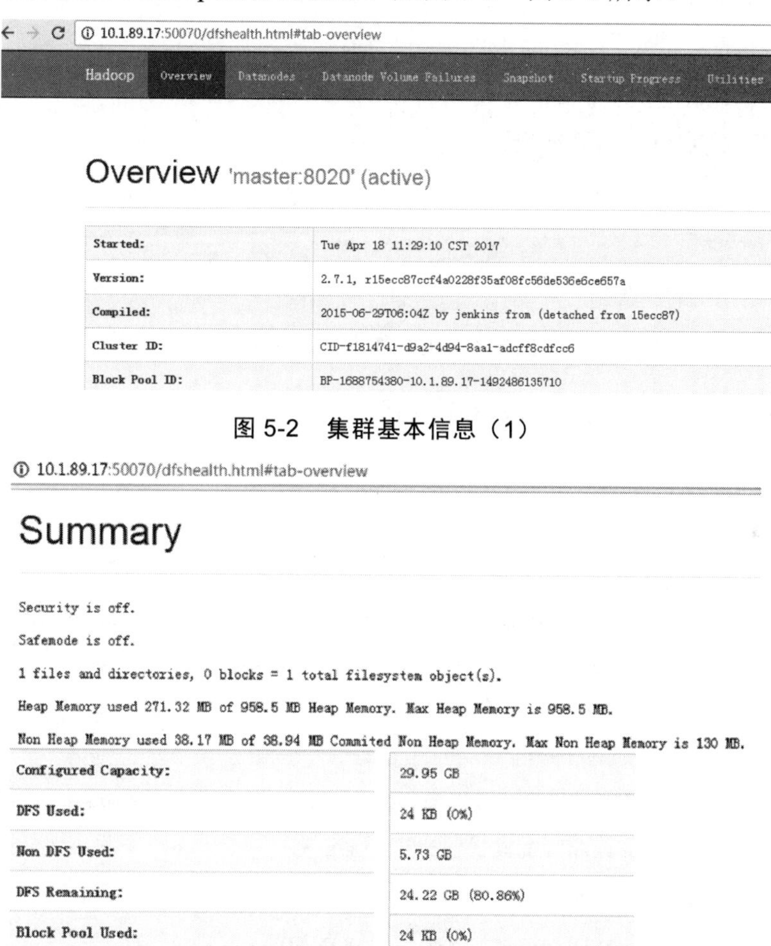

图 5-2 集群基本信息（1）

图 5-3 集群基本信息（2）

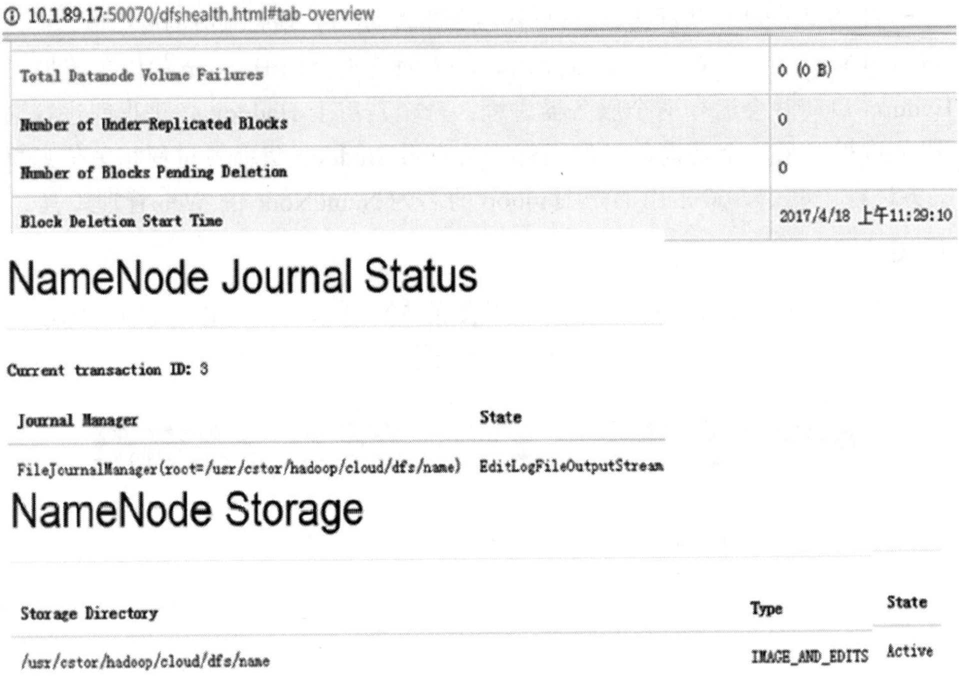

10.1.89.17:50070/dfshealth.html#tab-overview

Total Datanode Volume Failures	0 (0 B)
Number of Under-Replicated Blocks	0
Number of Blocks Pending Deletion	0
Block Deletion Start Time	2017/4/18 上午11:29:10

NameNode Journal Status

Current transaction ID: 3

Journal Manager	State
FileJournalManager(root=/usr/cstor/hadoop/cloud/dfs/name)	EditLogFileOutputStream

NameNode Storage

Storage Directory	Type	State
/usr/cstor/hadoop/cloud/dfs/name	IMAGE_AND_EDITS	Active

图 5-4 集群基本信息（3）

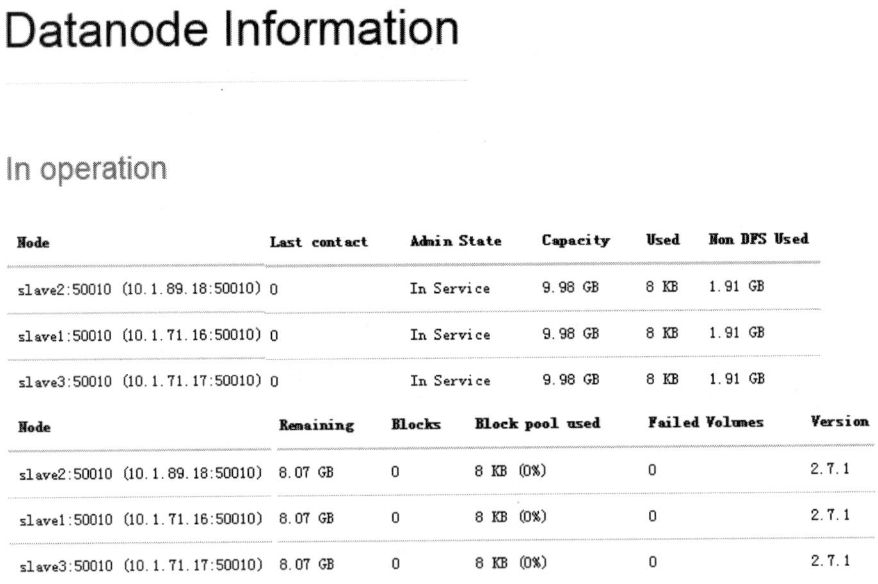

Datanode Information

In operation

Node	Last contact	Admin State	Capacity	Used	Non DFS Used
slave2:50010 (10.1.89.18:50010)	0	In Service	9.98 GB	8 KB	1.91 GB
slave1:50010 (10.1.71.16:50010)	0	In Service	9.98 GB	8 KB	1.91 GB
slave3:50010 (10.1.71.17:50010)	0	In Service	9.98 GB	8 KB	1.91 GB

Node	Remaining	Blocks	Block pool used	Failed Volumes	Version
slave2:50010 (10.1.89.18:50010)	8.07 GB	0	8 KB (0%)	0	2.7.1
slave1:50010 (10.1.71.16:50010)	8.07 GB	0	8 KB (0%)	0	2.7.1
slave3:50010 (10.1.71.17:50010)	8.07 GB	0	8 KB (0%)	0	2.7.1

图 5-5 集群基本信息（4）

8088端口是Hadoop的资源管理框架YARN开放的监控端口，通过浏览器访问8088端口，可以监控作业的运行信息，包括如下几个方面。

（1）运行了哪些作业，每个作业的类型、执行时间、起始时间、结束时间、当前状态、最终状态等，如图 5-6 所示。

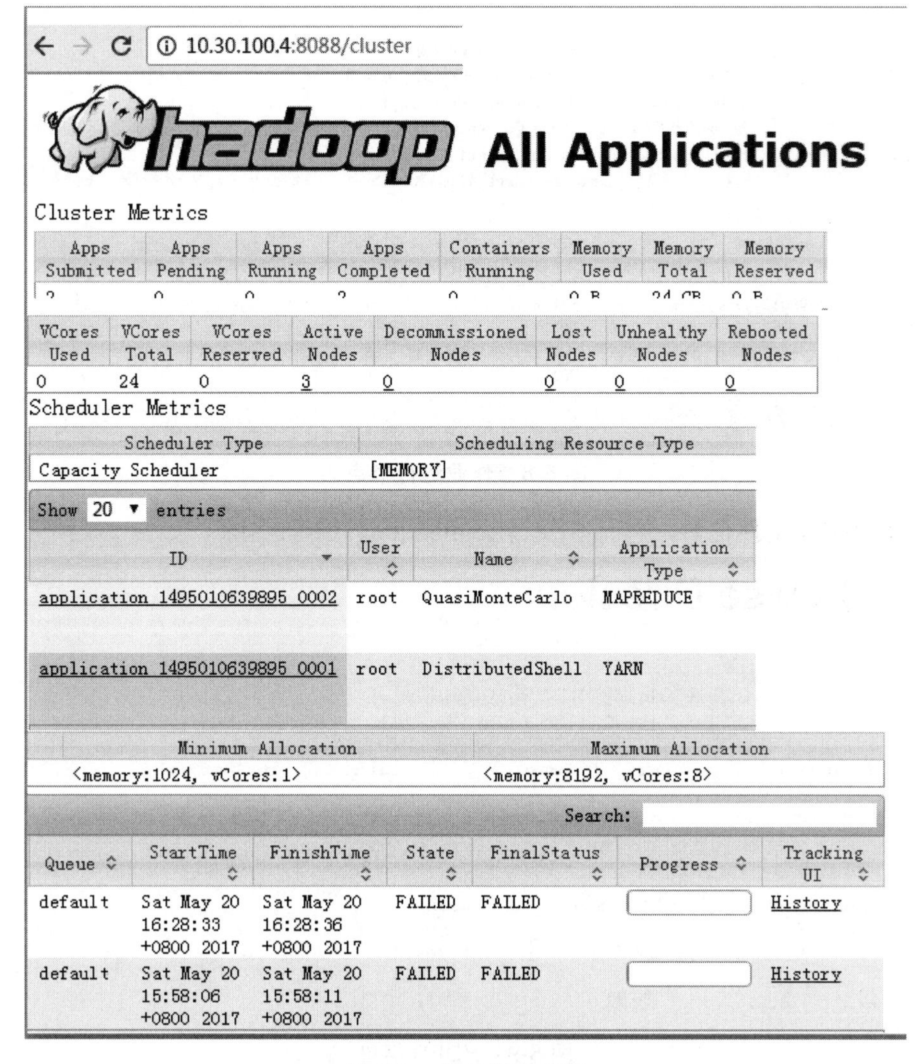

图 5-6 作业基本信息

（2）作业运行在集群的哪些计算节点上。

如图 5-7 所示为作业详细信息示例，作业运行的节点如图 5-8 所示，即运行在两个 DataNode 节点上，分别是 slave1 和 slave3。

User:	root
Name:	QuasiMonteCarlo
Application Type:	MAPREDUCE
Application Tags:	
YarnApplicationState:	FAILED
FinalStatus Reported by AM:	FAILED
Started:	Sat May 20 16:28:33 +0800 2017
Elapsed:	2sec
Tracking URL:	History
Diagnostics:	Application application_1495010639895_0002 failed 2 times

图 5-7 作业详细信息示例

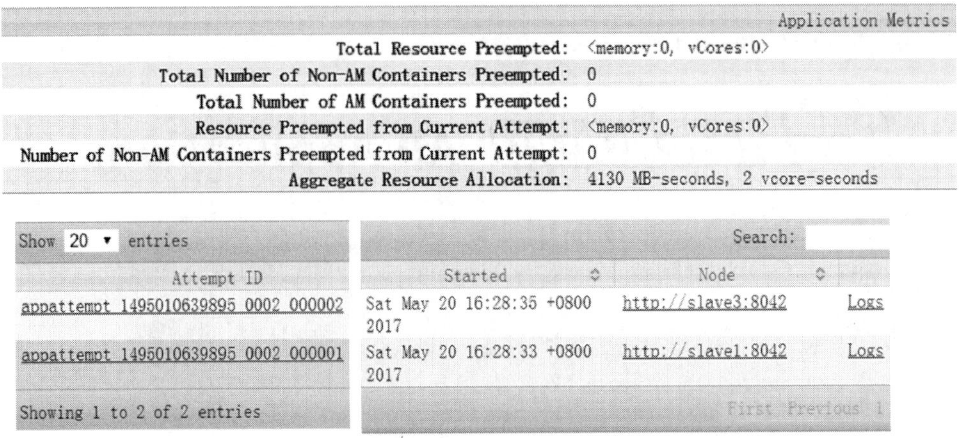

Application Metrics	
Total Resource Preempted:	<memory:0, vCores:0>
Total Number of Non-AM Containers Preempted:	0
Total Number of AM Containers Preempted:	0
Resource Preempted from Current Attempt:	<memory:0, vCores:0>
Number of Non-AM Containers Preempted from Current Attempt:	0
Aggregate Resource Allocation:	4130 MB-seconds, 2 vcore-seconds

Show 20 entries　　Search:

Attempt ID	Started	Node	
appattempt_1495010639895_0002_000002	Sat May 20 16:28:35 +0800 2017	http://slave3:8042	Logs
appattempt_1495010639895_0002_000001	Sat May 20 16:28:33 +0800 2017	http://slave1:8042	Logs

Showing 1 to 2 of 2 entries　　First Previous 1

图 5-8　作业运行节点

（3）HDFS 文件信息，包括 Size、Replication、Block Size，如图 5-9 所示。

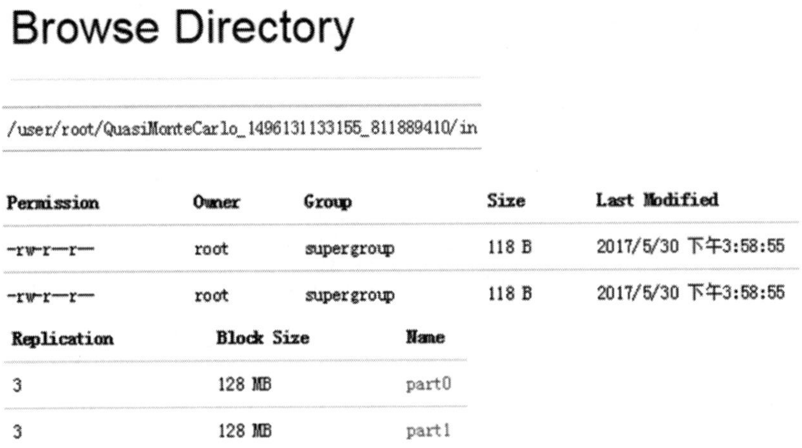

Browse Directory

/user/root/QuasiMonteCarlo_1496131133155_811889410/in

Permission	Owner	Group	Size	Last Modified
-rw-r--r--	root	supergroup	118 B	2017/5/30 下午3:58:55
-rw-r--r--	root	supergroup	118 B	2017/5/30 下午3:58:55

Replication	Block Size	Name
3	128 MB	part0
3	128 MB	part1

图 5-9　HDFS 信息

2．集群 CLI

通过 YARN、mapred 等 CLI 工具，也可监控作业的运行，如下所示为其中的一些操作。

以下命令列出了当前运行的作业应用。

```
[root@master ~]# yarn application -list
20/12/28 21:20:04 INFO client.RMProxy: Connecting to ResourceManager at master/10.30.248.5:
8032
20/12/28 21:20:05 WARN util.NativeCodeLoader: Unable to load native-hadoop library for your
platform... using builtin-java classes where applicable
Total number of applications (application-types: [] and states: [SUBMITTED, ACCEPTED,
RUNNING]):1
Application-Id    Application-Name    Application-Type    User    Queue
 application_1495286256909_0005    QuasiMonteCarlo    MAPREDUCE        root    default
```

```
State    Final-State    Progress    Tracking-URL
ACCEPTED    UNDEFINED    0%
```

上述代码显示出所有 YARN 框架下正在运行的应用任务信息，内容包括应用 ID/应用名称/应用类型/使用者以及跟踪 URL。

以下是 YARN CLI 的所有命令用法。

```
[root@master ~]# yarn application -help
20/12/28 14:38:24 INFO client.RMProxy: Connecting to ResourceManager at master/10.30.248.5:
8032
20/12/28 14:38:24 WARN util.NativeCodeLoader: Unable to load native-hadoop library for your
platform... using builtin-java classes where applicable
usage: application
-appStates <States>              Works with -list to filter applications
 #筛选应用状态                      based on input comma-separated list of
                                  application states. The valid application
                                  state can be one of the following:
                                  ALL,NEW,NEW_SAVING,SUBMITTED, ACCEPTED,RUN
                                  NING,FINISHED,FAILED,KILLED
 -appTypes <Types>                 Works with -list to filter applications
 #筛选应用类型                      based on input comma-separated list of
                                  application types.
 -help                            Displays help for all commands.
 -kill <Application ID>         Kills the application.
 #杀掉一个应用进程
-list                            List applications. Supports optional use
 #列出所有应用信息                  of -appTypes to filter applications based
                                  on application type, and -appStates to
                                  filter applications based on application
                                  state.
 -movetoqueue <Application ID>   Moves the application to a different
 #移动应用到其他队列               queue.
 -queue <Queue Name>              Works with the movetoqueue command to
 #查看队列信息                      specify which queue to move an
                                  application to.
 -status <Application ID>        Prints the status of the application.
 #查看应用详细状态
```

以下命令列出了 MapReduce 当前运行的作业。

```
[root@master ~]# mapred job -list
20/12/28 21:21:45 WARN util.NativeCodeLoader: Unable to load native-hadoop library for your
platform... using builtin-java classes where applicable
20/12/28 21:21:45 INFO client.RMProxy: Connecting to ResourceManager at master/10.30.248.5:
8032
Total jobs:1
                  JobId       State       StartTime       UserName           Queue      Priority
```

```
UsedContainers  RsvdContainers  UsedMem  RsvdMem  NeededMem    AM info
 job_1495286256909_0007          PREP    1495977705884            root          default
NORMAL                   1                      0     2048M        0M         2048M
http://master:8088/proxy/application_1495286256909_0007/
```

上述代码显示出所有 MapReduce 框架下正在运行的任务信息，内容包括任务 ID、任务状态、开始时间、操作用户、队列信息、使用的容器、已经使用的内存、需要使用的内存等。

以下命令列出了之前运行的所有历史作业。

```
[root@master hadoop]# mapred job -list all
20/12/04    19:19:32    INFO    client.RMProxy:    Connecting    to    ResourceManager    at
master/10.30.248.5:8032
Total jobs:23
                  JobId        State        StartTime        UserName        Queue    Priority
UsedContainers  RsvdContainers  UsedMem  RsvdMem  NeededMem    AM info
 job_1495286256909_0016   SUCCEEDED   1496117359080           root          default
NORMAL              N/A                 N/A        N/A       N/A            N/A
http://master:8088/proxy/application_1495286256909_0016/
 job_1495286256909_0017   SUCCEEDED   1496117407162           root          default
NORMAL              N/A                 N/A        N/A       N/A            N/A
http://master:8088/proxy/application_1495286256909_0020/
 job_1495286256909_0003       FAILED   1495977187836          root          default
NORMAL              N/A                 N/A        N/A       N/A            N/A
http://master:8088/cluster/app/application_1495286256909_0003
 job_1495286256909_0018   SUCCEEDED   1496131137273           root          default
NORMAL              N/A                 N/A        N/A       N/A            N/A
http://master:8088/proxy/application_1495286256909_0018/
 job_1495286256909_0024   SUCCEEDED   1496147508903           root          default
NORMAL              N/A                 N/A        N/A       N/A            N/A
http://master:8088/proxy/application_1495286256909_0024/
 job_1495286256909_0019   SUCCEEDED   1496132683157           root          default
NORMAL              N/A                 N/A        N/A       N/A            N/A
http://master:8088/proxy/application_1495286256909_0019/
 job_1495286256909_0004       FAILED   1495977501707          root          default
NORMAL              N/A                 N/A        N/A       N/A            N/A
http://master:8088/cluster/app/application_1495286256909_0004
 job_1495286256909_0026   SUCCEEDED   1496147979186           root          default
NORMAL              N/A                 N/A        N/A       N/A            N/A
http://master:8088/proxy/application_1495286256909_0026/
 job_1495286256909_0025   SUCCEEDED   1496147583292           root          default
NORMAL              N/A                 N/A        N/A       N/A            N/A
http://master:8088/proxy/application_1495286256909_0025/
 job_1495286256909_0020   SUCCEEDED   1496133886994           root          default
NORMAL              N/A                 N/A        N/A       N/A            N/A
http://master:8088/proxy/application_1495286256909_0020/
```

```
 job_1495286256909_0013    SUCCEEDED    1496116698854            root            default
NORMAL                    N/A                  N/A         N/A        N/A            N/A
http://master:8088/proxy/application_1495286256909_0013/
 job_1495286256909_0022    SUCCEEDED    1496135014648            root            default
NORMAL                    N/A                  N/A         N/A        N/A            N/A
http://master:8088/proxy/application_1495286256909_0022/
 job_1495286256909_0001       FAILED    1495289772229            root            default
NORMAL                    N/A                  N/A         N/A        N/A            N/A
http://master:8088/cluster/app/application_1495286256909_0001
 job_1495286256909_0023    SUCCEEDED    1496135396583            root            default
NORMAL                    N/A                  N/A         N/A        N/A            N/A
http://master:8088/proxy/application_1495286256909_0023/
 job_1495286256909_0002       FAILED    1495977099368            root            default
NORMAL                    N/A                  N/A         N/A        N/A            N/A
http://master:8088/cluster/app/application_1495286256909_0002
 job_1495286256909_0009       FAILED    1495978822879            root            default
NORMAL                    N/A                  N/A         N/A        N/A            N/A
http://master:8088/cluster/app/application_1495286256909_0009
 job_1495286256909_0005       FAILED    1495977603257            root            default
NORMAL                    N/A                  N/A         N/A        N/A            N/A
http://master:8088/cluster/app/application_1495286256909_0005
 job_1495286256909_0021    SUCCEEDED    1496134059337            root            default
NORMAL                    N/A                  N/A         N/A        N/A            N/A
http://master:8088/proxy/application_1495286256909_0021/
 job_1495286256909_0015    SUCCEEDED    1496117239013            root            default
NORMAL                    N/A                  N/A         N/A        N/A            N/A
http://master:8088/proxy/application_1495286256909_0015/
 job_1495286256909_0008       FAILED    1495978610808            root            default
NORMAL                    N/A                  N/A         N/A        N/A            N/A
http://master:8088/cluster/app/application_1495286256909_0008
 job_1495286256909_0006       FAILED    1495977687881            root            default
NORMAL                    N/A                  N/A         N/A        N/A            N/A
http://master:8088/cluster/app/application_1495286256909_0006
 job_1495286256909_0007       FAILED    1495977705884            root            default
NORMAL                    N/A                  N/A         N/A        N/A            N/A
http://master:8088/cluster/app/application_1495286256909_0007
 job_1495286256909_0014    SUCCEEDED    1496117184317            root            default
NORMAL                    N/A                  N/A         N/A        N/A            N/A
http://master:8088/proxy/application_1495286256909_0014/
```

以下命令列出了运行的队列。

```
[root@master ~]# mapred queue -list
20/12/28 21:33:00 WARN util.NativeCodeLoader: Unable to load native-hadoop library for your
platform... using builtin-java classes where applicable
20/12/28 21:33:00 INFO client.RMProxy: Connecting to ResourceManager at master/10.30.248.5:
8032
```

```
#连接对应的 RM 主节点
======================
Queue Name : default
Queue State : running
Scheduling Info : Capacity: 100.0, MaximumCapacity: 100.0, CurrentCapacity: 0.0
#队列名称/队列状态
#容器调度资源情况
```

以下命令列出了作业队列运行的作业。

```
[root@master ~]#  mapred queue -info default -showJobs
20/12/28 21:36:50 WARN util.NativeCodeLoader: Unable to load native-hadoop library for your
platform... using builtin-java classes where applicable
20/12/28 21:36:50 INFO client.RMProxy: Connecting to ResourceManager at master/10.30.248.5:
8032
======================
Queue Name : default
Queue State : running
Scheduling Info : Capacity: 100.0, MaximumCapacity: 100.0, CurrentCapacity: 12.5
Total jobs:1
                  JobId        State        StartTime       UserName         Queue    Priority
UsedContainers  RsvdContainers  UsedMem  RsvdMem  NeededMem     AM info
 job_1495286256909_0008          PREP   1495978610808               root          default
NORMAL                         1                    0      2048M        0M        2048M
http://master:8088/proxy/application_1495286256909_0008/
```

以下是 mapred job CLI 的所有命令用法。

```
[root@master hadoop]# mapred job -help
Usage: CLI <command> <args>
 [-submit <job-file>]
 [-status <job-id>]
 [-counter <job-id> <group-name> <counter-name>]
 [-kill <job-id>]
 [-set-priority <job-id> <priority>]. Valid values for priorities are: VERY_HIGH HIGH NORMAL
LOW VERY_LOW
 [-events <job-id> <from-event-#> <#-of-events>]
 [-history <jobHistoryFile>]
 [-list [all]]
 [-list-active-trackers]
 [-list-blacklisted-trackers]
 [-list-attempt-ids <job-id> <task-type> <task-state>]. Valid values for <task- type> are REDUCE
MAP. Valid values for <task-state> are running, completed
 [-kill-task <task-attempt-id>]
 [-fail-task <task-attempt-id>]
 [-logs <job-id> <task-attempt-id>]
```

```
Generic options supported are
-conf <configuration file>                    #指定应用配置信息
-D <property=value>                           use value for given property
-fs <local|namenode:port>                     #指定 NameNode 节点
-jt <local|resourcemanager:port>              #指定 rm 节点
-files <comma separated list of files>        #指定 map reduce 动作进行时需要被分割的副本数
-libjars <comma separated list of jars>       #指定需要被加入环境变量的 jar 包列表
-archives <comma separated list of archives>  #指定需要进行存档的副本数
The general command line syntax is
bin/hadoop command [genericOptions] [commandOptions]
```

其中比较常用的描述如下。

-submit：提交对应文件。

-conf：说明应用的详细配置。

-status：显示任务状态。

-list：列出所有任务信息。

-kill：杀死执行任务 id 的任务，当知道提交的任务有问题的时候，可以运行此命令，直接关闭对应的任务。

-logs：查看某个任务的日志，用得相对较少；如果要查看日志，可以首选浏览器查看，其显示格式比较好。

3．操作系统自带工具

通过操作系统自带的工具，例如 vmstat，可以监控到节点的物理运行性能。vmstat 可以监控每个节点的资源占用信息，下面以一个示例说明。

master 节点运行以下命令。

```
[root@master usr]# vmstat
procs -----------memory---------- ---swap-- -----io---- -system-- ------cpu-----
r  b  swpd  free  buff  cache  si  so  bi  bo  in  cs  us  sy  id  wa  st
0  0  1988020  97168624  1064  27340588  1  1  11  6  0  0  1  0  99  0  0
```

下面列出了该命令显示信息的简要含义，更详细的说明请参见相关 Linux 手册。

1）Procs

r：等待运行的进程数。

b：不可中断的睡眠的进程数。

2）Memory

swpd：已使用的虚拟内存空间。

free：空闲的内存空间。

buff：作为数据预存缓冲使用的内存空间。

cache：作为高速缓存使用的内存空间。

inact：非活动的内存空间。

active：活动的内存空间。

3）Swap

si：从磁盘交换进内存的空间。

so：从内存交换到磁盘的空间。

4）I/O

bi：从块设备读取到的块数。

bo：写入块设备的块数。

5）System

in：每秒的中断数，包括时钟。

cs：每秒的上下文切换数。

6）CPU

显示进程在各个运行模式或状态下占用 CPU 时间的百分比。

us：非内核运行模式（用户进程）的时间。

sy：内核运行模式（系统进程）的时间。

id：空间时间。

wa：等待 I/O 的时间。

st：从虚拟机借用的时间。

以下命令可以查看磁盘使用的信息。

```
[root@master bin]# vmstat -D
            44 disks
             4 partitions
    1309263366 total reads
      21466414 merged reads
   12980501745 read sectors
     242899741 milli reading
     262394856 writes
      26304046 merged writes
    5678483280 written sectors
    1425544409 milli writing
             0 inprogress IO
         68490 milli spent IO
[root@master bin]# vmstat -d

disk- ------------reads------------ ------------writes----------- -----IO------
       total  merged  sectors   ms   total merged sectors   ms   cur  sec
sda 4680033 20450216 202107883 3371128 79620693 23466914 1758586520 85952641  0
4850
sdb       140     0    1984     116     0     0     0     0     0     0
sdc       140     0    1984     118     0     0     0     0     0     0
sdd  216003331 462970 2024587100 48544285 10861567 1456848 273478952  9456321  0
16129
```

```
sde  206058485 553377 1925019513 47347292 9501443 1380314 262258800 9320387   0
14874
dm-0    7973   0  778225   6856    78433741   0 1510997920 55328096   0    3590
dm-1   25164149    0 201314304 18156190 30352289    0 242818312 1130208576    0     1295
md127 423088745     0 3949601453    0 19341824    0 535737752    0    0    0
dm-4     142     0     2145     17      4741       0 4766192    730661      0     6
dm-2   413400935      0 3307207504 90006790 7398128      0 34459408 1522545      0   22896
dm-3   9660245      0 642171597 17392804 11943647      0 501278056 65189790     0      2174
dm-5   9660245      0 642171597 17411843 11943647      0 501278056 65205794          0     2212
dm-14      129     0     12225     69      15      0      4280      31     0     0
dm-15      371     0     33249     193    174005      0 2786056      2833     0     2
dm-24      129     0     12225     83      15      0      4280      30     0     0
dm-25    45019    0 2678377    21150 1124064    0 13337072    792190    0      59
dm-26      129     0     12225     67      15      0      4280      30     0     0
dm-27    40722      0 1792313      13364 528736      0 7362184    217062    0    45
dm-16      129     0     12225     78      15      0      4280      31     0     0
dm-17      420     0     32377     180     326      0      5720     835     0     0
dm-8       129     0     12225     59      15      0      4280      31     0     0
dm-9       411     0     32169     158     74      0      5728     620     0     0
dm-10      129     0     12225     82      15      0      4280      23     0     0
dm-11 163836      0 10081137      75930 305365      0 4044896     309450    0    52
dm-12      129     0     12225     66      15      0      4280      28     0     0
dm-13    85485      0 4537545      36006 329047      0 4141328    571509    0      36
dm-22      129     0     12225     68      15      0      4280      30     0     0
dm-23 1207543        0 65765313     513690 478199      0 16361904    372685          0        262
dm-36      129     0     12225     63      15      0      4280      32     0     0
dm-37      417     0     32337     183     76      0      5720     887     0     0
disk- ------------reads------------ ------------writes----------- -----IO------
        total merged sectors    ms   total merged sectors     ms     cur     sec
dm-20      129     0     12225     70      15      0      4280      30     0     0
dm-21      5101     0     233945      1685    54675      0 4705800    357262      0    8
dm-32      129     0     12225     80      15      0      4280      37     0     0
dm-33      573     0     40289     211     197      0      8544     915     0     0
dm-6       129     0     12225     60      15      0      4280      26     0     0
dm-7       485     0     42673     218     75      0      5792     679     0     0
dm-34       129     0     12225     62      15      0      4280      25     0     0
dm-35       596     0     48001     244     218      0      8712     1000     0     0
dm-18       129     0     12225     57      15      0      4280      26     0     0
dm-19       480     0     42593     203     76      0      5792     640     0     0
dm-30       129     0     12225     91      15      0      4280      30     0     0
dm-31       488     0     42769     219     327      0      5776     1072     0     0
dm-38       129     0     12225     73      15      0      4280      30     0     0
dm-39       412     0     32201     161     74      0      5728     579     0     0
```

下面列出该命令显示信息的简要含义，更详细的说明请参见相关 Linux 手册。

最左侧的 disk 表示当前大数据节点配置的所有硬盘。

1）Reads

total：完成的读操作。

merged：合并的读操作。
sectors：读取的扇区。
ms：毫秒，读操作所花的时间。
2）Writes
total：完成的写操作。
merged：合并的写操作。
sectors：写入的扇区。
ms：毫秒，写操作所花的时间。
3）I/O
cur：当前正处理的 I/O。
s：秒，I/O 所花的时间。
①slave 节点。
执行 job。

```
[root@slave1 ~]# vmstat -a -w 2
procs -------------memory------------ ---swap-- -----io---- -system-- --------cpu--------
 r  b      swpd          free          inact         active     si     so       bi       bo
in          cs          us     sy    id      wa     st
 4  0   2607948   118955864   4452720       6621560   1      1        10        6
0           0           0      0     100       0      0
 0  1   2795684   118949456   4687572   6396768    48  93930  11056  99522  17027    12201
3     1    96         0      0
 2  0   2831936   118946792   4684256   6401168   286  18378  39770  24424  16093    14718
2     1    96         1      0
……（截取部分信息）
```

其中参数含义如下。
us、sy、id：显示 CPU 占用信息。
r、b：显示运行队列、等待的进程；配合前者，可反映 CPU 繁忙程度。
bi、bo：显示 I/O 操作信息。
swpd、free：显示内存使用的信息。
以下命令显示磁盘的性能。

```
[root@slave1 ~]# vmstat -D
              42 disks
               4 partitions
    1159189075 total reads
      27172362 merged reads
   11520915563 read sectors
     241207425 milli reading
     193399497 writes
      33697867 merged writes
```

```
    5793502568 written sectors
    1552796101 milli writing
              0 inprogress IO
          58768 milli spent IO
[root@slave1 ~]# vmstat -d
disk- ------------reads------------ ------------writes----------- -----IO------
       total merged sectors      ms   total merged sectors      ms   cur    sec
sda   6925472 26182950 265808659 4499990 34445958 30510766 1840069200    55649565
0    4909
sdb      201      0    2472     171    0    0    0    0    0    0
sdc      201      0    2472     138    0    0    0    0    0    0
……（截取部分信息）
```

②client 节点。

-s：显示内存相关统计信息及多种系统活动数量。

```
[root@client usr]# vmstat -s
     131747136 K total memory
       8538372 K used memory
      26850328 K active memory
      35266816 K inactive memory
      66413080 K free memory
          1444 K buffer memory
      56794236 K swap cache
       4194300 K total swap
       2788280 K used swap
       1406020 K free swap
      63686685 non-nice user cpu ticks
         48440 nice user cpu ticks
      22287715 system cpu ticks
   19107689693 idle cpu ticks
       3439759 IO-wait cpu ticks
             0 IRQ cpu ticks
        398253 softirq cpu ticks
             0 stolen cpu ticks
    1650289921 pages paged in
     791596852 pages paged out
      18030185 pages swapped in
      25625015 pages swapped out
    3316377356 interrupts
    3486926490 CPU context switches
    1491979402 boot time
       5934052 forks
```

③vmstat 命令。

以下是 vmstat 的所有命令用法。

```
[root@client usr]# vmstat -help]
Usage:
 vmstat [options] [delay [count]]

Options:
 -a, --active      active/inactive memory
 -f, --forks       number of forks since boot
 -m, --slabs       slabinfo
 -n, --one-header   do not redisplay header
 -s, --stats       event counter statistics
 -d, --disk        disk statistics
 -D, --disk-sum     summarize disk statistics
 -p, --partition <dev>   partition specific statistics
 -S, --unit <char>   define display unit
 -w, --wide        wide output
 -t, --timestamp     show timestamp
 -h, --help    display this help and exit
 -V, --version output version information and exit
```

其中各项参数含义如下。

-a：显示活跃和非活跃内存。

-f：显示从系统启动至今的 fork 数量。

-m：显示 slabinfo。

-n：只在开始时显示一次各字段名称。

-s：显示内存相关统计信息及多种系统活动数量。

-d：显示磁盘相关统计信息。

-p：显示指定磁盘分区统计信息。

-S：使用指定单位显示。参数有 k、K、m、M，分别代表 1000、1024、1 000 000、1 048 576 字节（Byte）。默认单位为 K（1024 Byte）

-w：宽输出内容。

-t：显示时间戳。

-h：显示帮助信息。

-V：显示 vmstat 版本信息。

更详细的命令用法解释请参见相关的 Linux 手册。

操作系统自带其他监控工具根据版本不同，还可包括 stat、sar、top、time、ps、ipcs、iostat、mpstat、pidstat、netstat 等，具体内容请参考相关的 Linux 手册。

5.4.2 性能分析

性能管理系统实时采集应用性能数据，并保存在性能库中，这些数据称之为性能因子，系统运维人员可以同比相同时间段的以往性能因子，定位性能问题原因，分析性能的差异并优化对应系统性能参数。另外，可以对历史性能因子数据进行统计分析，能够使用户直观地看到较长时间段内系统总体应用性能表现的发展和变化过程，这些不同角度的性能表现数据被称为性能指标，通过性能指标可以对将来的发展趋势做出判断和预测，并对将来的系统扩容、新系统设备选型等提供技术指标参考。

1. 性能影响因素

软件系统或者集群架构并不是独立的，而是依赖很多因素。依赖的因素都是影响性能的变量，应该在验证关注的特定因素时保持其他因素的一致，这样才能获得稳定准确的结果。从全局考虑，软件系统的性能表现受到很多因素的影响，主要包括硬件设施、网络环境、操作系统、中间件、应用程序、并发用户数、系统数据量等，下面主要以 Hadoop 性能影响因素为例描述相关的几个因素。

影响 Hadoop 大数据作业性能的因素有以下几点。

（1）Hadoop 配置：配置对 Hadoop 集群的性能是非常重要的；不合理的配置会产生 CPU 负载、内存交换、I/O 等的额外开销问题。

（2）文件大小：特别大和特别小的文件都会影响 Map 任务的性能。

（3）Mapper、Reducer 的数量：会影响 Map、Reduce 的任务和 Job 的性能。

（4）硬件：节点的性能、配置规划及网络硬件的性能会直接影响到作业的性能。

（5）代码：质量差的代码会影响 Map/Reduce 性能。

2. 性能指标

性能指标是产品或系统功能特质的量化描述，主要包括功能实现的程度，功能维持的持久度，以及功能适用的范围、功能的实现条件等。而日常运维过程中所要考虑的大数据性能指标主要是指 Hadoop 作业的性能指标。Hadoop 作业常用性能指标包括如下内容。

（1）Elapsed time：作业的执行时间。

（2）Total Allocated Containers：分配给作业的执行容器数目。

（3）Number of maps、Launched map tasks：作业发起的 Map 任务数目。

（4）Number of reduces、Launched reduce tasks：作业发起的 Reduce 任务数目。

（5）Job state：作业的执行状态，例如，SUCCEEDED。

（6）Total time spent by all map tasks (ms)：所有的 Map 任务执行的时间。

（7）Total time spent by all reduce tasks (ms)：所有的 Reduce 任务执行的时间。

（8）Total vcore-seconds taken by all map tasks：所有的 Map 任务占用虚拟核的时间。

（9）Total vcore-seconds taken by all reduce tasks：所有的 Reduce 任务占用虚拟核的时间。

（10）Map input records：Map 任务输入的记录数目。

（11）Map output records：Map 任务输出的记录数目。

（12）Map output bytes：Map 任务输出的字节数目。

（13）Map output materialized bytes：Map 任务输出的未经解压的字节数目。

（14）Input split bytes：输入文件的分片大小，单位为字节。

（15）Combine input records：合并的输入记录数目。

（16）Combine output records：合并的输出记录数目。

（17）Reduce input groups：Reduce 任务的输入组数目。

（18）Reduce shuffle bytes：Map 传输给 Reduce 用于 shuffle 的字节数。

（19）Reduce input records：Reduce 任务输入的记录数目。

（20）Reduce output records：Reduce 任务输出的记录数目。

（21）Spilled Records：溢出（Spilled）的记录数目。

（22）Shuffled Maps：Shuffled 的 Map 任务数目。

（23）Failed Shuffles：失败的 Shuffle 数。

（24）Merged Map outputs：合并的 Map 输出数。

（25）GC time elapsed (ms)：通过 JMX 获取到执行 Map 与 Reduce 的子 JVM 总共的 GC 时间消耗。

（26）CPU time spent (ms)：花费的 CPU 时间。

（27）Physical memory (bytes) snapshot：占用的物理内存快照。

（28）Virtual memory (bytes) snapshot：占用的虚拟内存快照。

（29）Total committed heap usage (bytes)：总共占用的 JVM 堆空间。

（30）File: Number of bytes read=446，文件系统读取的字节数。

（31）File: Number of bytes written，文件系统写入的字节数。

（32）File: Number of read operations，文件系统读操作的次数。

（33）File: Number of large read operations，文件系统的大量读的操作次数。

（34）File:Number of write operations，文件系统写操作的次数。

（35）HDFS: Number of bytes read，HDFS 读取的字节数。

（36）HDFS: Number of bytes written，HDFS 写入的字节数。

（37）HDFS: Number of read operations，HDFS 读操作的次数。

（38）HDFS: Number of large read operations，HDFS 大量读的操作次数。

（39）HDFS: Number of write operations，HDFS 写操作的次数。

（40）File Input Format Counters: Bytes Read。Job 执行过程中，Map 端从 HDFS 读取的输入的 split 源文件内容大小，不包括 Map 的 split 元数据；如果是压缩的文件则是未经解压的文件大小。

（41）File Output Format Counters: Bytes Written。Job 执行完毕后把结果写入 HDFS，该值是结果文件的大小；如果是压缩的文件则是未经解压的文件大小。

（42）JVM 内存使用。

①Heap Memory：堆内存，代码运行使用的内存。

②Non Heap Memory：非堆内存，JVM 自身运行使用的内存。

（43）磁盘空间使用。

①Configured Capacity：GB，所有的磁盘空间。

②DFS Used：MB，当前 HDFS 所使用的磁盘空间。
③Non DFS Used：GB，非 HDFS 所使用的磁盘空间。
④DFS Remaining：GB，HDFS 可使用的磁盘空间。
（44）files and directories：文件和目录数。
（45）HDFS 文件信息。
①Size：大小。
②Replication：副本数。
③Block Size：块大小。

5.5 日志管理

大数据平台监控属于大数据运维人员常规运维的主要工作范畴，既需要掌握大数据平台监控相关命令，又需要能够利用平台的数据形成相关业务报表，针对报表对大数据平台的运行情况做出及时判断。本章将着重介绍大数据平台及相关组件的监控命令，包括 CentOS 系统，以及 Hadoop 的相关组件的状态查询。

5.5.1 平台及组件相关命令行

大数据平台 Hadoop 的核心组件包含分布式存储 HDFS 和集群资源管理系统 YARN，而 HBase 是实时分布式数据库，Hive 是数据仓库，Sqoop 是数据库 ETL 工具，ZooKeeper 提供分布式协作服务，它们的关系如图 5-10 所示。

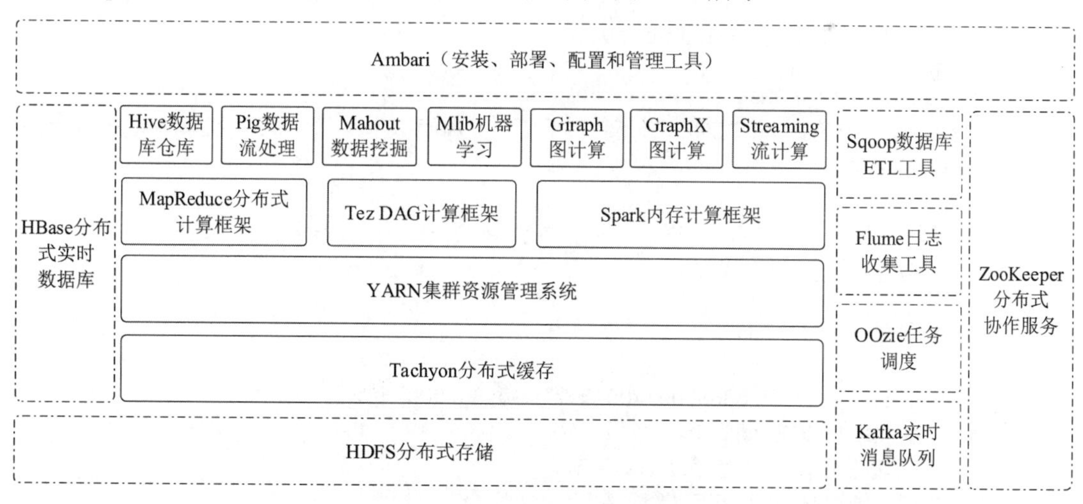

图 5-10 大数据组件关系图

1．主机资源

为了更好地运行大数据平台，需要简单构建一个基本的分布式环境；这里对构建的硬件环境、网络环境以及组件分布做了一个简单的描述，后续的实验以这个资源环境作为基础依赖进行上层实验操作。硬件环境如表 5-7、表 5-8 所示。

表 5-7　硬件、IP 地址配置

主　机　名	IP　地　址	资 源 配 置	备　　注
hadoop100(master)	192.168.0.100	CPU：2 核 内存：4 GB 硬盘：40 GB	NameNode
hadoop101(slave1)	192.168.0.101	CPU：2 核 内存：4 GB 硬盘：40 GB	ResourceManager
hadoop102(slave2)	192.168.0.102	CPU：2 核 内存：4 GB 硬盘：40 GB	SecondaryNameNode

表 5-8　大数据平台软件名称和版本号

软 件 名 称	版　本　号	备　　注
Hadoop	2.73	master 主机部署
HBase	1.2.1	master 主机部署
Hive	2.0.0	master 主机部署
ZooKeeper	3.4.8	master 主机部署
Sqoop	1.4.7	master 主机部署
Flume	1.6.0	master 主机部署
MySQL	5.7.18	Docker 镜像

1）查看平台机器状态（uname -a）

```
[root@hadoop100 ~]# uname -a
Linux hadoop100 3.10.0-862.el7.x86_64 #1 SMP Fri Apr 20 16:44:24 UTC 2018 x86_64 x86_64
x86_64 GNU/Linux
```

显示 Linux 节点名称为 master，发行版本号为 3.10.0-862.el7.x86_64。

2）查看硬盘信息（fdisk -l）

```
[root@hadoop100 ~]# fdisk -l

磁盘 /dev/sda：53.7 GB, 53687091200 字节，104857600 个扇区
Units = 扇区 of 1 * 512 = 512 bytes
扇区大小(逻辑/物理)：512 字节 / 512 字节
I/O 大小(最小/最佳)：512 字节 / 512 字节
磁盘标签类型：dos
磁盘标识符：0x000a2adb

设备 Boot      Start         End      Blocks   Id  System
/dev/sda1        2048     2099199     1048576   83  Linux
/dev/sda2     2099200   104857599    51379200   8e  Linux LVM
```

```
磁盘 /dev/mapper/centos-root：48.4 GB, 48444211200 字节，94617600 个扇区
Units = 扇区 of 1 * 512 = 512 bytes
扇区大小(逻辑/物理)：512 字节 / 512 字节
I/O 大小(最小/最佳)：512 字节 / 512 字节

磁盘 /dev/mapper/centos-swap：4160 MB, 4160749568 字节，8126464 个扇区
Units = 扇区 of 1 * 512 = 512 bytes
扇区大小(逻辑/物理)：512 字节 / 512 字节
I/O 大小(最小/最佳)：512 字节 / 512 字节
```

3）查看所有交换分区（swapon -s）

```
[root@hadoop100 ~]# swapon -s
文件名                  类型        大小      已用    权限
/dev/dm-1               partition   4063228    0       -1
   查看文件系统占比(df -h)
[root@hadoop100 ~]# df -h
文件系统                  容量   已用   可用    已用% 挂载点
/dev/mapper/centos-root    46G   6.8G   39G    15%    /
devtmpfs                   2.0G    0    2.0G    0%    /dev
tmpfs                      2.0G    0    2.0G    0%    /dev/shm
tmpfs                      2.0G   13M   2.0G    1%    /run
tmpfs                      2.0G    0    2.0G    0%    /sys/fs/cgroup
/dev/sda1                 1014M  157M   858M   16%    /boot
tmpfs                      394M  4.0K   394M    1%    /run/user/42
tmpfs                      394M   28K   394M    1%    /run/user/0
/dev/sr0                   4.2G  4.2G     0   100%    /run/media/root/CentOS 7 x86_64
```

4）查看网络 IP 地址（ifconfig）

```
[root@hadoop100 ~]# ifconfig
ens33: flags=4163<UP,BROADCAST,RUNNING,MULTICAST>mtu 1500
        inet 192.168.1.100   netmask 255.255.255.0   broadcast 192.168.1.255
        inet6 fe80::b7da:64d5:d866:b0c   prefixlen 64   scopeid 0x20<link>
        ether 00:0c:29:ac:43:db   txqueuelen 1000   (Ethernet)
        RX packets 3126   bytes 4137524 (3.9 MiB)
        RX errors 0   dropped 0   overruns 0   frame 0
        TX packets 1805   bytes 123128 (120.2 KiB)
        TX errors 0   dropped 0 overruns 0   carrier 0   collisions 0

lo: flags=73<UP,LOOPBACK,RUNNING>mtu 65536
        inet 127.0.0.1   netmask 255.0.0.0
        inet6 ::1   prefixlen 128   scopeid 0x10<host>
        loop   txqueuelen 1000   (Local Loopback)
        RX packets 32   bytes 2592 (2.5 KiB)
        RX errors 0   dropped 0   overruns 0   frame 0
```

```
        TX packets 32  bytes 2592 (2.5 KiB)
        TX errors 0  dropped 0 overruns 0  carrier 0  collisions 0

virbr0: flags=4099<UP,BROADCAST,MULTICAST>  mtu 1500
        inet 192.168.122.1  netmask 255.255.255.0  broadcast 192.168.122.255
        ether 52:54:00:28:10:fb  txqueuelen 1000  (Ethernet)
        RX packets 0  bytes 0 (0.0 B)
        RX errors 0  dropped 0  overruns 0  frame 0
        TX packets 0  bytes 0 (0.0 B)
        TX errors 0  dropped 0 overruns 0  carrier 0  collisions 0
```

上述网络配置标识解释如下。

inet：机器对应 ip。

netmask：子网掩码。

broadcast：网络中的地址。

RX packets：接受数据包。

TX packets：发送数据包。

5）查看所有监听端口（netstat -lntp）

```
[root@hadoop100 ~]# netstat -lntp
Active Internet connections (only servers)
#网络协议 接受队列缓冲信息 发送队列缓冲信息 本地地址 外部地址 状态 实例 id/实例名
Proto Recv-Q Send-Q Local Address      Foreign Address   State    PID/Program name
tcp        0      0 0.0.0.0:111        0.0.0.0:*         LISTEN    732/rpcbind
tcp        0      0 192.168.122.1:53   0.0.0.0:*         LISTEN    1442/dnsmasq
tcp        0      0 0.0.0.0:22         0.0.0.0:*         LISTEN    1077/sshd
tcp        0      0 127.0.0.1:631      0.0.0.0:*         LISTEN    1072/cupsd
tcp        0      0 127.0.0.1:25       0.0.0.0:*         LISTEN    1263/master
tcp6       0      0 :::111             :::*              LISTEN    732/rpcbind
tcp6       0      0 :::22              :::*              LISTEN    1077/sshd
tcp6       0      0 ::1:631            :::*              LISTEN    1072/cupsd
tcp6       0      0 ::1:25             :::*              LISTEN    1263/master
```

6）查看所有已经建立的连接（netstat -antp）

```
[root@hadoop100 ~]# netstat -antp
Active Internet connections (servers and established)
#网络协议 接受队列缓冲信息 发送队列缓冲信息 本地地址 外部地址 状态 实例 id/实例名
Proto Recv-Q Send-Q Local Address     Foreign Address     State        PID/Program name
tcp    0    0    0.0.0.0:111         0.0.0.0:*          LISTEN       732/rpcbind
tcp    0    0    192.168.122.1:53    0.0.0.0:*          LISTEN       1442/dnsmasq
tcp    0    0    0.0.0.0:22          0.0.0.0:*          LISTEN       1077/sshd
tcp    0    0    127.0.0.1:631       0.0.0.0:*          LISTEN       1072/cupsd
tcp    0    0    127.0.0.1:25        0.0.0.0:*          LISTEN       1263/master
tcp    0    0    192.168.1.100:22    192.168.1.1:58146  ESTABLISHED    2860/sshd:
root@pts
```

```
tcp      0      0 192.168.1.100:42734    133.24.248.17:443    ESTABLISHED 2901/python
tcp      1      0 192.168.1.100:39368    39.155.141.16:80     CLOSE_WAIT  2901/python
tcp     32      0 192.168.1.100:37632    38.145.60.21:443     CLOSE_WAIT  2901/python
tcp      1      0 192.168.1.100:50460    85.236.43.108:80     CLOSE_WAIT  2901/python
tcp6     0      0 :::111                 :::*                 LISTEN      732/rpcbind
tcp6     0      0 :::22                  :::*                 LISTEN      1077/sshd
tcp6     0      0 ::1:631                :::*                 LISTEN      1072/cupsd
tcp6     0      0 ::1:25                 :::*                 LISTEN      1263/master
```

7）查看实时进程状态（top）

```
[root@hadoop100 ~]# top
top - 15:00:28 up 24 min,  2 users,  load average: 0.00, 0.02, 0.05
Tasks: 224 total,   1 running, 223 sleeping,   0 stopped,   0 zombie
%Cpu(s):  0.1 us,  0.1 sy,  0.1 ni, 99.7 id,  0.1 wa,  0.0 hi,  0.0 si,  0.0 st
KiB Mem :  4028440 total,  2218492 free,  1001160 used,   808788 buff/cache
KiB Swap:  4063228 total,  4063228 free,        0 used.  2720548 avail Mem
#实例 id 用户 优先级 nice 值 进程虚拟内存 常驻内存 共享内存 cpu 占比 内存占比 进程持续时间及命令名
  PID USER   PR  NI   VIRT    RES   SHR S  %CPU %MEM    TIME+ COMMAND
 1074 root   20   0  218504   7112  3728 S   0.3  0.2   0:00.20 rsyslogd
 1650 root   20   0  410720   5792  4596 S   0.3  0.1   0:01.76 packagekitd
 2901 root   30  10 1175568 266916 10788 S   0.3  6.6   0:07.90 yumBackend.py
    1 root   20   0  193680   6860  4116 S   0.0  0.2   0:02.67 systemd
    2 root   20   0       0      0     0 S   0.0  0.0   0:00.01 kthreadd
    3 root   20   0       0      0     0 S   0.0  0.0   0:00.02 ksoftirqd/0
    5 root    0 -20       0      0     0 S   0.0  0.0   0:00.00 kworker/0:0H
    7 root   rt   0       0      0     0 S   0.0  0.0   0:00.03 migration/0
    8 root   20   0       0      0     0 S   0.0  0.0   0:00.00 rcu_bh
    9 root   20   0       0      0     0 S   0.0  0.0   0:00.17 rcu_sched
   10 root    0 -20       0      0     0 S   0.0  0.0   0:00.00 lru-add-drain
   11 root   rt   0       0      0     0 S   0.0  0.0   0:00.00 watchdog/0
   12 root   rt   0       0      0     0 S   0.0  0.0   0:00.00 watchdog/1
   13 root   rt   0       0      0     0 S   0.0  0.0   0:00.02 migration/1
   14 root   20   0       0      0     0 S   0.0  0.0   0:00.09 ksoftirqd/1
   15 root   20   0       0      0     0 S   0.0  0.0   0:00.01 kworker/1:0
   16 root    0 -20       0      0     0 S   0.0  0.0   0:00.00 kworker/1:0H
   17 root   rt   0       0      0     0 S   0.0  0.0   0:00.00 watchdog/2
   18 root   rt   0       0      0     0 S   0.0  0.0   0:00.01 migration/2
   19 root   20   0       0      0     0 S   0.0  0.0   0:00.00 ksoftirqd/2
   21 root    0 -20       0      0     0 S   0.0  0.0   0:00.00 kworker/2:0H
   22 root   rt   0       0      0     0 S   0.0  0.0   0:00.00 watchdog/3
   23 root   rt   0       0      0     0 S   0.0  0.0   0:00.01 migration/3
```

8）查看 CPU 信息（cat /proc/cpuinfo）

```
[root@hadoop100 ~]# cat /proc/cpuinfo
```

```
processor : 0
vendor_id : GenuineIntel
cpu family : 6
model   : 158
model name : Intel(R) Core(TM) i9-9880H CPU @ 2.30GHz
stepping : 13
microcode : 0xde
cpu MHz   : 2304.000
cache size : 16384 KB
physical id : 0
siblings : 1
core id   : 0
cpu cores : 1
apicid   : 0
initial apicid : 0
fpu   : yes
fpu_exception : yes
cpuid level : 22
wp   : yes
flags   : fpu vme de pse tsc msr pae mce cx8 apic sep mtrr pge mca cmov pat pse36 clflush mmx fxsr sse sse2 ss syscall nx pdpe1gb rdtscp lm constant_tsc arch_perfmon nopl xtopology tsc_reliable nonstop_tsc eagerfpu pni pclmulqdq ssse3 fma cx16 pcid sse4_1 sse4_2 x2apic movbe popcnt tsc_deadline_timer aes xsave avx f16c rdrand hypervisor lahf_lm abm 3dnowprefetch fsgsbase tsc_adjust bmi1 avx2 smep bmi2 invpcid rdseed adx smap clflushopt xsaveopt xsavec xgetbv1 ibpb ibrs stibp arat spec_ctrl intel_stibp arch_capabilities
bogomips : 4608.00
clflush size : 64
cache_alignment : 64
address sizes : 45 bits physical, 48 bits virtual
power management:

processor : 1
vendor_id : GenuineIntel
cpu family : 6
model   : 158
model name : Intel(R) Core(TM) i9-9880H CPU @ 2.30GHz
stepping : 13
microcode : 0xde
cpu MHz   : 2304.000
cache size : 16384 KB
physical id : 2
siblings : 1
core id   : 0
cpu cores : 1
apicid   : 2
```

```
initial apicid : 2
fpu    : yes
fpu_exception : yes
cpuid level : 22
wp    : yes
flags    : fpu vme de pse tsc msr pae mce cx8 apic sep mtrr pge mca cmov pat pse36 clflush mmx fxsr sse sse2 ss syscall nx pdpe1gb rdtscp lm constant_tsc arch_perfmon nopl xtopology tsc_reliable nonstop_tsc eagerfpu pni pclmulqdq ssse3 fma cx16 pcid sse4_1 sse4_2 x2apic movbe popcnt tsc_deadline_timer aes xsave avx f16c rdrand hypervisor lahf_lm abm 3dnowprefetch fsgsbase tsc_adjust bmi1 avx2 smep bmi2 invpcid rdseed adx smap clflushopt xsaveopt xsavec xgetbv1 ibpb ibrs stibp arat spec_ctrl intel_stibp arch_capabilities
bogomips : 4608.00
clflush size : 64
cache_alignment : 64
address sizes : 45 bits physical, 48 bits virtual
power management:

processor : 2
vendor_id : GenuineIntel
cpu family : 6
model    : 158
model name : Intel(R) Core(TM) i9-9880H CPU @ 2.30GHz
stepping : 13
microcode : 0xde
cpu MHz    : 2304.000
cache size : 16384 KB
physical id : 4
siblings : 1
core id    : 0
cpu cores : 1
apicid    : 4
initial apicid : 4
fpu    : yes
fpu_exception : yes
cpuid level : 22
wp    : yes
flags    : fpu vme de pse tsc msr pae mce cx8 apic sep mtrr pge mca cmov pat pse36 clflush mmx fxsr sse sse2 ss syscall nx pdpe1gb rdtscp lm constant_tsc arch_perfmon nopl xtopology tsc_reliable nonstop_tsc eagerfpu pni pclmulqdq ssse3 fma cx16 pcid sse4_1 sse4_2 x2apic movbe popcnt tsc_deadline_timer aes xsave avx f16c rdrand hypervisor lahf_lm abm 3dnowprefetch fsgsbase tsc_adjust bmi1 avx2 smep bmi2 invpcid rdseed adx smap clflushopt xsaveopt xsavec xgetbv1 ibpb ibrs stibp arat spec_ctrl intel_stibp arch_capabilities
bogomips : 4608.00
clflush size : 64
cache_alignment : 64
```

```
address sizes : 45 bits physical, 48 bits virtual
power management:

processor : 3
vendor_id : GenuineIntel
cpu family : 6
model    : 158
model name : Intel(R) Core(TM) i9-9880H CPU @ 2.30GHz
stepping : 13
microcode : 0xde
cpu MHz    : 2304.000
cache size : 16384 KB
physical id : 6
siblings : 1
core id    : 0
cpu cores : 1
apicid    : 6
initial apicid : 6
fpu    : yes
fpu_exception : yes
cpuid level : 22
wp    : yes
flags    : fpu vme de pse tsc msr pae mce cx8 apic sep mtrr pge mca cmov pat pse36 clflush mmx
fxsr sse sse2 ss syscall nx pdpe1gb rdtscp lm constant_tsc arch_perfmon nopl xtopology
tsc_reliable nonstop_tsc eagerfpu pni pclmulqdq ssse3 fma cx16 pcid sse4_1 sse4_2 x2apic
movbe popcnt tsc_deadline_timer aes xsave avx f16c rdrand hypervisor lahf_lm abm
3dnowprefetch fsgsbase tsc_adjust bmi1 avx2 smep bmi2 invpcid rdseed adx smap clflushopt
xsaveopt xsavec xgetbv1 ibpb ibrs stibp arat spec_ctrl intel_stibp arch_capabilities
bogomips : 4608.00
clflush size : 64
cache_alignment : 64
address sizes : 45 bits physical, 48 bits virtual
power management:
```

上述输出项含义如下。

processor：系统中逻辑处理核的编号。对于单核处理器，可认为是其 CPU 编号，对于多核处理器则可以是物理核，或者是使用超线程技术虚拟的逻辑核。

vendor_id：CPU 制造商。

cpu family：CPU 产品系列代号。

model：CPU 属于其系列中的哪一代的代号。

model name：CPU 属于的名字及其编号、标称主频。

stepping：CPU 属于制作更新版本。

cpu MHz：CPU 的实际使用主频。

cache size：CPU 二级缓存大小。

physical id：单个 CPU 的标号。

siblings：单个 CPU 逻辑物理核数。

core id：当前物理核在其所处 CPU 中的编号，这个编号不一定连续。

cpu cores：该逻辑核所处 CPU 的物理核数。

apicid：用来区分不同逻辑核的编号，系统中每个逻辑核的此编号必然不同，此编号不一定连续。

fpu：是否具有浮点运算单元（floating point unit）。

fpu_exception：是否支持浮点计算异常。

cpuid level：执行 cpuid 指令前 eax 寄存器中的值，根据不同的值 cpuid 指令会返回不同的内容。

wp：表明当前 CPU 是否在内核态支持对用户空间的写保护（write protection）。

flags：当前 CPU 支持的功能。

bogomips：在系统内核启动时粗略测算的 CPU 速度（million instructions per second）。

clflush size：每次刷新缓存的大小单位。

cache_alignment：缓存地址对齐单位。

address sizes：可访问地址空间位数。

9）查看内存信息（cat /proc/meminfo）

```
[root@hadoop100 ~]# cat /proc/meminfo
MemTotal:        29584 KB    //物理内存
MemFree:           968 KB    //剩余物理内存
Buffers:          28 KB      //用来给文件做缓冲的大小
Cached:           4644 KB    //被高速缓冲存储器（cache memory）用的内存的大小（等于
diskcache minus SwapCache）
SwapCached:             0 KB    //缓存的大小，Android 很少使用 swap，经常为 0。被高速缓冲存储
器（cache memory）用来交换空间的大小,用来在需要的时候很快地被替换而不需要再次打开 I/O 端口
Active:         14860 KB    //在活跃使用中的缓冲或高速缓冲存储器页面文件的大小，除非非常
必要，否则不会被移作他用
Inactive:        1908 KB    //在不经常使用中的缓冲或高速缓冲存储器页面文件的大小，可能被
用于其他途径
HighTotal:          0 KB
HighFree:           0 KB    //该区域不是直接映射到内核空间。内核必须使用不同的手法使用该
段内存
LowTotal:       29584 KB
LowFree:          968 KB
SwapTotal:          0 KB    //交换空间的总大小
SwapFree:           0 KB    //未被使用交换空间的大小
Dirty:            0 KB      //等待被写回到磁盘的内存大小
```

```
Writeback:          0 KB     //正在被写回到磁盘的内存大小
Mapped:         12840 KB     //设备和文件等映射的大小
Slab:            2052 KB     //内核数据结构缓存的大小，可以减少申请和释放内存带来的消耗
CommitLimit:    29584 KB     //当前系统可以申请的总内存
Committed_AS:   13148 KB     //当前已经申请的内存，记住是申请
PageTables:       108 KB     //管理内存分页的索引表的大小
VmallocTotal:  483328 KB     //虚拟内存大小
VmallocUsed:      552 KB     //已经被使用的虚拟内存大小
VmallocChunk:  482776 KB
```

2. Hadoop 资源

以 Hadoop 为核心，整个大数据平台的应用与研发已经形成了一个基本完善的生态系统。大数据平台 Hadoop 由多个主要组件构成，它们之间互相作用，构成了 Hadoop 的基本架构。

大数据平台 Hadoop 主要有分布式资源管理器和分布式存储构成其计算机资源和存储资源的管理，这两部分的资源状态体现了大数据平台的 Hadoop 状态。

（1）Hadoop 的启动与关闭。

```
切换到 hadoop 用户,切换到 Hadoop 安装目录
[root@hadoop100 ~]# su hadoop
[hadoop@hadoop100 hadoop]$ cd /opt/module/hadoop
```

启动 Hadoop。

```
[hadoop @hadoop100 hadoop]# start-all.sh
```

关闭 Hadoop。

```
[hadoop @hadoop100 hadoop]# stop-all.sh
```

（2）Hadoop 运行情况页面端。

为了查看程序的历史运行情况，有时候需要配置一下历史服务器。具体配置步骤如下。

①配置 mapred-site.xml。

```
[root@hadoop100 hadoop]$ vim   /etc/hadoop/mapred-site.xml
```

在该文件里面增加如下配置。

```
<!-- 历史服务器端地址 -->
<property>
    <name>mapreduce.jobhistory.address</name>
    <value>hadoop100:10020</value>
</property>
```

```
<!-- 历史服务器 web 端地址 -->
<property>
    <name>mapreduce.jobhistory.webapp.address</name>
    <value>hadoop102:19888</value>
</property>
```

②分发配置。

③在 hadoop100 启动历史服务器。

```
[root@hadoop100 hadoop]$ mapred --daemon start historyserver
```

④查看历史服务器是否启动，如图 5-11 所示，JobHistoryServer 为正在运行的历史服务器服务。

```
[root@hadoop100 hadoop]$ jps
```

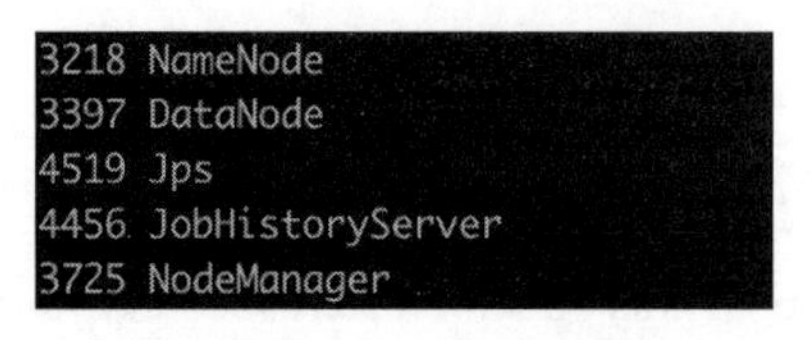

图 5-11　hadoop 进程查看历史服务

⑤查看 JobHistory，如图 5-12 所示。

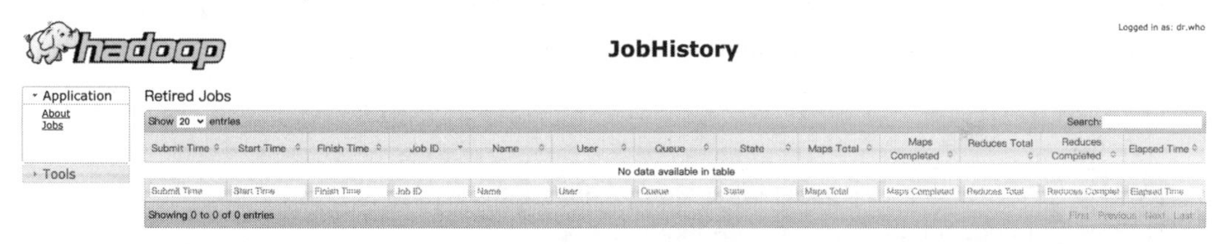

图 5-12　历史执行记录日志

3. YARN 资源

资源调度和隔离是 YARN 作为一个资源管理系统最重要的两个基础功能。资源调度由 ResourceManager 完成，而资源隔离由各个 NodeManager 实现，ResourceManager 将某个 NodeManager 上的资源分配给任务后，NodeManager 需按照要求为任务提供相应的资源，甚至保证这些资源的独占性，为任务运行提供基础和保证，这就是所谓的资源隔离。

在内存资源的管理方面，YARN 允许用户配置每个节点上可用的物理内存资源。这些被分配的资源需要保证对应节点上多个服务共享的正常可用，YARN 原理结构如图 5-13 所示。

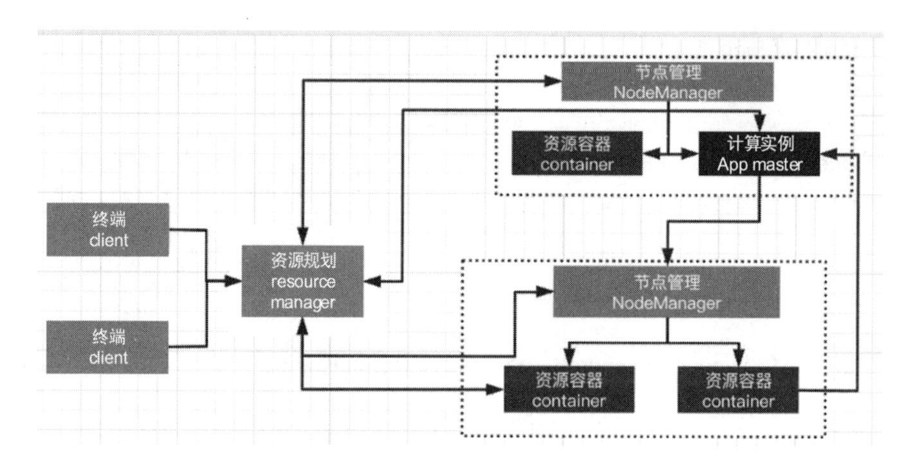

图 5-13 YARN 原理结构

各个服务组件逐一启动/停止操作如下。

（1）启动 HDFS。

```
[hadoop@hadoop100 hadoop]$ hdfs –daemon start namenode
hadoop@hadoop100 hadoop]$ hdfs –daemon start datanode
hadoop@hadoop100 hadoop]$ hdfs –daemon start secondarynamenode
```

（2）在配置了 ResourceManager 的节点（hadoop102）启动 YARN。

```
[hadoop @hadoop100 hadoop]$ yarn --daemon start   resourcemanager
[hadoop @hadoop100 hadoop]$ yarn --daemon start   nodemanager
```

（3）停止 HDFS。

```
[hadoop@hadoop100 hadoop]$ hdfs –daemon stop namenode
hadoop@hadoop100 hadoop]$ hdfs –daemon stop datanode
hadoop@hadoop100 hadoop]$ hdfs –daemon stop secondarynamenode
```

（4）停止 YARN。

```
[hadoop @hadoop100 hadoop]$ yarn --daemon stop   resourcemanager
[hadoop @hadoop100 hadoop]$ yarn --daemon stop   nodemanager
```

各个模块整体启动/停止操作如下。

（1）整体启动 HDFS。

```
[hadoop@hadoop100 hadoop]$ start-dfs.sh
```

（2）整体停止 HDFS。

```
[hadoop@hadoop100 hadoop]$ stop-dfs.sh
```

（3）整体启动 YARN。

```
[hadoop@hadoop100 hadoop]$ start-yarn.sh
```

（4）整体停止 YARN。

```
[hadoop@hadoop100 hadoop]$ stop-yarn.sh
```

4．HDFS 资源

（1）查看 HDFS 目录。

```
[ac@hadoop100 hadoop]$ ./bin/hdfs dfs -ls
```

（2）查看 HDFS 报告（dfsadmin -report）。

```
[ac@hadoop100 hadoop]$ bin/hdfs dfsadmin -report
2021-01-26 15:56:01,131 INFO Configuration.deprecation: No unit for
dfs.client.datanode-restart.timeout(30) assuming SECONDS
#文件系统空间使用情况
Configured Capacity: 145261670400 (135.29 GB)
Present Capacity: 123496189952 (115.01 GB)
DFS Remaining: 123496153088 (115.01 GB)
DFS Used: 36864 (36 KB)
DFS Used%: 0.00%
#数据备份块
Replicated Blocks:
 Under replicated blocks: 0
 Blocks with corrupt replicas: 0
 Missing blocks: 0
 Missing blocks (with replication factor 1): 0
 Low redundancy blocks with highest priority to recover: 0
 Pending deletion blocks: 0
#纠删码冗余组
Erasure Coded Block Groups:
 Low redundancy block groups: 0
 Block groups with corrupt internal blocks: 0
 Missing block groups: 0
 Low redundancy blocks with highest priority to recover: 0
 Pending deletion blocks: 0

-------------------------------------------------
Live datanodes (3):
#主节点 HDFS 使用情况
Name: 192.168.1.100:9866 (hadoop100)
Hostname: hadoop100
Decommission Status : Normal
Configured Capacity: 48420556800 (45.10 GB)
DFS Used: 12288 (12 KB)
Non DFS Used: 7257169920 (6.76 GB)
DFS Remaining: 41163374592 (38.34 GB)
```

```
DFS Used%: 0.00%
DFS Remaining%: 85.01%
Configured Cache Capacity: 0 (0 B)
Cache Used: 0 (0 B)
Cache Remaining: 0 (0 B)
Cache Used%: 100.00%
Cache Remaining%: 0.00%
Xceivers: 1
Last contact: Tue Jan 26 15:55:59 CST 2021
Last Block Report: Tue Jan 26 15:53:54 CST 2021
Num of Blocks: 0

#从节点 HDFS 使用情况
Name: 192.168.1.101:9866 (hadoop101)
Hostname: hadoop101
Decommission Status : Normal
Configured Capacity: 48420556800 (45.10 GB)
DFS Used: 12288 (12 KB)
Non DFS Used: 7260401664 (6.76 GB)
DFS Remaining: 41160142848 (38.33 GB)
DFS Used%: 0.00%
DFS Remaining%: 85.01%
Configured Cache Capacity: 0 (0 B)
Cache Used: 0 (0 B)
Cache Remaining: 0 (0 B)
Cache Used%: 100.00%
Cache Remaining%: 0.00%
Xceivers: 1
Last contact: Tue Jan 26 15:56:01 CST 2021
Last Block Report: Tue Jan 26 15:53:55 CST 2021
Num of Blocks: 0

#从节点 HDFS 使用情况
Name: 192.168.1.102:9866 (hadoop102)
Hostname: hadoop102
Decommission Status : Normal
Configured Capacity: 48420556800 (45.10 GB)
DFS Used: 12288 (12 KB)
Non DFS Used: 7247908864 (6.75 GB)
DFS Remaining: 41172635648 (38.35 GB)
DFS Used%: 0.00%
DFS Remaining%: 85.03%
Configured Cache Capacity: 0 (0 B)
Cache Used: 0 (0 B)
Cache Remaining: 0 (0 B)
Cache Used%: 100.00%
```

```
Cache Remaining%: 0.00%
Xceivers: 1
Last contact: Tue Jan 26 15:56:01 CST 2021
Last Block Report: Tue Jan 26 15:53:55 CST 2021
```

（3）查看 HDFS 空间情况（hdfs dfs -df）。

```
[ac@hadoop100 hadoop]$ hdfs dfs -df
2021-01-26    16:02:55,566    INFO    Configuration.deprecation:    No    unit    for
dfs.client.datanode-restart.timeout(30) assuming SECONDS
#文件服务 大小  已使用 剩余能用 占比
Filesystem                  Size     Used     Available    Use%
hdfs://hadoop100:8020  145261670400  36864  123505934336    0%
```

5. HBase 资源

HBase 是一个高可靠、高性能、面向列、可伸缩的分布式存储系统，利用 HBase 技术可在廉价的 PC Server 上搭建大规模结构化存储集群。在 HDFS 中，HBase 上的数据是以 HFile 二进制的形式存储在 Block 中的，对于 HDFS 来说，HBase 是完全透明的。

HBase 的响应速度快是因为其特殊的存储模型和访问机制，HBase 中有两张表：Meta 表和 Root 表。Meta 表记录了用户的 Region 信息，因此，Root 只有一个 Region。客户端可以快速定位到要查找的数据所在的 RegionServer。当要对 HBase 进行增删改查等数据操作时，HBase 的客户端首先访问分布式协调服务器 ZooKeeper，通过 Meta 表就可以找到数据所在的位置，并将数据操作命令发送给 RegionServer，该 RegionServer 接收并执行命令从而完成本次数据操作。

可以使用 jps 命令查询是否有一个正在运行的名为 HMaster 的进程。在独立模式下，HBase 运行状态相关的守护进程有 HMaster、MRegionServer 和 ZooKeeper 守护进程；亦可通过地址 http://master:16010 来查看 HBase 的状态。

（1）HBase 命令启动及停止。

```
[ac@hadoop100 hadoop]$ cd /opt/module/hbase
[ac@hadoop100 hadoop]$ start-hbase.sh
[ac@hadoop100 hadoop]$ stop-hbase.sh
```

（2）执行 HBase 进入命令行。

```
[ac@hadoop100 hadoop]$ hbase shell
```

（3）查询 HBase 状态。

可以选择 summary、simple、detailed 3 种显示模式，分别是显示概要、显示简单信息、显示详细信息。

```
hbase(main):003:0> status
```

```
hbase(main):003:0> status 'summary'
hbase(main):003:0> status 'simple'
hbase(main):003:0> status 'detailed'
```

（4）其他命令概览如表 5-9 所示。

表 5-9　HBase 相关命令

命　令　组	命　　令	描　　述
general	status	查看当前 HBase 集群的信息，status ‘deatiled’为查看详细信息
	table_help	表操作的帮助文档
	version	显示 HBase 的版本信息
	whoami	当前客户端用户信息
ddl	list	列出当前 HBase 里所有的表
	create	创建表
	disable	禁用表，删除表前要先禁用表
	enable	启用表
	drop	删除表
	describe	查看表的详细信息
	alter	修改表结构，给表添加列族
	exists	exists ‘test’ 判断表是否存在
namespace	create_namespace	创建一个新的命名空间
	list_namespace	查看有哪些命名空间
	describe_namespace	描述命名空间
	alter_namespace	修改命名空间
	drop_namespace	删除命名空间
dml	put	添加数据
	get	获取数据，get ‘test’,’rowkey001’
	scan	扫描数据，scan ‘test’
	delete	删除数据
	deleteall	删除一个 rowkey 对应的所有的数据
	count	计数，Rowkey 个数
	truncate	截断数据
tools	balance_switch	负载开关
	flush	刷写数据，把数据从 memstore 刷写到 stroefile 里
	major_compact	合并

6. Hive 资源

Hive 是建立在 Hadoop 上的数据仓库基础构架。它提供了一系列的工具，可以用来进行数据提取、转换、加载（ETL），这是一种可以存储、查询和分析存储在 Hadoop 中的大规模数据的机制。Hive 定义了简单的类 SQL 查询语言，称为 HQL；它允许熟悉 SQL 的用户查询数据。同时，这个语言也允许熟悉 MapReduce 的开发者开发自定义的 mapper 和 reducer 来处理内建的 mapper 和 reducer 无法完成的复杂的分析工作。

Hive 的核心是 Driver，Driver 的核心是 SemanticAnalyzer。Hive 实际上是一个 SQL 到 Hadoop 作业的编译器。Hadoop 上最流行的作业就是 MapReduce，当然还有其他，例如，Tez 和 Spark。Hive 目前支持 MapReduce、Tez、Spark 3 种作业，只是在执行优化上有区别。Hive 有了 Driver 之后，还需要借助 MetaStore。MetaStore 中记录了 Hive 中所建的库、表、分区、分桶等信息，描述信息都在 MetaStore 中。

Hive 对 MapReduce 任务进行封装，面对的不再是一个个的 MR 任务，而是一条条的 SQL 语句。Hive 对 session 的状态监控体现在对每个任务和作业的状态监控上。

1）Hive 命令启动

```
进入 Hive 安装目录，输入 hive 命令
[ac@hadoop100 hive]$ cd /opt/module/hive
[ac@hadoop100 hive]$ hive
   Hive 帮助命令
[ac@hadoop100 hive]$ bin/hive -help
usage: hive
 -d,--define <key=value>          Variable subsitution to apply to hive
                                    commands. e.g. -d A=B or --define A=B
    --database <databasename>      Specify the database to use
 -e <quoted-query-string>         SQL from command line
 -f <filename>                     SQL from files
 -H,--help                         Print help information
    --hiveconf <property=value>   Use value for given property
    --hivevar <key=value>          Variable subsitution to apply to hive
                                    commands. e.g. --hivevar A=B
 -i <filename>                     Initialization SQL file
 -S,--silent                      Silent mode in interactive shell
 -v,--verbose                      Verbose mode (echo executed SQL to the console)
```

Hive 帮助选项相关参数描述。

-d：定义一个变量值，这个变量可以在 Hive 交互 Shell 中引用，后面会介绍用法。例如，-d A=B。

-database：进入 Hive 交互 Shell 时指定数据库，默认进入 default 数据库。

-e：命令行执行一段 SQL 语句。

-f：filename 文件中保存 HQL 语句，执行其中的语句。

-H：显示帮助信息。

-h：连接远程 Hive Server，后续介绍。

-hiveconf：在命令行中设置 Hive 的运行时配置参数，优先级高于 hive-site.xml，但低于 Hive 交互 Shell 中使用 Set 命令设置。

-hivevar：同-define。

-i：进入 Hive 交互 Shell 时先执行 filename 中的 HQL 语句。

-p：连接远程 Hive Server 的端口号。

-S、-slient：静默模式，指定后不显示执行进度信息，最后只显示结果。

-v、-verbose：冗余模式，额外打印出执行的 HQL 语句。

2）Hive 操作基本命令

（1）进入 Hive shell 状态。

```
[ac@hadoop100 hive]$ hive
```

（2）显示数据库。

```
hive> show databases;
```

（3）切换当前数据库。

```
hive (default)> use db_hive;
```

（4）删除空数据库。

```
hive>drop database db_hive;
```

（5）创建部门表。部门表包括部门编号、部门名称。

```
create table if not exists dept(
deptno int,
dname string,
loc int
)
row format delimited fields terminated by '\t';
```

（6）创建员工表。员工表包括员工编号、员工名字、所属职业、入职日期等。

```
create table if not exists emp(
empno int,
ename string,
job string,
mgr int,
hiredate string,
sal double,
comm double,
deptno int)
row format delimited fields terminated by '\t';
```

（7）全表查询。

```
hive (default)> select * from emp;
```

（8）选择特定列查询。

```
hive (default)> select empno, ename from emp;
```

（9）将查询的结果导出到本地。

```
hive (default)> insert overwrite local directory '/opt/module/datas/export/student'
               select * from student;
```

5.5.2 日志和告警监控

大数据平台设计的硬件、系统和 Hadoop 相关的组件，以及设备运行相关的信息，都需要通过日志和告警信息来获知。维护人员根据日志和告警内容来统一进行决策和处理相关的工作事务，从而确保平台的稳定运行。本章将系统性地描述 Hadoop 与平台相关日志的获取方式与分析方法。

1. 主机日志查看

Linux 系统拥有非常灵活和强大的日志功能，可以保存几乎所有的操作记录，并可以从中检索出用户需要的信息。

大部分 Linux 发行版默认的日志守护进程为 syslog，位于/etc/syslog 或/etc/syslogd 或/etc/rsyslog.d 下，默认配置文件为/etc/syslog.conf 或 rsyslog.conf，任何希望生成日志的程序都可以向 syslog 发送信息。Linux 系统内核和许多程序会产生各种错误信息、警告信息和其他的提示信息，这些信息对管理员了解系统的运行状态是非常有用的，所以应该把它们写到日志文件中去。

完成这个过程的程序就是 syslog。syslog 可以根据日志的类别和优先级将日志保存到不同的文件中。

例如，为了方便查阅，可以把内核信息与其他信息分开，单独保存到一个独立的日志文件中。默认配置下，日志文件通常都保存在/var/log 目录下。

2. 日志类型

下面是常见的日志类型，但并不是所有的 Linux 发行版都包含这些类型，如表 5-10 所示。

表 5-10 主机日志类型

类　型	说　明
auth	用户认证时产生的日志，例如，login 命令、su 命令
authpriv	与 auth 类似，但是只能被特定用户查看
console	针对系统控制台的消息

续表

类　型	说　明
cron	系统定期执行计划任务时产生的日志
daemon	某些守护进程产生的日志
ftp	FTP 服务
kern	系统内核消息
local0.local7	由自定义程序使用
lpr	与打印机活动有关
mail	邮件日志
news	网络新闻传输协议（nntp）产生的消息
ntp	网络时间协议（ntp）产生的消息
user	用户进程
uucp	UUCP 子系统

1）日志优先级

常见的主机日志优先级如表 5-11 所示。

表 5-11　主机日志优先级

优　先　级	说　明
emerg	紧急情况，系统不可用（例如，系统崩溃），一般会通知所有用户
alert	需要立即修复，例如，系统数据库损坏
crit	危险情况，例如，硬盘错误，可能会阻碍程序的部分功能
err	一般错误消息
warning	警告
notice	不是错误，但是可能需要处理
info	通用性消息，一般用来提供有用信息
debug	调试程序产生的信息
none	没有优先级，不记录任何日志消息

2）命令行查看日志

使用用户身份登录系统，切换/var/log 目录，查看日志相关文件。

```
[ac@hadoop100 log]$ cd /var/log/
[ac@hadoop100 log]$ ll
总用量 4532
drwxr-xr-x. 2 root     root          204 1 月   18 23:07 anaconda
drwx------. 2 root     root           23 1 月   18 23:08 audit
-rw-------. 1 root     root        29608 1 月   27 15:39 boot.log
-rw-------. 1 root     root       151505 1 月   26 15:35 boot.log-20210126
-rw-------. 1 root     utmp         4992 1 月   26 16:06 btmp
drwxr-xr-x. 2 chrony chrony            6 4 月   13 2018 chrony
-rw-------. 1 root     root        10931 1 月   27 15:40 cron
drwxr-xr-x. 2 lp       sys            57 1 月   18 23:09 cups
```

```
-rw-r--r--. 1 root     root       125371 1 月   27 15:39 dmesg
-rw-r--r--. 1 root     root       125475 1 月   27 13:45 dmesg.old
-rw-r--r--. 1 root     root            0 1 月   18 23:08 firewalld
drwx--x--x. 2 root     gdm           202 1 月   27 15:39 gdm
drwxr-xr-x. 2 root     root            6 4 月   13 2018 glusterfs
-rw-r--r--. 1 root     root          193 1 月   18 23:01 grubby_prune_debug
-rw-r--r--. 1 root     root       292292 1 月   27 15:40 lastlog
drwx------. 3 root     root           18 1 月   18 23:02 libvirt
-rw-------. 1 root     root         2376 1 月   27 15:39 maillog
-rw-------. 1 root     root      3430098 1 月   27 15:40 messages
drwxr-xr-x. 2 ntp      ntp             6 6 月   23 2020 ntpstats
drwxr-xr-x. 3 root     root           18 1 月   18 23:02 pluto
drwx------. 2 root     root            6 6 月   10 2014 ppp
drwxr-xr-x. 2 root     root            6 8 月    4 2017 qemu-ga
drwxr-xr-x. 2 root     root            6 1 月   18 23:07 rhsm
drwxr-xr-x. 2 root     root           79 1 月   27 13:45 sa
drwx------. 3 root     root           17 1 月   18 23:01 samba
-rw-------. 1 root     root        70338 1 月   27 15:40 secure
drwx------. 2 root     root            6 6 月   10 2014 speech-dispatcher
-rw-------. 1 root     root            0 1 月   18 23:03 spooler
drwxr-x---. 2 sssd     sssd            6 4 月   13 2018 sssd
-rw-------. 1 root     root            0 1 月   18 23:01 tallylog
drwxr-xr-x. 2 root     root           23 1 月   18 23:09 tuned
-rw-r--r--. 1 root     root        18505 1 月   27 15:39 vmware-vgauthsvc.log.0
-rw-r--r--. 1 root     root        45612 1 月   27 15:39 vmware-vmsvc.log
-rw-r--r--. 1 root     root        19019 1 月   26 16:07 vmware-vmusr.log
-rw-r--r--. 1 root     root          480 1 月   27 15:39 wpa_supplicant.log
-rw-rw-r--. 1 root     utmp        42624 1 月   27 15:40 wtmp
-rw-r--r--. 1 root     root        44211 1 月   27 15:39 Xorg.0.log
-rw-r--r--. 1 root     root        46481 1 月   27 14:09 Xorg.0.log.old
-rw-r--r--. 1 root     root        21419 1 月   18 23:09 Xorg.9.log
-rw-------. 1 root     root         2340 1 月   19 00:14 yum.log
```

查看内核及公共消息日志（tail -200f　/var/log/message）。

按照日志级别过滤对应的日志信息，只查看 ERROR 的日志（tail -200f/var/log/message |' ERROR'）。

切换 root 用户并用 tail 命令查看文件详细内容。

```
[root@hadoop100 log]# su ac
[ac@hadoop100 log]$ su root

[root@hadoop100 log]# tail -200f /var/log/messages
Jan 27 15:39:11 hadoop100 dbus[751]: [system] Activating via systemd: service
name='org.freedesktop.GeoClue2' unit='geoclue.service'
Jan 27 15:39:11 hadoop100 systemd: Starting Location Lookup Service...
Jan 27 15:39:11 hadoop100 dbus[751]: [system] Activating via systemd: service
```

```
name='fi.w1.wpa_supplicant1' unit='wpa_supplicant.service'
Jan 27 15:39:11 hadoop100 systemd: Starting WPA Supplicant daemon...
Jan 27 15:39:11 hadoop100 dbus[751]: [system] Successfully activated service 'fi.w1.wpa_supplicant1'
Jan 27 15:39:11 hadoop100 systemd: Started WPA Supplicant daemon.
Jan 27 15:39:11 hadoop100 dbus[751]: [system] Activating via systemd: service name='org.freedesktop.PackageKit' unit='packagekit.service'
Jan 27 15:39:11 hadoop100 dbus[751]: [system] Successfully activated service 'org.freedesktop.GeoClue2'
Jan 27 15:39:11 hadoop100 systemd: Starting PackageKit Daemon...
Jan 27 15:39:11 hadoop100 systemd: Started Location Lookup Service.
Jan 27 15:39:11 hadoop100 spice-vdagent[1650]: Cannot access vdagent virtio channel /dev/virtio-ports/com.redhat.spice.0
Jan 27 15:39:11 hadoop100 dbus[751]: [system] Successfully activated service 'org.freedesktop.PackageKit'
Jan 27 15:39:11 hadoop100 systemd: Started PackageKit Daemon.
```

3）查看计划任务日志（tail -200f/var/log/cron）

cron 文件记录 crontab 计划任务的建设，执行信息。

```
[root@hadoop100 log]# tail -200f cron
Jan 18 23:09:01 hadoop100 crond[1238]: (CRON) INFO (RANDOM_DELAY will be scaled with factor 8% if used.)
Jan 18 23:09:01 hadoop100 crond[1238]: (CRON) INFO (running with inotify support)
Jan 18 23:10:01 hadoop100 CROND[2259]: (root) CMD (/usr/lib64/sa/sa1 1 1)
Jan 18 23:14:50 hadoop100 crond[1238]: (CRON) INFO (Shutting down)
Jan 18 23:15:20 hadoop100 crond[1194]: (CRON) INFO (RANDOM_DELAY will be scaled with factor 85% if used.)
Jan 18 23:15:20 hadoop100 crond[1194]: (CRON) INFO (running with inotify support)
Jan 18 23:20:01 hadoop100 CROND[2972]: (root) CMD (/usr/lib64/sa/sa1 1 1)
Jan 18 23:30:01 hadoop100 CROND[5072]: (root) CMD (/usr/lib64/sa/sa1 1 1)
Jan 19 00:01:26 hadoop100 crond[1174]: (CRON) INFO (RANDOM_DELAY will be scaled with factor 48% if used.)
Jan 19 00:01:26 hadoop100 crond[1174]: (CRON) INFO (running with inotify support)
Jan 19 00:12:19 hadoop100 crond[1197]: (CRON) INFO (RANDOM_DELAY will be scaled with factor 51% if used.)
Jan 19 00:12:20 hadoop100 crond[1197]: (CRON) INFO (running with inotify support)
```

4）查看用户登录日志

Linux 用户登录信息存放在 3 个文件中。

（1）/var/run/utmp：记录当前正在登录系统的用户信息，默认由 who 和 w 记录当前登录用户的信息，uptime 记录系统启动时间。

（2）/var/log/wtmp：记录当前正在登录和历史登录系统的用户信息，默认由 last 命令查看。

（3）/var/log/btmp：记录失败的登录尝试信息，默认由 lastb 命令查看。

5）日常查看用户登录信息

lastlog 列出所有用户最近登录的信息。

```
[root@hadoop100 ~]# lastlog
用户名              端口     来自              最后登陆时间
root              pts/0    192.168.1.1       三 1月 27 16:03:29 +0800 2021
bin                                          **从未登录过**
daemon                                       **从未登录过**
adm                                          **从未登录过**
lp                                           **从未登录过**
sync                                         **从未登录过**
shutdown                                     **从未登录过**
halt                                         **从未登录过**
mail                                         **从未登录过**
operator                                     **从未登录过**
games                                        **从未登录过**
ftp                                          **从未登录过**
nobody                                       **从未登录过**
systemd-network                              **从未登录过**
dbus                                         **从未登录过**
polkitd                                      **从未登录过**
sssd                                         **从未登录过**
libstoragemgmt                               **从未登录过**
rpc                                          **从未登录过**
colord                                       **从未登录过**
gluster                                      **从未登录过**
saslauth                                     **从未登录过**
abrt                                         **从未登录过**
setroubleshoot                               **从未登录过**
rtkit                                        **从未登录过**
pulse                                        **从未登录过**
chrony                                       **从未登录过**
rpcuser                                      **从未登录过**
nfsnobody                                    **从未登录过**
unbound                                      **从未登录过**
tss                                          **从未登录过**
usbmuxd                                      **从未登录过**
geoclue                                      **从未登录过**
radvd                                        **从未登录过**
qemu                                         **从未登录过**
ntp                                          **从未登录过**
gdm               :0                         三 1月 27 15:39:08 +0800 2021
gnome-initial-setup :0                       一 1月 18 23:09:26 +0800 2021
sshd                                         **从未登录过**
avahi                                        **从未登录过**
postfix                                      **从未登录过**
tcpdump                                      **从未登录过**
```

```
ac                  pts/0                    三 1月 27 15:45:06 +0800 2021
```

last 列出当前和曾经登入系统的用户信息。

```
[root@hadoop100 ~]# lastlog
Last -f /var/run/utmp  命令查看 utmp 文件
[root@hadoop100 ~]# last -f /var/run/utmp
```

Lastb 列出失败尝试的登录信息。

```
[root@hadoop100 ~]# lastb
```

通过/var/log/secure 可查看 SSH 登录行为。

```
[root@hadoop100 ~]# tail -200f /var/log/secure
```

3. Hadoop 日志和告警信息查看

使用 hadoop 用户进入 hadoop 目录下的 logs 文件夹，查看对应的日志列表。

```
[ac@hadoop100 logs]$ cd /opt/module/hadoop/logs/
[ac@hadoop100 logs]$ ll
total716
-rw-rw-r--. 1 ac ac 215570 1月  27 14:09 hadoop-ac-nodemanager-hadoop100.log
-rw-rw-r--. 1 ac ac     2262 1月  27 13:49 hadoop-ac-nodemanager-hadoop100.out
-rw-rw-r--. 1 ac ac     2263 1月  26 15:54 hadoop-ac-nodemanager-hadoop100.out.1
-rw-rw-r--. 1 ac ac     2270 1月  20 11:13 hadoop-ac-nodemanager-hadoop100.out.2
-rw-rw-r--. 1 ac ac     2270 1月  20 10:12 hadoop-ac-nodemanager-hadoop100.out.3
-rw-rw-r--. 1 ac ac     2270 1月  20 10:05 hadoop-ac-nodemanager-hadoop100.out.4
-rw-rw-r--. 1 ac ac         0 1月  20 09:32 SecurityAuth-ac.audit
-rw-r--r--. 1 ac ac         0 1月  20 00:23 SecurityAuth-root.audit
drwxr-xr-x. 2 ac ac         6 1月  27 14:09 userlogs
```

5.6 日常巡检

在运维工作中需要运维人员高度关注系统的软硬件健康状态，越早获知系统健康状态的变化，越早进行处置，越能够有效保障运行的安全。通常是通过自动化的监控实现获知系统软硬件状态信息，但是监控的覆盖面毕竟是有限的，一方面受制于自动化监控的建设程度，不能完全覆盖监控项；另一方面过于程式化的自动化监控方式，缺乏机动变通能力。这时需要引入巡检的机制，需要人工对系统的软硬件状态进行检查。

5.6.1 检查内容分类

检查内容主要有两类：一类主要与环境和设备检查相关，另一类主要与应用系统相关。

1．环境和设备检查

环境和设备检查主要涉及对机房环境和机房内运行设备的检查。由于运维人员无法实时地处于机房中获取机房内环境的实际情况，所以通常以巡检的形式安排人员对机房内的温度、湿度、清洁情况和设备警告提示灯状态等信息进行实地检查。

2．应用系统检查

应用系统的检查主要是对应用系统服务运行状态的检查。这类检查通常通过验证应用系统是否可以登录、检查批处理任务的完成情况、检查特定关键字的输出、确认接口交互的状态等方式进行。应用也可以通过提供对应的健康检查服务，协助运维完成对应服务的自检。

5.6.2　巡检方法分类

从检查的方法来看，日常巡检工作可以分成巡检、点检、厂商巡检等方式。

1．巡检

巡检需要定期以巡视方式完成，一般应用于环境设备的检查，执行上主要是安排巡检人员在时间段内以特定的频次进行巡视，重点关注核心生产设备硬件上的特定告警提示和环境的异常情况。虽然在现有技术体系下，可以通过动力环境系统与自动化监控系统，分别实时监控机房环境和硬件告警情况。但是硬件探针不可能做到无死角的部署，而采集数据也存在失真的情况，所以适度的巡检还是必要的。巡检的内容主要包括以下几方面。

（1）巡检机房内的整洁情况，避免纸箱等杂物堆放。

（2）巡检机房温度、空调状态等环境参数。

（3）巡检机房内的存储、服务器等硬件设备，检查设备状态指示灯等。

（4）巡检机房特定的电子设备，查看面板液晶屏状态。

2．点检

点检是在特定时间内完成特定的检查项目，这类针对性很强、时效性很强的检查主要用于应用系统。例如，在系统业务开始前，检查系统的服务端口是否正常。其实这是一种较为简单且有效的检查手段。点检内容主要包括下列类型。

（1）在业务使用流量来临前登录业务系统界面，检查登录是否成功，检查基本参数设置是否正确。

（2）定期打开门户网站，检查响应速度是否正常，检查行情信息是否正常更新。

（3）定期登录邮件系统，检查是否有需要处理的邮件。

（4）登录监控系统，查看监控系统界面展现的告警信息。

（5）在指定时间检查核心交易服务器的对时情况。

（6）检查批处理作业的运行情况。

3. 厂商巡检

日常的点检、巡检工作能够发现大多的常见问题，但是实际运行场景中存在更为复杂的问题。例如，性能的逐步下降、运行中出现的某些轻微的提示、容量的逐步吃紧等。这类中间件和底层硬件问题如果长期不予关注，也许会引起一连串的严重故障。针对中间件、硬件的这类问题，引入有更加丰富处理经验的厂商人员进行厂商巡检，就一段时间的运行情况进行分析会更加有效。这类巡检主要包括下列内容。

（1）厂商对数据库产品的运行情况进行巡检，例如，Oracle、DB2。

（2）厂商对 Web 中间件产品的运行情况进行巡检，例如，WebLogic、MQ 等。

（3）厂商对硬件设备的运行情况进行巡检，例如，存储、磁带库、服务器、交换机、防火墙等。

5.6.3 巡检流程

1. 巡检规划

提前对巡检进行规划准备，然后按既定计划逐步执行。在巡检的规划过程中，需要包含以下几个方面。

（1）巡检的时间及频率：明确巡检的时间计划，避免遗漏。

（2）巡检的人员安排：由于巡检是计划内的工作，人员安排务必有保障。

（3）巡检内容：巡检内容通常是明确的。尤其对于非厂商巡检，通常会明确到具体巡检过程中的操作命令，这能有效控制操作风险；即使厂商巡检，也有对巡检内容的规划，明确巡检的范围。

2. 巡检实施

巡检实施是按计划开展进行的，所以在实施过程中要对操作风险进行严格控制，制订详尽的操作规范，一方面确保巡检的按步执行，另一方面也要避免巡检所引起的其他风险。

（1）建立操作复核机制：巡检操作需要有复核，避免误操作的发生。

（2）限制部分有风险的巡检的操作：避免在巡检过程中采用某些可能导致系统软硬件异常的命令，经常会通过限制巡检用户的权限进行管控。

（3）引入操作审计机制：通过录屏工具、堡垒机、监控录像等方式记录巡检操作过程，确保操作可审计。

（4）准确记录巡检情况，便于后续的处理工作。

3. 巡检记录处理

巡检过程中发现的问题，需要进行及时的分析处理。首先是协调关联人员处理所发现的问题，然后是通过运维流程实例化整个处理过程与过程反馈，在必要时也可以转入问题处理流程进一步处置。

5.7 系统管理制度规范

5.7.1 系统管理标准

当前，在 IT 服务领域内，ISO 20000 标准应用最为广泛，国家间认可度高。ISO 20000 标准始于 1995 年，几经修改，现已成为被广泛接受的 IT 服务标准。ISO 20000 标准已经构建起全方位的 IT 服务管理体系模型，实现从服务建立、实施、运作、监测、评估、维护到持续改进的一系列流程管理。通过以一种标准化的模式来管理各种 IT 服务，为企事业单位降低 IT 运营成本、管控 IT 风险、提升 IT 服务质量，以满足客户和业务对 IT 服务的需求。

IT 系统管理主要包括 4 个方面。

（1）职责管理，管理对象主要包括职责、文件要求与能力、意识和培训三大主要模式。

（2）IT 服务管理的计划与实施，主要包括依照质量管理的 P-D-C-A 循环，其中 P 代表 plan，D 代表 do，C 代表 check，A 代表 action，这 4 个关键模块构成了“计划—执行—检查—纠正”的循环链，保证 IT 服务管理的持续改进。

（3）变更或新增 IT 服务目录的计划与实施。

（4）服务管理流程，为 IT 服务提供四大过程管理，分别是关系过程、解决过程、控制过程和发布过程。

大数据系统管理主要关注的是质量管理，从系统的规划、实施、监控、验收等阶段进行质量管控，保证系统服务的质量。同时，在这一过程中，保持与系统最终用户的持续沟通，确保业务需求得到满足。

5.7.2 系统管理制度

系统管理制度需要根据大数据系统的具体情况，基于 ISO 20000 标准进行细则的制订。一般来说，包括业务、系统、安全、内控 4 个方面，涉及规划、实施、运营、评价 4 个阶段，具体如表 5-12 所示。

表 5-12 系统管理制度

	规 划	实 施	运 营	评 价
业务	制订 IT 服务战略； 管理系统投资成本/预算； 符合内外部标准政策	需求管理； 优先级排序	服务水平管理； 能力管理； 业务连续性管理	系统投资回报率； 系统运维绩效
系统	确定系统体系结构； 确定技术方向； 管理项目组合	IT 项目内部治理； IT 项目外部治理	事件、问题管理； 发布、变更管理； 配置库管理； 运营监控管理	系统实施评级； 设定改进目标； 制订改进措施

续表

	规　划	实　施	运　营	评　价
安全	确定企业系统安全策略；制订企业系统安全标准；制订系统安全管理范围	定义系统安全控制目标；系统安全风险评估；制订安全风险措施	系统安全运营维护；系统安全风险控制	系统安全风险评价；安全改进措施评价
内控	系统内部控制规划；系统审计规划	系统实施控制；系统实施审计	内部控制和持续改进	服务水平评估与监控；评估内控措施有效性

5.7.3 系统管理规范

ITIL 为高品质 IT 服务的交付和支持提供了一套客观、严谨、可量化的综合流程规范，是服务管理的最佳实践指南及最佳规范。

在 20 世纪 80 年代末期，英国国家计算机和电信总局首次研发出 ITIL，堪称创举。随着技术的不断迭代更新，历经 3 代之后，ITIL 已经走过近 40 个年头。现如今，ITIL 已经逐渐在英国各行各业乃至全球范围内得到广泛的应用。经历 3 个版本的迭代后，目前 ITIL 已经是 V3 的版本，新的 V3 版本 ITIL 除了保存上一版的 IT 服务能力模块外，还引入了 IT 服务生命周期的概念，其中创新性地界定了五大进程，即 IT 服务生命周期的战略、设计、转化、运营及持续改进。ITIL V3 侧重于持续评估并改进 IT 服务交付，通过服务支持和服务提供这两大核心服务流程模块完成 IT 部分与其他部分的衔接，确保 IT 服务管理更好地支持企业业务正常运行。大数据系统管理中应用 ITIL 规范能帮助企事业单位及时应对财务、销售、市场等业务的改变，协调各个业务部门、降低成本、缩短周期时间、提高服务质量、提高客户满意度。

习　题

1. 从故障的原因出发，故障可以分为哪些种类？
2. 当发生故障时，需要记录哪些相关信息？
3. 列举几个具有代表性的大数据系统软件。
4. 简述主流的监控管理工具，并探讨如何更好地利用这些工具。
5. 为什么要做好备份管理？
6. 如果做好了安全防护措施，大数据系统是否还需要备份管理？
7. 集群环境的 Hadooop 需要部署至少几台机器？每台机器的资源分别如何分配？

参考文献

[1] 刘鹏．大数据[M]．3 版．北京：电子工业出版社，2017．

[2] 刘鹏，张燕．大数据实践[M]．北京：清华大学出版社，2018．

[3] 刘鹏，张燕．大数据系统运维[M]．北京：清华大学出版社，2018．

[4] 赵川，赵明，路学刚．基于大数据的电力运维故障诊断及自动告警系统设计[J]．自动化与仪器仪表，2019．

[5] 百度百科: https://baike.baidu.com/item/海恩法则．

[6] 百度百科: https://baike.baidu.com/item/ISO20000．

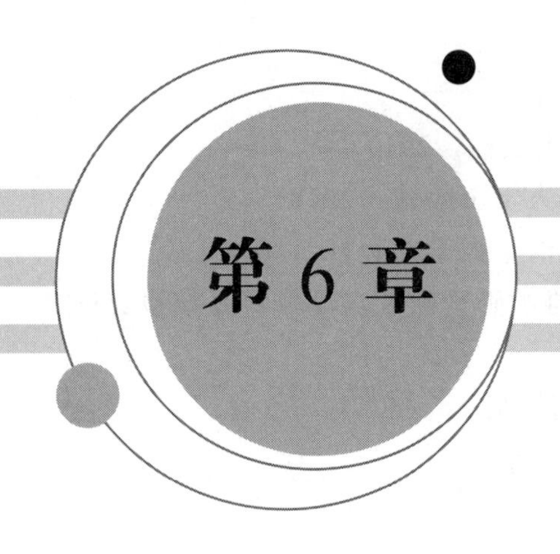

高级系统运维

数据是企业或者组织的核心资产，一些新崛起的互联网科技公司，例如，抖音、阿里巴巴、美团拥有大量的用户数据，对这些数据的分析与挖掘的价值甚至已经超过了各自公司的主营业务价值。在享受大数据分析便利和效果的同时，如何注意对安全的管控，如何保护核心资产的保密性、完整性、可用性也逐渐成为越来越重要的工作事项。同时越来越多的企业运维人员开始把系统服务的稳定性放在运维工作的首要位置，而大数据系统在这些系统中所表现的稳定需求也尤为突出。如何保持一个系统可以连续性地对外提供服务，减少系统的故障情况，从而增加实际使用过程中的用户体验度、运维的高可用（high availability），已经成为系统从设计到实施乃至后期维护中都要着重考虑的内容。

本章将从系统运维的视角出发，展开描述高级系统运维中的安全管理、系统优化，以及系统的高可用架构等相关概念，并从实践的角度扩充介绍相关的技术实践方案和优化方案。

6.1 安全管理

安全管理的主要目标是保障系统的安全和稳定运行，以及资产的保密性、完整性和可用性。

（1）保密性是指对数据的访问控制，只有被授权的用户才能允许使用。

（2）完整性指的是保证数据没有在未经授权的方式下改变。

（3）可用性是指在系统服务时间内，确保服务的连续可用。

在 ISO 中，信息安全的定义是在技术上和管理上为数据处理系统建立的安全保护，保护计算机硬件、软件和数据不因偶然和恶意的原因而遭到破坏、更改和泄漏。

从互联网诞生以来，有关信息安全的问题一直呈现上升态势，而随着近年来相关软件和硬件技术的进一步发展、相关安全管理制度和技术的逐渐完善，代码扫描和漏洞检测工具的日趋成熟，系统安全已经逐步步入一个新的高度；然而安全的风险和威胁并没有随着体系的日益成熟而消除，创建和维护一个相对安全的系统，仍然是每一个行业从业者不得不考虑的问题。如图 6-1 所示为目前各漏洞类型的占比情况。

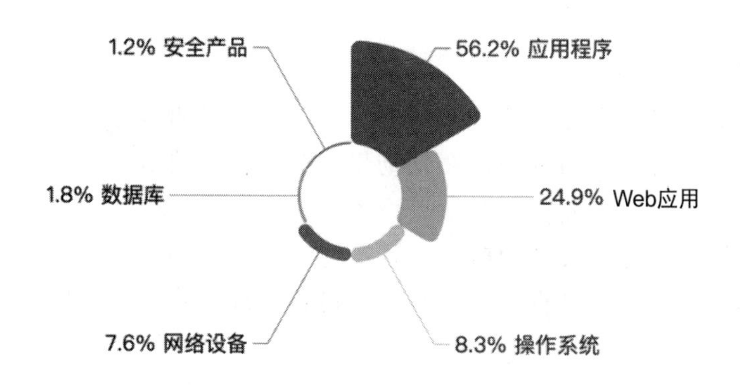

图 6-1 信息安全漏洞占比

6.1.1 资产安全

1. 环境设施安全

环境的区分可以分为服务器机房环境和日常终端办公环境，然而无论是其中何种环境，都需要遵循以下的规则去进行权限细化。细化的过程首先是对环境最小颗粒度的拆分，按照功能把每个环境拆分成多个很小的功能区域，每个区域设置对应的门禁措施，并为具备相关权限的开发者或管理人员配置进出权限。

当前应用比较广泛的门禁系统主要分为卡片式、密码式、生物特征式和混合式。卡片式的门禁系统，进入人员需要持卡刷卡进出权限环境；密码式门禁系统，人员凭借提前配置好的密码进出权限环境；生物特征式的门禁系统，就如字面意思，人员可以通过生物相关的唯一性特征进出权限环境，这类生物相关特征目前比较多的有指纹、虹膜、面部识别等；混合式的门禁系统可能会采取以上所列举的一种或多种认证方式进行组合认证进入场所。对于非组织内部的相关人员，则要求制度规范拥有一套对应的登记机制流程，确保外来人员可以在组织监控下进出相关关键场所。

为了保护重要的电子设备和数据资源，机房防火系统一般都会安装延误探测器，在起火产生明火前发现火警，并且在火势进一步扩大前进行电源截断，使用灭火设备手动灭火。一般在数据中心或者机房场景中，电子元器件会在遇水后发生故障，因此会采用气体灭火系统。该系统可以将具有灭火能力的气态化合物通过自动或者手动的方式释放到火灾发生区域。其主要使用的气态化合物有二氧化碳、七氟丙烷、三氟甲烷、烟烙烬等。另外需要注意的是，数据中心还应该安装适当的防火墙，这样可以使火源控制在局部范围内而不会进一步扩大，从而把火灾的损失降到最低。除了防火系统外，防水、防雷、防鼠患等措施也需要被考虑到环境防护因素中。

视频监控也是一个常用的安全管控手段，在关键的通道、入口处安装相应监控设备，通过实时监控的方式获取对应环境的实际情况，并根据存储容量，及时归档监控视频的内容，方便后期随时查询。监控的内容除了图像内容之外，还应包括环境的温度、湿度、电力工作情况等。

2. 设备安全

常见的设备管理措施首先是对所有设备的统计登记和编号；然后是在设备发生变化时及时去进行设备信息的维护，变化场景主要有设备的购入、报修、报废、迁移、升级调整等；另外每年需要重新对所有设备信息进行定期的审计复核，确保数据的准确。目前，已经有二维码或者 RFID 内置的标签，可以粘贴在各种设备的物理表面，也有自动化的物理机架可以直接配合对应的设备管理系统对物理硬件设备进行信息化管理。

6.1.2 应用安全

1. 技术安全

1）安全漏洞

随着软件技术的发展，对系统、网络、物理方面应用层的入侵手段逐步增多，而入侵的门槛也同步变低，同时应用由于自身需求的不断变化而快速迭代，来自应用层的攻击问题凸显出来。OWASP（开放式 Web 应用程序安全项目）根据攻击向量、技术影响、漏洞可检测性、漏洞普遍性几个维度的评估，列出了十大 Web 应用漏洞，如表 6-1 所示。

表 6-1　OWASP 十大 Web 安全漏洞

漏　洞	概　述
注入	注入攻击漏洞，例如，SQL、OS 以及 LDAP（轻型目录访问协议）注入。这些攻击发生在当不可信的数据作为命令或者查询语句的一部分，被发送给解释器时。攻击者发送的恶意数据可以欺骗解释器，以执行计划外的命令或者在未被恰当授权时访问数据
失效的身份认证和会话管理	与身份认证和会话管理相关的应用程序功能往往得不到正确的实现，这就导致了攻击者破坏密码、密钥、会话令牌，或攻击其他的漏洞去冒充其他用户的身份（暂时或永久的）
跨站脚本（XSS）	当应用程序收到含有不可信的数据，在没有进行适当的验证和转义的情况下，就将它发送给一个网页浏览器，或者使用可以创建 JavaScript 脚本的浏览器 API，利用用户提供的数据更新现有网页，这就会产生跨站脚本攻击。XSS 允许攻击者在受害者的浏览器上执行脚本，从而劫持用户会话、危害网站或者将用户重定向到恶意网站

续表

漏　洞	概　述
失效的访问控制	对于通过认证的用户所能够执行的操作，缺乏有效的限制。攻击者会利用这些缺陷来访问未经授权的功能和/或数据，例如，访问其他用户的账户、查看敏感文件、修改其他用户的数据、更改访问权限等
安全配置错误	由于许多设置的默认值并不是安全的，因此，必须定义、实施和维护这些设置。此外，所有的软件应该保持及时更新
敏感信息泄露	许多 Web 应用程序和 API 没有正确保护敏感数据，例如，财务、医疗保健和 PII。攻击者可能会窃取或篡改此类弱保护的数据，进行信用卡欺骗、身份窃取或其他犯罪行为。敏感数据应该具有额外的保护，例如，在存放或在传输过程中的加密，以及与浏览器交换时进行特殊的预防措施
攻击检测与防护不足	大多数应用和 API 缺乏检测、预防和响应手动或自动化攻击的能力。攻击保护措施不限于基本输入验证，还应具备自动检测、记录和响应，甚至阻止攻击的能力。应用所有者还应能够快速部署安全补丁以防御攻击
跨站请求伪造（CSRF）	一个跨站请求伪造攻击迫使登录用户的浏览器将伪造的 HTTP 请求，包括受害者的会话 cookie 和所有其他自动填充的身份认证信息，发送到一个存在漏洞的 Web 应用程序
使用含有已知漏洞的组件	组件，例如，库文件、框架和其他软件模块，具有与应用程序相同的权限。如果一个带有漏洞的组件被利用，这种攻击可以促成严重的数据丢失或服务器接管。应用程序和 API 使用带有已知漏洞的组件可能会破坏应用程序的防御系统，并使一系列可能的攻击和影响成为可能
未受有效保护的 API	现代应用程序通常涉及丰富的客户端应用程序和 API，例如，浏览器和移动 App 中的 JavaScript，其与某类 API（SOAP/ XML、REST/JSON、RPC、GWT 等）连接。这些 API 通常是不受保护的，并且包含许多漏洞

2）安全开发

从应用自身角度出发，如果是应用代码本身产生的漏洞，那么在代码层加固或者编码时就解决漏洞无疑是最根本有效的方法。这就对系统的设计阶段提出了要求。

（1）设计完整的认证和授权。在设计和开发应用程序时，常常会首先定义认证和授权模块，使用认证和授权技术对使用的用户进行身份认证和权限授权。认证是对用户身份的甄别，通过对用户的登录账号与密码进行验证匹配，判定用户是否有权限进入或者获取系统相关的服务功能。为了遵循安全性和便捷性的要求，也可以通过生物标识、统一认证、客户端证书认证、动态口令复核的方式进行用户身份的认证。认证的完成其实只是授权认证的基础，只是标识用户具备了访问和登录的权限，接下来是对用户权限的查询与赋权。

由于 Web 应用中的用户众多，大部分 Web 应用权限系统的设计都会采用 RBAC（role-bases access contrl）模型，是一种基于角色进行应用环境访问的权限控制策略。

系统会在预定义配置中划分出几类用户角色的赋权，这里的角色可以理解为具备同类行为和责任范围的一组权限共同组。只要把角色赋予用户，就可以使用户具备与角色等同的授权内容，而不用特定关心是具体哪一个用户。当然用户也可以同时包含多个角色，从而获得一个可配置的复杂角色身份。一个用户可以拥有多个角色，而一个角色也可以囊括多个使用用户。角色访问控制的优点显而易见：便于授权管理和赋权；便于按照工作和业务进行权限分级，责任独立可控；便于文件的分级管理且适合大规模实现。角色访问是一种有效而灵活的安全措施，系统管理模式明确，且可以节约管理开销。

在具体的系统设计和实现中，还有两个重点的问题：权限信息的存储和权限的校验。在权限控制模块中，需要用到和管理的信息有：系统的所有角色、系统的所有用户、系统所有的功能、系统所有的资源、用户跟角色之间的关系、角色跟功能之间的关系、角色跟资源之间的关系或者用户跟资源之间的关系。而对这些数据的缓存手段也有很多种，比较通用的就是数据库的存储，当然用 LDAP 服务器、XML 文件来存储权限也很常见。有了对权限信息的存储，用户对权限的获取就变得可行。

针对这些权限下的资源的校验，主要包含功能校验权限和数据校验权限两个方面。功能校验权限是指用户是否可以执行或者使用该项功能或者服务，而数据校验则是判定用户是否能访问某块数据区域，这两者在用户使用系统时可以说缺一不可。在进行权限的校验时也要注意对登录用户的数据缓存，减少在服务使用时频繁地进行权限查询和用户查询，这会导致服务本身之外的系统开销，影响系统的性能。要能够保证在权限校验覆盖没有问题的情况下选择更简单有效的校验方式，从而从设计层面解决类似权限请求占用系统服务开销的问题。

除了 RBAC 模型外，还有一些其他的权限控制方式去控制用户权限。例如，当数据的访问权限非常复杂时，会使用 ACL 的方式；而在一些系统中，用户的权限是随着用户的状态和上下文变化的，这时就要使用基于用户属性的权限控制方式，通过逻辑计算用户的属性来得到最后的权限信息。

（2）数据过滤。因为暴力危险输入造成的漏洞是危害性最大、影响面最广的。健壮的输入和输出过滤可以大大减少应用受攻击的风险。而 XSS 跨站攻击和 SQL 注入这两个高危风险都是由于没有完善有效的数据过滤或者数据过滤不当引起的。

数据过滤的原则覆盖了输入过滤与输出过滤，输入过滤的不严谨会导致不被期望的代码在服务器端被恶意执行从而导致系统的异常甚至是底层数据的爆破删改，而输出过滤不当则有可能在客户端被植入恶意的 HTML 或者 JavaScript 代码。

对输入的过滤可以分为两种：第一种是黑名单限制，第二种是白名单放行。顾名思义，第一种是对错误输入格式的约束，不在约束范围内的即为正确输入。第二种则是对正确输入的囊括，对不在囊括范围内的统一进行拦截和拒绝，从过滤的方式上可以很明显地看出，在理论上白名单方式要比黑名单方式更加安全，因为前者对输入的范围进行了控制。

（3）敏感信息加密。对于黑客来说，有价值的数据只有读出来才有价值，而保护有价值信息最好的技术之一就是加密。加密是将信息的编码进行杂凑，使不知道密码的人无法获知数据的意义。对于 Web 应用来说，信息的传输和存储都需要加密。在传输层面上，可以使用 HTTPS 加密传输有密码、账户等敏感信息的 HTTP 请求或者回复；在服务器端，使用 Base64 加密算法对保存在配置文件、数据库的用户密码进行加密存储，防止密码外泄。

（4）保留审计记录。对用户访问应用中的关键操作应该予以记录，以便日后进行审计。审计记录的内容至少应包括事件日期、时间、发起者信息、类型、描述和结果等。审计的关键操作就是日志的记录。一种流行的日志 API 是 log4j 系列，而且它已经被移植到了 C、C++、C#、Perl、Python、Ruby 和 Eiffel 语言上。

3）安全测试

自动化测试工具可以自动生成输入参数，并根据反馈结果来判断系统是否存在安全漏洞，自动化测试速度快，测试用例可复用以及持久化，能够针对性地排查一些特定安全漏洞。例如，代码越界、页面注入、远程执行等。但是自动化测试工具也有其局限性，它是根据请求参数 request 所得到的返回结果 response 来提取一些特征，从而发现和识别漏洞。另外也可以尝试从代码扫描的角度出发，通过代码扫描工具去核查代码中的漏洞问题。例如，Sonar 可以直接在服务器上对代码仓库的代码进行定时扫描，也可以在开发工具上直接继承 Sonar 插件实时检查开发过程中的代码。

自动测试工具即使对部分漏洞来说也存在误报、漏报的情况，而且其漏洞案例的实时性更新依赖于人工的添加。但是由于其速度快，再结合人工检查确认的方式，可以相对客观地评估应用的安全情况。

4）运维加固

虽然通过后期手段和测试很难完全避免所有的安全漏洞，但是通过测试扫描后剩余的漏洞数量会大比例减少，而且安全漏洞本身也依赖于输入以及调用的触发。在架构环境中部署防火墙、在前端及后端定义输入规则、对恶意输入及非法输入进行屏蔽限制，也可以达到对安全漏洞的屏蔽和对恶意输入过滤的目的。

另外，对于整个架构环境中的操作系统、数据库、网络系统等，也要进行定期的扫描和漏洞库更新，及时更新或者升级相关补丁内容。

2. 数据安全

1）存储安全

在 Hadoop 集群中，应用层实现了数据的多客户端存储和备份，每个实例数据都存在 3 个副本存储，任何一个副本出现问题都不会导致数据的完全丢失。如果不具备应用层的数据多点备份能力，那么就要考虑硬件层面的 RAID（磁盘阵列）。

RAID 即“独立磁盘构成的具有冗余能力的阵列”之意。磁盘阵列指由多个磁盘构建成一个巨大容量的磁盘组，利用个别磁盘提供数据所产生的加成效果提升整个磁盘的系统效能。通过这项技术，将数据切割为多个区段，分别存放在各个硬盘上。磁盘阵列还能利用同位检查（parity check）的概念，在数组中任意一个硬盘发生故障时，仍可读出数据，在数据重构时，将数据经计算后重新置入新硬盘中。RAID 技术主要包含 RAID 0～RAID 50 等数个规范，它们的侧重点各不相同。

大数据的本身一般并不是数据的生产方，而是通过对数据的收集和分析，获得分析结果的一种手段。大数据系统的主要功能之一就是对源数据的备份，但是数据的存储终究是需要成本的，越高的存储速度意味着越高的硬件价格。目前主流大数据框架 Hadoop 的相关技术就使用了相对主流标准的硬件设备，例如 PC 服务器，从而减少了昂贵的存储硬件支出。然而需要注意的是，即使使用了较为标准和性价比的设备，存储数据的规模也不能一味扩大。在构建大数据系统的过程中，准确定位数据的规模并且使用相关方法保证数据存储不会持续扩展也是一项必要指标。例如，通过划分存储的时限使定义好的历史数据，在分析使用量不大的情况下及时归档迁移到磁带系统中。

2）传输安全

如果数据的传输经过了不安全的网络，那么使用加密和安全的协议就是必要的措施。

超文本传输协议（HTTP）是目前被用于在 Web 浏览器和网站服务器之间传递信息的主要手段之一。HTTP 以明文方式发送内容，如果攻击者截取了 Web 浏览器和网站服务器之间的传输报文，就可以直接读懂获取其中的信息内容，因此 HTTP 不适合传输一些涉敏信息。为了解决这一缺陷，另一种传输协议应运而生：安全套接字层超文本传输协议（HTTPS）。

HTTPS 在原有 HTTP 的基础上加入了 SSL 协议，为浏览器和服务器之间的通信内容进行加密，依靠 SSL 证书对服务器身份进行验证。采用 HTTPS 的服务器必须从证书授权中心（certificate authority，CA）申请一个用于证明服务器用途类型的证书。客户端通过信任该证书，从而信任该主机。

在另外一些场景中，会对数据本身进行脱敏处理，对数据中的敏感信息进行数据屏蔽或者修改，实现对敏感隐私数据的可靠保护。例如，在系统导出客户类似身份证号、手机号、卡号、客户号等个人信息时都需要进行数据脱敏操作。

3）访问安全

如前文所述，应用系统本身要建立健壮的认证和访问控制机制，从而防范数据的越权访问。但是近些年来，屡次发生的数据泄露问题，基本都是由内部人员的泄露造成的。针对这个问题，信息的追溯也变得重要起来。一方面，通过审计手段记录员工对数据的详细访问操作；另一方面，可以在数据层面加上水印，这样通过泄露的信息可以很容易确定涉事人员。

数字水印技术即通过在原始数据中嵌入秘密信息水印（watermark）来验证该数据的所有权。这种被嵌入的水印可以是一段文字、标识、序列号等，通常这种水印是不可见或不可擦的，它与源数据紧密结合在一起并隐藏其中，且可以在不破坏源数据使用场景的情况下保存下来，其原理如图 6-2、图 6-3 所示。

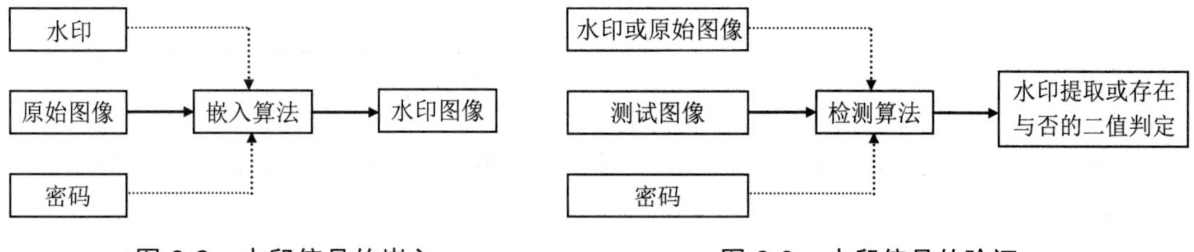

图 6-2　水印信号的嵌入　　　　图 6-3　水印信号的验证

通过水印的设置方法，每个员工访问到的数据界面上都有一层肉眼无法看到的信息，一旦该界面被泄露出去，通过还原算法就可以从泄露书中获取到泄露人员的相关信息。

6.1.3　安全威胁

1. 人为失误

人为失误（human error）是指在人的实际操作过程中，由于人本身的不稳定性所导致的错误。从人性的角度来说，只要是人的操作，就有可能存在失误。在各行各业都存在人为差错所造成的严重后果。同样，在系统运维领域，人为失误也可能造成系统服务停止、业务中断等不良影响。

大事故很少是由一个原因引起的，多是由诸多问题串联在一起同时发生所造成的。海恩法则表明在一起重大事故下有 29 起事故征候，而且在其下面还有 300 起事故征候苗头（严重差错）。虽然人为差错主要是由人自身造成的，但是论其起因，可以从人、环境、工具、流程 4 个方面进行总结，如表 6-2 所示。

表 6-2　人为失误的原因

分　类	详 细 内 容
人自身原因	（1）厌倦与疏忽。 操作人员对工作感到无聊，没有成就感，心理存在抵触情绪；操作人员对工作重要性意识不足。 （2）疲劳或者疾病。 操作人员身体处在不良状态，注意力无法正常集中，身体反应较一般情况变慢。 （3）知识或技能缺乏。 操作人员不知道，不熟悉，忘记正确的操作方法；按照自己的习惯或者设想的操作方法去操作；无法预见操作后果。 （4）过于自信。 操作人员对自己的知识能力过于自信，可能做违反流程的操作，为了快点干完省略了一些必要的步骤。例如，驾驶事故高发于有一定驾龄的司机。 （5）心理压力。 过度担心后果造成心理压力过大，精神处于亢奋紧张状态

续表

分　类	详 细 内 容
环境原因	（1）非常规事件。 突发事件，操作人员未能及时调整状态，精神处于紧张亢奋状态；对突发事件的处理可能违反常规流程，造成操作风险。 （2）外界刺激。 来自于环境的刺激较多或者更换了新环境，使操作人员无法集中注意力
工具原因	（1）人机设计不合理。 不方便操作人员使用，难以掌握；工具的一些操作本身容易混淆，无法明显区分。 （2）违反标准，或者无统一标准。 例如，一般的汽车都是刹车在左，油门在右，如果违反了这个标准，或者这个标准没有统一，则很有可能形成操作风险。 （3）工具反常。 例如工具平时的响应只需要 1 s，但是在某些情况下变成了 5 s，等待的时间间隔可能打乱了操作人员的节奏感，进而形成操作风险
流程原因	（1）流程烦琐。 操作流程步骤繁多，实施时可能产生遗漏或者错误。 （2）存在交叉作业。 流程上需要操作人员在不同工具、不同对象间切换操作。由于人思维存在惯性，或因形成的条件反射造成失误

2. 外部攻击

1）恶意程序

恶意程序是未经授权运行的、怀有恶意目的、具有攻击意图或者实现恶意功能的所有软件的统称，其表现形式有很多：僵尸程序、蠕虫、黑客工具、计算机病毒、特洛伊木马程序、逻辑炸弹、漏洞利用程序、间谍软件等。大多数恶意程序具有一定程度的隐蔽性、破坏性和传播性，难以被用户发现，会造成信息系统运行不畅、用户隐私泄露等后果，严重时甚至导致重大安全事故和巨额财产损失等。

2019 年第一季度，信息安全厂商卡巴斯基公司公开透露，共阻止了全球 203 个国家中在线发生的 843 096 461 次攻击。20 年前每天可能只检测到 50 个新病毒，10 年前大概有 14 500 个，现在每天能收集几十万甚至上百万个，并且数量还在增加。

2）网络入侵

网络入侵是指根据系统所存在的漏洞和安全缺陷，通过外部对系统的硬件、软件及数据进行攻击的行为。网络攻击的手段有多种类型，通常从攻击目标出发，可以分为主机、协议、应用和信息等的攻击。

2020 年 12 月，SolarWinds 公司的基础设施遭到黑客网络攻击，该公司名为 Orion 的网络和应用监控平台的更新包被黑客植入后门，并将其命名为 SUNBURST，同时向该软件的用户发布木马化的更新，其中包括美国财富 500 强中的 425 家公司、美国前十大电信公司、美国前五大会计师事务所、美国军方所有分支机构、五角大楼，以及全球数百所大学和学院。此次黑客攻击很可能影响到了 1.8 万名 SolarWinds 软件用户，数百名工程师受到影响。

3）拒绝服务攻击

拒绝服务攻击（DoS）即攻击者通过攻击使目标机器停止提供服务。常见的手段有通过大批量请求耗光网络带宽，使合法用户无法访问服务器资源。分布式的拒绝服务攻击手段（DDoS）是在传统的 DoS 攻击基础之上产生的一类攻击方式。

单一的 DoS 攻击一般是采用一对一方式的，当单机资源过小，CPU 速度、内存以及网络带宽等各项性能指标不高时，攻击会尤为有效。分布式的拒绝服务攻击手段（DDoS）则是通过更多的分布式主机发起对单一服务的攻击，用更大规模的攻击使主机不能正常工作。

2020 年 8 月 31 日，新西兰证券交易所网站在周一的市场交易开盘不久再次崩溃。这已是自 2020 年 8 月 25 日以来，新西兰证券交易所连续第 5 天“宕机”。2020 年 8 月 25 日，新西兰证券交易所收到分布式拒绝服务（DDoS）攻击，袭击迫使交易所暂停其现金市场交易 1 小时，严重扰乱了其债务市场。

4）社会工程

为获取信息，利用社会科学，尤其是心理学、语言学、欺诈学将其进行综合，利用人性的弱点，并以最终获得信息为最终目的的学科称为社会工程学（social engineering）。

社会工程学中比较知名的案例是网络钓鱼，通过大量来自各种知名机构的诱惑性垃圾邮件，意图引导受攻击者提供自身敏感信息的一种攻击方式。最典型的网络钓鱼攻击是将收信人引诱到一个通过精心设计与目标组织的网站非常相似的钓鱼网站上，诱使并获取收信人在此网站上输入个人敏感信息，通常这个攻击过程不会让受害者警觉。网络钓鱼网站被仿冒的大都是电子商务网站、金融机构网站、第三方在线支付站点、社区交友网站等。

5）外部攻击实例

（1）XSS 跨站脚本攻击。XSS（cross-site script，跨站脚本攻击）是一种网站应用程序的安全漏洞攻击，是代码注入的一种。它允许恶意用户将代码注入到网页中，其他用户在观看网页时就会受到影响。这类攻击通常包含 HTML 以及用户端脚本语言。

它可以分为两类：反射型和持久型。

反射型 XSS 攻击场景：用户单击嵌入恶意脚本的链接，攻击者可以获取用户的 cookie 信息或密码等重要信息进行恶性操作。

解决方法：开启 cookie 的 HttpOnly 属性，禁止 JavaScript 脚本读取 cookie 信息。

持久型 XSS 攻击场景：攻击者提交含有恶意脚本的请求（通常使用<script>标签），此脚本被保存在数据库中。用户再次浏览页面，包含恶意脚本的页面会自动执行脚本，从而达到攻击效果。这种攻击常见于论坛、博客等应用中。

解决方法：前端提交请求时，转义<为<，转义>为>；或者后台存储数据时进行特殊字符转义。建议后台处理，因为攻击者可以绕过前端页面，直接模拟请求，提交恶意的请求数据。可以考虑在后台加入对应的数据校验，也可以考虑统一对后台的数据进行特殊字符的转义。

另外，所有的过滤、检测、限制等策略建议在服务端一侧完成，而不是使用客户端的 JavaScript 去做简单的校验。因为真正的攻击者可以绕过页面直接通过模拟页面的请求进行数据非法录入。

例如，在表单中填写类似脚本的语句，如图 6-4 所示。

输入框：<script><alert>Xss跨站攻击</alert></script> 提交

图 6-4　脚本语句录入

单击“提交”按钮后页面回显会解析 JavaScript 脚本并弹出对话框，如图 6-5 所示。

图 6-5　XSS 攻击弹出框

解决思路如下。

在页面端增加转义字符过滤，清洗输入框录入的数据，并增加页面的校验规则。

增加录入内容的正则校验。

```
var inputValue=this.value;
var regl= /^[A-Za-z]+$/;
if(regl.test(inputValue)){
     alert("输入格式正确");
     return;
}else{
  alert("输入格式不正确")
}
```

在输出数据时，能将 HTML 标记转成常用字符串形式（专门去解析 HTML 元素其实是为了防止 XSS 攻击）。

```
var replaceSpecial = function(v){
    return _.template("<\%- m \%>", { variable: "m" })(v);
};
```

后台增加对应的过滤器，用来过滤前台传递的参数数据。

```
public class XssFilter implements Filter {

     @Override
```

```
    public void destroy() {
    }
    /**
     * 过滤器用来过滤的方法
     */
    @Override
    public void doFilter(ServletRequest request, ServletResponse response, FilterChain chain)
throws IOException, ServletException {
        //包装 request
        XssHttpServletRequestWrapper xssRequest = new
XssHttpServletRequestWrapper((HttpServletRequest) request);
        chain.doFilter(xssRequest, response);
    }
    @Override
    public void init(FilterConfig filterConfig) throws ServletException {
    }
}

public class XssHttpServletRequestWrapper extends HttpServletRequestWrapper {
    HttpServletRequest orgRequest = null;

    public XssHttpServletRequestWrapper(HttpServletRequest request) {
        super(request);
    }
    /**
     * 覆盖 getParameter()方法，将参数名和参数值都做 XSS 过滤
     * 如果需要获得原始的值，则通过 super.getParameterValues(name)来获取
     * getParameterNames,getParameterValues 和 getParameterMap 也可能需要覆盖
     */
    @Override
    public String getParameter(String name) {
        String value = super.getParameter(xssEncode(name));
        if (value != null) {
            value = xssEncode(value);
        }
        return value;
    }
    @Override
    public String[] getParameterValues(String name) {
        String[] value = super.getParameterValues(name);
        if(value != null){
            for (int i = 0; i < value.length; i++) {
                value[i] = xssEncode(value[i]);
            }
        }
        return value;
```

```
    }
    @Override
    public Map getParameterMap() {
        return super.getParameterMap();
    }
    /**
     * 将容易引起 XSS 漏洞的半角字符直接替换成全角字符，在保证不删除数据的情况下保存
     * @return 过滤后的值
     */
    private static String xssEncode(String value) {
        if (value == null || value.isEmpty()) {
            return value;
        }
        value = value.replaceAll("eval\\((.*)\\)", "");
        value = value.replaceAll("[\\\"\\\'][\\s]*javascript:(.*)[\\\"\\\']", "\"\"");
        value = value.replaceAll("(?i)<script.*?>.*?<script.*?>", "");
        value = value.replaceAll("(?i)<script.*?>.*?</script.*?>", "");
        value = value.replaceAll("(?i)<.*?javascript:.*?>.*?</.*?>", "");
        value = value.replaceAll("(?i)<.*?\\s+on.*?>.*?</.*?>", "");
        return value;
    }
}
```

在 web.xml 中增加对应的过滤器拦截。

```
<filter>
  <filter-name>XssFilter</filter-name>
  <filter-class>XXXXX(该类的路径).XssFilter</filter-class>
</filter>
<filter-mapping>
  <filter-name>XssFilter</filter-name>
  <url-pattern>/*</url-pattern>
</filter-mapping>
```

（2）SQL 注入。攻击者在 HTTP 请求中注入恶意 SQL 命令，例如 drop table users，服务器用请求参数构造数据库 SQL 命令时，恶意 SQL 被执行。

解决思路：后台处理。例如，使用预编译语句 PreparedStatement 进行预处理，如果有使用 mybatis 等持久层框架的话，建议控制相关 SQL 参数的填写格式。

（3）DDoS 攻击。DDoS 攻击又叫流量攻击，是最基本的 Web 攻击；攻击的方式有很多种，其中最常用的就是静态文件攻击。通过劫持大量的 IP 然后同时访问同一个静态文件，使服务器一直处于通信堵塞状态，网络带宽被全部占满，使网站崩溃处于不可访问状态，SSH 连接服务器处于卡顿状态，无法执行相应的命令。

解决思路如下。

查看内存是否已被占满。

```
free -m
```

如果 used 项的值接近 total 的值，说明内存快不够了，正常情况下至少保持 1 GB 左右的大小。查看进程情况。

```
top -c
```

然后按 Shift + M 组合键对进程进行排序，如果这个时候出现卡顿或者执行不连贯，应先关闭当前 SSH 连接，重新打开新的 SSH 连接窗口。

进入 Nginx 日志目录（默认安装的情况下在 /etc/Nginx/logs 路径下）。

```
cd /etc/Nginx/logs
```

查看实时日志（根据 Nginx 配置时所配置的日志文件）。

```
tail -f access.log
```

可以很清晰地看出黑客攻击的路径或点，这时就可以根据具体情况来配置了。

①停掉 Nginx 进程。

②查看 Nginx 的进程 id。

```
ps -ef | grep Nginx*
```

③用 kill -9 [pid]强制性把 Nginx 杀掉。

```
kill -9 23423
```

④修改 Nginx 配置文件（根据自己配置的所在目录）。

```
vi /etc/Nginx/conf.d/Web.conf
```

⑤找到刚刚黑客攻击的地方，代码如下。

```
location /cstor / {
  …
}
```

⑥增加防盗链，修改如下。

```
location / cstor / {
   valid_referers xxx.com;
   if ($invalid_referer) {
                return 403;
   }
   …
}
```

注：xxx.com 为用户自己所需要放开的地址，例如，用户公司的网站域名等。

3. 信息泄露

信息泄露是信息安全的重大威胁，国内外都发生过大规模的信息泄露事件。

2020 年 2 月，体育连锁巨头迪卡侬（Decathlon）发生大范围数据泄露事件，起因是 1.23 亿条记录被保存在一个并不安全的数据库中。这是由 vpnMentor 安全研究人员发现的，并在 2020 年 2 月 24 日公布。该数据库属于迪卡侬西班牙和迪卡侬英国公司。泄露的数据涉及员工系统用户名、未加密的密码、API 日志、API 用户名、个人身份信息等。对于迪卡侬员工来说，涉及的信息包括姓名、地址、电话号码、生日、学历和合同明细；而对于客户来说，涉及的信息包括未加密的电子邮件、登录信息和 IP 地址。

2020 年 3 月 31 日，万豪国际集团发布公告称，正在调查一起涉及客户个人信息泄露事件，约 520 万名客户的资料可能被泄露。在不到两年的时间里，万豪发生了第二次大规模数据泄露事件；最终，因未能确保客户个人数据安全，万豪国际被罚 1840 万英镑。与此同时，接连两次的股价大跌，直接导致万豪数十亿元市值蒸发。

除了外部攻击的信息泄露外，企业的内部员工利用访问权限获取用户的相关数据，并非法在黑市上贩卖牟利。这些被贩卖的数据，会被黑客或者其他不法分子利用，借助社会工程学，对受害者进行诈骗。

4. 灾害

灾害发生的概率非常小，但是后果是巨大的，可能会造成整个数据中心停止运行。

1）洪灾

由于恶劣天气和排水不畅，可能会造成水倒灌进数据中心，发生设备短路等故障。2009 年 9 月 9 日，土耳其伊斯坦布尔遭遇暴雨并引发洪水。疯狂肆虐的洪水淹没了该市 Ikitelli 区的大部分地段，也淹没了位于该区的 Vodafone 数据中心。

2）火灾

2008 年 3 月 19 日，美国威斯康星数据中心被火烧得一塌糊涂。根据事后统计，这次大火烧掉了 75 台服务器、路由器和交换机，当地大量的站点都发生了瘫痪。

3）地震

2011 年 3 月 11 日，日本遭受了 9 级大地震。在此次地震中，日本东京的 IBM 数据中心也受损严重。

4）人为因素

2015 年 5 月 27 日下午 5 点左右，由于光纤被挖断，部分用户无法使用支付宝。随后支付宝工程师紧急将用户请求切换至其他机房，受影响的用户才逐步恢复使用。

6.1.4 安全措施

1. 安全制度规范

政府、企业以及其他组织一般会制订内部的信息安全相关制度，用以规范和约束管理体系中的各项工作内容，从而确保环境的安全稳定运行，一般包括以下内容。

1）人员组织

人员组织用以明确细分各级人员对于信息安全的责任和义务，明确信息安全的管理机构和组织形式。

2）行为安全

行为安全用以明确细分每个人在组织内部允许和禁止的行为。

3）机房安全

机房安全制度明确细分出入机房、上架设备所必须遵守的流程规范。

4）网络安全

网络安全制度明确组织内部的网络区域划分，以及不同环境网络功能和隔离措施。

5）开发过程安全

开发过程安全制度明确软件的开发设计和测试遵守相关规范，开发体系和运维体系分离，源代码和文档应落地保存。

6）终端安全

终端安全制度明确终端设备的使用范围，禁止私自修改终端设备，应设置终端口令，及时锁屏，及时更新操作系统补丁等。

7）数据安全

数据安全制度不对外传播敏感数据，生产数据的使用需要在监督和授权下执行。如果需要对外提供相关敏感数据，应对数据进行脱敏处理。

8）口令安全

明确口令的复杂程度、定时修改周期等。

9）临时人员的管理

明确非内部员工的行为列表、外包人员的行为规范，防范非法入侵。

2. 安全防范措施

在各个层次都有成熟的安全产品，可以供选择来构建组织内部的防御体系，如表6-3所示。

表6-3　安全产品层次

分　类	安 全 产 品
机房	门禁系统、消防系统、摄像系统
服务器	防病毒软件、漏洞扫描工具、配置核查系统
网络	防火墙、入侵监测系统、入侵防御系统
终端	防病毒软件、行为控制和审计软件、堡垒机
应用程序	漏洞扫描工具、源代码扫描软件、证书管理系统、统一认证系统、身份管理系统
数据备份	数据备份软件
流程管理	运维管理平台、安全管理平台、审计平台

定期对系统进行大规模摸底扫描，并组织相关内外部资源对资源进行渗透性测试，发现并且解决系统中的安全风险点。

在组织团队和新员工入职时，就对所有的开发人员进行有针对性的安全培训，严格遵守对应的编码规范，强化安全编码和信息安全的意识。有不少人认为安全的技术产品就可以完全规避所有的安全问题，但事实并非如此。例如，如图 6-6 所示就展示了一种针对 SSL 的中间人攻击，利用该攻击模式，可以破解或者修改传输内容，也可以让客户端做的输入过滤失效。

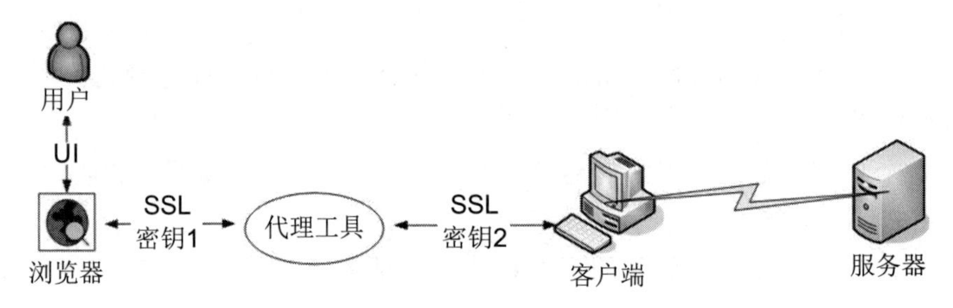

图 6-6　SSL 中间人攻击

制订的安全制度规范需要严格执行，制度中禁止的行为绝对不能因为技术因素或者人为因素而忽略执行，从而产生严重的后果。

6.2　系统优化

6.2.1　Hadoop 配置优化

1. Hadoop 硬件配置规划优化

硬件配置的优化主要基于以下几个方面。

（1）机架：节点平均分布在机架之间，可以提高读操作性能，并提高数据可用性；节点副本存储在同一机架，可提高写操作性能。Hadoop 默认存储 3 份副本，其中两份存储在同一机架上，另一份存储在另一机架上。

（2）主机：Master 机器配置高于 Slave 机器配置。

（3）磁盘：存放数据做计算的磁盘可以做 RAID 0，或考虑冗余保护需要做 RAID 0+1，提高磁盘 I/O 并行度。

由于磁盘 I/O 的速度是比较慢的，如果一个进程的内存空间不足，它会将内存中的部分数据暂时写到磁盘，当需要时，再把磁盘上的数据写到内存。因此可以设置合理的预读缓冲区大小来提高 Hadoop 里面大文件顺序读的性能，以此来提高 I/O 性能。

（4）网卡：多网卡绑定，做负载均衡或者主备冗余保护。

2. 操作系统规划优化

以下合理规划对文件系统的性能提升会有较大帮助：cache mode、I/O scheduler、调度参数、文件块大小、inode 大小、日志功能、文件时间戳方式、同步或异步 I/O、writeback 模式等规划。

3. Hadoop集群配置规划优化

1）集群节点内存分配

例如，一个数据节点，假如task并行度为*p*，单个任务内存开销为*m* GB，则节点内存配置如下。

$m×4$ (DataNode)+$m×2$ (NodeManager)+ $m×4$ (ZooKeeper)+ $m×p$

示例：并行度为8，单任务内存开销为1 GB，则节点内存可配置为18 GB。

2）集群节点规模

假如每天产生的大数据容量为*d* TB，需保存*t*个月，每个节点硬盘容量为*h* TB，Hadoop数据副本数为*k*（通常为3），硬盘最佳利用率为*R*（常取70%），则配置的节点数*n*可计算如下。

$n=d×k×t×30/h/R$

示例：如果每天产生的大数据容量为1 TB，需保存1个月，每个节点硬盘容量为2 TB，Hadoop数据副本数*k*为3，硬盘最佳利用率70%，则节点数*n*计算如下。

$n=1×3×1×30/2/70\%$，*n*约为65。

6.2.2 Hadoop性能优化

1. 内存优化

1）NameNode、DataNode内存调整

在$HADOOP_HOME/etc/hadoop/hadoop-env.sh配置文件中，设置NameNode、DataNode的守护进程内存分配可参照如下方案。

HADOOP_NAMENODE_OPTS：Hadoop对应的命名空间节点设置参数。

```
export
HADOOP_NAMENODE_OPTS="-Xmx512m-Xms512m -Dhadoop.security.logger=${HADOOP_S
ECURITY_LOGGER:-INFO,RFAS} -Dhdfs.audit.logger=${HDFS_AUDIT_LOGGER:-INFO,NullAp
pender} $HADOOP_NAMENODE_OPTS"
```

即将内存分配设置成512 MB。

HADOOP_DATANODE_OPTS：Hadoop对应的数据节点设置参数。

```
DataNode：
export HADOOP_DATANODE_OPTS="-Xmx256m -Xms256m -Dhadoop.security.logger=ERROR,
RFAS $HADOOP_DATANODE_OPTS"
```

即将内存分配设置成256 MB。

注意：-Xmx、-Xms这两个参数保持相等可以防止JVM在每次垃圾回收完成后重新分配内存。

2）ResourceManager、NodeManager内存调整

在$HADOOP_HOME/etc/hadoop/yarn-env.sh配置文件中，设置内存分配如下，可

以修改其中内存设置值。

YARN_RESOURCEMANAGER_HEAPSIZE：YARN 资源管理堆空间大小。

YARN_RESOURCEMANAGER_OPTS：YARN 资源管理设置参数。

```
ResourceManager：
export YARN_RESOURCEMANAGER_HEAPSIZE=1000   export YARN_RESOURCEMANAGER_
OPTS=""
```

即将内存分配设置成 1000 MB。

YARN_RESOURCEMANAGER_HEAPSIZE：YARN 资源命名空间节点堆大小。

YARN_RESOURCEMANAGER_OPTS：YARN 资源管理命名空间节点设置参数。

```
NodeManager：
export YARN_NODEMANAGER_HEAPSIZE=1000
export YARN_NODEMANAGER_OPTS=""
```

即将内存分配设置成 1000 MB。

3）Task、Job 内存调整

在$HADOOP_HOME/etc/hadoop/yarn-site.xml 文件中配置。

```
yarn.scheduler.maximum-allocation-mb
```

其中设置了单个可申请的最小/最大内存量，默认值为 1024 MB/8192 MB。

```
yarn.nodemanager.resource.memory-mb
```

总的可用物理内存量，默认值为 8096 MB。

对于 MapReduce 而言，每个作业的内存量可通过以下参数设置。

```
mapreduce.map.memory.mb：
```

设置物理内存量，默认值为 1024 MB。

2．配置多个 MapReduce 工作目录，提高 I/O 性能

在以下配置文件中设置相关参数，达到分散 I/O、提高 I/O 性能的目的。

```
$HADOOP_HOME/etc/hadoop/yarn-site.xml #对应文件及目录
```

yarn.nodemanager.local-dirs：存放中间结果。

yarn.nodemanager.log-dirs：存放日志。

```
$HADOOP_HOME/etc/hadoop/mapred-site.xml #对应文件及目录
```

mapreduce.cluster.local.dir：MapReduce 的缓存数据存储在文件系统中的位置。

$HADOOP_HOME/etc/hadoop/hdfs-site.xml：提供多个备份以提高可用性。

dfs.namenode.name.dir：HDFS 格式化 namenode 时生成的 nametable 元文件的存储

目录。

dfs.namenode.edits.dir：HDFS格式化namenode时生成的edits元文件的存储目录。

dfs.datanode.data.dir：存放数据块（dateblock）的目录。

多个目录之间以“,”分开，如下所示。

```
/data1/dfs/name,/data2/dfs/name, /data3/dfs/name #对应文件及目录
```

3. 压缩MapReduce中间结果，提高I/O性能

由于HDFS存储了多个副本，为避免大量硬盘I/O或网络传输的开销，可以压缩MapReduce中间结果，提高性能。

配置$HADOOP_HOME/etc/hadoop/mapred-site.xml文件。

```
<property>#设置 MapReduce 输出结果是否压缩
 <name>mapreduce.map.output.compress</name>
 <value>true</value>
</property>
<property> #设置 MapReduce 压缩机制
<name>mapreduce.map.output.compress.codec</name>
<value>org.apache.hadoop.io.compress.SnappyCodec</value>
</property>
```

其他MapReduce参数调优描述如下。

（1）mapred.reduce.tasks(mapreduce.job.reduces)。

默认值：1。

说明：默认启动的reduce数。通过该参数可以手动修改reduce的个数。

（2）mapreduce.task.io.sort.factor。

默认值：10。

说明：Reduce Task中合并小文件时，一次合并的文件数据，每次合并的时候选择最小的前10进行合并。

（3）mapreduce.task.io.sort.mb。

默认值：100。

说明：Map Task缓冲区所占内存大小。

（4）mapred.child.java.opts。

默认值：-Xmx200m。

说明：jvm启动的子线程可以使用的最大内存。建议值-XX:-UseGCOverheadLimit -Xms512m -Xmx2048m -verbose:gc -Xloggc:/tmp/@taskid@.gc。

（5）mapreduce.jobtracker.handler.count。

默认值：10。

说明：JobTracker 可以启动的线程数，一般为 tasktracker 节点的 4%。

（6）mapreduce.reduce.shuffle.parallelcopies。

默认值：5。

说明：reuduce shuffle 阶段并行传输数据的数量。这里改为 10。集群大可以增大。

（7）mapreduce.tasktracker.http.threads。

默认值：40。

说明：map 和 reduce 是通过 HTTP 进行数据传输的，这个是设置传输的并行线程数。

（8）mapreduce.map.output.compress。

默认值：false。

说明：map 输出是否进行压缩。如果压缩就会多耗 cpu，但是减少传输时间；例如果不压缩，就需要较多的传输带宽。配合 mapreduce.map.output.compress.codec 使用，默认是 org.apache.hadoop.io.compress.DefaultCodec，可以根据需要设定数据压缩方式。

（9）mapreduce.reduce.shuffle.merge.percent。

默认值：0.66。

说明：reduce 归并接收 map 的输出数据可占用的内存配置百分比。

（10）mapreduce.reduce.shuffle.memory.limit.percent。

默认值：0.25。

说明：一个单一的 shuffle 的最大内存使用限制。

（11）mapreduce.jobtracker.handler.count。

默认值：10。

说明：可并发处理来自 tasktracker 的 RPC 请求数，默认值为 10。

（12）mapred.job.reuse.jvm.num.tasks(mapreduce.job.jvm.numtasks)。

默认值：1。

说明：一个 jvm 可连续启动多个同类型任务，默认值为 1，若为-1 表示不受限制。

（13）mapreduce.tasktracker.tasks.reduce.maximum。

默认值：2。

说明：一个 tasktracker 并发执行的 reduce 数，建议为 cpu 核数。其中，mapreduce.map.output.compress.codec 指定压缩算法。根据性能提高目标，选择压缩算法。

（14）希望提高 CPU 的处理性能，可以更换速度快的压缩算法，例如，Snappy。

（15）希望提高磁盘的 I/O 性能，可以更换压缩力度大的压缩算法，例如，Bzip2。

（16）希望提高均衡性能，可使用 LZO、Gzip 压缩。

表 6-4 列出了各种压缩技术的对比结果。

表 6-4　压缩技术比较

压缩格式	split	native	压缩率	速度	Hadoop 自带	Linux 命令	换成压缩格式后，原来的应用程序是否要修改
Gzip	否	是	很高	比较快	是	有	和文本处理一样，不需要修改
LZO	是	是	比较高	很快	否	有	需要建索引，还需要指定输入格式
Snappy	否	是	比较高	很快	否	没有	和文本处理一样，不需要修改
Bzip2	是	否	最高	慢	是	有	和文本处理一样，不需要修改

4. 调整虚拟 CPU 个数

设置单个可申请的最小/最大虚拟 CPU 个数，例如，设置为 2 和 8，则运行 MapReduce 作业时，每个 Task 最少可申请虚拟 CPU 数量为 2～8。

默认值分别为 1 和 32。

```
yarn.nodemanager.resource.cpu-vcores:
```

设置总的可用 CPU 数目，默认值为 8。

对于 MapReduce 而言，每个作业的虚拟 CPU 数可通过以下参数设置。

```
mapreduce.map.cpu.vcores:
```

CPU 数目默认值为 1。

5. 其他优化常用技巧

以下技巧也是常用的改善性能的实用方法。

（1）在 Map 节点使用 Combiner，将多个 Map 输出合并成一个，减少输出结果。

（2）HDFS 文件系统中避免大量小文件存在。

相对于大量的小文件，Hadoop 更适合于处理少量的大文件。如果文件很小且文件数量很多，那么每次 Map 任务只处理很少的输入数据，每次 Map 操作都会造成额外的开销。配置文件地址如下。

```
$HADOOP_HOME/etc/hadoop/mapred-site.xml:
```

mapreduce.input.fileinputformat.split.minsize：控制 Map 任务输入划分的最小字节数，默认值为 0。

大量小文件优化方法：用 org.apache.hadoop.mapreduce.lib.input. CombineFileInputFormat 把多个文件合并到一个分片中，使得每个 mapper 可以处理更多的数据。在决定哪些块放入同一个分片时，CombineFileInputFormat 将考虑到节点和机架的因素，以实现资源开销最小化。

（3）通过调整以下参数可以调整 Map、Reduce 任务并发数量。

```
mapred.map.tasks          #决定同时 map 的任务数量
mapred.min.split.size     #map 过程中分割块最小大小
mapred.max.split.size     #map 过程中分割块最大大小
dfs.blocksize             #HDFS 块大小
mapred.reduce.tasks       #决定同时 reduce 的任务数量
```

6.2.3 作业优化

在经过以上 Hadoop 性能优化后，如果对作业运行还有加快的需求，则采用以下优化方法可以进一步提升作业运行性能。

1）减少作业时间

检查每个 mapper 的平均运行时间，如果发现 mapper 运行时间过短（例如，每个 mapper 运行≤10 s），说明 mapper 没有得到良好的利用，需要减少 mapper 的数量以使 mapper 运行更长的时间，从而减少整个作业执行时间。

例如，提交运行 pi 作业，map 达到 32 时代码如下。

```
Estimated value of Pi is 3.15000000000000000000
[root@slave2 hadoop]# bin/hadoop jar share/hadoop/mapreduce/hadoop-mapreduce-examples-2.7.1.jar pi 32 10 #执行 MapReduce 官方样例
Number of Maps  = 32
Samples per Map = 10
17/05/30 20:39:36 WARN util.NativeCodeLoader: Unable to load native-hadoop library for your platform... using builtin-java classes where applicable
Wrote input for Map #0
Wrote input for Map #1
Wrote input for Map #2
Wrote input for Map #3
Wrote input for Map #4
Wrote input for Map #5
Wrote input for Map #6
Wrote input for Map #7
Wrote input for Map #8
Wrote input for Map #9
Wrote input for Map #10
Wrote input for Map #11
Wrote input for Map #12
Wrote input for Map #13
Wrote input for Map #14
Wrote input for Map #15
Wrote input for Map #16
Wrote input for Map #17
Wrote input for Map #18
Wrote input for Map #19
Wrote input for Map #20
Wrote input for Map #21
```

```
Wrote input for Map #22
Wrote input for Map #23
Wrote input for Map #24
Wrote input for Map #25
Wrote input for Map #26
Wrote input for Map #27
Wrote input for Map #28
Wrote input for Map #29
Wrote input for Map #30
Wrote input for Map #31
Starting Job #开始任务
#连接到 RM 主服务商
17/05/30 20:39:38 INFO client.RMProxy: Connecting to ResourceManager at
master/10.30.248.5:8032
#拆分读取任务
17/05/30 20:39:38 INFO input.FileInputFormat: Total input paths to process : 32
17/05/30 20:39:38 INFO mapreduce.JobSubmitter: number of splits:32
17/05/30 20:39:39 INFO mapreduce.JobSubmitter: Submitting tokens for job:
job_1495286256909_0026
17/05/30 20:39:39 INFO impl.YarnClientImpl: Submitted application application_
1495286256909_0026
17/05/30 20:39:39 INFO mapreduce.Job: The url to track the job: http://master:
8088/proxy/application_1495286256909_0026/
#执行任务
17/05/30 20:39:39 INFO mapreduce.Job: Running job: job_1495286256909_ 0026
#以 Uber 模式运行 MR 作业
17/05/30 20:39:46 INFO mapreduce.Job: Job job_1495286256909_0026 running in uber mode :
false
#MapReduce 执行任务进度显示
17/05/30 20:39:46 INFO mapreduce.Job:  map 0% reduce 0%
17/05/30 20:40:05 INFO mapreduce.Job:  map 9% reduce 0%
17/05/30 20:40:06 INFO mapreduce.Job:  map 19% reduce 0%
17/05/30 20:40:15 INFO mapreduce.Job:  map 22% reduce 0%
17/05/30 20:40:16 INFO mapreduce.Job:  map 28% reduce 0%
17/05/30 20:40:17 INFO mapreduce.Job:  map 31% reduce 0%
17/05/30 20:40:18 INFO mapreduce.Job:  map 38% reduce 0%
17/05/30 20:40:23 INFO mapreduce.Job:  map 44% reduce 0%
17/05/30 20:40:26 INFO mapreduce.Job:  map 47% reduce 15%
17/05/30 20:40:28 INFO mapreduce.Job:  map 50% reduce 15%
17/05/30 20:40:29 INFO mapreduce.Job:  map 53% reduce 17%
17/05/30 20:40:30 INFO mapreduce.Job:  map 59% reduce 17%
17/05/30 20:40:33 INFO mapreduce.Job:  map 59% reduce 20%
17/05/30 20:40:34 INFO mapreduce.Job:  map 63% reduce 20%
17/05/30 20:40:35 INFO mapreduce.Job:  map 69% reduce 21%
17/05/30 20:40:36 INFO mapreduce.Job:  map 72% reduce 21%
17/05/30 20:40:38 INFO mapreduce.Job:  map 75% reduce 25%
17/05/30 20:40:41 INFO mapreduce.Job:  map 78% reduce 25%
17/05/30 20:40:42 INFO mapreduce.Job:  map 84% reduce 26%
17/05/30 20:40:44 INFO mapreduce.Job:  map 88% reduce 26%
17/05/30 20:40:46 INFO mapreduce.Job:  map 91% reduce 28%
```

```
17/05/30 20:40:48 INFO mapreduce.Job:   map 97% reduce 28%
17/05/30 20:40:49 INFO mapreduce.Job:   map 100% reduce 30%
17/05/30 20:40:50 INFO mapreduce.Job:   map 100% reduce 100%
#任务执行完成
17/05/30 20:40:51 INFO mapreduce.Job: Job job_1495286256909_0026 completed successfully
17/05/30 20:40:51 INFO mapreduce.Job: Counters: 49
#显示统计结果
#文件系统统计
 File System Counters
  FILE: Number of bytes read=710
  FILE: Number of bytes written=3820333
  FILE: Number of read operations=0
  FILE: Number of large read operations=0
  FILE: Number of write operations=0
  HDFS: Number of bytes read=8342
  HDFS: Number of bytes written=215
  HDFS: Number of read operations=131
  HDFS: Number of large read operations=0
  HDFS: Number of write operations=3
#任务统计
 Job Counters
  Launched map tasks=32
  Launched reduce tasks=1
  Data-local map tasks=32
  Total time spent by all maps in occupied slots (ms)=287274
  Total time spent by all reduces in occupied slots (ms)=33834
  Total time spent by all map tasks (ms)=287274
  Total time spent by all reduce tasks (ms)=33834
  Total vcore-seconds taken by all map tasks=287274
  Total vcore-seconds taken by all reduce tasks=33834
  Total megabyte-seconds taken by all map tasks=294168576
  Total megabyte-seconds taken by all reduce tasks=34646016
#MapReduce 框架统计
 Map-Reduce Framework
  Map input records=32
  Map output records=64
  Map output bytes=576
  Map output materialized bytes=896
  Input split bytes=4566
  Combine input records=0
  Combine output records=0
  Reduce input groups=2
  Reduce shuffle bytes=896
  Reduce input records=64
  Reduce output records=0
  Spilled Records=128
  Shuffled Maps =32
  Failed Shuffles=0
  Merged Map outputs=32
  GC time elapsed (ms)=12259
```

```
   CPU time spent (ms)=100360
   Physical memory (bytes) snapshot=6525378560
   Virtual memory (bytes) snapshot=28322742272
   Total committed heap usage (bytes)=6643777536
#MapReduce Shuffle 阶段报错统计
  Shuffle Errors
   BAD_ID=0
   CONNECTION=0
   IO_ERROR=0
   WRONG_LENGTH=0
   WRONG_MAP=0
   WRONG_REDUCE=0
#文件输入
  File Input Format Counters
   Bytes Read=3776
#文件输出
  File Output Format Counters
   Bytes Written=97
#任务总耗时
Job Finished in 73.108 seconds
#任务执行结果
Estimated value of Pi is 3.16250000000000000000
```

作业运行的监控界面如图 6-7 所示。

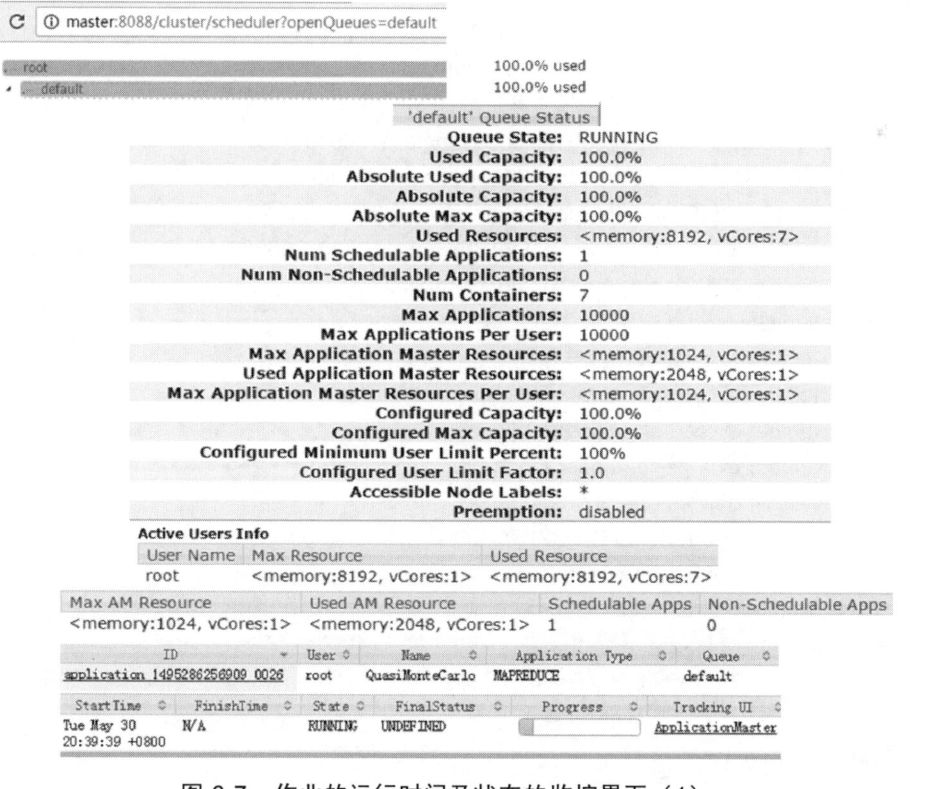

图 6-7　作业的运行时间及状态的监控界面（1）

其中，调度使用的计算能力达到 100%，container 可达 7 个，运行作业时间为 73.108 s。把 map 减少为 2 时代码如下。

```
[root@slave2 hadoop]# bin/hadoop jar share/hadoop/mapreduce/hadoop- mapreduce-examples-2.7.1.jar pi 2 10
Number of Maps  = 2
Samples per Map = 10
17/05/30 17:09:54 WARN util.NativeCodeLoader: Unable to load native-hadoop library for your platform... using builtin-java classes where applicable
Wrote input for Map #0
Wrote input for Map #1
Starting Job
17/05/30 17:09:55 INFO client.RMProxy: Connecting to ResourceManager at master/10.30.248.5:8032
17/05/30 17:09:56 INFO input.FileInputFormat: Total input paths to process : 2
17/05/30 17:09:56 INFO mapreduce.JobSubmitter: number of splits:2
17/05/30 17:09:56 INFO mapreduce.JobSubmitter: Submitting tokens for job: job_1495286256909_0023
17/05/30 17:09:56 INFO impl.YarnClientImpl: Submitted application application_1495286256909_0023
17/05/30 17:09:56 INFO mapreduce.Job: The url to track the job: http://master:8088/proxy/application_1495286256909_0023/
17/05/30 17:09:56 INFO mapreduce.Job: Running job: job_1495286256909_0023
17/05/30 17:10:02 INFO mapreduce.Job: Job job_1495286256909_0023 running in uber mode : false
17/05/30 17:10:02 INFO mapreduce.Job:  map 0% reduce 0%
17/05/30 17:10:10 INFO mapreduce.Job:  map 100% reduce 0%
17/05/30 17:10:17 INFO mapreduce.Job:  map 100% reduce 100%
17/05/30 17:10:17 INFO mapreduce.Job: Job job_1495286256909_0023 completed successfully
17/05/30 17:10:17 INFO mapreduce.Job: Counters: 49
 File System Counters
  FILE: Number of bytes read=50
  FILE: Number of bytes written=347211
  FILE: Number of read operations=0
  FILE: Number of large read operations=0
  FILE: Number of write operations=0
  HDFS: Number of bytes read=522
  HDFS: Number of bytes written=215
  HDFS: Number of read operations=11
  HDFS: Number of large read operations=0
  HDFS: Number of write operations=3
 Job Counters
  Launched map tasks=2
  Launched reduce tasks=1
  Data-local map tasks=2
```

```
        Total time spent by all maps in occupied slots (ms)=11113
        Total time spent by all reduces in occupied slots (ms)=4195
        Total time spent by all map tasks (ms)=11113
        Total time spent by all reduce tasks (ms)=4195
        Total vcore-seconds taken by all map tasks=11113
        Total vcore-seconds taken by all reduce tasks=4195
        Total megabyte-seconds taken by all map tasks=11379712
        Total megabyte-seconds taken by all reduce tasks=4295680
    Map-Reduce Framework
        Map input records=2
        Map output records=4
        Map output bytes=36
        Map output materialized bytes=56
        Input split bytes=286
        Combine input records=0
        Combine output records=0
        Reduce input groups=2
        Reduce shuffle bytes=56
        Reduce input records=4
        Reduce output records=0
        Spilled Records=8
        Shuffled Maps =2
        Failed Shuffles=0
        Merged Map outputs=2
        GC time elapsed (ms)=293
        CPU time spent (ms)=4960
        Physical memory (bytes) snapshot=594358272
        Virtual memory (bytes) snapshot=2585853952
        Total committed heap usage (bytes)=603979776
    Shuffle Errors
        BAD_ID=0
        CONNECTION=0
        IO_ERROR=0
        WRONG_LENGTH=0
        WRONG_MAP=0
        WRONG_REDUCE=0
    File Input Format Counters
        Bytes Read=236
    File Output Format Counters
        Bytes Written=97
Job Finished in 21.906 seconds
Estimated value of Pi is 3.80000000000000000000
```

此时的监控界面如图 6-8 所示。

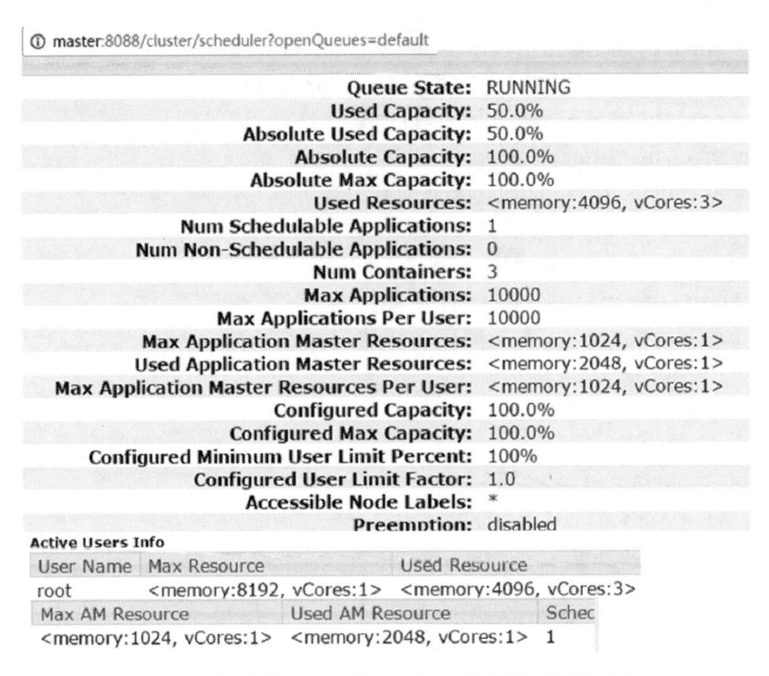

图 6-8　作业的运行时间及状态的监控界面（2）

其中，调度使用的计算能力只需 50%，container 3 个即可，运行作业时间为 21.906 s。

2）调节节点任务

如果任务数远小于集群可以同时运行的最大任务数，可以把调度策略从 capacity scheduler 修改为 fair scheduler，使得各个节点的任务数接近平衡。在默认情况下资源调度器在一个心跳周期会尽可能多地分配任务给前面的节点，先发送心跳的节点将领到较多任务。

修改参数如下。

```
$HADOOP_HOME/etc/hadoop/yarn-site.xml 配置文件中的 yarn.scheduler。
fair.max.assign 设置为 1（默认是-1）。
```

3）优化 shuffle，提高 map/reduce 作业性能

Hadoop 把 map 的输出结果和元数据存入内存环形缓冲区，默认为 100 MB。对于大集群，可以增加，例如，设为 200 MB。当缓冲区达到一定阈值，例如 80%，会启动一个后台线程来对缓冲区的内容进行排序，然后写入本地磁盘（一个 spill 文件）。

```
$HADOOP_HOME/etc/hadoop/mapred-site.xml:
mapreduce.task.io.sort.mb
```

默认值为 100 MB。

```
mapreduce.map.sort.spill.percent
```

默认值为 0.8 MB。

```
mapreduce.task.io.sort.factor
```

map 结果传到本地时，需要做 merge 合并动作。增加数值可增加 merge 的并发吞吐，从而提高 reduce I/O 性能。

默认值：10 个。

4）代码优化

复用 Writables（Reuse Writables）。

在代码中使用 new Text 或 new IntWritable 时，如果它们出现在一个内部循环或是 map/reduce 方法的内部，则要避免在一个 map/reduce 方法中为每个输出都创建 Writable 对象。

例如，如下的 Java 代码。

```
for (String word : words) {
  output.collect(new Text(word), new IntWritable(1));
}
```

这种代码对性能的影响：会导致程序分配出成千上万个短周期的对象，给 Java 垃圾收集器带来较大负担，大大影响性能。

性能改进方法：把 new Text、newIntWritable 放到循环外。

Hadoop 是个不断进化完善的生态系统。更多的性能优化方法有待学习者在实践中总结提炼。

6.3　高可用

如果一个系统经常出现故障，无法连续对外提供服务，会大大影响实际使用效果。保持服务的稳定性是系统运维中的重要工作，大数据系统也不例外。在系统设计、具体实施以及后期维护中，都需要考虑与高可用性（high availability，HA）相关的管理工作。

本章通过对系统高可用技术进行介绍，并结合大数据系统的特点，从系统架构、容灾、监控和故障转移角度进行具体的分析和阐述，最后从业务连续性管理入手，对灾备系统建设、应急预案和日常演练进行归纳和经验分享。

6.3.1　高可用概述

评估系统运行稳定性的关键指标是系统的可用性，可用性（availability）指的是系统的无故障运行时间的百分比，计算公式为：无故障运行时间/计划对外服务时间×100%。

例如，一个系统计划是每天 24 h 不间断地提供服务，一年的计划对外服务时间是 24×365=8760 h，如果在一年的运行时间中，因为故障或者变更中断了 10 h，则系统可用性就是(8760−10)/8760×100%= 99.89%。业界通俗的叫法用 N 个 9 来量化可用性，例如，可用性达到了 3 个 9，指的是可用性大于 99.9%。

系统架构一般采用一些高可用技术来减少故障中断时间，从而保障系统具备较高的可用性指标。高可用技术的核心思想是冗余，即关键部件拥有备份，备用的零部件在源部件故障或者维修时，能够及时替代原有部件的功能。而与此对应的，单点故障是影响可用性的关键风险点，在设计和实施过程中，要不断识别系统中存在的单点故障，并予以解决，以增加系统的整体可用性。除了部件冗余之外，及时对故障进行定位识别，通过系统化运维流程解决故障问题，缩短故障时间，也是提高系统可用性的有效手段。

当发生大规模故障时，例如，自然灾害导致的机房整体电力故障，对外网络被物理切断，在一定区域内的冗余部件也失效，此时就需要考虑相关的容灾方案。通过在其他地理区域的数据中心建立备份系统，例如，同城备份或者异地备份，可以避免此类灾难对可用性的影响。

6.3.2 高可用技术

1. 系统架构

1）机房环境

机房环境的高可用主要考虑的是电力和机柜分配两个方面。

（1）电力。为了不受区域电力供给停止或限制所造成的断电风险，规格较高的机房一般会考虑从多路变电站获得电力资源，同时对机房配备柴油发电机和 UPS（不间断电源），当外部电路同时出现供电故障时，优先通过 UPS 进行供电，随后启动柴油发电机再对 UPS 进行持续供电以确保电力资源不会中断。

（2）机柜。物理架构层面一般会在主机层面配置主备机，而主备机的放置遵循了不同机柜安装放置的原则，从而确保单一机柜故障同时影响主备两台机器。而机柜本身一般也会设置安全高度以防止水淹或者其他灾害的影响。

2）网络、主机、存储

网络是数据中心的核心，在当前系统环境中，没有了网络环境的支持，计算能力并没有实际的体现，甚至在大数据体系下网络环境也会对集群的计算能力有所影响。遵循冗余的思想，包括交换机、路由器、防火墙等数据中心的内部网络硬件一般都采用双机模式，而网络运营商也会类比电力资源选择多个不同网络运营商提供服务，并且在物理线路的铺设上也会遵循同类型线路从不同管道中走线。所有的这些工作都是确保在单个环境、硬件、线路出现故障时能无缝替换同类型网络资源，从而确保网络服务的持续可用。

主机是高可用方案中的主要部分，按照工作模式，主机层面的高可用技术可分为以下几种。

（1）主从模式。主机在正常工作时，备机处于监控准备状态。当主机发生故障时，备机主动切入环境并接管故障主机所负责的相关工作，等待主机恢复正常状态后，按照管理者或者运维人员的意愿以自动或者主动方式切换回主机，同时备机在主机故障时期内的数据一致性可以通过共享存储或者数据同步进行解决。

当然主从模式也有一定的网络配置要求，主从服务虽然有各自的 IP 地址，但是需要对外提供同一个虚拟 IP 或者虚拟域名，这是 HA 集群的首要技术保证。虚拟的 IP 通过代理方式配置到指定的主机或者从机的实际 IP 地址，而内部私网（private network）是集群内部通过心跳线连接成的网络，是集群中各个节点间通信的物理通道，通过 HA 集群软件来保证服务状态和数据的同步。不同的 HA 集群软件对于心跳线的处理各有技巧，当然其所对应的可靠性与成本也会相对有所差异。

（2）双机模式。两台主机不区分主从，同时运行各自的服务并同步监测对方主机的服务状态，当其中一台主机发生故障时，另一台主机主动接管对方主机的相关工作，以确保服务可用性的同时把故障主机的相关数据存放至共享存储中。

（3）集群模式。多台主机同步工作，共同承担整个集群下的所有服务，单个服务可能被定义一个或多个备用主机，当其中一台主机发生故障时，集群中其他的主机就可以直接代替接管故障主机的服务。

存储作为现阶段比较昂贵的设备，其硬件架构中的控制器与电源模块等部件都具备高可用的冗余要求，且其可用性参数也要高于 PC 服务器很多，所以在成本因素不作为特别关注的高可用方案中，可以选择双储备模式，录入的数据通过系统或者存储技术同步写入双存储设备中。而一般的方案中，单存储方案则是通用的大众选择。

3）数据库

在数据库领域中，不同产品在高可用技术应用的原理和实现上都略有区别，如表 6-5 所示。

表 6-5　常见的数据库高可用技术

技　术	概　述
MySQL Replication	通过异步复制多个数据文件以达到提高可用性的目的
MySQL Cluster	分别在 SQL 处理和存储两个层次上做高可用的复制策略。在 SQL 处理层次上，比较容易做集群，因为这些 SQL 处理是无状态性的，完全可以通过增加机器的方式增强可用性。在存储层次上，通过对每个节点进行备份的形式增加存储的可用性，这类似于 MySQL Replication
Oracle RAC	要集中在 SQL 处理层的高可用性，而在存储上体现不多。优点是对应用透明，并且通过 Heartbeat 检测可用性非常高；主要缺点是存储是共享的，存储上可扩展能力不足
Oracle ASM	主要提供存储的可扩展性，通过自动化的存储管理加上后端可扩展性的存储阵列达到高可用性

4）应用

在实现某些重要的功能业务时，通过负载均衡设备把服务分发给服务器上多个具备相同功能的应用实例，也可以保证应用的高可用性。例如，多个不同的用户登录服务时，负载均衡把类似的多个请求平均分配给多个进程进行处理，当其中一个实例发生故障时，负载技术会及时判断出故障的实例节点并排除出服务列表，转而由其他进程继续履行原有的业务功能。同样的设计也可以有效地降低对单个服务实例的并发压力，从而保证整体应用的稳定性和可控性。

通过持久化队列的技术，将应用之间的交互的数据或者请求缓存在队列中，这样突发的进程故障也不会影响数据本身，在队列重新启动后也可以迅速恢复。

在应用程序去访问外部资源时，例如，数据库、文件系统、其他应用程序，需要注意的是在配置时需要配置外部资源的服务地址；例如，应用程序访问数据库，必须要配置数据库的RAC服务地址，这样在数据库出现问题时，服务器地址会自动切换到正常服务上运行，保证应用程序还能够访问到数据库资源。如果配置了真实地址，当该地址指向的资源发生故障时，服务就会出现异常，无法自动恢复。

2. 容灾

通常情况下，谈到高可用技术时，讨论的内容主要都是围绕数据中心内部的各种保障技术，但当数据中心整体发生不可控的物理故障或者自然灾难时，就需要考虑通过容灾技术去做整体考量，在“6.3.3　业务连续性管理”中会对该内容进行详细阐述。

3. 监控

在综合应用了高可用技术体系、各个层次建设了对应的冗余模块后，另一个重要步骤就是实时地监控模块状态，及时对故障进行定位和后续处理。通过监控机制对整个服务过程进行详尽的记录。监控的3块主要内容包括：收集信息、根据收集的信息内容判断问题是否确实存在、生成告警内容或者自动处理。

在实际的生产运维中，像人们去医院体检一样，需要大量的监控指标来对系统运行情况做出综合判断，对故障发生位置进行精准定位。如表6-6所示，列举了一些常见的监控指标项和告警策略。

表6-6　监控指标项

监控类别	监控指标	监控内容
应用自身状态	服务进程状况	（1）对应用系统启动后进程进行监控，主要包括进程正常情况，进程名称、数量情况，僵死进程情况。 （2）不同服务器、不同用户的进程在设定时间范围内是否启动，例如，07:00—19:00，有一个进程缺失。 （3）是否在错误的时间启动，例如，批处理结束后，进程应该停止，但仍在启动状态。 （4）是否在错误的位置启动，例如，正常没有发生切换时，进程都在主服务器上启动，但是监控发现进程在备机也启动了，或者发现进程是在root用户下启动的。 （5）进程启动耗时监控。进程如果启动较慢，说明数据或者环境出现问题，需要监控。 （6）应用系统整体启动停止时间监控

续表

监控类别	监控指标	监控内容
应用自身状态	服务状态	监控应用进程所实现的某项服务是否处在健康状态。可通过调用应用服务接口判断应用服务是否正常，要求访问接口不会污染数据，不会影响应用业务。系统能处理登录、写入、查询、访问网页等来检查应用系统是否可用。具体监控内容如下。 （1）应用系统可以登录。 （2）Web 页面能正常访问。 （3）系统能处理事务。 （4）系统查询功能有效。 （5）Web Service 能正常调用。 （6）消息、数据和文件正常传输或同步，涉及上下游系统、与第三方机构接口、主备服务器间等。 （7）应用数据库可读可写。 （8）应用之间心跳机制正常。 （9）能够记录应用系统开启、失败时间。 （10）上下游系统之间可访问（数据库方式、消息通道、FTP 通道等）
	业务开关或可使用标志状态	在应用服务时期内，监控应用系统业务开关或可使用标志状态，确定应用系统是否可以提供服务
数据服务	数据及时性	凡是涉及数据加载和批量处理的应用系统，尤其是报表统计分析类系统，对数据加载和下发的及时性、批量完成的时间点都会有一定的要求。应根据预先设定的阈值对数据加载和批量完成及时性进行监控和报警，以便生产管理和维护单位提前通知业务部门，并且采取应急措施降低业务影响
	数据关键路径	由于应用系统耦合度较高，上下游应用系统及前后项批量形成了一个前后依赖甚至相互依赖的关系，处于关键路径的数据生成或处理步骤如果延迟，将对后续批量、下游应用系统产生重大影响。因此，有必要对关键路径上数据生成（批量）时间进行监控，以便及时采取措施减少可能的业务影响。 具体包括：关键（批量）数据的开始时间、完成时间及处理时间、关键数据的下发和到达时间
	数据完整性、正确性	批量数据是否完整、正确直接关系到对客户的服务质量甚至应用系统能否提供服务。 （1）批量处理前、后（下发）数据种类是否齐全、数据文件大小是否在正常范围。 （2）数据正确性监控是对重要的关键数据的值是否在正常范围内进行监控，一旦发生数据突变及时报警
	关键表记录变化情况	关键表作为应用系统的重要属性之一，关键表中记录数的变化应作为应用系统业务发展和应用系统运行的重要评价指标之一，通过关键表记录量变化情况分析，能及时了解业务服务状况、业务变化情况以及应用系统运行情况。 （1）日常情况下需要每日对应用系统关键表记录变化量进行统计。 （2）对关键表记录量监控时，要求在关键表记录量突然发生较大变化时报警

续表

监控类别	监控指标	监控内容
数据服务	关键业务数据获取、生成和发布	关键业务数据是否按预期生成和发布，监控方式如下。 （1）数据库中有预期数据产生。 （2）Web 页面有符合预期的数据显示。 （3）接收到预期消息。 （4）接收到预期文件
	关键数据按预期清空	监控数据按预期被清空，监控内容如下。 （1）数据库中有符合预期的数据清空。 （2）Web 页面有符合预期的数据清空。 （3）消息队列文件清除，例如，IMIX 清除消息队列文件
性能容量	用户数量（终端/API）	在线用户数量指应用系统当前使用该应用的用户总量。一方面在线用户量突然变大，可能造成系统性能问题；另一方面在线用户量突然变大也可能是由于应用系统异常造成。因此，要对在线用户数量及时监控报警，及时提醒相关维护人员进行处理分析。 （1）在线用户数（某段时间内访问系统的用户数，这些用户并不一定同时向系统提交请求）。 （2）并发用户数（某一物理时刻同时向系统提交请求的用户数）。 （3）单位时间内用户登录次数。 （4）平均/峰值用户数。 （5）日常情况下需每日对应用系统登录用户数进行统计，以计算用户活跃程度
	内存加载量	使用共享内存机制的应用系统需要监控内存数据加载量，如加载量突然变大，可能造成系统出现风险。例如，本币交易系统共享内存中加载了大量的本币基础数据（债券、机构、权限等）
	消息并发量	消息并发量指应用系统某个（类）事务在一定时间段内的并发处理量。事务并发量骤然变大可能造成此类事务处理缓慢甚至造成整个应用系统性能问题；事务并发量突然变大或者突然变小也可能是由于应用系统异常造成。通过对事务并发量监控报警，及时让维护人员进行处理分析。 （1）单位时间接收到的事务请求数，超过阈值报警。 （2）单位时间段内每个会话接收和发送的消息数量
	事务响应时间	事务响应时间作为应用系统提供服务效率的重要衡量指标之一，事务响应缓慢意味着提供业务服务效率存在问题，应用系统可能存在隐患、潜在的运行风险。应当设定事务响应时间阈值，处理缓慢的事务需要及时报警。 （1）关键事务处理时间，设定阈值，如查询处理时间超过则报警。 （2）每个会话接收和发送方向的消息延迟
批量作业	批量处理情况	监控批量处理情况。 （1）批量中断情况。 （2）批量错误信息监控
	批量开始时间	批量处理开始时间，超过预定时间报警
	批量结束时间	批量处理结束时间，超过预定时间报警
	批量加载时间	数据加载时间，超过预定时间报警
	批处理状态	对批处理状态进行监控

续表

监 控 类 别	监 控 指 标	监 控 内 容
应用占用系统资源	文件句柄数	进程加载或访问的文件数，超过阈值报警
	应用分区空间	空闲率超阈值、增长率超阈值报警
	应用文件增长情况	（1）监控（单个）日志文件量增长（绝对值、文件增长量）情况。 （2）监控（单个）应用队列文件增长情况。 （3）监控（单个）业务文件增长情况
	网络连接	（1）与其他提供服务的应用系统网络连接状态、通信链接数。 （2）半关闭网络状态连接。 （3）客户端发起的通信链接，在线/并发/峰值通信链接数、网络连接状态进行监控。 （4）服务端口。服务端口监听（listen）
	单个用户或请求进程占用的系统资源	并发会话数、文件句柄、网络连接、数据库连接数、CPU、内存、磁盘等
应用中间件（WebLogic、Tomcat）	WebLogic Server	（1）运行状态。如果不是 RUNNING 状态则报警，并将实际运行状态在报警内容中体现。 （2）健康状态。如果不是 HEALTH_OK 状态则报警，并将服务器健康状态在报警内容中体现。 （3）进程假死，如发现则报警
	线程池	（1）健康状态（health state）。如果不是 HEALTH_OK 状态则报警，并将线程池健康状态在报警内容中体现。 （2）占挂用户请求数（pending user request count）。如果大于指定值则报警，并且将占挂用户请求数在报警内容中体现。 （3）活动执行线程数/允许创建的最大线程数比例，大于阈值则报警。 （4）短时间内，WebLogic 执行线程数突然增加很多则报警。 （5）WebLogic 总空闲线程数/最大线程数比例持续较低则报警 （6）下述参数每次采样应记录：活动执行线程数（execute thread total count-execute threadidle count-standby thread count）、空闲线程数（execute threadidle count）、备用线程数（standby thread count）、已创建的总线程数（execute thread total count）、允许创建的最大线程数（Dweblogic. threadpool.MaxPoolSize）
	JVM	（1）堆内存空闲空间（heap free percent）比例。如果空闲率低于指定值，则报警，并且报警内容中体现内存使用情况。 （2）GC 使用情况监控，记录 GC 时间耗时，耗时过久报警。 （3）JVM 对 CPU 使用率突然增大则报警。 （4）JVM 中有死锁则报警。 （5）JVM 的下述参数每次采样记录在系统里：JVM 当前堆大小（heap size current）、当前空闲堆大小（heap free current）、当前已使用堆大小（heap size current – heap free current）、允许创建最大堆大小（heap size max）、空闲堆和最大堆比值（heap free percent）

续表

监控类别	监控指标	监控内容
应用中间件（WebLogic、Tomcat）	数据源	（1）数据源运行状态。如果不是 RUNNING 状态则报警，并且将数据源的运行状态在报警内容中体现。 （2）数据源部署状态。如果不是 ACTIVATED 状态则报警，并且将数据源部署状态在报警内容中体现。 （3）数据源创建监控，没有建立成功则报警
	连接池	（1）连接池健康状态。如果不是 OK 状态则报警，并且将数据源连接状态在报警内容中体现。 （2）数据源连接池若有等待连接的请求（waiting for connection current count），等待请求数超过指定值则报警，并且将等待请求数在报警内容中体现。 （3）数据源连接池若有连接泄漏（leaked connection count），连接泄漏数超过指定值则报警，并且将连接泄露数在报警内容中体现。 （4）"高阶"指定时间内，记录数据源连接处理请求最耗时的查询 （5）数据源连接池的下述参数记录在系统里：当前正在被线程使用连接数（active connections current count）、当前空闲连接数（num available）、当前容量（active connections current count+num available）、最大可建连接数（max capacity）、active connections current count/max capacity 百分比，并且大于指定值则报警
	App 状态	（1）运行状态。如果不是 STATE_ACTIVE 则报警，报警内容需包含应用程序运行状态，并且指明是在哪个 WebLogic Server 上异常。 （2）健康状态。如果不是 HEALTH_OK 则报警，报警内容需包含应用程序健康状态，并指明是在哪个 WebLogic Server 上异常
MQ	队列管理器	（1）队列管理器状态（QMgr status）。Running、Ended unexpectedly、Ended normally 等，一般正常状态需为 Running。 （2）命令服务器状态（command server status）。 （3）监控队列管理器中最大激活通道数的百分比（% max active channels）。 （4）当前已连接的激活通道数量（active channel connections）。 （5）当前队列管理器死信队列深度（DLQ depth）。 （6）当前队列管理器中通道连接的健康状况，主要根据通道状态判断（channel health）。 （7）当前队列管理器中队列的健康状况，主要根据队列深度判断（queue health）。 （8）当前队列管理器队列中的所有消息数量（total messages）。 （9）当前队列管理器传输队列中的所有消息数量（total messages on XMIT queues）。 （10）日志监控。每个队列管理器都有自己的错误日志，一般位置在"/var/mqm/qmgrs/队列管理器名/errors"目录

续表

监控类别	监控指标	监控内容
MQ	通道	（1）通道状态。 通道收到字节数（bytes received）； 通道发送字节数（bytes sent）； “基本”通道状态（channel status）； 当前队列消息序号（CurMsg SeqNo）； 消息批次号（curbatch luw id）； 通道最近一次处理消息的时间（last message date & time）； 通道消息传输速度（transmit KB/sec）。 （2）通道统计。 通道进入短重试状态后的重试次数（short retries）； 通道进入长重试状态后的重试次数（long retries）； 满足设定的通道类型和状态的所有通道的发送或接收字节数（total bytes sent/received）； 满足设定的通道类型和状态的所有通道的当前批量消息数量（total CurBatch messages）； 通道最大传输速度（max transmit KB/sec）。 （3）通道总体情况。 通道实例占用达到最大实例占用数某一百分比值（%max instances）； 多实例并发通道的平均接收/发送字节数（average bytes received/sent）； 多实例并发通道的平均消息接收数量（average message count）
	队列	（1）队列深度达到设定%（%full）。 （2）最新入队/出队时间（last put/read）。 （3）设定间隔时间内入队/出队的消息数量（msgs put/read）。 （4）每秒入队/出队的消息数量（msgs put/read per sec）。 （5）访问该队列的所有应用数量（total opens）。 （6）“基本”当前队列深度（current depth）。 （7）当前入队/出队打开线程数（input/output opens）。 （8）队列中最老消息已保留的时间（oldest msg age）
	事件（event）	WebSphere MQ 对某些异常情况做了事先的定义，称为事件（event）。一旦这种系统对于异常情况的定义条件满足了，也就是事件发生了。WebSphere MQ 会在事件发生时自动产生一条对应的事件消息 event message，放入相应的系统事件队列中。因此也可以通过实时监控这些事件队列来实现对系统的监控。 （1）队列管理器事件，即队列管理器的权限（authority）事件、禁止（inhibit）事件、本地（local）事件、远程（remote）事件、启停（start & stop）事件。 （2）通道事件，即通道及通道实例启停、通道接收消息转换出错、通道 SSL 出错。 （3）性能事件，即队列深度 HI/LOW 事件、队列服务间隔事件

续表

监 控 类 别	监 控 指 标	监 控 内 容
web 服务器（例如，apache）	apache 吞吐率	apache 每秒处理的请求数
	apache 并发连接数	apache 当前同时处理的请求数，详细统计信息包括读取请求、持久连接、发送响应内容、关闭连接、等待连接
	httpd 进程数	apache 启动的时候，默认就启动几个进程，如果连接数多了，它就会生出更多的进程来处理请求
	httpd 线程数目	有多种连接状态，例如，LISTEN、ESTABLISHED、TIME_WAIT 等，可以加入状态关键字进一步过滤
	提供网站服务的字节数	提供网站服务的字节数
	处理连接的耗时时间	处理连接的耗时时间

4. 故障转移

主机、存储、网络、数据库一般都是以心跳包机制来进行健康状态的监控。由管理模块向各个模块之间按照一定时间间隔发送心跳验证包，或者两个模块之间互相发送心跳验证包，如果超过设定的反馈周期，模块仍然没有响应，则判断该模块出现故障，备份模块接管该模块的服务，这个过程被称为故障转移（failover）。

在主备机的高可用系统中，在特殊情况下会发生脑裂（split-brain）的故障。

心跳线或者网络问题是这种故障的主要原因，故障导致主备或者集群节点间无法探测到彼此的心跳反馈，从而导致错误的故障状态判定，服务之间主动发起替换机制，互相争夺存储或者服务 IP/端口等机器资源，从而造成服务冲突。

为了有效解决脑裂问题，一般会引入一个独立于主备机或者集群服务之外的第三方模块作为领导者，由其来判定服务的替换者，并对外提供服务。

6.3.3 业务连续性

1. 灾备系统

1）概念和等级

由于人为或自然的原因，造成信息系统严重故障或瘫痪，使系统支持的业务功能停顿或服务水平不可接受、达到特定时间的突发性事件被称为灾难事件。例如，网络瘫痪、机房电力中断、地震、洪水等严重故障。

为了迅速将系统从灾难所导致的故障/瘫痪状态恢复到正常服务状态，并能快速将其原有功能达到可接受状态之上，而制订与设计的灾难应急机制被称为灾难恢复过程。灾备系统就是为了灾难恢复所建设的备份系统。灾备系统通常都建设在主数据中心一定距离以外的同城数据中心或者异地数据中心。

衡量灾备系统的指标主要有恢复时间目标（recovery time objective，RTO）和恢复点目标（recovery point objective，RPO）。RTO 指的是灾难发生后，信息系统或业务功能从停顿到必须恢复的时间要求。而 RPO 指的是灾难发生后，系统和数据必须恢复到的时间点要求。例如，灾难发生后，灾备系统花费了 1 h 将服务全部恢复，数据丢失了 15 min，则 RTO 是 1 h，RPO 是 15 min。

根据《信息系统灾难恢复规范》（GB/T 20988—2007），灾难恢复能力等级分为 6 个级别，如表 6-7 所示。

表 6-7　灾难恢复能力的 6 个级别

级　别	主 要 要 求
第一级	每周一次的数据备份，场外存放备份介质
第二级	每周一次的数据备份，有备用的基础设施场地
第三级	每天一次的数据备份，利用通信网络将关键数据定时批量传送至备用场地
第四级	每天一次的数据备份，利用通信网络将关键数据定时批量传送至备用场地，配备灾难恢复所需的全部数据处理设备，并处于就绪状态或运行状态
第五级	采用远程数据复制技术，并利用通信网络将关键数据实时复制到备用场地，配备灾难恢复所需的全部数据处理设备，并处于就绪状态或运行状态
第六级	远程实时备份，实现数据零丢失，具备远程集群系统的实时监控和自动切换能力

其中第六级的详细要求如表 6-8 所示。

表 6-8　灾难恢复能力第六级的详细要求

要　素	要　求
数据备份系统	（1）完全数据备份至少每天一次。 （2）备份介质场外存放。 （3）远程实时备份，实现数据零丢失
备用数据处理系统	（1）备用数据处理系统具备与生产数据处理系统一致的处理能力并完全兼容。 （2）应用软件是“集群的”，可实时无缝切换。 （3）具备远程集群系统的实时监控和自动切换能力
备用网络系统	（1）配备与主系统相同等级的通信线路和网络设备。 （2）备用网络处于运行状态。 （3）最终用户可通过网络同时接入主、备中心
备用基础设施	（1）有符合介质存放条件的场地。 （2）有符合备用数据处理系统和备用网络设备运行要求的场地。 （3）有满足关键业务功能恢复运作要求的场地。 （4）以上场地应保持 7×24 h 运作
专业技术支持能力	在灾难备份中心 7×24 h 有专职的计算机机房管理人员，专职数据备份技术支持人员，专职硬件、网络技术支持人员，专职操作系统、数据库和应用软件技术支持人员
运行维护管理能力	（1）有介质存取、验证和转储管理制度。 （2）按介质特性对备份数据进行定期的有效性验证。 （3）有备用计算机机房运行管理制度

续表

要　素	要　求
运行维护管理能力	（4）有硬件和网络运行管理制度。 （5）有实时数据备份系统运行管理制度。 （6）有操作系统、数据库和应用软件运行管理制度
灾难恢复预案	有相应的经过完整测试和演练的灾难恢复预案

灾备恢复等级越高，业务中断和数据丢失的时间越少，所要求的技术水平越高，但是建设和维护成本就相应地成倍增长。确定合适的灾难恢复等级，需要从实际业务需求角度出发，主要考虑因素是系统服务中断的影响程度。如果短时间的中断将对国家、外部机构和社会产生重大影响或者将严重影响单位关键业务功能并造成重大经济损失，则需要考虑建设第五等级或者第六等级的灾备系统；如果短时间中断造成的损失并不大，且用户可以容忍，则建设等级可以酌情递减。

建设和维护灾备系统，需要重点考虑的内容包括数据复制、切换技术以及应用交互。

2）数据复制

从复制过程上来区分，数据复制分为同步和异步两种方式。同步数据复制，指将本地数据以完全同步的方式复制到异地，每次本地 I/O 操作都需等待远程复制完成之后，才能予以释放。异步数据复制则是指将本地生产数据以后台同步的方式复制到异地，每次本地 I/O 交互都是正常释放，不用等待远程复制的完成。由于同步复制的等待过程，会造成本地系统 I/O 时间较长，且同步复制受制于网络时延，一般备份系统距离生产系统的网络线路不能超过 40 km，目前主要应用在数据中心内部局域网的备份，对于灾备系统的构建来说，基本采用异步复制。

而从复制技术上区分，主要分为基于数据库的复制、基于应用的数据复制、基于存储的数据复制。

（1）基于数据库的复制。基于数据库的数据复制，在异地建立一个与源数据库相同的数据库，两个库的数据库通过逻辑的方式实时更新，当主数据库发生灾难时可及时接管业务系统，达到容灾的目的。采用数据库层面的数据复制技术进行灾备建设具有投资少、无须增加额外硬件设备、可完全支持异构环境的复制等优点。但是，该技术对数据库的版本和操作系统平台有较高的依赖程度。

（2）基于应用的复制。应用层面的数据复制通过应用程序与主备中心的数据库进行同步或异步的写操作，以保证主备中心数据一致性，灾备中心可以和生产中心同时正常运行，既能容灾，还可实现部分业务的软负载，该技术与应用软件业务逻辑直接关联，实现方式复杂，实现和维护有一定难度。例如，开源软件 rsync 可以实现文件级别的同步，HBase 的 Replication 机制能够对数据文件进行多节点复制。

（3）基于存储的数据复制。存储复制技术是基于存储磁盘阵列之间的直接镜像，通过存储系统内建的固件（firmware）或操作系统，利用 IP 网络或光纤通道等传输界面连结，将数据以同步或异步的方式复制到灾备中心。当然，大部分情况下必须将同等存储品牌和同等型号的存储系统控制器进行交互作为前提。在基于存储阵列的复制中，复制软件运行在一个或多个存储控制器上，非常适合大规模的服务器环境。其主要原因是：独立于操作系统，能够支持 Windows 和基于 UNIX 的操作系统以及大型机（高端阵列），许可费一般基于存储容量而不是连接的服务器数量，不需要连接服务器上的任何管理工作。由于复制工作被交给存储控制器来完成，在异步传输本地缓存较大时可以有效避免服务器开销较大的问题，从而使基于存储阵列的复制非常适合适配关键任务和高端交易应用。这也是目前应用最广泛的容灾复制技术之一。

大数据系统的一个特点是数据增量很大，无论采用哪种复制方法，都要对网络带宽有合理的估算。例如，日新增数据为 500 GB，则每秒需要新增数据 5.7 MB，网络带宽需满足该种数据同步需求。如果数据量实在太大，则可以考虑错峰传输备份数据，避免主数据中心和备份数据中心间的网络拥堵，但是这会造成 RPO 时间变长。

3）灾备切换

灾备切换是一系列的组合操作，对服务之间的先后启动顺序有严格要求。例如，数据库作为资源的重要依赖需要优先启动，随后是服务中间件与其中的注册服务，最后才是网络的切换割接。最好的方式是通过操作手册和自动化切换脚本对切换的步骤进行固化，并定期安排灾备演练进行验证。

（1）网络切换。网络切换主要分为 IP 地址切换、DNS 切换、负载均衡切换。

IP 地址切换：生产中心和灾备中心主备应用服务器的 IP 地址空间相同，客户端通过唯一的 IP 地址访问应用服务器。在正常情况下，只有生产中心应用服务器的 IP 地址处于可用状态，灾备中心的备用服务器 IP 地址处于禁用状态。一旦发生灾难，管理员手工或通过脚本将灾备中心服务器的 IP 地址设置为可用，实现网络访问路径切换。

基于 DNS 服务器的切换：在这种方式下，所有应用需要根据域名来访问，而不是直接根据主机的 IP 地址来访问，从而通过修改域名和 IP 地址的对应关系实现对外服务的切换。

基于负载均衡设备的切换：负载均衡设备能够针对各种应用服务状态进行探测，收集相应信息作为选择服务器或链路的依据，包括 ICMP、TCP、HTTP、FTP、DNS 等。通过对应用协议的深度识别，能够自动对不同业务在主生产中心和灾备中心之间进行切换。

（2）应用切换。根据应用平时的启动状态，应用的备份方式主要有 4 种，如表 6-9 所示。

表 6-9　应用的备份方式

备份方式	灾备系统的应用启动状态
冷备	应用和系统软件都处在停止状态
温备	应用处在停止状态，数据库等系统软件处在启动状态
续表热备	应用处在启动状态，但不对外服务
双活	应用处在启动状态，同时对外服务

冷备和温备的应用在灾备切换时，需要启动应用程序。热备的应用在切换时需要更改应用状态；双活的应用在切换时只需要通过网络流量切换，把访问流量引导到灾备系统，RTO 最短。

（3）应用交互。具体的切换场景可以分为数据中心整体切换和部分切换，如果要做到部分切换，那么需要考虑应用的数据隔离、部分切换的服务交互机制、划分严格的切换边界。

如图 6-9 所示，在主中心，系统 A 和系统 B 都需要和系统 C 产生数据交互。当系统 A 区域发生严重故障，例如，硬件层面损坏，本地无法恢复，需要考虑进行灾备切换时，而系统 B 和系统 C 仍然工作正常时，最佳方案是将系统 B 和系统 C 保持现状，只切换系统 A。此时需要注意，系统 A 和系统 C 之间的应用交互方式需要支持跨数据中心的网络时延，通常都在 1 ms 以上，否则无法切换。另外，在系统 A 切换到备份数据中心运行时，需要对与 A 相关联的系统进行网络访问地址切换。

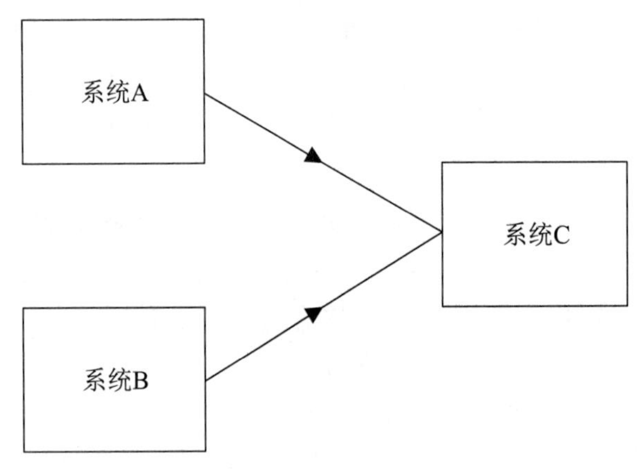

图 6-9　应用交互示意图

2．应急预案

为了方便在实际发生故障时能快速处理以恢复服务，需要对系统可能出现的各种故障做出详细预案。预案需要明确故障的适配场景、启用预案的触发条件、相关人员的职责，以及应急的操作步骤。其中，应急的操作步骤包括：可能的技术操作步骤，如重启进程；业务操作步骤，如发出通知。

以一个交通信息管理的大数据系统为例，应急预案可能包括以下几个方面。

（1）针对系统整体故障，切换到灾备系统的应急预案。

（2）针对系统某些模块故障，例如，个别服务器、网络等，需要在本地进行服务器切换的应急预案。

（3）处置接口数据传输的应急预案，例如，当正常的数据采集渠道出现问题时，如何把数据传输、导入到处理系统中。

（4）处置特定业务场景，例如，登录、搜索功能的应急预案。

（5）处置已知缺陷或者历史上发生过的问题的应急预案。

实际系统的风险点要求预案必须从实际情况出发，综合考虑业务需求和系统架构，制订包含适配场景的预案，并且要对预案进行及时更新、测试和演练，保证预案的有效性和可操作性。

3. 日常演练

定期对灾备切换等应急预案组织演练，主要有沙盘推演、模拟演练和真实切换。

1）沙盘推演

沙盘推演指的是不做任何技术或者业务操作，仅仅把应急预案推演一遍。通过推演，集中预案关联人员熟悉预案的内容，并讨论其中可能存在的问题与可操作性，验证预案中的组织方式和顺序关系。

2）模拟演练

模拟演练相对于沙盘推演又更接近真实场景，模拟演练一般在非生产的准正式环境进行。例如，在测试环境或者灾难备份环境中按照应急预案的内容，完成应急操作。模拟演练的逼真程度较高，通过模拟演练，能够发现技术层面和操作层面中存在的问题。

3）真实切换

当技术水平和管理能力达到较高层次，在对灾备系统建设和风险点的规避都已经比较成熟的前提下，一些企业或者组织会考虑通过真实切换，来验证备份系统的可靠性。通常，企业会选择在业务非高峰时段，停止生产系统，将访问流量切换到灾备系统进行处理。一般敢于做真实切换的企业，基本上灾备系统都做到了双活水平，RTO和RPO趋近于0，切换对用户访问不造成影响或者说用户的使用无感知异常。例如，阿里巴巴会在“双11”间隙进行部分硬件的随机断电从而验证其并发业务的可靠性。

习　　题

1. 通常变更的组织架构包括什么？
2. 一个系统24×365 h对外服务，年度中断服务20 h，则该系统的可用性为多少？
3. 简述脑裂现象是如何产生的，如何避免？
4. 请列出3种数据复制技术。
5. 请列出3种常见的监控指标项。

参考文献

[1] 刘鹏．大数据[M]．3版．北京：电子工业出版社，2017.

[2] 刘鹏，张燕．大数据实践[M]．北京：清华大学出版社，2018.

[3] 刘鹏，张燕．大数据系统运维[M]．北京：清华大学出版社，2018.

[4] 狄广义．数据中心灾备系统建设研究[J]．通讯世界，2017（23）：47-49.

基础应用开发

Python 作为基础开发的工具可以应用于众多领域，例如，组件集成、网络服务、数据分析、图像处理、科学计算和数值计算等。目前，几乎所有大中型互联网企业都在使用 Python 进行如大数据分析、爬虫、自动化运维等工作。本章将介绍 Python 的开发环境、Python 的背景以及 Python 语法，从而帮助读者能够进行基础的应用开发工作。

7.1 Python 简介

Python 是一个结合了解释性、编译性、互动性和面向对象的高级脚本语言。本节将对 Python 的背景进行全面介绍。

7.1.1 Python 的前世今生

Python 是由荷兰人吉多·范·罗苏姆（Guido van Rossum）在 1989 年圣诞节期间发明的，第一个公开的开源版发行于 1991 年 2 月。

1989 年的圣诞节期间，在阿姆斯特丹休假的吉多为了打发假期时间，决定自己开发一个新的脚本解释程序，并根据当时他最喜欢的 BBC 电视剧《蒙提·派森的飞行马戏团》（*Monty Python's Flying Circus*）将这门语言命名为 Python，而 Python 的意思是蟒蛇，因此 Python 语言的图标被设计成两条大蟒蛇相互纠缠的样子。

在吉多看来，Python 语言是 ABC 语言的一种继承，当时他参加设计 ABC 这种数学语言，认为 ABC 语言是非常优美和强大的，是专门为非专业程序员设计的。后来 ABC 语言并没有取得成功，吉多认为是 ABC 语言过于封闭，没有进行开放而造成的。吉多决心避免这一错误，在 Python 语言问世时，他在互联网上公开了源代码，并获取了非常好的效果；由于源码的公开，使得世界上更多热爱编程、喜爱 Python 的程序员能够一起完善 Python 的功能。目前，Python 由一个核心开发团队进行维护，而吉多仍然在引导 Python 发展的方向。

在全世界程序员共同的改进和完善下，Python 现今已经成为最受欢迎的程序设计语言之一。2004 年以后，Python 的使用率呈线性增长，TIOBE 发布的 2020 年 12 月排行榜显示，Python 语言的受欢迎程度在主流编程语言中排名第 3（见图 7-1），仅次于 C 和 Java，并且涨幅以+1.90%的正增量遥遥领先，预计有望成为有史以来四度夺得“年度编程语言”称号的编程语言，这也是 TIOBE 索引历史上的一个记录。

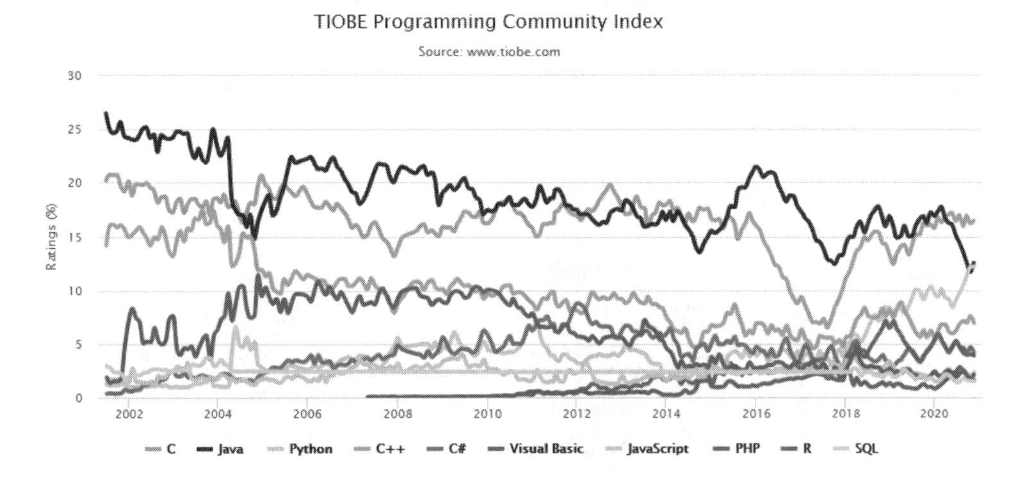

图 7-1　TIOBE 2020 年 12 月排行榜

Python 2.7 已于 2020 年 1 月 1 日正式停止维护，现在是 Python 3 的时代，Python 3 不兼容 Python 2，一些函数的使用和返回类型也有所改变，因此，本书选择 Python 3（3.9.0 版本）作为学习的对象。

7.1.2　Python 的应用场合

Python 可以应用于众多领域，例如，人工智能、云计算、大数据分析、机器学习、网络服务、爬虫、科学计算等。目前，互联网行业几乎所有大中型企业都在使用 Python。

Python 的主要应用领域如下所示。

- 人工智能：无人驾驶、AlphaGo 围棋。
- 云计算：OpenStack 开源云平台。
- 大数据：数据可视化、数据分析、大数据挖掘。
- 网络爬虫：Selenium、Scrapy、requests 等。
- 系统运维：自动化运维。

Python 在一些公司的应用情况如下。

- 谷歌：Google earth、Google 广告等项目都在大量使用 Python 开发。
- CIA：美国中情局网站是用 Python 开发的。
- NASA：美国航天局（NASA）大量使用 Python 进行数据分析和运算。

- ❑ YouTube：世界上最大的视频网站 YouTube 是用 Python 开发的。
- ❑ Facebook：大量的基础库均是通过 Python 实现的。
- ❑ Redhat：世界上最流行的 Linux 发行版本中的 yum 包管理工具就是用 Python 开发的。
- ❑ 高德地图：高德地图服务端部分是使用 Python 开发的。
- ❑ 腾讯：腾讯游戏运维平台——无人值守引擎，大量使用 Python。
- ❑ 豆瓣：该公司几乎所有的业务均是通过 Python 开发的。
- ❑ 知乎：国内最大的问答社区是使用 Python 开发的。

除此之外，还有网易、百度、阿里巴巴、新浪等公司也都在使用 Python 完成各种各样的任务。

7.1.3 Python 的特性

Python 语言简单易学，被广大编程人员所喜爱。其适用性强，用途广泛，无论是初学者还是具备一定编程经验的程序员，都可以快速上手使用。在开始使用 Python 编写代码之前先解一下 Python 具有的一些特性，对今后的学习将大有裨益。

Python 是一门易读、易维护的编程语言。因为吉多的设计哲学就是要让 Python 程序具有良好的可阅读性，就像是在读英语一样，尽量让开发者能够专注于解决问题而不是去搞明白语言本身。Python 程序语法简单，但编写时需使用规范的代码风格。吉多设计 Python 时采用强制缩进的方式，让代码的可读性更高。另外，PEP8 代码编写规范也是 Python 的开发者非常乐于遵从的标准之一。

Python 是面向对象的高层语言。在使用 Python 语言编写程序时，无须考虑程序所使用的内存等一类的底层细节问题。

Python 语言是免费且开源的，是 FLOSS（自由/开放源码软件）之一。免费并开源的 Python 让使用者毫无限制地阅读它的源代码、对软件源代码进行更改或者应用到新的开源软件中，让它得到更好的维护和发展。

Python 是解释性语言。Python 语言编写的程序不需要编译成二进制代码来运行，而是通过 Python 解释器将源代码转换翻译成计算机使用的机器语言来运行。也正是因为代码在执行时会逐行地翻译成 CPU 能理解的机器码，这个翻译过程非常耗时，所以 Python 程序的运行速度和 C 程序相比非常慢。但是在实际应用中，由于网速等其他外部因素，用户几乎察觉不到运行速度的差别。

Python 是可移植的。由于它是解释性语言且开源，因此无须修改即可移植到大多数平台并流畅运行，这些平台包括常见的 Linux、Windows、Mac 和移动客户端的 Android 等。

Python 是可扩展和可嵌入的。在 Python 程序中，如果用户想要一段关键代码运行得更快或者某些算法不便公开，可以选择使用 C 或 C++来编写这部分内容，再编译成二进制的库，然后即可在 Python 程序中进行调用。

Python 提供了丰富的库。Python 的标准库很庞大，可以用来帮助处理各种工作，包括正则表达式、单元测试、线程、数据库、网页浏览器和其他与系统有关的操作。除了标准库以外，还有许多其他高质量的库来提供支持，例如，wxPython、Twisted 和 Python 图像库等。

7.2　Python 语法

声明变量时，Python 使用表达式去创建和处理对象。如果添加一些逻辑控件，就形成了语句，也可以说表达式组成了语句，所以语句是 Python 程序的基础。

7.2.1　Python 赋值语句

1. 赋值语句

Python 中赋值语句的作用是创建一个对象的引用，主要有以下两种赋值方式。

1）基本赋值方式

```
> a = 5  # 赋值语句
```

a = 5：就相当于创建了一个变量 a，指向内存里存储的 5 这个对象，这就是一个基本的赋值方式。

2）理解赋值逻辑

通过一个图来演示变量 a、对象 5 在内存中存储的情况。声明变量涉及两个部分，一个是变量表，用来存储变量名称，另外一个是内存存储区域。

当输入 a = 5 时，内存区域会分割一块存储空间，存储数值 5；然后将变量 a 指向内存里存储的对象 5。相当于在内存存储区域里先有对象 5，然后在变量表里出现一个 a，并且指向 5，这个指向也可以称为“引用”。

图 7-2 显示了变量的类型与变量的名称无关，即变量本身没有类型约束，在声明变量时不需要声明变量名称的类型，原因在于它的类型取决于它所关联的对象。Python 的变量本身没有类型，即这个“a”是没有类型的，它的类型是跟 5 依附在一起的。

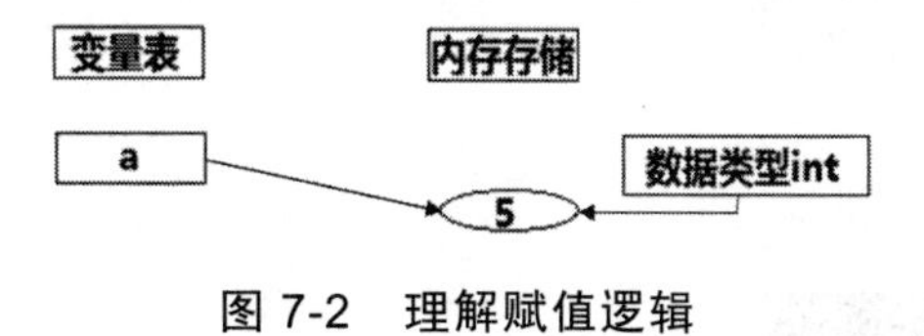

图 7-2　理解赋值逻辑

赋值语句的语法虽然简单，但需要用户仔细理解 Python 中的赋值逻辑。这种赋值逻辑影响着 Python 的方方面面，理解了赋值逻辑，就能更好地理解和编写 Python 程序。如果用户有 C 语言的编程经验，便会知道，在 C 程序中变量保存了一个值，而在 Python 中变量指向一个值。变量只是作为一种引用关系而存在，不再拥有存储功能。在 Python 中，每一个数据都会占用一个内存空间，而数据在 Python 中被称为对象

（Object）。

一个整数 5 是一个 int 型对象，hello 是一个字符串对象，而[1, 2, 3]是一个列表对象。

下面来正确理解“赋值语句 a = 5 相当于创建了一个变量 a，指向内存里存储的对象 5”这句话的含义。

看下面的示例。

```
>>a = 5
>>a = a + 5
```

第一个赋值语句表示 a 指向 5 这个对象，第二个语句表示 a 指向 a + 5 这个新的数据对象。可以按如下方式理解。

```
a ➞ 5
a ➞ a + 5
```

Python 把一切数据都看成“对象”。它为每一个对象分配一个内存空间。一个对象被创建后，它的 id（identity，意为身份、标识）就不再发生变化。

在 Python 中，可以使用全局内置函数 id(obj)来获得一个对象 obj 的 id，可以看作是该对象在内存中的存储地址。全局内置函数不需要引用任何的包而直接使用。

```
>> a = 5
>> print(a)
```

运行结果为：5

```
>> id(a)
```

运行结果为：1420290640

```
> >id(5)  #注意：此时 5 和 a 的存储地址相同
```

运行结果为：1420290640

```
>> a = a + 5
>> print(a)
```

运行结果为：10

```
>> id(10)
```

运行结果为：1420290800

```
> >id(a)   #此时 a 和 10 的地址相同
```

运行结果为：1420290800

```
>> id(5)  #注意：此时对象 5 依然存在！
```

运行结果为：1420290640

说明：变量a前后地址的变化说明变量是指向对象的。

一个对象被创建后，不能被直接销毁。因此，在上面的示例中，变量a首先指向了对象5，然后继续执行a + 5，a + 5产生了一个新的对象10，由于对象5不能被销毁，则令a指向新的对象10，而不是用对象10去覆盖对象5。在代码执行完成后，内存中依然有对象5，也有对象10，只是此时变量a指向了新的对象10。

如果没有变量指向对象5，Python 会使用垃圾回收机制来决定是否回收它。

在Python内部有一个垃圾回收机制，当侦查到在特定时间内没有变量引用某一个对象，这个对象将被回收，释放它所占用的资源。Python内部有一个引用计数器，垃圾回收机制就根据引用计数器来判断是否有引用，以此来决定是不是在合适的时候来自动释放，清空所占的资源。

上面的示例说明，由旧的对象交互而新生成的数据会放在新的对象中，旧的对象不会变动。因此，当两个对象的交互可以产生一个新的对象时，不会对原对象产生影响。

2．动态特性和共享引用

Python具有动态特性，特征如下。

```
> >x = 20
>> x = 'Jerry'
```

以上两行代码说明可以给同一个变量赋不同的值，这体现了Python的动态特性。

Python的“共享引用”指的是多个变量引用同一个对象，同一对象指的是通过id检查的内存地址相同。

```
>> y = 'Tom'
>> z = 'Tom'
>> id('Tom')
```

运行结果为：51365008

```
>> id (y)
```

运行结果为：51365008

```
>> id(z)
```

运行结果为：51365008

以上测试结果证明了当给不同变量赋同一个值时，它们会共享一个内存对象。上面的示例中，y和z都指向内存中的同一个对象Tom，可以通过图7-3来理解。

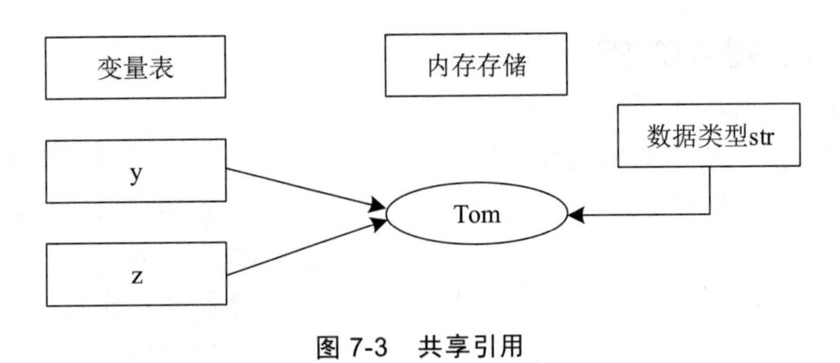

图 7-3 共享引用

接下来再看一个示例。

```
> >a = 50
>> b = 50
>> a == b
```

运行结果为：True

注意：判断相等其实有两种意义。一种是通过表达式 a == b 判断 a 和 b 存储的字面值是否相等，即它们是否都是 50；另一种是通过调用函数 id 来检查 a 和 b 是否指向了同一个对象。

当在实际开发过程中，判断两个变量是否指向同一个对象，即判断它们的地址是否相同时，除用 id 函数来进行检测以外，也可以用操作符“is”来进行判断。

```
>> a is b
```

运行结果为：True

1）序列赋值

```
>> a,b,c = 1,2,3
```

等价于：

```
>> a = 1
>> b = 2
>> c = 3
```

以上以逗号隔开完成了对多个变量的赋值操作，它其实就是一个 tuple 元组。

2）多目标赋值

多目标赋值就是将同一个值赋给多个变量的一种赋值方式。

```
>> a = b = c = 1
```

3）增强赋值或参数化赋值

有的时候希望将某个变量的值在它本身原有值的基础之上做一个操作之后再重新赋值，替换掉它原有的值。

```
>> x += 1
```

等价于：

```
>> x = x + 1
```

【例 7-1】交换两个变量的值。

```
>> a, b = 5, 10
>> a, b = b, a
>> print(a,b)
```

运行结果为：10 5

在其他语言里，例如，Java、C、C++等都至少需要 3 行以上的代码才能完成两个变量值的交换，而在 Python 里只需要一行代码即可完成将两个变量的值交换。

在介绍 Python 的其他语句之前，先看一下 Python 流程控制里的顺序执行及基本的输入输出。

顺序执行是流程控制里默认的代码执行方式，代码的执行顺序和程序代码的编写顺序是一致的。

【例 7-2】输出一个学生 3 门课程的成绩：数学、英语、物理。

```
>>score_m = 89
>>score_e = 95
>>score_y = 78
>>print("数学成绩：" + str(score_m))
>>print("英语成绩：" + str(score_e))
>>print("物理成绩：" + str(score_y))
```

运行结果为：

```
数学成绩：89
英语成绩：95
物理成绩：78
```

程序执行顺序与书写顺序一致。

以上程序中的数据是在程序运行前设定好的，但有些时候可能需要在程序的运行过程中，由编程人员或者软件使用人员向程序输入一些数据进行处理。这就要用到输入函数。

3. input()函数

控制台上的输入是通过全局函数 input()来实现的，input()函数接收用户从控制台上输入的信息，默认类型为 str（字符）类型，根据需要可以把它转换为特定的数据类型。

如果想在用户输入数据的时候给用户一些提示，可以在 input()函数中传入一个含提示信息的参数。

【例 7-3】假设希望在程序运行过程中输入学生的成绩，即将写定的数据变成由控制台操作人员动态来输入，则可以对相应的程序进行如下修改。

```
>>score_m = input("请输入数学成绩：")
>>score_e = input("请输入英语成绩：")
>>score_p = input("请输入物理成绩：")
>>print("数学成绩：" + str(score_m))
>>print("英语成绩：" + str(score_e))
>>print("物理成绩：" + str(score_p))
```

运行结果为：

```
请输入数学成绩：89
请输入英语成绩：95
请输入物理成绩：78
数学成绩：89
英语成绩：95
物理成绩：78
```

说明：89、95、78 三个数值是运行程序后用户从键盘输入的数据。

4．eval()函数

eval()函数将 str 型数据当成有效的表达式来求值并返回计算结果，它会将字符串左右两端的引号去除。

```
>> s = 123
>> eval("s + 1")
```

运行结果为：`124`

```
>> s1 = "[1,2,3]"
>> ls = eval(s1)    #将由列表构成的字符串还原为列表
>> ls
```

运行结果为：`[1, 2, 3]`

【例 7-4】在上例的基础上计算 3 门课程的平均分。

```
>>score_m = input("请输入数学成绩：")
>>score_e = input("请输入英语成绩：")
>>score_p = input("请输入物理成绩：")
>>average = (eval(score_m) + eval(score_e) + eval(score_p)) / 3
>>print("三门课的平均成绩 = ", average)
```

运行结果为：

```
请输入数学成绩：89
请输入英语成绩：98
请输入物理成绩：78
三门课的平均成绩 =  88.33333333333333
```

说明：89、98、78 三个数值是运行程序后用户从键盘输入的数据。

平均成绩的输出是通过 print()函数来完成的。

5．print()函数

这里 print()函数只是简单地打印一个对象或者变量的值，事实上 print()函数还有一些常用的参数，在实际开发工作中使用起来非常灵活。

如果希望用一行特殊的字符来对前后行的输出内容进行分隔，如用 20 个“=”来分隔前后两行输出的内容，可以利用 print(“=”*20)语句来达成目标。

```
>>score_m = 89
>>score_e = 95
>>score_p = 78
>>print("数学成绩：" + str(score_m))
>>print("="*20)
>>print("英语成绩：" + str(score_e))
>>print("="*20)
>>print("物理成绩：" + str(score_p))
```

运行结果为：

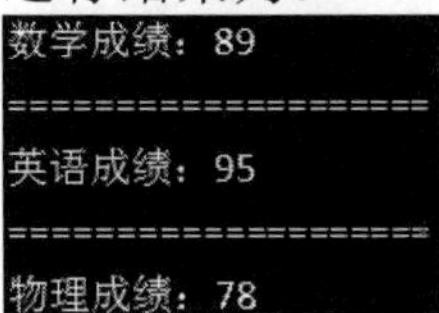

（1）多个变量输出到一行，默认用空格进行分隔。

```
>>print(score_m, score_e, score_p)
```

运行结果为：89 95 78

将用逗号分隔的多个内容输出到一行，分隔符是空格。

（2）多个变量输出到一行，改变它们之间的分隔符。

如果希望输出的内容之间用其他的分隔符进行分隔，可以进行如下操作。

```
>> print(score_m, score_e, score_p, sep="|") # sep：separator；竖线作为分隔符
```

运行结果为：89|95|78

其实这里可以以任意字符作为分隔符，即 print()函数可以手动指定分隔符。

（3）多行 print()函数输出在一行上。

在 print()函数的参数表中，有一个指定终止符号的参数 end，默认情况下是换行符，即 end=‘\n’。因此，可以通过指定终止符把多个 print 语句的输出内容输出到一行。

```
>>print(score_m, end=',')  #指定终止符为“,”，即输出 score_m 之后会输出一个逗号
>>print(score_e, end=',')
>>print(score_p)  #默认终止符为换行符“\n”，即输出 score_p 之后光标换到下一行
```

运行结果为：89,95,78

print()函数默认的分隔符是一个空格，默认的终止符号是一个换行符“\n”。

6．数字的格式化输出

通过格式化字符串来指定输出数字的格式或者位数。

1）输出指定位数的小数

```
>> salary = 8500.3353
>> print("薪资：{:.2f}".format(salary))
```

格式化输出中，花括号里的“:”表示对在当前位置出现的值进行格式化处理，“.2f”表示对后面的值以浮点型来输出，但只保留 2 位小数，第三位进行四舍五入。

运行结果为：薪资：8500.34

2）输出千位分隔符

如果想让输出的值加上“,”千位分隔符，可以使用如下的形式。

```
>> print("薪资：{:,.2f}".format(salary))
```

运行结果为：薪资：8,500.34

3）输出固定宽度的数值

若想指定整体数字输出的宽度，则形式如下。

```
>> print("薪资：{:12,.2f}".format(salary))
```

运行结果为：薪资：   8,500.34

说明：“{:12,.2f}”中的“12”表示总的宽度，默认右对齐，位数不够时前面补空格；“,”表示千分位分隔符；“0.2f”表示保留两位小数。

```
>> x = 568.25766
>> print("{:8.2f}".format(x))    #宽度 8 位，不足 8 位前面补空格
```

运行结果为： 568.26

```
>> print("{:08.2f}".format(x))    #宽度 8 位，不足 8 位前面补 0
```

运行结果为：00568.26

有时需要在控制台上输出多行内容，每一行有多列内容，但每一行有长有短，这时可以使用上述方式保证排版整齐。

print()函数更多的使用方式可以通过 help(print)命令进行查阅。

```
>> help(print)
```

7.2.2 顺序结构

顺序结构是一个程序中最为简单也最为基本的结构，其按照代码的排列顺序自上而下执行。例如，交换两个变量的值，代码如下。

```
>>a,b = 3,5
>>print("a = ", a,"b = ",b)
>>a,b = b,a
>>print("a = ", a,"b = ",b)
```

运行结果为：

```
a =  3 b =  5
a =  5 b =  3
```

这里，要正确理解语句“a, b = b, a”。系统实际上是把右边的两个变量当作元组(b,a)进行赋值，相当于执行了以下 3 步操作。

（1）temp = (b,a)　把元组(b,a)赋值给一个临时变量 temp。

（2）a = temp[0]　把 temp 的第 1 个元素即 b 的值取出来赋值给变量 a。

（3）b = temp[1]　把 temp 的第 2 个元素即 a 的值取出来赋值给变量 b。

7.2.3　选择结构

有的时候希望程序的运行逻辑根据条件有所选择来执行，例如，学生某门课程的期末考试成绩如果没有及格就需要重修，如果大于等于 60 分，就不用重修。这仅是一种选择的情况，还有多种选择的情况。例如，商家促销的时候往往需要根据顾客购买数量的不同而给予不同的折扣。

选择结构的基本结构如下。

```
if 条件表达式:
   语句块 1
else:
   语句块 2
```

如果条件成立，执行语句块 1 的操作，然后执行 if 语句之后的操作。如果条件不成立，则执行语句块 2 的操作，然后再执行 if 语句之后的操作。

【例 7-5】根据输入的数是否大于 0 而输出不同的提示信息。

```
>>x = input("请输入一个数值：")
>>y = eval(x)
>>if y >= 0:
>>      print("你输入的是一个正数！")
>>else:
>>      print("你输入的是一个负数！")
```

运行程序后，如果输入的是数值 3，则得到以下的输出结果：

```
请输入一个数值：3
你输入的是一个正数！
```

运行程序后，如果输入的是数值-6，则得到的输出结果如下：

```
请输入一个数值：-6
你输入的是一个负数！
```

1. 条件表达式

所谓表达式是指由运算符（算术运算符如表 7-1 所示，关系运算符如表 7-2 所示，逻辑运算符如表 7-3 所示）将常量、变量和函数联系起来的有意义的式子。

表 7-1 常用的算术运算符

运 算 符	描 述
+	加法。两个数进行加法运算
-	减法。两个数进行减法运算
*	乘法。两个数进行乘法运算
/	除法。两个数进行除法运算
%	取模。得到两个数整除之后的余数
**	幂。符号左边为底数，右边为指数进行幂运算
//	取整。得到两个数相除之后的整数部分

表 7-2 关系运算符

运 算 符	描 述
==	相等。3 == 3，返回 True；3 == 4，返回 False
!=	不等。3 != 4，返回 True；3 != 3，返回 False
>	大于，4 > 3，返回 True；4 > 4，返回 False
<	小于，3 < 4，返回 True；4 < 3，返回 False
>=	大于等于，4 >= 3，返回 True；3 >= 4，返回 False
<=	小于等于，3 <= 3，返回 True；3 <= 2，返回 False

表 7-3 逻辑运算符

运 算 符	描 述
and	布尔"与"。如果符号左边数为 0（False）则为左边数，否则为右边数
or	布尔"或"。如果符号左边数非 0（False）则为左边数，否则为右边数
not	布尔"非"。值为 True 则转换为 False，为 False 则转换为 True

条件表达式只有 True 或 False 两个值。条件表达式的值应该为布尔类型，因此所有值为布尔类型的数据都可以作为条件表达式出现在选择结构中。

在此处，大家只需要记住：True 的值为 1，False 的值为 0。但是当作为条件来进行判断时，非 0 即为真（True），0 即为假（False）。

```
>> 1 + True   #参与运算时，True 为 1，False 为 0
```

运行结果为：2

```
>> 1 + False
```

运行结果为：1

```
>> if 3:
```

```
>>     print("非 0 即为真！")
```

运行结果为：非 0 即为真!

```
>> if 0:
>>    print("若不输出此内容，说明 0 表示假！")
```

说明：0 表示假，条件不成立，因此，不执行 print()函数，没有信息输出。

2．单分支结构

单分支结构是选择结构中最为简单的一种形式，其中用冒号（:）表示语句块的开始。其语法格式如下。

```
if 条件表达式:
   语句块 1
```

当条件表达式为真时，执行语句块 1，否则不执行。

```
>> x = 3
>> y = 4
>> if x < y:
>>    print(x)
```

运行结果为：3

3．二分支结构

二分支结构是在单分支结构上，补充当条件表达式不成立时的情况，其语法格式如下。

```
if 条件表达式:
    语句块 1
else:
    语句块 2
```

当条件表达式值为 True 时，执行语句块 1，否则执行语句块 2。

```
>> x = 3
>> y = 4
>> if x > y:
>>    print(x)
>> else:
>>    print(y)
```

运行结果为：4

由此可见，程序中语句 1 不会执行，只会执行条件表达式不成立时所对应的语句。

Python 中二分支结构还有一种更为简洁的语法格式。

```
<表达式 1> if <条件> else <表达式 2>
```

作用：如果条件成立，结果为表达式 1 的值，否则为表达式 2 的值。

4. 多分支结构

当处理多个选择情况时，通过多个 if...else...语句嵌套太过麻烦，Python 提供了多分支情况下的处理方式，其基本语法结构如下。

```
if 条件表达式 1:
    语句块 1
elif 条件表达式 2:
    语句块 2
elif 条件表达式 3:
    语句块 3
else:
    语句块 n
```

其中，elif 是 else if 的缩写。

【例 7-6】某淘宝店的商品在进行打折促销，购买 1 件商品不打折，购买 5 件及其以上打 8 折，购买 8 件及其以上打 7 折，购买 10 件及其以上打 5 折，购买 15 件及其以上打 3 折。每件商品单价 3 元，假设顾客购买的商品数量通过 input()函数输入，编程计算该顾客所需支付的总价。

```
>>number = input("请输入你要购买的商品数量：")
#由于 input()函数得到的是字符型数据，通过 eval()函数还原为数值性数据
>>number = eval(number)
>>price = 3
>>if number < 5:
>>      total = number * price
>>elif number < 8:
>>      total = number * price * 0.8
>>elif number < 10:
>>      total = number * price * 0.7
>>elif number < 15:
>>      total = number * price * 0.5
>>else:
>>      total = number * price * 0.3
>>print("支付总价 = " + str(total) + "元")
```

运行结果为：

```
请输入你要购买的商品数量：3
支付总价 =9 元
请输入你要购买的商品数量：13
支付总价 =19.5 元
```

运行以上程序后，根据输入数据的不同会得到不同的结果。

7.2.4　循环结构

顺序结构和选择结构已经可以解决大多数问题，但是当需要对一大堆数据进行同样的操作时，可以采用循环结构来解决这个问题。

1. 遍历循环或者称为迭代语句

Python 中最典型的迭代语句是 for…in 遍历循环，也称之为遍历语句。

Python 中的 for…in 遍历循环可以遍历任何序列的项目，例如，一个列表或者一个字符串。

遍历循环的语法格式如下。

```
for 变量 in 迭代对象:
    循环体
```

该遍历循环不是计数循环，循环变量依次从迭代对象（遍历结构）中获取元素，对象（结构）中的元素获取完了，循环就结束了，循环的次数由迭代对象中元素的个数来决定。对获取的每个元素都要执行循环体里的操作，除非遇到 break 或者 continue 语句。

【例 7-7】打印 1～5 的值，代码如下。

```
>> for i in range(1,6):
>>      print(i)
```

运行结果为：

```
1
2
3
4
5
```

其中 range()函数返回一个 range 的可迭代对象。

【例 7-8】理解不是计数循环的含义。对比上一个示例中输出的结果。

```
>>for i in range(1,6):
>>      print(i)
>>      i = i + 3
```

运行结果为：

```
1
2
3
4
5
```

上面的程序虽然在循环体里面改变了变量 i 的值，但输出结果并没有变化。原因是该遍历循环执行时变量依次从迭代对象 range(1,6)中取出元素，第 1 次循环时取第 1

个元素，第 2 次循环时取第 2 个元素，以此类推。虽然在第 1 次循环时，在循环体中执行 i = i + 3 使得 i 的值为 4，其实，这里是 i 指向对象 4（请参考“7.2.1 Python 赋值语句”中“（2）理解赋值逻辑”中的内容）；但是进入第 2 次循环时，变量 i 重新获得迭代对象 range(1,6)的第 2 个元素 2，即变量 i 指向对象 2，所以第 2 次循环输出的 i 值仍为 2；如此继续，直到迭代对象 range(1,6)中的元素被遍历完，结束循环。

请注意理解 Python 中的 for…in 循环，有遍历循环或者迭代语句的含义，所以，通常称其为 for…in 遍历循环或者 for…in 迭代语句，一般不会简称为 for…in 循环，以避免引起理解上的混淆。

2. while 循环

for…in 遍历循环是当遍历完迭代对象后就结束循环，对于它的循环次数实际上是已知的，例如，有代码如下。

```
>> print(len(range(1,6)))   #len()：求序列的元素个数
```

运行结果为：5

虽然已知它的循环次数，但此时不能以如下的方式来使用。

```
>>for i in len(range(1,6)):   #len()的结果是一个整数
>>        print(i)
```

运行结果为：

```
Traceback (most recent call last):
   File "<pyshell#49>", line 1, in <module>
      for i in len(range(1,6)):   #len()的结果是一个整数
TypeError: 'int' object is not iterable
```

出错信息表明 len(range(1,6))是一个整数而不是一个可迭代序列，for…in 关键字 in 后一定要跟一个可迭代对象。

所以，当循环次数可以确定时，通常会采用 for…in 遍历循环，利用 range()函数来控制循环的次数。当循环次数不确定时，通常采用 while 循环，通过 while 语句的条件表达式来确定循环是否还要继续进行。

while 循环的语法格式如下。

```
while 条件表达式:
      循环体
```

只要条件表达式的值为真，就要执行循环体里的操作，直到条件为假退出循环。

【例 7-9】求和。计算 s = 1 + 2 +3 + ... + 10。

```
>>sum=1
>>i=1
>>while i <= 10:
>>      sum += i
```

```
>>      i += 1
>>print("sum = ", sum)
>>print("i = ", i)    #测试循环结束时变量 i 的值
```

运行结果为：

```
sum =   56
i =   11
```

由于最后一次执行循环体里的操作后 i 的值大于 10，导致条件不成立，退出循环，因此，退出循环后输出的 i 值为 11。

3．continue 语句与 break 语句

continue 语句与 break 语句可以用在 for…in 遍历循环与 while 循环中，一般与选择结构配合使用，二者的区别在于 continue 语句仅结束本次循环，即跳过本次循环中循环体里尚未执行的操作，但不跳出循环本身。而 break 语句则是结束整个循环（如果是嵌套的循环，它只跳出最内层的循环），以下实例说明了二者的区别。

【例 7-10】计算 1～5 的偶数之和。

```
>>sum=0
>>i=1
>>while i < 5:
>>      i += 1
>>      if i%2 != 0:
>>            continue
>>      sum += i
>>print("sum = ",sum)
```

运行结果为：

```
sum =   6
```

以上程序完成了 1～5 偶数相加的操作。当 i 的值为奇数时，条件 i%2 != 0 成立，执行 continue 语句，跳过语句 sum += i。因为 continue 语句的作用是当流程执行到 continue 语句时就结束本次循环，即不执行 sum += i，而直接进入下一次循环。所以，最终求得的是 2+4 的结果。

请将以上程序中的 continue 语句修改为 break 语句，其他代码行不变，观察输出的结果。看最后输出的 sum 等于多少。

```
>>sum=0
>>i=1
>>while i < 5:
>>      i += 1
>>      if   i%2 != 0:
>>            break
>>      sum += i
>>print("sum = ",sum)
```

运行结果为：

```
sum =    2
```

程序执行到 i 为 3 时，条件表达式 i%2 != 0 的值为真，执行 if 中的 break 语句，而 break 语句的作用是结束整个循环，即退出循环直接执行循环外的 print(sum)语句。所以，此时只加了一个数 2，得到“sum = 2”的结果。

4．for…in…else 和 while…else 结构

for…in 遍历循环和 while 循环语句都存在一个带 else 分支的扩展用法，语法格式如下。

```
for 变量 in 迭代对象:                  while 条件表达式:
    循环体                                 循环体
else:                                  else:
    语句块                                 语句块
```

else 分支中的语句块只在循环正常退出的情况下执行，即 for…in 遍历循环中的变量遍历完后迭代对象中的所有元素，才执行 else 分支中的语句块。while 循环是由于条件不成立而退出循环，不是因为 break 或 return（函数返回中用到的保留字）提前退出循环，才执行 else 分支中的语句块。continue 语句对 else 没有影响。

【例 7-11】对比下面的程序，理解带 else 分支的 for…in 遍历循环的执行情况。

```
>>for i in range(6):
>>      if i%2 == 0:
>>            print(i)
>>else:
>>      print("的确输出了[0, 6)范围的所有偶数！")
```

运行结果为：

```
0
2
4
的确输出了[0, 6)范围的所有偶数！
```

不论循环体里执行了什么操作，只要没有执行 break 或 return，退出循环之后都要执行 else 分支中的语句，所以，最后的输出结果如上所示。

【例 7-12】for…in…else 循环体里有 continue 语句的执行情况分析如下。

```
>>for i in range(6):
>>      if i%2 == 1:
>>            continue
>>      print(i)
>>else:
>>      print("虽然有 continue，但还是输出了[0, 6)范围的所有偶数！")
```

运行结果为：

```
0
2
4
虽然有 continue，但还是输出了[0, 6)范围的所有偶数!
```

说明：循环体里虽然有 continue 语句，但不影响 else 分支的执行。

【例 7-13】for...in...else 循环体里有 break 语句的执行情况分析。

```
>>for i in range(6):
>>      if i%2 == 1:
>>            break
>>      print(i)
>>else:
>>      print("循环体里有 break 语句，因此，不会执行此 else 分支！")
```

运行结果为：`0`

说明：循环体里的 break 语句将会影响 else 分支的执行，只要执行了这个 break 语句，程序的流程就不会执行 else 分支。

以上实例说明了循环语句中 else 分支的语句块只在正常结束循环后才执行，而如果是因为 break 或者 return 而退出的循环，都不会执行 else 分支中的语句，这可以理解为 else 分支是对正常结束循环的一种奖励。

5. 嵌套循环

无论是 for...in 遍历循环还是 while 循环，其循环体内的语句本身又可以是一个循环语句，这样就构成了嵌套循环。

6. Python 语法

Python 的语法相较于常见的编程语言有一些特殊，因为它是强制缩进的。

强制缩进要求必须缩进 4 个空格，这在上面的代码中已经可以看出。如果有嵌套的代码块，也是通过继续缩进 4 个空格来实现的。

【例 7-14】理解代码缩进体现代码的逻辑。

```
>>score = eval(input("请输入学生的成绩：")       )
>>if score >= 90:
>>      print("优秀")
>>else:
>>      if score >= 80:
>>            print("良好")
>>      else:
>>            if score >= 70:
>>                  print("中等")
>>            else:
>>                  if score >= 60:
```

```
>>                  print("及格")
>>              else:
>>                  print("不及格")
```

注意：代码行的缩进是必须的。

对于初学者，如果想详尽了解 Python 编程规范可以搜索“Python 增强标准协定 PEP8 标准”，即代码风格指南。它针对代码的编排、文档的编辑以及空格的使用、注释等都做了非常详尽的说明。

7.2.5 绘图（用 matplotlib 等新库）

为了直观地分析数据，数据可视化必不可少。Matplotlib 是 Python 中常用的第三方可视化库，它模仿 MATLAB 中的绘图风格，并提供了与 MATLAB 相似的绘图 API。通过调用 API，可以绘制出各种风格的图表。

1. pyplot 基础语法

Matplotlib.pyplot（以下简称 pyplot）是一个内置函数集，用来绘图并对图形进行一些更改，例如，创建图形。

1）创建画布与创建子图

构建出一张空白的画布，并选择是否将整个画布划分为多个部分，这样可以在同一画布上绘制多个图形。当只需要绘制一幅简单的图形时，这部分内容可以省略。在 pyplot 中，创建画布以及创建并选中子图的函数如表 7-4 所示。

表 7-4 pyplot 创建画布与选中子图的常用函数

函数名称	函数作用
plt.figure()	创建一个空白画布，可以指定画布大小、像素
figure.add_subplot()	创建并选中子图，可以指定子图的行数、列数和选中图片的编号

2）添加画布内容

添加标题、添加坐标轴名称、绘制图形等步骤。这些步骤是并列的，没有先后顺序，可以先绘制图形，也可以先添加各类标签。但需要注意的是，添加图例一定要在绘制图形之后。pyplot 中添加各类标签和图例的函数如表 7-5 所示。

表 7-5 pyplot 中添加各类标签和图例的常用函数

函数名称	函数作用
plt.title()	在当前图形中添加标题，可以指定标题的名称、位置、颜色、字体大小等参数
plt.xlabel()	在当前图形中添加 X 轴名称，可以指定位置、颜色、字体大小等参数
plt.ylabel()	在当前图形中添加 Y 轴名称，可以指定位置、颜色、字体大小等参数
plt.xlim()	指定当前图形 X 轴的范围，只能确定一个数值区间，而无法使用字符串标识

续表

函数名称	函数作用
plt.ylim()	指定当前图形 Y 轴的范围，只能确定一个数值区间，而无法使用字符串标识
plt.xticks()	指定 X 轴刻度的数目与取值
plt.yticks()	指定 Y 轴刻度的数目与取值
plt.legend()	指定当前图形的图例，可以指定图例的大小、位置、标签

3）保存与显示图形

主要用于保存和显示图形，这部分内容的常用函数只有两个，并且参数很少，如表 7-6 所示。

表 7-6　pyplot 中保存与显示图形的常用函数

函数名称	函数作用
plt.savafig()	保存绘制的图形，可以指定图形的分辨率、边缘的颜色等参数
plt.show()	在本机显示图形

下面来看一个简单的示例。

```
>>import numpy as np
>>import matplotlib.pyplot as plt
>>#%matplotlib inline 表示在行中显示图片，在命令行运行报错
>>data=np.arange(0,1.1,0.01)
>>plt.title('lines')                      #添加标题
>>plt.xlabel('x')                         #添加 X 轴的名称
>>plt.ylabel('y')                         #添加 Y 轴的名称
>>plt.xlim((0,1))                         #确定 X 轴范围
>>plt.ylim((0,1))                         #确定 Y 轴范围
>>plt.xticks([0,0.2,0.4,0.6,0.8,1])       #规定 X 轴刻度
>>plt.yticks([0,0.2,0.4,0.6,0.8,1])       #确定 Y 轴刻度
>>plt.plot(data,data**2)                  #添加 y=x^2 曲线
>>plt.plot(data,data**4)                  #添加 y=x^4 曲线
>>plt.legend(['y=x^2','y=x^4'])
>>plt.savefig('y=x^2.png')
>>plt.show()
```

上述代码是一个简单的不含子图的标准绘图流程，结果如图 7-4 所示。子图绘制本质上是多个基础图形的重复。

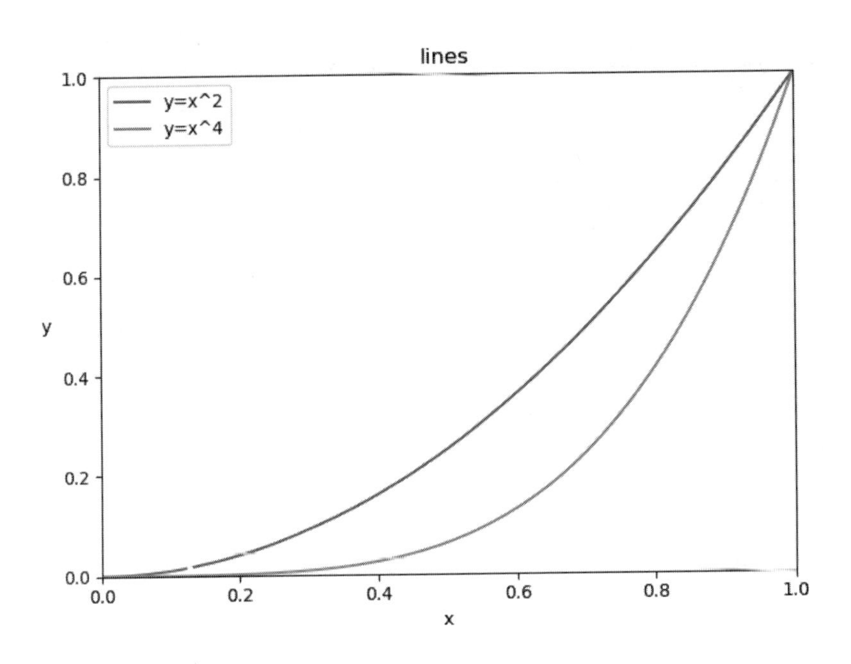

图 7-4 不包含子图的图像

下面绘制包含子图的图像，代码接之前部分。

```
>>import numpy as np
>>import matplotlib.pyplot as plt
>>#%matplotlibinline 表示在行中显示图片，       在命令行运行报错
>>rad=np.arange(0,np.pi*2,0.01)                 #第一幅子图
>>pl=plt.figure(figsize=(8,6),dpi=80) #确定画布大小
>>ax1=pl.add_subplot(2,1,1)                     #创建一个 2 行 1 列的子图，并开始绘制第一幅
>>plt.title('lines')                            #添加标题
>>plt.xlabel('x')                               #添加 X 轴的名称
>>plt.ylabel('y')                               #添加 Y 轴的名称
>>plt.xlim((0,1))                               #确定 X 轴范围
>>plt.ylim((0,1))                               #确定 Y 轴范围
>>plt.xticks([0,0.2,0.4,0.6,0.8,1])             #规定 X 轴刻度
>>plt.yticks([0,0.2,0.4,0.6,0.8,1])             #确定 Y 轴刻度
>>plt.plot(rad,rad**2)                          #添加 y=x*2 曲线
>>plt.plot(rad,rad**4)                          #添加 y=x*4 曲线
>>plt.legend(['y=x^2','y=x^4'])

#第二幅子图
>>ax2=pl.add_subplot(2,1,2)                     #开始绘制第二幅
>>plt.title('sin/cos')                          #添加标题
>>plt.xlabel('rad')                             #添加 X 轴的名称
>>plt.ylabel('value')                           #添加 Y 轴的名称
>>plt.xlim((0,np.pi*2))                         #确定 X 轴范围
>>plt.ylim((-1,1))                              #确定 Y 轴范围
>>plt.xticks([0,np.pi/2,np.pi,np.pi*1.5,np.pi*2]) #规定 X 轴刻度
```

```
>>plt.yticks([-1,-0.5,0,0.5,1])                    #确定 Y 轴刻度
>>plt.plot(rad,np.sin(rad))
>>plt.plot(rad,np.cos(rad))
>>plt.legend(['sin','cos'])
>>plt.savefig("sincos.png")
>>plt.show()
```

结果如图 7-5 所示。

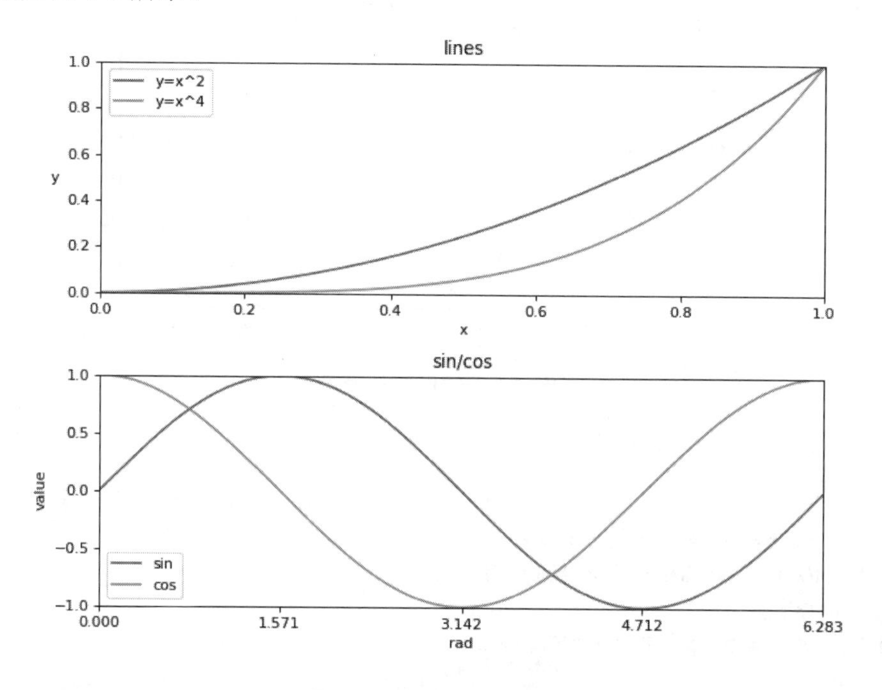

图 7-5　包含子图的图像

2. 设置 pyplot 的动态 rc 参数

pyplot 通常使用参数 rc 来配置或定义图形的各种默认属性。在 pyplot 中，几乎所有的默认属性都是可以控制的。例如，视图窗口大小以及坐标和网格属性、坐标轴、文本、每英寸点数、颜色和样式、线条宽度、字体等。

默认 rc 参数可以在 Python 交互式环境中动态更改。所有存储在字典变量中的 rc 参数都被称为 rcParams。rc 参数在修改后，绘图时使用默认的参数就会发生改变（见图 7-6）。下面通过代码进行对比。

```
#原图
>>import numpy as np
>>import matplotlib.pyplot as plt
>>#  %matplotlib inline 表示在行中显示图片，在命令行运行报错
>>x=np.linspace(0, 4*np.pi)              #生成 X 轴数据
>>y=np.sin(x)                            #生成 Y 轴数据
>>plt.plot(x,y,label="$sin(x)$")         #绘制 sin 曲线图
>>plt.title('sin')
```

```
>>plt.savefig('默认 sin 曲线.png')
>>plt.show()
```

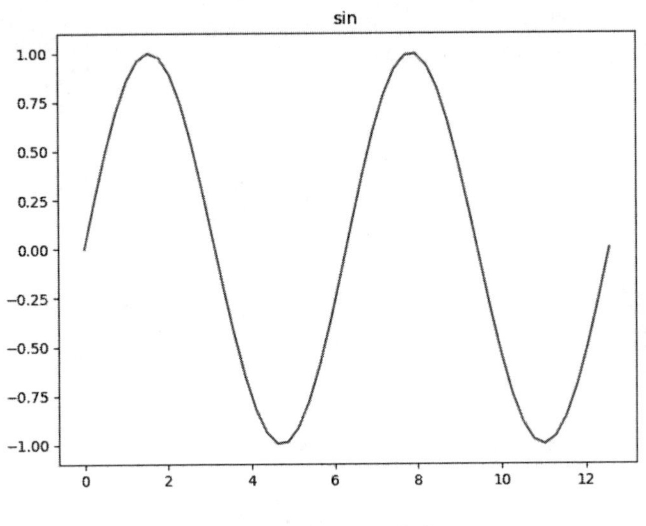

图 7-6 使用默认参数

修改 rc 参数的代码如下。

```
>>plt.rcParams ['lines.linestyle' ]= '-.'
>>plt.rcParams ['lines.linewidth']=3
>>plt.plot(x,y, label="$sin(x)$")# 绘制三角函数
>>plt.title('sin')
>>plt.savefig('修改 rc 参数后 sin 曲线.png')
>>plt.show ()
```

结果如图 7-7 所示。

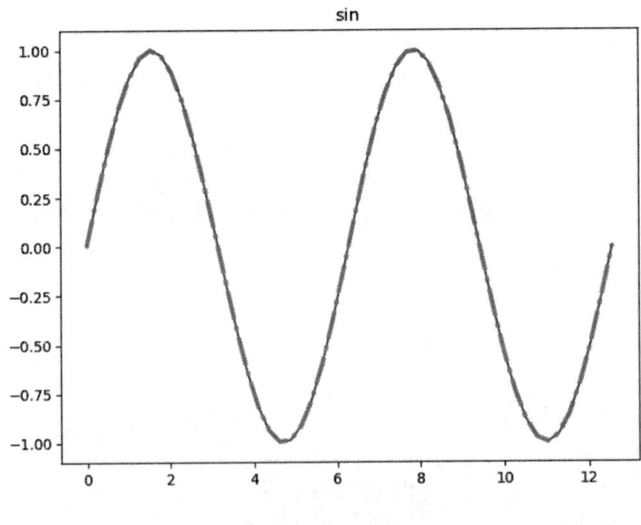

图 7-7 结果

线条常用的 rc 参数名称、解释与取值如表 7-7 所示。

表 7-7　线条常用的 rc 参数名称、解释与取值

rc 参数名称	解　释	取　值
lines.linewidth	线条宽度	取 0~10 之间的数值，默认为 1.5
lines.linestyle	线条样式	可取实线“-”、长虚线“--”、点线“-.”、冒号“:”4 种。默认为“-”
lines.marker	线条上点的形状	可取“o”“D”“h”“.”“,”“S”等 20 种，默认为 None
lines.markersize	点的大小	取 0～10 之间的数值，默认为 1

7.2.6　函数

函数是在编写程序的过程中可以重复使用的代码段，可以用来实现特定的一些功能。给一段程序起一个名字，在开发过程中可以反复使用，这就是函数的意思。

见过的很多高级语言都支持函数，Python 也不例外。Python 不但可以非常灵活、自如地定义函数，而且 Python 本身内置了很多有用的函数，可以直接调用。

Python 中的函数分 3 类。

（1）自定义函数：由程序员自己编写的函数。

（2）标准库函数：通过 import 指令调用标准库，然后使用其函数。

（3）内置函数：如前面介绍的 input()、print()、eval()等函数。

1．函数的定义

1）自定义函数的语法格式

自定义函数的语法格式为：def 函数名([参数列表])。

函数体说明如下。

（1）函数使用关键字 def 声明。注意：def 只能是小写字母。

（2）函数名必须使用有效的标识符。

（3）参数列表中的参数为形式参数，多个参数之间用逗号隔开（如果没有参数，就称为无参函数。即使没有参数，小括号也不能省略）。

（4）函数可以使用 return 返回值，若函数体中包含 return 语句，则可以返回值，可以返回一个值，也可以返回元组；如果语句中没有 return 或者 return 后无返回表达式，则返回 None。

（5）通常使用 3 个单引号（'''...'''）来注释说明函数的作用。如果想定义一个没有任何功能的空函数，可以使用 pass 语句。pass 语句会起到占位的作用，在定义函数的时候，经常会先使用它占位，后面需要编写功能的时候再过来修改，如果定义了函数但不编写任何功能也没有 pass 语句，则会报错。

2）自定义函数的示例

【例 7-15】没有参数和返回值的函数。

```
>>defsay_hi():
>>'''这是一个无参函数，也没有返回值！'''#注意：注释内容也要缩进，否则出错
>>print("hi!")
>>say_hi()
>>say_hi()
```

【例 7-16】用 help(say_hi)查看自定义函数的注释内容。

```
>>defsay_hi():
>>'''这是一个无参函数，也没有返回值！'''#注意：注释内容也要缩进，否则出错
>>print("hi!")
>>say_hi()
>>say_hi()
>>help(say_hi)
```

注意：

（1）Python 是一门完全依赖于缩进的语言，不需要采用分号等作为每一个语句的结束。

（2）如果 return 后无表达式，则返回的是空（None）类型。

（3）如果自定义函数中无 return 语句，则返回的还是空（None）类型。

2．函数的调用

1）函数调用的语法格式

函数调用的语法格式为：函数名([实参列表])。

说明：

（1）函数名遵循先定义后使用的原则。

（2）调用函数的实参列表必须与定义函数时的形参列表一一对应，包括参数的个数、类型等。

2）参数传递

（1）默认参数。

如果在定义函数的时候，指定了参数的值，而在调用函数时不指明所有参数的值，则没有指明的参数就使用它的默认值。默认参数后不能再出现非默认参数。例如：

①f(a,b=2)这样定义合法。

②f(b=2,a)这样定义非法，因为在默认参数后又出现了非默认参数 a。

（2）关键字参数。

关键字参数在调用函数时有时只给部分参数传值。例如：

```
>>deffunc(a,b=4,c=8):                    #此处 b 和 c 是默认参数
>>print("ais",a,"andbis",b,"andcis",c)
>>
>>func(13,17)                            #13 传给 a，17 传给 b，c 使用默认参数值
```

在上面的实例中，只给参数 a、b 传值是可以的，此时参数 c 使用默认值 8；但如果要给 a、c 传值，b 使用默认值 4，这时就必须使用关键字参数。

```
>>func(125,c=24)                    #此处的参数 c 即为关键字参数
```

关键字参数是指在调用函数时明确参数的数值，如以上调用函数 func(125,c=24)时说明了参数 c 的值为 24，那么这里的参数 c 就称为关键字参数。

```
>>func(c=40,a=80)                   #使用关键字参数传值，a、c 的位置就无所谓了
```

默认参数与关键字参数：默认参数是定义函数时出现在参数表中的参数（形参）；关键字参数是在调用函数时出现在参数表中的参数（实参）。

3. 变量作用域

在 Python 程序中创建、查找变量名时，都是在一个保存变量名的空间中进行的，称为命名空间，也被称为作用域。作用域在 Python 变量中是静态的，在源代码中变量名被赋值的位置决定了该变量能被访问的范围。如果变量声明的位置不同则被访问的范围也不同。变量的作用域有全局变量、局部变量、类成员变量 3 种。在这里，主要介绍前两种最基本的变量作用域，即全局变量和局部变量。

定义在函数内部的变量只能在被声明的函数的内部被访问，全局变量可以在整个程序范围内被访问，局部变量只能在某个局部区域范围内被访问。

在函数内部声明的变量，默认为局部变量（如需全局变量可特别声明）。有些情况需要在函数内部定义全局变量，这时可以使用 global 关键字来声明变量的作用域为全局范围。

4. lambda()函数

Python 中用户自定义函数有两种方法：第一种是用 def 来定义，def 定义需要明确指出函数的名字；第二种是通过保留字 lambda 来定义，这种定义方式不需要指定函数名，也叫作匿名函数。其语法格式如下。

```
[<函数名>=]lambda<参数列表>:<表达式>
```

说明：冒号“:”前是逗号分隔的参数列表，冒号后表达式的值就是所定义的函数的返回值，由于 lambda()函数只能返回一个值，所以不用写 return。

lambda()函数主要适用于定义简单的、能够在一行内表示的函数，通常省略<函数名>而用在函数式编程中，即支持函数作为参数。

Python 中的内置函数

Python 中有很多内置函数（见表 7-8）不需要调用模块，可以直接使用，而且都是常用函数的封装，它们的运行效率都很高。因为很多标准库是使用 C 语言编写的。Pyhton 的内置函数如表 7-8 所示。

表 7-8 Python 内置函数

内 置 函 数				
abs()	delattr()	hash()	memoryview()	set()
all()	dict()	help()	min()	setattr()
any()	dir()	hex()	next()	slice()
ascii()	divmod()	id()	object()	sorted()
bin()	enumerate()	input()	oct()	staticmethod()
bool()	eval()	int()	open()	str()
breakpoint()	exec()	isinstance()	ord()	sum()
bytearray()	filter()	issubclass()	pow()	super()
bytes()	float()	iter()	print()	tuple()

这里列举几个函数的用法。

5. abs()

abs()是绝对值函数，把一个负数转化为正数，是数字运算中常用的函数，实例如下。

```
>> a = -1.564
>> b = - 8
>> abs(a)
    1.564
>> abs(b)
    8
```

6. all()

all()就是传入参数列表，元组的对象都为真，结果才为真，返回 True；否则返回 False。类似于 Excel 中的 and()函数，要所有的值为真，结果才为真。这个函数主要用在判断上，判断所有条件都为真的时候使用。

```
>> all([11,22,33])
    True
>> all((11,22,33))
    True
>> all([11,0,22])
    False
>> all([11,"al2x","sb"])
    True
```

7. any()

any()代表只要有一个元组对象为真即为真，类似于 Excel 中的 or()函数，只要一个为真，即为真，实例如下。

```
>> any([11,0,22])
    True
>> any([""])
    False
>> any([""," "])
    True
>> any((""))
    False
>> any((22,0,0,0))
    True
```

7.2.7　常用模块

在 Python 中，模块（module）就是更高级的封装。在前面讲解的知识中，容器（元组、列表）是数据的封装，函数是语句的封装，类是方法和属性的封装，模块就是程序的封装。

1．模块与程序

将编写的代码保存为一个 Python 文件就是一个独立的模块，模块包含了对象定义和语句。

代码如下。

```
>>deffbnc(n):
>>result=1
>>result_1=1
>>result_2=1
>>ifn<1:
>>print('输入有误！')
>>return-1
>>while(n-2)>0:
>>result=result_2+result_1
>>result_1=result_2
>>result_2=result
>>n-=1
>>returnresult
>>number=int(input('请输入一个正整数：'))
>>result=fbnc(number)
>>print("%d 的斐波那契数列是：%d"%(number,result))
```

在上例中，定义了一个模块 fbnc，程序代码如上例所示。

上例代码运行结果如下。

请输入一个正整数：13

13 的斐波那契数列是：233

从上例代码运行的结果看，得到了期望的运行结果。

由此可见，模块就是一个以.py 结尾的独立的程序代码文件，实现了特定的功能。

2. 命名空间

命名空间是包含了一个或多个变量名称和它们各自对应的对象值的字典。Python 可以调用的变量包括局部命名空间和全局命名空间中的变量。如果一个局部变量和一个全局变量重名，则在函数内部调用时局部变量会屏蔽全局变量。如果要修改函数内全局变量的值，必须使用 global 关键字，否则会出错。

假设定义了一个名为 Modle 的模块，在模块全局命名空间中定义一个变量 Price，并赋初值 5687。在函数内修改变量 Price 的值，Python 会屏蔽全局变量 Price，由于没有在访问前声明一个局部变量 Price，结果就会出现一个 UnboundLocalError 的错误。在函数内部用 global 关键字对全局变量 Price 重新定义。

3. 模块导入方法

程序中要导入系统模块或者已经定义好的模块，有以下 3 种方法。

1）最常用的方法

此方法为：import module。

module 是模块名，假设有多个模块，模块名称之间必须用逗号“,”隔开。

导入模块后，就可以引用模块内的函数，语法格式为：模块名.函数名。

注意事项如下。

（1）在 IDLE 交互环境中有一个小技巧，当输入导入的模块名和点号“.”之后，系统会将模块内可用的函数罗列在下方供选择。

（2）可以通过 help（模块名）查看模块的帮助信息，其中，FUNCTIONS 介绍了模块内函数的使用方法。

（3）不管执行了多少次 import，一个模块只会被导入一次。

（4）导入模块后，就可用模块名称这个变量访问模块的函数等所有功能。

2）第二种方法

语法格式为：from 模块名 import 函数名。

如果有多个函数名可用逗号隔开（英文半角状态下）。

如果要导入模块下的多个函数，可用通配符“*”导入。这种方法要谨慎使用，因为导出的函数名称容易和其他函数名称冲突，失去了模块命名空间的优势。

3）第三种方法

语法格式为：import 模块名 as 新名字。

这种导入模块的方法相当于给导入的模块重新起一个名称，便于记忆，也方便在程序中调用。

4. 自定义模块和包

1）自定义模块

自定义模块的方法和步骤如下。

在安装 Python 的目录下，新建一个以.py 为后缀名的文件，然后编辑该文件。

代码如下所示。

```
>>defarea_of_square(x):
>>s=x*x+100
>>returns
```

上例中定义的函数功能是：计算正整数的平方，再加上 100。

调用模块的过程如下所示。

```
>>importhanshu
>>hanshu.area_of_square(99)
9901
```

2）自定义包

Python 引入了按目录组织模块的方法，即 Package；在大型项目开发中，多个程序员协作一起开发一个项目时，可以避免模块名重名。这个包是一种分级文件目录结构，它定义了包含模块、子包、子包下面的子包等等的命名空间。

举例来说，test_modle1.py 的文件是名为 test_modle1 的模块，test_modle2.py 的文件是名为 test_modle2 的模块。假设 test_modle1 和 test_modle2 这两个模块名是相同的，那么用户可以通过包来组织模块，以避免冲突，可以选择 mymodle 等顶级包名称，并在以下目录中存储。

```
mymodle
(a)__init.py
*test_modle1.py
*test_modle2.py
```

5. 安装第三方模块

安装第三方模块，是通过包管理工具 pip 来实现的。

选择“开始”→“运行”命令，在弹出的对话框中输入 cmd 命令或者直接选中“命令提示符”，出现如图 7-8 所示的提示。

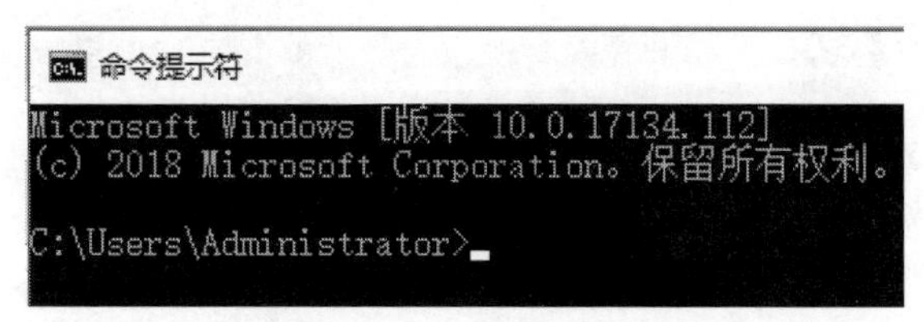

图 7-8 提示符窗口

pip 命令格式如下。

```
pip<command>[options]
Commands:
installInstallpackages.
downloadDownloadpackages.
uninstallUninstallpackages.
freezeOutputinstalledpackagesinrequirementsformat.
…
```

安装第三方模块前的注意事项如下。

（1）确保可以从命令提示符中的命令行运行 Python。

请确保安装了 Python，并且预期的版本可以从命令行获得，可以通过运行以下命令来检查。

```
>>python--version
```

（2）确保可以从命令行运行 pip。

此外，还需要确保系统有 pip 可用，可以通过运行以下命令来检查。

```
>>pip–version
```

（3）确保 pip、setuptools 和 wheel 是最新的。

虽然 pip 单独地从预构建的二进制文件中安装即可，但是最新的 setuptools 和 wheel 版本可以确保从源文件中安装。可以运行以下命令。

```
>>python-m pip install –upgrade pip setuptoolswheel
```

（4）创建一个虚拟环境，此项仅用于 Linux 系统，为可选项。运行以下命令。

```
>>python3-mvenvtutorial_env
sourcetutorial_env/bin/activate
```

上述命令将在 tutorial_env 子目录中创建一个新的虚拟环境，并配置当前 shell 以将其用作默认的 Python 环境。

以安装第三方 web 模块为例。

①在 Python 官方网站查询 web，得到包的名称是 web3，最新版本号是 4.3.0。在命令提示符下输入以下命令。

```
>>pip install web3==4.3.0
```

系统会自动从 Python 官方网站下载文件，进行安装。

②升级包。

将已安装的项目升级到 PyPI 的最新项目，需要运行以下命令。

```
>>pip install –upgrade web3
```

③安装到用户站点。

若要安装与当前用户隔离的包，请使用用户标志，需要运行以下命令。

```
>>pip install --userSomeProject
```

④需求文件。

安装需求文件中指定的需求列表，如果没有则忽略。需要运行以下命令。

```
>>pip install -r requirements.txt
```

⑤在 Pythonshell 环境中验证安装的第三方模块。

在 IDLEShell 交互环境下使用 import 命令，如下所示。

```
>>import web3
```

运行结果如下。

```
>>dir(web3)
['Account','EthereumTesterProvider','HTTPProvider','IPCProvider','TestRPCProvider','Web3','Web
socketProvider','__all__','__builtins__','__cached__','__doc__','__file__','__loader__','__name__','
__package__','__path__','__spec__','__version__','admin','contract','eth','exceptions','iban','main','
manager','middleware','miner','module','net','parity','personal','pkg_resources','providers','sys','testi
ng','txpool','utils','version']
```

从以上运行结果可以看出，第三方模块 web 已成功安装。

7.3　Python 程序调试

尽管 Python 语言可以完成许多事情，但它存在一个缺点，即执行效率和性能不够理想，因此需要通过调试代码来实现效率提升和性能优化。

7.3.1　拼接字符串

运算符“+”不仅能用于加法运算，还能做字符串连接，但是运算效率不是很高。在 Python 中，字符串变量在内存中是不可变的。如果使用“+”拼接字符串，内存会先创建一个新字符串，然后将两个旧字符串拼接，再复制到新字符串。推荐使用以下方法。

1．使用“%”运算符连接

这种方式有点像 C 语言中 printf()函数的功能，使用“%s”来表示字符串类型参数，再用“%”连接一个字符串和一组变量。

```
>> fir = 'hello'
>>sec = 'monkey'
```

```
>> result = '%s, %s' % (fir, sec)
>>print(result)
```

结果如下。

```
hello, monkey
```

2．使用 format()方法格式化连接

这种格式化字符串函数是 Python 特有的，属于高级用法。因为它威力强大，不仅支持多种参数类型，还支持对数字格式化。

```
>> fir = 'hello'
>>sec = 'monkey'
>> result = '{}, {}'.format(fir, sec)
>>print(result)
```

结果如下。

```
hello, monkey
```

上述代码使用隐式的位置参数，format() 还能显式指定参数所对应变量的位置。

```
>> fir = 'hello'
>>sec = 'monkey'
>>result = '{1}, {0}'.format(fir, sec)
>>print(result)
```

结果如下。

```
monkey, hello
```

3．使用 join()方法连接

join() 方法通常用于连接列表或元组中的元素。

```
>> list = ['1', '2', '3']
>>result = '+'.join(list)
>>print(result)
```

结果如下。

```
1+2+3
```

7.3.2 使用 generator

generator 翻译成中文是生成器。generator 也是一种特殊迭代器，它其实是生成器函数返回生成器的迭代。generator 的出现，能帮助用户大大节省内存空间。

假设要生成从 1 到 10 这 10 个数字，如果采用列表的方式定义，会占用 10 个地址空间。采用 generator，只会占用一个地址空间。因为 generator 并没有把所有的值存在内存中，而是在运行时生成值，所以 generator 只能访问一次。

```
>># 创建一个包含数字 1 到 10 的生成器
>>gen = (i for i in range (10))
>>print(gen)
>>for i in gen:
>>      print(i)
  <generator object <genexpr> at 0x000001BD890AE580>
```

结果如下。

```
0
1
2
3
4
5
6
7
8
9
```

7.3.3　死循环

在程序中，一个无法靠自身的控制终止的循环被称为死循环。对于开发者来说，死循环会一直运行，等待中断程序发生，然后去处理中断程序。在 Python 中，用户可以利用死循环完成特定功能。

```
>>while True:
>>      try:
>>            x=int(input("请输入一个数字:"))
>>            break
>>      except ValueError:
>>            print("输入错误，请重新输入。")
```

结果如下。

```
请输入一个数字:w
输入错误，请重新输入 。
请输入一个数字:1
```

7.3.4　巧用多重赋值

若想交换两个变量的值，通常会立马想到应用一个第三方变量。

传统方法如下，使用第三方变量 temp 来完成互换。

```
# 将 a 和 b 两个值互换
>>a=1
>>b=2
>>temp = a
>>a = b
>>b = temp
>>print(a)
>>print(b)
```

结果如下。

```
2
1
```

Python 素有优雅的名声，所以有一个更加优雅又快速的方法，那就是多重赋值。

```
# 将 a 和 b 两个值互换
>>a=1
>>b=2
>> a, b = b, a
>>print(a)
>>print(b)
```

结果如下。

```
2
1
```

7.3.5 使用 C 扩展（extension）

C 扩展的作用是使 Python 程序可以调用由 C 编译成的动态链接库，其具体内容如下。

- CPython：通过引入原生 API，对应的 C 程序可以直接使用 Python 的数据结构进行计算。
- ctypes：通常用于封装（wrap）C 程序，让纯 Python 程序调用动态链接库中的函数。使用 ctypes 可以在 Python 中使用已有的 C 类库，从而提高效率。
- Cython：Cython 是 CPython 的超集，用于简化编写 C 扩展的过程，可以很好地兼容 numpy 等包含大量 C 扩展的库。在某些测试中，可以有几百倍的性能提升。
- cffi：cffi 提供了在 Python 中使用 C 类库的方式，可以直接在 Python 代码中编写 C 代码，同时支持链接到已有的 C 类库。

7.3.6 并行编程

因为 GIL 的存在，Python 很难充分利用多核 CPU 的优势。但是，可以通过内置的模块 multiprocessing 实现下面几种并行模式。

- 多进程：对于 CPU 密集型的程序，可以使用 multiprocessing 的 Process、Pool 等封装好的类，通过多进程的方式实现并行计算。
- 多线程：对于 IO 密集型的程序，multiprocessing.dummy 模块使用 multiprocessing 的接口封装 threading，使得多线程编程也变得非常轻松。
- 分布式：multiprocessing 中的 Managers 类提供了可以在不同进程之间共享数据的方式，可以在此基础上开发出分布式的程序。

不同的业务场景可以选择其中的一种或几种的组合实现程序性能的优化。

习　　题

1. 声明变量的注意事项有哪些?
2. 请写出一段 Python 代码，实现删除一个 list 里面的重复元素。
3. 在 Python 中定义函数时如何书写可变参数和默认参数?
4. 简述 try、except 语句的用法。
5. 在 Python 中导入模块有哪几种方式?
6. *args 和**kwargs 在什么情况下会使用?请给出使用**kwargs 的事例。
7. Python 函数的定义是什么?如何调用?
8. Python 如何安装第三方模块?

参考文献

[1] RUNOOB：https://www.runoob.com/python/python-intro.html.

[2] Python 官方网站：http://docs.Python.org/3/reference/introduction.html.

[3]HETLAND M L.Python 基础教程[M]. 2 版. 司维，曾军崴，谭颖华，译. 北京：人民邮电出版社，2010.

[4] 博客园：https://www.cnblogs.com/andywenzhi/p/7453374.html.

[5] RUNOOB：https://www.runoob.com/python/python-functions.html.

[6] 嵩天，礼欣，黄天羽. Python 语言程序设计基础 [M]. 2 版. 北京：高等教育出版社，2017.

[7] CSDN：https://blog.csdn.net/chanql123/article/details/100103261.

[8] Matplotlib：https://matplotlib.org/.

[9] CSDN：https://blog.csdn.net/qq_36387683/article/details/82390491.

大数据应用开发

大数据应用开发流程一般由 3 个步骤组成：数据获取、数据分析、数据可视化。数据获取是大数据应用开发的基础，一个好的大数据应用，一定要有海量且有效的数据支撑。数据分析是重要组成部分，能够挖掘出数据隐含的信息和规律。数据可视化是最终目的，以图表的形式直观展示了数据，可以让用户从不同维度观察数据，对数据有更深层次的分析。

8.1 数据获取

本节介绍了获取数据的来源，提供了获取数据方向上的指导，一般归类为传感器、API（应用程序编程接口）、网络爬虫和网络信息系统这 4 个来源。

8.1.1 通过传感器采集数据

传感器（transducer/sensor）是一种检测装置，能感受到被测量的信息，并能将感受到的信息按一定规律转换成电信号或其他所需形式的信息输出，以满足信息的传输、处理、存储、显示、记录和控制等要求。

近年来逐步流行的自动驾驶技术运用了大量的传感器进行数据采集，这些数据被输入系统并处理，从而辅助汽车行驶。例如，雷达能对汽车进行测距测速，车载摄像头具有预警车道偏离、向前碰撞、行人识别等功能，如图 8-1 所示。

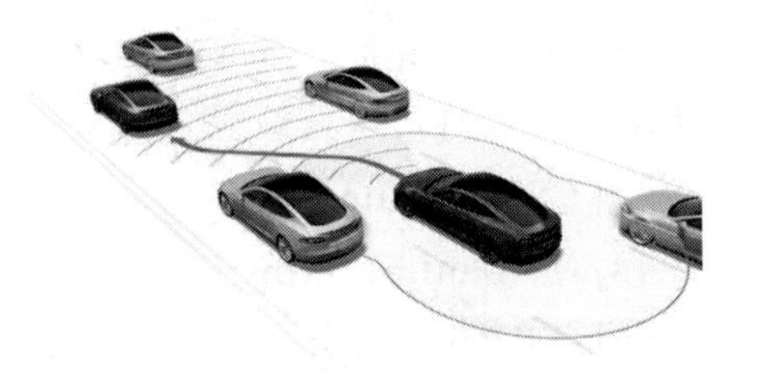

图 8-1　雷达传感器与自动驾驶技术

8.1.2 通过API获取数据

API（application programming interface）是一些预先定义的函数，目的是提供应用程序与开发人员基于某软件或硬件得以访问一组例程的能力，而又无须访问源码，或理解内部工作机制的细节。

现在基于互联网的应用越发普及，越来越多的站点将其资源开放给用户使用，这样在为使用者带来便利和价值的同时，也会给站点带来更多的用户群体和更大的访问量，是一种双赢的手段。例如，百度地图提供了丰富的API，开发者可以使用其地铁线路API在移动端浏览器或移动Web App上构建地铁图（如图8-2所示）。又有一些财经网站，将股票数据对外通过API接口形式开放，用户只要调用它们的API，根据自己的需要使用对应的函数，就能获得需要的金融数据。例如，某只股票每个交易日的开盘、收盘价等，获取数据都非常方便。

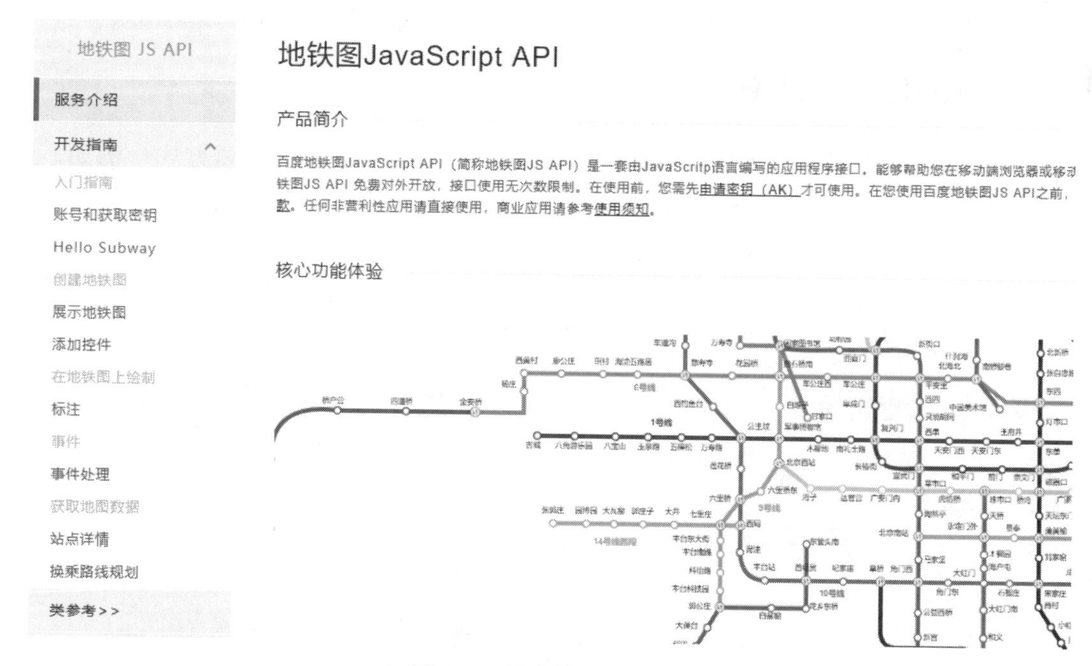

图8-2 百度地图的API

8.1.3 网络信息抓取

有的网站没有提供API，但是用户又需要获得该网站内的信息，在合法的情况下，就需要使用爬虫抓取技术。

从广义上讲，网络信息抓取是指以编程方式提取网站数据并根据其需求进行结构化的过程。

网络信息抓取就是进行互联网信息的自动化检索，是获取数据的一种手段。

如图8-3所示为网络信息抓取的一般流程，控制器向所需的URL发送HTTP请求，然后获得 HTTP 相应内容，解析器解析 HTTP 响应，提取需要的内容并保存到资源库中，同时解析器提取的链接再发给控制器继续新一轮的抓取，直到满足某个设定的终止条件，这样就完成了整个抓取程序。

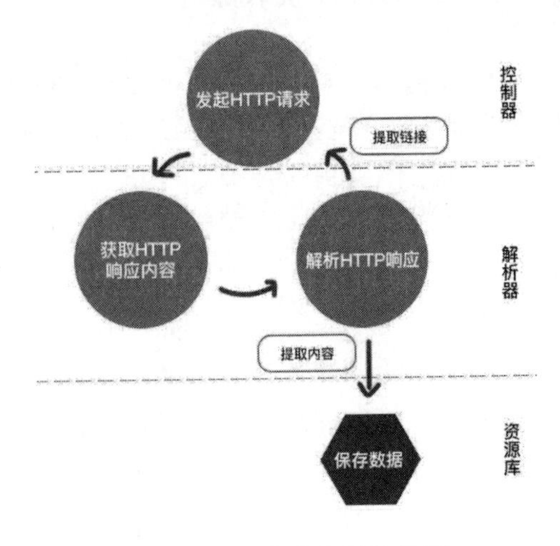

图 8-3　网络信息抓取流程

许多公司都在使用抓取的方式收集外部数据并支持其业务运营。抓取程序可以用 Python 等语言编写，但需要掌握相应编程语言和 HTML 知识，另外还有已经开发好的框架如 Scrapy 等供开发者使用，还可以使用市面上的抓取软件，例如，八爪鱼，这时就无须学会编程，直接在计算机上进行图形化操作，虽然更为便利，但可能没法满足较为复杂精细的业务。

8.1.4　通过网络信息系统获取数据

基于网络运行的信息系统即网络信息系统，是大数据产生的重要方式。例如，电子商务系统、社交网络、社会媒体等都是常见的网络信息系统。有的网站提供了下载服务，用户可以将数据下载到本地。

例如，天眼查（如图 8-4 所示），用户可以查找所需企业，将其报告下载到系统，从而获取该企业的详细数据，供后续分析使用。

图 8-4　天眼查搜索界面

8.2　数据分析

本节将详细介绍数据分析的概念、分类和方法，作为数据分析宏观的指导说明，在实际的数据分析操作中，可在方向上提供参考。

8.2.1　数据分析概念和分类

1. 数据分析的概念和作用

资料分析是收集、处理资料，并取得资料所隐含的资讯。具体来说，数据分析就是建立数据分析模型，对数据进行校验、筛选、复算、判断等操作，将目标数据的真实情况与理想情况进行对比分析，从而发现审计线索、收集审计证据的过程。

海量数据具有数据量大、结构复杂、生成速度快、数据价值密度低等特点；这些特点使得对海量数据进行有效分析变得更加困难。目前，大数据分析（BDA）已成为探索大数据发展的核心内容。大数据分析是在数据高度密集的环境中，对数据科学的反思与新模式探索的产物。从严格意义上说，大数据更多的是一种战略而非技术，它的核心思想是以比以前更加有效的方式管理海量数据，并从中获得有用的价值。大数据分析是大数据思想和方法的核心，它是对海量增长的快速、真实、多样的数据进行分析，并从中发现潜在的有助于决策的模式、未知的相关关系和其他有用信息的过程。

随着数据科学的迅速发展和数据密集型范式的出现，大数据分析成为一种全新的分析思维和分析技术，它与情报分析、云计算技术等内容有着密切的联系。有人认为，大数据与过去传统的结构化数据有很大不同。结构性数据相对单一，结构良好，而大规模数据直接来源于自然和人类社会，其数量庞大，结构复杂。也有专家认为，大数据分析就是按照数据产生机制，对数据进行广泛的收集和存储，对数据进行格式化清理，以大数据分析模型为基础，在集成化大数据分析平台的支持下，利用云计算技术调度计算分析资源，最终挖掘出大数据背后的规律和模式的数据分析过程。

2. 数据分析的类型

数据分析可以按照不同的方法和标准分为不同的类型。从数据分析的深度来看，数据分析可以分为 3 个层次：描述性分析（descriptive analysis）、预测性分析（predictive analysis）和规则分析（prescriptive analysis）。

描述性分析是根据历史数据描述所发生的事件。例如，使用回归分析从数据集中发现简单的趋势，并借助可视化技术更好地表现数据特征。

预测性分析是用来预测未来事件发生的可能性和发展趋势。例如，预测模型利用统计技术，对数回归和线性回归来发现数据的趋势，并预测未来的结果。

运用规则分析来解决决策问题，提高分析效率。举例来说，使用模拟技术分析复杂的系统，以了解系统的行为并发现问题，然后通过优化技术在给定的约束下给出最优解。

其中统计分析可以分为 3 种类型：描述性统计分析、探索性统计分析和验证性数据分析。在这些方法中，探索性数据分析着重于从数据中发现新的特征，而验证性数据分析着重于对现有假设的证实或证伪。探究式数据分析是一种数据分析方法，其目的在于形成值得假设检验的数据，是对传统统计假设检验的补充。这一方法是由美国著名统计学家 John Tukey 提出的。

为了更好地研究自然现象，人们通常将数据分析方法分为定性方法和定量方法。

定性分析就是对研究对象的“性质”方面进行分析。具体而言，就是运用归纳演绎、分析综合、抽象概括等思维方法，对所获得的各种物质进行加工，从而去粗取精，去伪取真，以此类推，由表及里，认识事物本质，揭示事物内在规律。

定性分析主要是解决研究对象“在不在”或“是不是”的问题。定量分析是对观测对象的数量特性、数量关系和数量变化进行分析。它的作用是揭示和描述观察对象的内在规律和发展趋势。定量分析是指根据统计资料建立数学模型，利用数学模型计算分析对象的各项指标及其数值。

根据数据分析的实时性，通常把数据分析划分为实时分析和离线分析。即时数据分析，又称在线数据分析，它能够实时处理用户的要求，允许用户在任何时候改变分析的限制条件。联机数据分析通常需要在几秒内返回准确的数据分析结果，为用户提供良好的互动体验，一般用于金融、电信、交通导航等领域。脱机数据分析是通过数据采集工具将日志数据导入专用分析平台进行分析，用于对反馈时间要求不严格的场合，例如，精准营销、市场分析、工程施工等。

根据数据量的大小，可以把数据分析划分为存储器级数据分析、BI 级数据分析和大数据级数据分析。存储器级是指数据量不超过计算机存储器的最大值（通常为 TB 以下），可以在存储器中存储一些热点数据或数据库，从而获得非常快速的数据分析能力，而存储器分析特别适合实时业务分析需求。一个 BI 级别是指那些对内存来说太大，但又可以放到专门的 BI 数据库中进行分析的数据量。现在的主流 BI 产品都有超过 TB 级别的数据分析，例如，IBM 的 cognos、Oracle 的 OBIEE、SAP 的 BO 等。大数据级指的是对于内存和 BI 数据库来说是完全无效的，或者是代价太高的数据。由于硬件和软件成本的原因，目前大部分互联网企业都采用 Hadoop 的 HDFS 分布式文件系统来存储数据，并利用 MapReduce 进行分析。

8.2.2 数据分析方法

1. 数据分析方法概述

伴随着因特网、云计算和物联网的快速发展，无处不在的无线传感器、移动设备、RFID 标签每分每秒都会产生数亿条数据。当今社会，大量的数据需要被处理，而这些数据仍然呈指数级增长，同时用户对数据处理的实时性、有效性、准确性等方面也提出了更高的要求。由于大数据的复杂性，带来了许多新的技术难题，传统的数据分析方法已不再适用。所以，在大数据领域中，大数据分析方法显得尤为重要，甚至决定了最终的数据信息是否具有实际的实用性。

因为大数据具有复杂多变的特殊属性，目前尚无一种公认的大数据分析方法体系，不同学者对此有不同的看法。本书作者归纳出一种基于数据视角下的分析方法体系。

基于数据视角下的大数据分析方法，主要是以大数据分析处理的对象“数据”为基础，从数据本身的类型、数据的数量、数据处理的方式以及数据所能解决的具体问题等方面来分类。例如，使用历史数据和定量工具进行追溯性数据分析，以理解模式并推断未来，或使用历史数据和模拟模型以预测即将发生的事件。2013 年发表的《海量数据分析前沿》一书中，美国国家研究委员会提出了 7 种基本的数据统计分析方法。

（1）基本统计（例如，一般统计及多维数分析等）。

（2）N 体问题（N-body problems）（例如，最邻近算法、Kernel 算法、PCA 算法等）。

（3）论算法（graph-theoretic algorithm）。

（4）数据匹配（例如，隐马尔可夫模型等）。

（5）线性代数计算（linear algebraic computations）。

（6）优化算法（optimizations）。

（7）功能整合（例如，贝叶斯推理模型、Markov Chain 和 Monte Carlo 方法等）。

实际上，现实中往往综合使用这 3 种大数据分析方法。综合来看，大数据分析方法正逐步从数据统计（statistic）转向数据挖掘（mining），并进一步提升到数据发现（discovery）和预测（prediction）。

2. 数据分析活动步骤

1）分析数据

简单地说，数据分析就是数据收集、处理和获取数据信息的过程。通过资料分析，可从杂乱无章的资料中获得有用的资讯，从而找出研究对象的内在规律，为未来工作提供指导性参考，有利于人们做出科学准确的判断，进一步提高生产力。

2）活动步骤

显而易见，从庞大的数据中通过数据分析得到所需的信息，必须经过必要的活动步骤，具体步骤如下。

（1）确定目标要求。第一步是明确数据分析的目标要求，从而为数据收集和分析提供清晰的方向，这是数据分析有效性的首要条件。

（2）数据收集。在确定了明确的目标要求后，就尽可能地采用适当的方法有效地收集相关数据，为数据分析过程的顺利进行奠定基础。数据采集通常采用系统日志采集法，其中日志采集法被广泛采用。例如，Web 服务器通常在访问日志文件中记录用户的鼠标点击、键盘输入、访问网页等相关属性；使用传感器获取数据，这种传感器类型非常丰富，包括声音、振动、温度、湿度、电流、压力、光学、距离等；基于 Web

爬虫的数据采集是 Web 应用的主要数据采集方式。

（3）预处理数据。用各种方法收集的数据通常是混乱的、高度冗余的，而且一定会丢失。若直接对这些数据进行分析，不仅耗时较长，而且分析所得的结果也不准确，因此需要对数据进行必要的预处理。数据预处理的常用方法有数据整合、数据清洗、数据去除冗余。该技术从逻辑和物理两方面对不同数据源的数据进行集中整合，为用户提供了统一的视图。所谓数据清理，就是在整合的数据中发现不完整、不准确或不合理的数据，对其进行修补或删除，以提高数据质量的过程。此外，数据的格式、合理性、完整性和限值等检查都要在数据清理过程中进行。它能保证数据的一致性，提高数据分析的效率和准确性。资料冗余是指资料的重复或冗余，是许多资料集中的一个非常常见的问题。毫无疑问，数据冗余会增加数据传输开销，浪费存储空间，降低数据的一致性和可靠性。为此，许多研究人员提出了冗余检测、数据融合等减少数据冗余的机制。这种方法可以应用于不同的数据集和数据环境，可以提高系统性能，但在某种程度上也会增加额外的计算负担，因此需要综合考虑数据冗余消除的益处和额外的计算负担，才能找到合适的折中方案。

（4）数据收集。通过在已有数据的基础上，运用各种有效的算法，挖掘出数据中隐含的有价值的信息，从而达到分析推理和预测的效果，达到对数据进行预处理的目的。常见的数据挖掘算法有 K-Means 聚类算法、贝叶斯分类网络算法、统计学习支持向量机算法，以及遗传算法、粒子群算法、人工神经网络和模糊算法等人工智能算法。当前大数据分析的核心是数据挖掘，各种数据挖掘算法都能根据数据的类型和格式，科学地分析数据本身的特征，对数据进行快速的分析和处理。

3. 分析数据

数据处理的各种类型完成后，下一步的重要工作就是根据确定的目标要求，对数据处理结果进行分析。当前对大数据的分析主要依赖于 4 种技术：统计分析、数据挖掘、机器学习、可视化分析。

1）统计分析

统计学以统计学理论为基础，属于应用数学的分支。统计学中的随机和不确定性是用概率理论来模拟的。统计学分析技术可分为描述统计学和推断统计学。描述统计技术可以对数据集进行总结或描述，而推断统计则可以对过程进行推理。多元统计分析主要有回归分析、因素分析、聚类分析和判别分析等。数据挖掘是一种简单易行的分析技术，它通过在大量数据中发现存在的相关性来描述某一事物中某些属性同时出现的规律和模式。例如，Apriori 算法是利用迭代法挖掘产生布尔型关联规则所需的频繁项集的基本算法，也是最著名的关联规则挖掘算法之一。

2）数据挖掘

数据挖掘可以看作发现大数据集中数据模式的计算过程。大量的数据挖掘算法已被应用于机器学习、人工智能、模式识别、统计和数据库等领域。例如，贝叶斯分类器根据对象的先验概率和条件概率推断其概率，而算法则根据目标的概率值对其进行分类。采用该分类算法，可以清晰地看出目标对象的从属类别，有助于分析人员正确对待不同类型的对象。另外，在数据挖掘的各种应用中，还采用了人工神经网络、粒子群算法和遗传算法等先进技术。有时，几乎可以认为许多方法之间的界限在逐渐淡化，例如，数据挖掘、机器学习、模式识别，甚至视觉信息处理、媒体信息处理等，数据挖掘只是一般意义上的。

3）机器学习

机器学习是研究机器获取新知识、新技能、识别已有知识的学问，它的理论主要是设计和分析一些算法，使计算机能够自动“学习”。通过对数据的自动分析，机器学习算法能够自动获取规律，并用于未知数据的预测。随着大数据时代的到来，人们迫切需要以机器学习算法为核心的高性能数据分析技术在由普通机器组成的大型集群中应用，为实际业务提供服务和指导，进而实现数据的最终变现。有别于传统的 OLAP（在线分析处理），对大数据的深度分析主要基于大规模机器学习技术。因此，相对于传统的 OLAP，基于机器学习的大数据分析有其自身的特点，包括其迭代特性、容错能力、非均匀参数收敛等。这就决定了设计理想的大数据分析系统的独特性和挑战性。

4）可视化分析

可视化分析与信息绘图、信息可视化有关。资料可视化的目的是以图形的方式清楚而有效率地显示资料，以方便解释资料间的特性及属性状况。一般而言，图表和地图有助于用户迅速地理解信息。随着数据量越来越大，传统的电子表格等技术已经不能处理海量数据了。大数据可视化在算法设计和软件开发中具有重要的应用前景。

伴随着因特网、物联网、云计算和其他信息技术的飞速发展，世界已经进入了大数据时代。各种移动智能终端、传感器、电子商务网站、社交网络等，无时无刻不在产生着各种各样的数据类型，产生着超越以往任何时代的海量数据。怎样才能快速地从这些海量的数据中得到自己想要的信息，并以直观、形象的方式展示出来？这些都是大数据可视化需要解决的核心问题。资料可视化，是对资料的可视化表现形式的科学和技术研究，是一个不断发展的概念，它的边界在不断扩大。这是一种先进的技术方法，主要是利用图形图像处理、计算机视觉和用户界面，通过表现、建模和显示立体、表面、属性和动画等手段，对数据进行可视化化解释放。数据可视化所涉及的技术方法比立体建模这样的特殊技术方法更为广泛。下面将着重介绍大数据可视化的基础知识、基本概念和常用的大数据可视化工具。

8.3 数据可视化

本节将介绍数据可视化的相关概念和方法，使读者对可视化这门新兴学科有一个较为深刻的认识。

8.3.1 数据可视化基础

1. 数据可视化的基本特征

大数据时代已经到来。在当今的信息时代，大数据作为一种新的“石油”，在数据中蕴藏着巨大的价值，如果善于运用数据可视化分析，将会给许多领域带来变革。根据相关研究表明，人类 80%的外部信息都来自于视觉，可视化是人类有效利用数据的主要方式。

数据可视化主要是通过计算机图形、图像等技术，更直观地表现数据，表现数据的基本特征和隐含规律，帮助人们认识和理解数据，从而支持人们从数据中获取所需的信息和知识，为人们发现数据的隐含规律提供技术手段。大数据以直观可视的图形形式呈现在分析师面前，分析师常常能一目了然地看到数据背后隐藏的信息，并将知识和智慧转化为数据。可视化处理使数据更加友好，易于理解，提高了数据资产的使用效率，为人们在数据认知、数据表达、人机交互以及决策支持等方面的应用提供了更好的支持，在建筑、医学、地质、力学、教育等领域发挥着重要作用。

大数据可视化既有一般数据可视化的基本特征，又有大数据自身特点带来的新要求，大数据可视化的特点主要表现在以下 4 个方面，如图 8-5 所示。

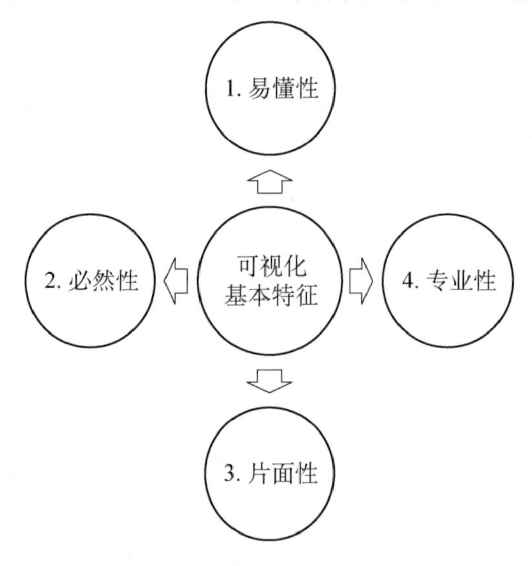

图 8-5　可视化基本特征

2. 数据可视化的作用

可视数据主要包括数据表示、数据处理和数据分析 3 个方面，是以可视化技术为支撑的计算机辅助数据识别的 3 个基本阶段。

1）数据表示

资料的表现就是利用计算机图形图像技术，使资料的信息更友好地呈现，方便人们阅读、理解和使用。常用形式有文字、图表、图像、二维图形、三维模型、网络图、树形结构、符号以及电子地图等。

2）数据处理

数据处理是根据计算机提供的界面、接口、协议等条件，完成人与数据的交互需求，数据处理需要友好的人机交互技术、标准的数据处理接口和协议支持，以完成集合到多数据或分布式的数据处理。人机交互技术在可视化的基础上迅速发展，包括自然交互、触控、自适应界面和情景感知等新技术，极大地丰富了数据处理的方式。

3）数据分析

通过数据计算，数据分析是获取多维多源异构、海量数据所包含信息的核心手段，是数据存储、转换、计算和可视化技术的综合应用。可视化作为数据分析的最后一环，直接影响着人们对数据的理解和应用。直观易懂的结果能帮助人们进行信息推理和分析，便于人们协同分析相关数据，也有利于信息和知识的传播。

通过对数据的可视化处理，能有效地表达数据的各种特点，帮助人们推理和分析数据背后的客观规律，进而获取相关知识，提高人们对数据的认识和利用能力。

3．数据可视化的流程

数据可视化是对数据的综合运用，其操作包括数据获取、数据处理、可视化模式和可视化应用 4 个步骤，如图 8-6 所示。

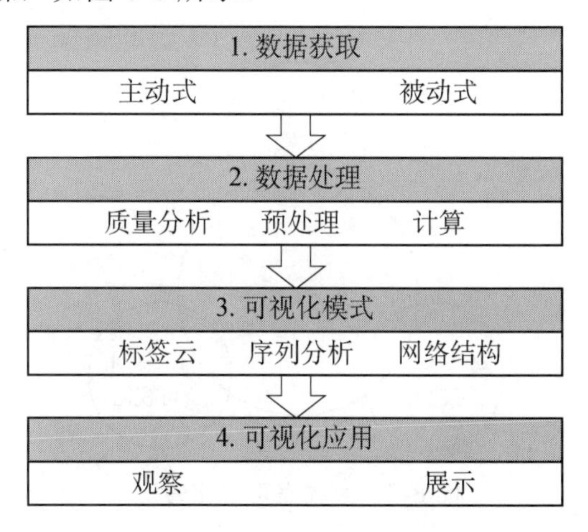

图 8-6　数据可视化流程

1）数据获取

数据获取有多种形式，大致可分为主动式和被动式两种。主动式获取是指以明确的数据需求为目标，采用卫星影像、测绘工程等相关技术手段，积极收集相关数据；被动式获取是指以数据平台为基础，由数据平台活动者提供数据来源，例如，电子商务网站、网上论坛等。

2）数据处理

数据处理是对原始数据进行分析、预处理、计算等工作。数据处理的目的是确保数据的准确及可用等。

3）可视化模式

可视化模式是一种特殊的数据显示方式，常用的可视化模式有标云、序列分析、网络结构、电子地图等。可视化模式的选择是可视化方案的基础。

4）可视化应用

可视化应用主要根据使用者的主观需要而展开，最主要的应用方式是观察和展示，通过观察和人脑分析进行推理和认知，帮助人们发现新知识或得出新结论。可视化界面还可以帮助人们实现人与数据的交互，完成数据的迭代计算，通过几个步骤，以及数据的计算实验得出系列可视化结果。

8.3.2 大数据可视化方法

大数据可视化技术涵盖了传统的科学可视化和信息可视化两大领域，它的出发点是对海量数据进行分析和信息挖掘，在大数据可视化中起着非常大的作用。按照信息的特点，可将信息可视化技术划分为一维、二维、三维、多维信息可视化技术，分层信息可视化技术（tree），网络信息可视化技术（network）和时序信息可视化技术（temporal）。近年来，研究人员围绕上述信息类型，提出了许多新的信息可视化方法和技术，并得到了广泛应用。这一部分的重点是文本可视化、网络（图）可视化和多维数据可视化，如图 8-7 所示。

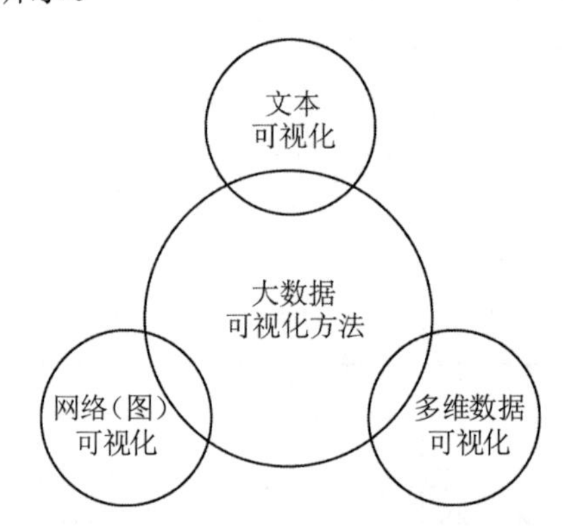

图 8-7 大数据可视化方法

1. 文本可视化

在大数据时代，文本信息是非结构化数据类型的典型代表，是互联网上最主要的一类信息。目前比较热门的各种物联网传感器所采集的信息，以及人们在日常工作和生活中所接触的电子文档，都是以文本形式存在的。它的可视化意义在于，它能直观地表现出蕴涵在文本中的语义学特征（例如，词频和重要性、逻辑结构、主题聚类、动态演变规律等）。

1）标签云

如图 8-8 所示，可以看到了一个典型的文本可视化技术，叫作标签云（tag clouds）。该方法根据词频或其他规则对关键字进行排序，按一定的规则进行布局，并利用图形属性如大小、颜色、字体等来显示关键字。通常使用字号大小来表示这个关键字的重要性，这种技术多用于快速确定网络媒体的主题热度。

图 8-8　标签云举例

文本中通常蕴含着逻辑层次结构和一定的叙述模式，为了对结构语义进行可视化，研究者提出了文本的语义结构可视化技术。图 8-9 是两种可视化方法：DAViewer、DocuBurst。

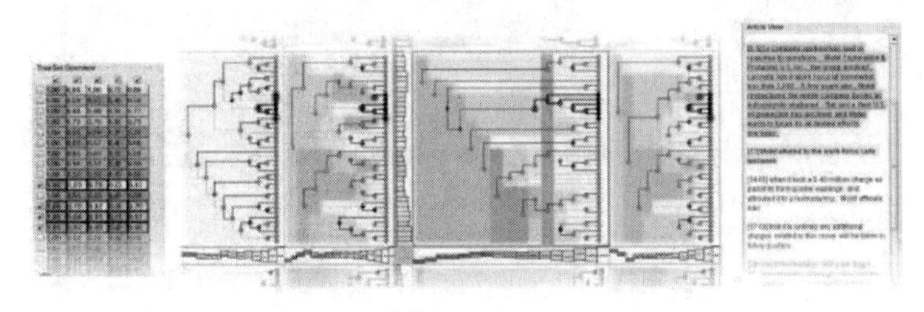

（a）DAViewer

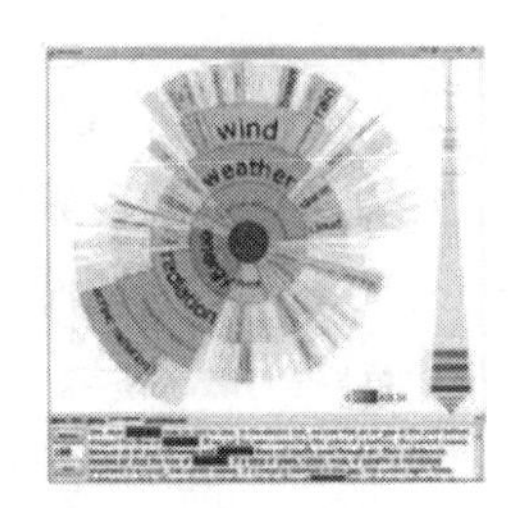

（b）DocuBurst

图 8-9　文本语义结构树

在 DAViewer[见图 8-9（a）]中，可以直观地看到文本的叙述结构语义采用树形结构，同时也可以看到相似性统计、修辞结构以及相应的文本内容；在 DocuBurst[见图 8-9（b）]中，可以采用放射状分层环形结构。在文本数据挖掘中，基于主题的文本聚类是一个重要研究方向，为了直观地展示文本聚类的效果，通常会将一维文本信息投影到二维空间，以便在聚类中更好地显示它们之间的关系。

2）动态文本时序信息可视化

一些文本的形成和变化过程与时间密切相关，因此，如何在动态变化的文本中对与时间有关的模式和规律进行可视化展示就显得尤为重要。这里介绍一种叫作时间轴法的可视化方法，它使用河流图作为它的主要技术。河流图是一种表现形式类似河流的可视化方法，根据所展示的内容，河流图可以分为主题河流图、文本河流图和事件河流图等。

主题河图以河的比喻来表示时间轴，从左到右依次是：主题河图用一条色带表示，主题的频度用宽窄来表示。在河流比喻的基础上，如图 8-10（a）所示的文本河流（textflow）方法进一步说明了主题的合并、分支关系和演化。如图 8-10（b）所示可以看到事件河流图（eventriver），其中新闻被聚类，并显示为一个泡泡。

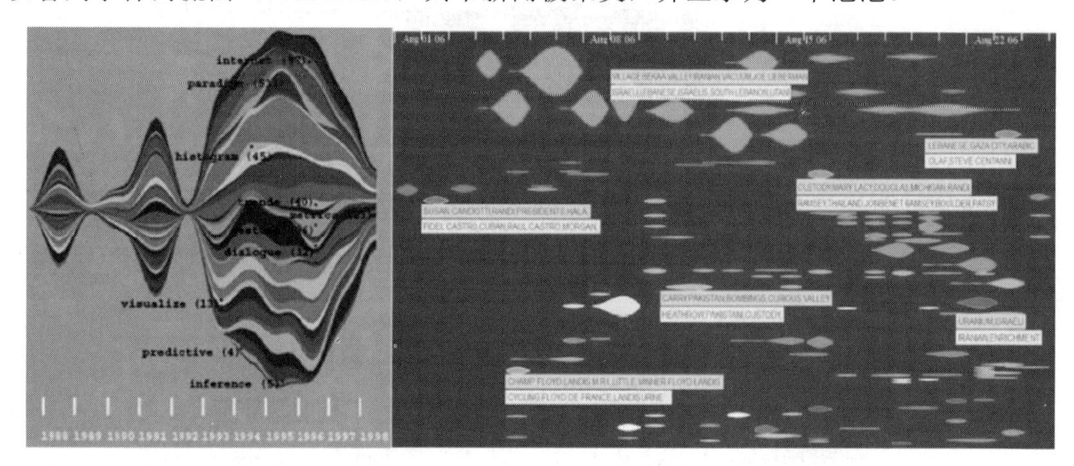

（a）文本流　　　　（b）事件流

图 8-10　动态文本时序信息可视化

2. 网络（图）可视化

在大数据时代，网络关联关系是一种普遍存在的关系，在当今的互联网时代，社交网络无处不在。社会网络服务是指建立在因特网上的人们相互联系、信息交流和互动娱乐的运行平台。新浪微博、Facebook、Twitter 等都是目前比较常见的网络社交网站。建立在这些社交网站服务基础上的虚拟网络即社交网络。

社会网络是一种网络式结构，它的典型特征是节点间的连接构成网络。这种单独的节点通常代表单独的人或组织，节点之间的联系包括朋友关系、亲属关系、关注关系（微博）、支持关系（或反对关系）、共同的利益等。例如，如图 8-11 所示，显示了 NodeXL 研究者之间的组织（社会）关系，节点代表成员或组织，节点之间的边代表了两个节点之间的从属关系。

层次化数据也属于网络信息的一种特例。以节点和连接为基础的拓扑关系如图 8-12 所示，直观地显示了网络中的潜在模式关系，例如，节点或边聚集性等，是网络可视化的主要内容之一。相比于节点、连接方法，空间填充法能够更加充分地利用空间，如

图 8-13 所示，是基于空间填充的树可视化方法。面对节点多、边长大的大规模网络，如何在有限的屏幕空间实现可视化，将是大数据时代的难点和重点。

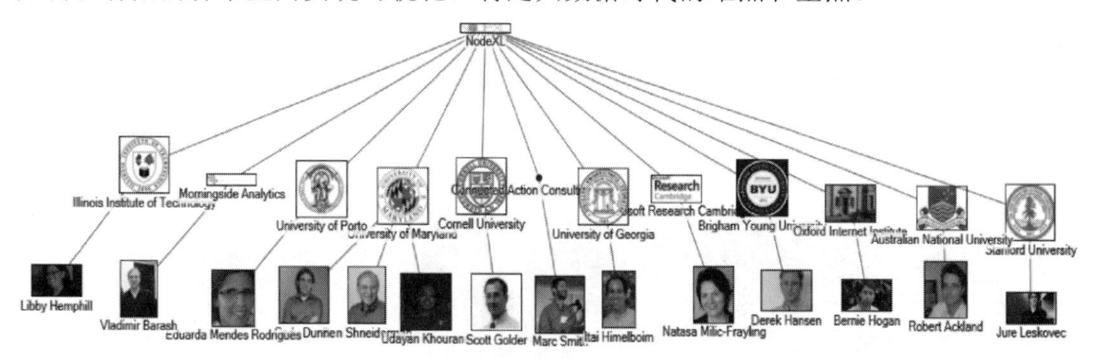

图 8-11　NodeXL 研究人员及其组织机构社会网络图

图 8-12　基于节点和连接的图和树可视化方法

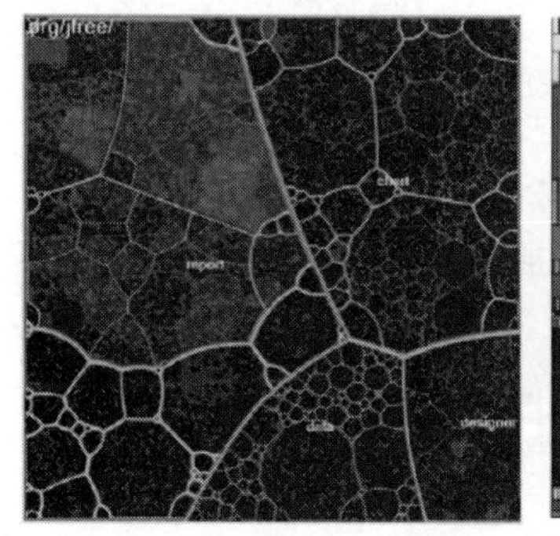
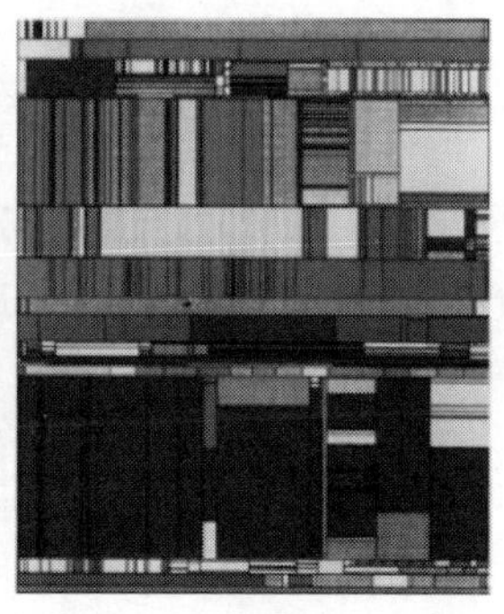
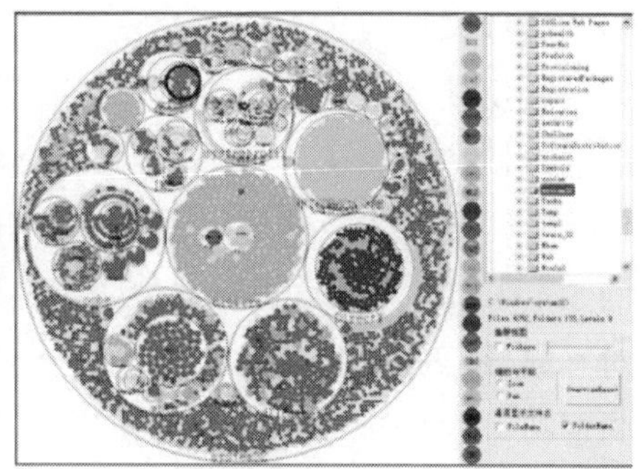

图 8-13　基于空间填充的树可视化

在大规模网络中，当大量节点和边的数量越来越多时，例如，当数量超过百万个时，在可视化界面中会出现大量节点和边的聚集、重叠和覆盖，使分析者很难识别可视化效果。图形简化（graph simplification）方法是处理可视化这种大规模图的主要方式：一种简化是对边进行集中处理，例如，基于边绑定（edge bundling）的方法，它可以使复杂的网络可视化更加清晰，如图 8-14 所示，显示了 3 种基于边绑定的大规模密集图形可视化技术。另外，Ersoy 等人提出了基于骨架的图形可视化技术，其主要方法是根据边的分布规律计算骨架，然后基于骨架对边进行捆绑；另一种简化方法是通过分层聚类实现多尺度交互，将大规模的图转换成层次树结构，通过多尺度交互实现多层次图的可视化。在大数据时代，这些方法都将为大规模图的可视化提供强有力的支持，而交互技术的引入，也将成为解决大规模图可视化问题必不可少的手段。

图 8-14 基于边绑定的大规模密集图形可视化

3. 多维数据可视化

在传统关系数据库和数据仓库的基础上，多维数据是指具有多个维度属性的数据变量，例如，企业信息系统和商务智能系统。多维数据分析的目的是探索多维数据项在空间中的分布规律和模式，揭示不同维度属性间的内在联系。基姆等人总结出多维可视化的基本方法，包括几何化、图像化、层次化和混合等方法。在这些领域中，基于几何图形的多维可视化方法是近年来的主要研究方向。在大数据方面，除了数据项规模扩大带来的挑战之外，由高维引发的问题是研究的焦点。

1）散点图

散点图（scatterplot）是最为常用的多维可视化方法。二维散点图将多个维度中的两个维度属性值集合映射至两条轴，在二维轴确定的平面内通过图形标记的不同视觉元素来反映其他维度属性值。例如，可通过不同形状、颜色、尺寸等来代表连续或离散的属性值，如图 8-15（a）所示。

二维散点图能够展示的维度十分有限，研究者将其扩展到三维空间，通过可旋转的 scatterplot 方块（dice）扩展可映射维度的数目，如图 8-15（b）所示。散点图适合对有限数目的较为重要的维度进行可视化，通常不适于需要对所有维度同时进行展示的情况。

2）投影

投影（projection）是能够同时展示多维的可视化方法之一。如图 8-16 所示，VaR 将各维度属性列集合通过投影函数映射到一个方块形图形标记中，并根据维度之间的关联度对各个小方块进行布局。基于投影的多维可视化方法一方面反映了维度属性值的分布规律，同时也直观地展示了多维度之间的语义关系。

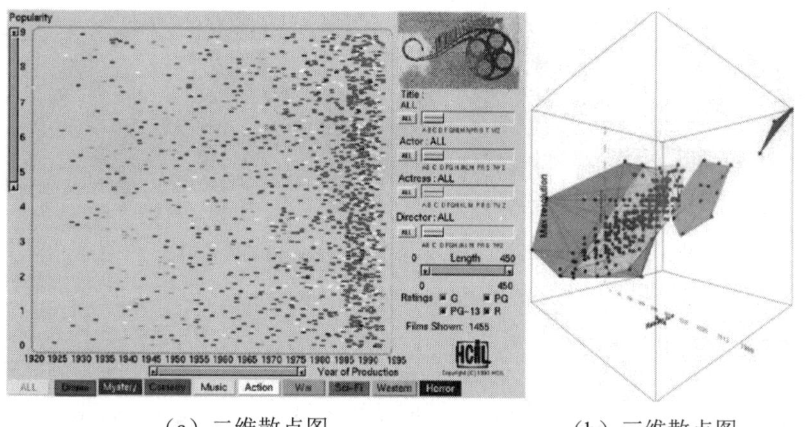

（a）二维散点图　　　　（b）三维散点图

图 8-15　二维和三维散点图

3）平行坐标

平行坐标（parallel coordinates）是一种研究和应用最广泛的多维可视化技术。如图 8-17 所示，它将多个平行轴上的维度与其轴线相对应，用直线或曲线相对应地表示多维信息。近几年来，人们把平行坐标和散点图等可视化技术结合起来，提出了平行坐标散点图 PCP（parallel coordinate plots）。由图 8-18 可以看到，散点图和柱状图在平行坐标系下集成，支持分析者从多个角度同时使用多种视觉技术进行分析。Geng 等人建立了一个柱状图平行坐标系，该坐标系支持用户基于密度和角度进行多维分析。在大数据环境中，平行坐标所面临的一个主要问题是大规模数据项引起的线密集和重叠覆盖，根据线密集特征简化平行坐标图，从而形成聚簇的可视化结果，如图 8-19 所示，可以为此提供有效的解决办法。

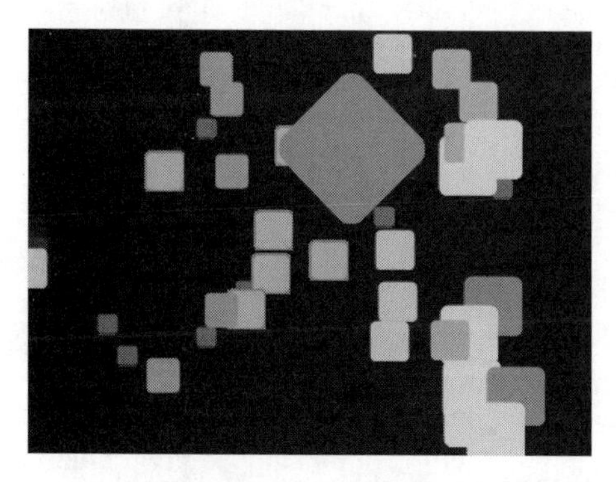

图 8-16　基于投影的多维可视化

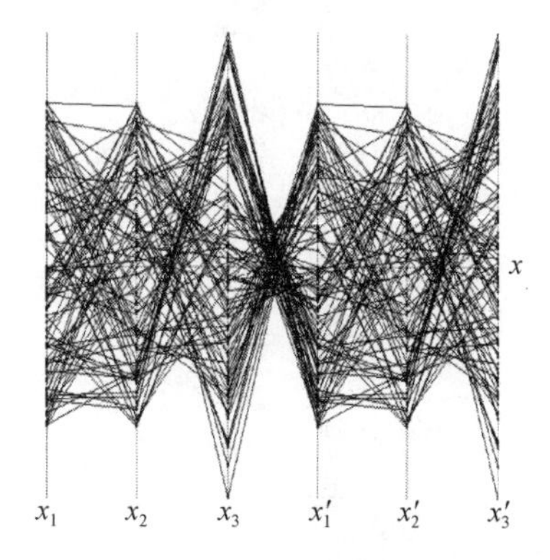

图 8-17　平行坐标多维可视化技术

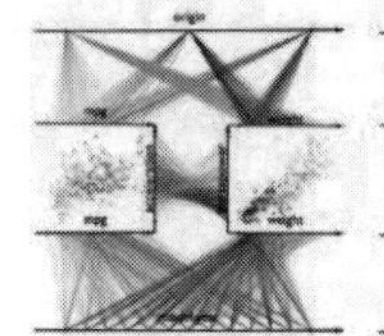
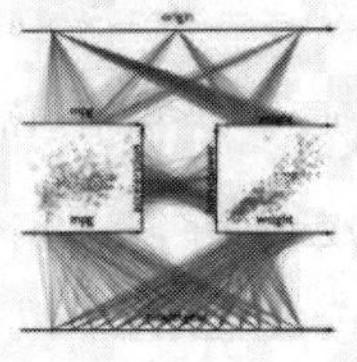
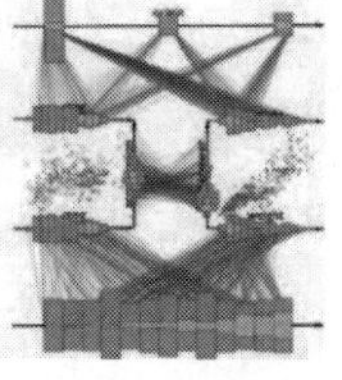
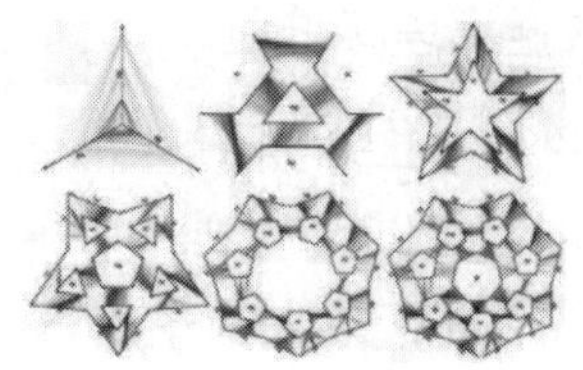

图 8-18　集成了散点图和柱状图的平行坐标工具 FlinaPlots

图 8-19　平行坐标图聚簇可视化

8.4　应用案例开发

本节通过实际的数据分析和可视化两个案例的学习，带读者体会整个操作流程。

8.4.1　案例一　Python 数据分析：商圈分析

当前，手机已经基本成为所有人的必备工具。本实验将从某通信运营商提供的特定接口解析得到用户的定位数据，并将基站小区的覆盖范围作为商圈区域的划分，归纳出商圈的人流特征和规律，识别出不同类别的商圈，进而选择合适的区域进行运营商的促销活动。

1．数据观察

本例设计工作日上班时间人均停留时间、凌晨人均停留时间、周末人均停留时间和日均人流量作为基站覆盖范围区域的人流特征，如图 8-20 所示。

	A	B	C	D	E
1	基站编号	工作日上班时间人均停留时间	凌晨人均停留时间	周末人均停留时间	日均人流量
2	36902	78	521	602	2863
3	36903	144	600	521	2245
4	36904	95	457	468	1283
5	36905	69	596	695	1054
6	36906	190	527	691	2051
7	36907	101	403	470	2487
8	36908	146	413	435	2571
9	36909	123	572	633	1897
10	36910	115	575	667	933
11	36911	94	476	658	2352
12	36912	175	438	477	861
13	35138	176	477	491	2346
14	37337	106	478	688	1338
15	36181	160	493	533	2086
16	38231	164	567	539	2455
17	38015	96	538	636	960
18	38953	40	469	497	1059
19	35390	97	429	435	2741
20	36453	95	482	479	1913
21	36855	159	554	480	2515
22	35924	149	416	561	2467

图 8-20　数据表

2．数据离差标准化

由于各个属性之间的差异较大，为了消除数量级数据带来的影响，在聚类之前，需要进行离差标准化处理，以得到建模的样本数据。

离差标准化（最大最小规范化）：保留原来数据中存在的关系，消除量纲和数据取值范围影响最简单的方法。

目标：消除数量级数据带来的影响，数据标准化到[0,1]。

代码如下。

```
#数据标准化到[0,1]
import pandas as pd
#参数初始化
filename = '/root/dataset/business_circle/business_circle.xls'    #原始数据文件
standardizedfile = 'standardized.xls'                              #标准化后数据保存路径
data = pd.read_excel(filename, index_col = u'基站编号')             #读取数据
data = (data - data.min())/(data.max() - data.min())               #离差标准化
data = data.reset_index()
data.to_excel(standardizedfile, index = False)                     #保存结果
```

结果如图 8-21 所示。

1	基站编号	工作日上班时间人均停留时间	凌晨人均停留时间	周末人均停留时间	日均人流量
2	36902	0.103864734	0.856363636	0.850539291	0.169153409
3	36903	0.263285024	1	0.725731895	0.118209546
4	36904	0.144927536	0.74	0.644067797	0.038908581
5	36905	0.082125604	0.992727273	0.993836672	0.020031325
6	36906	0.374396135	0.867272727	0.987673344	0.102217459
7	36907	0.15942029	0.641818182	0.647149461	0.138158437
8	36908	0.268115942	0.66	0.593220339	0.145082846
9	36909	0.212560386	0.949090909	0.898305085	0.08952271
10	36910	0.193236715	0.954545455	0.950693374	0.010056879
11	36911	0.142512077	0.774545455	0.936825886	0.127029923
12	36912	0.338164251	0.705454545	0.657935285	0.004121672
13	35138	0.34057971	0.776363636	0.679506934	0.126535323
14	37337	0.171497585	0.778181818	0.983050847	0.04344242
15	36181	0.301932367	0.805454545	0.74422188	0.10510263
16	38231	0.311594203	0.94	0.753466872	0.135520567
17	38015	0.147342995	0.887272727	0.902927581	0.012282582
18	38953	0.012077295	0.761818182	0.688751926	0.020443492
19	35390	0.149758454	0.689090909	0.593220339	0.15909653
20	36453	0.144927536	0.785454545	0.661016949	0.090841645
21	36855	0.299516908	0.916363636	0.662557781	0.140466573
22	35924	0.275362319	0.665454545	0.787365177	0.136509768

图 8-21　标准化后的数据

3. 模型构建

数据进行预处理以后，已经形成了建模数据。这次聚类采用层次聚类算法，对建模数据进行基于基站数据的商圈聚类，画出谱系聚类图。

系统聚类法的基本思想：令 n 个样品自成一类，计算出相似性测度，此时类间距离与样品间距离是等价的，把测度最小的两个类合并；然后按照某种聚类方法计算类间的距离，再按最小距离准则并类；这样每次减少一类，持续下去直到所有样品都归为一类为止。聚类过程可做成聚类谱系图（hierarchical diagram）。

代码如下。

```
filename = 'standardized.xls'
data = pd.read_excel(filename, index_col = u'基站编号')


import matplotlib.pyplot as plt
from scipy.cluster.hierarchy import linkage, dendrogram
# 这里使用 scipy 的层次聚类函数
```

```
# method 是指计算类间距离的方法：
# 比较常用的有 3 种:

# single:最近邻,把类与类间距离最近的作为类间距
z = linkage(data, method = 'single', metric = 'euclidean')          # method = 'single'谱系聚类图
p = dendrogram(z, 0)                                                # 画谱系聚类图
plt.show()

# method = 'ward',Ward 方差最小化算法
Z = linkage(data, method = 'ward', metric = 'euclidean')            # 谱系聚类图
P = dendrogram(Z, 0)                                                # 画谱系聚类图
plt.show()

# complete:最远邻,把类与类间距离最远的作为类间距
z = linkage(data, method = 'complete', metric = 'euclidean')        # method = 'complete'谱系聚类图
p = dendrogram(z, 0)                                                # 画谱系聚类图
plt.show()
```

运行结果如图 8-22～图 8-24 所示。

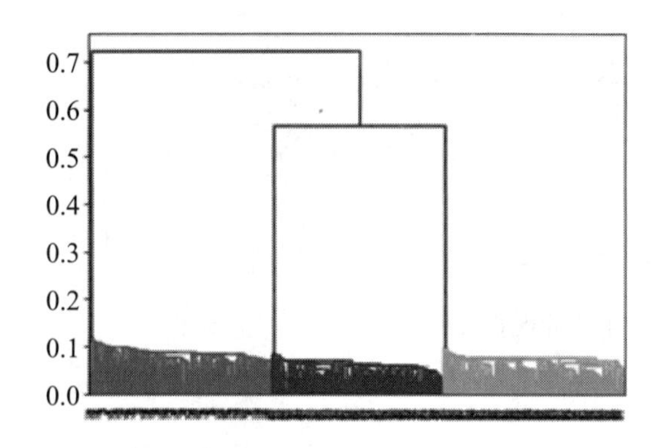

图 8-22　single 算法

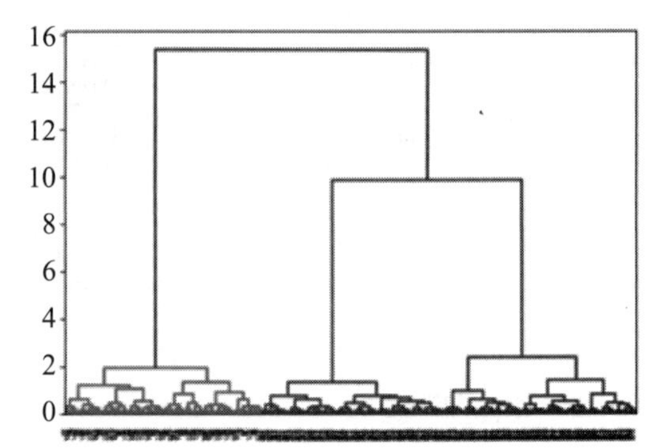

图 8-23　ward 算法

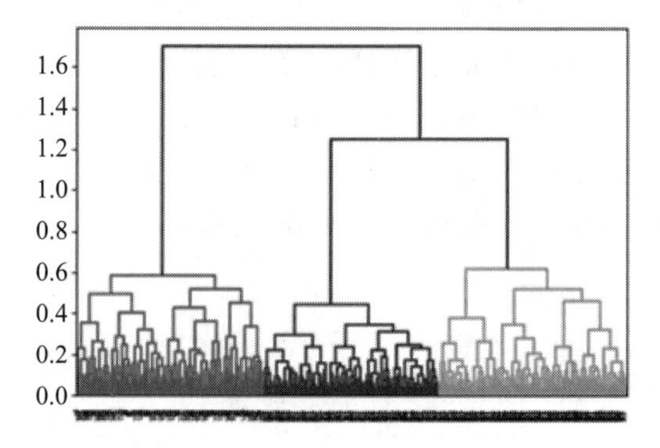

图 8-24　complete 算法

从图 8-22、图 8-23 和图 8-24 中可以看出，可以把聚类类别数取 3 类，再使用层次聚类算法进行训练模型，使用 sklearn 中的层次聚类方法对数据进行聚类，并将分类结果画出来。

代码如下。

```
#谱系聚类图
import pandas as pd
#参数初始化
standardizedfile = 'standardized.xls'                          # 标准化后的数据文件
data = pd.read_excel(standardizedfile, index_col = u'基站编号')    #读取数据
import matplotlib
matplotlib.use('Agg')
import matplotlib.pyplot as plt

k = 3                                                          # 聚类数

from sklearn.cluster import AgglomerativeClustering            # 导入sklearn的层次聚类函数
model = AgglomerativeClustering(n_clusters = k, linkage = 'ward')
model.fit(data)                                                # 训练模型

r = pd.concat([data, pd.Series(model.labels_, index = data.index)], axis = 1) # 详细输出每个样本
对应的类别
r.columns = list(data.columns) + [u'聚类类别']                  # 重命名表名

import matplotlib.pyplot as plt
plt.rc('figure',figsize=(7,6))
plt.rcParams['font.sans-serif'] = ['SimHei']
plt.rcParams['axes.unicode_minus'] = False                      # 用来正常显示负号

style = ['ro-', 'go-', 'bo-']
xlabels = [u'工作日人均停留时间', u'凌晨人均停留时间', u'周末人均停留时间', u'日均人流量']
pic_output = 'type_'

for i in range(k):                                             # 逐一作图，做出不同样式
    plt.figure()
    tmp = r[r[u'聚类类别'] == i].iloc[:,:4]                      # 提取每一类
    for j in range(len(tmp)):
        plt.plot(range(1,5), tmp.iloc[j], style[i])

    plt.xticks(range(1,5), xlabels, rotation = 20)             # 坐标标签 (***)
    plt.subplots_adjust(bottom=0.15)                           # 调整底部 (***)
    plt.show()
```

运行结果如图 8-25、图 8-26、图 8-27 所示。

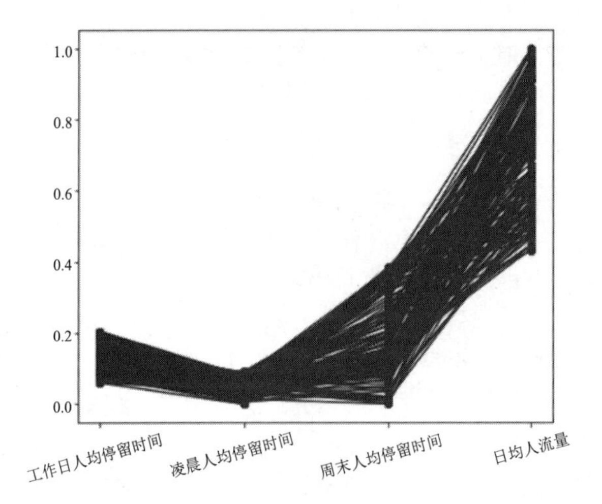

图 8-25　商圈类别 1

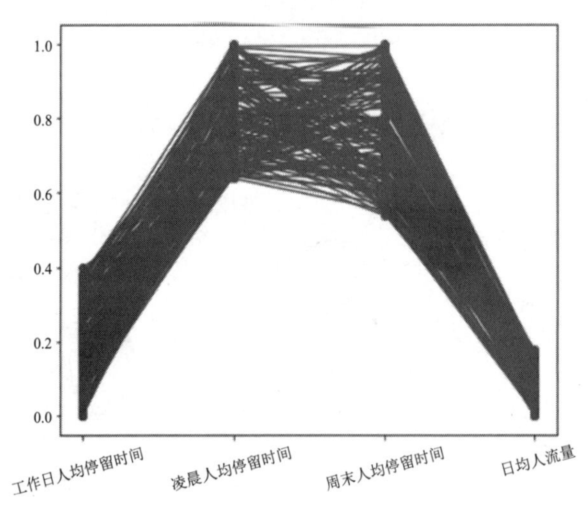

图 8-26　商圈类别 2

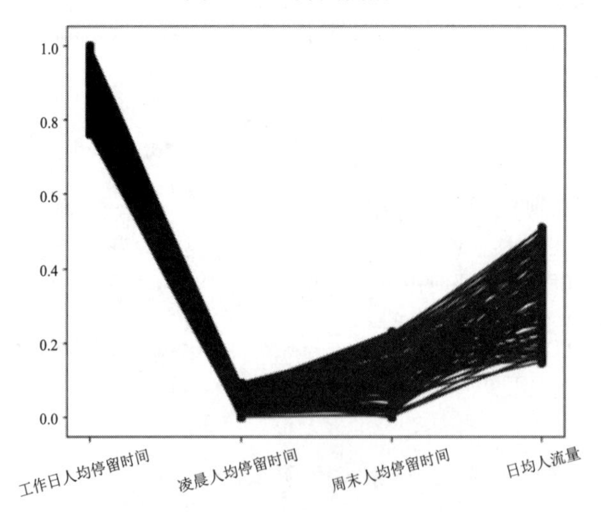

图 8-27　商圈类别 3

可通过上面3个特征折线图，得出如下分析。

（1）商圈类别1，工作日人均停留时间、凌晨人均停留时间都很低，周末人均停留时间中等，日均人流量极高，这符合商业区的特点。

（2）商圈类别2，工作日人均停留时间中等，凌晨和周末人均停留时间很长，日均人流量较低，这和居住区的特征相符合。

（3）商圈类别3，这部分工作日人均停留时间很长，凌晨和周末停留较少，日均人流量中等，这和办公商圈非常符合。

商圈类别2的人流量较少，商圈类别3的人流量一般，而且白领上班族的工作区域人员流动一般集中在上、下班时间和午间吃饭时间，这两类商圈均不利于运营商促销活动的开展，商圈类别1的人流量大，在这样的商业区有利于进行运营商的促销活动。

8.4.2 案例二 Python数据分析：招聘信息可视化案例

分析并处理抓取的国内职位招聘信息数据，生成多种可视化图表，直观展现国内企业单位对于人才的各方面需求。

1. 数据导入与提取

提供的3个cvs文件是从各大招聘网上抓取下来的招聘数据，分别是Python、人工智能和大数据3个方向的招聘信息。使用Pandas模块读取csv文件，并转换为DataFrame格式，以便于后续的数据处理。

```
import pandas as pd
#Python 工程师
df_py=pd.read_csv("python_data.csv")
#人工智能相关工作
df_ai=pd.read_csv("ai_data.csv")
#大数据相关工作
df_bd=pd.read_csv("big_data.csv")
```

然后使用Pandas对数据进行提取，提取出包含城市信息的列。

```
city=df_py["城市"].value_counts()
label = city.keys()
city_list = [ ]
for i in city:
    city_list.append(i)
```

2. 使用Pyecharts库绘制图形

想分析招聘信息中各个地区的招聘比例、学历要求、工作经验要求、薪资、公司融资情况、职业必备技能这6个方面，使用Pyecharts库可以很好地满足我们不同的绘图需求。

1）各地区招聘比例：饼图

饼图是最能反映各种数据占比情况的统计图，想知道各个地区招聘人数的比例，首选饼图。这里绘制的是一个空心饼图，样式较常见的饼图更为特别，如图 8-28 所示。

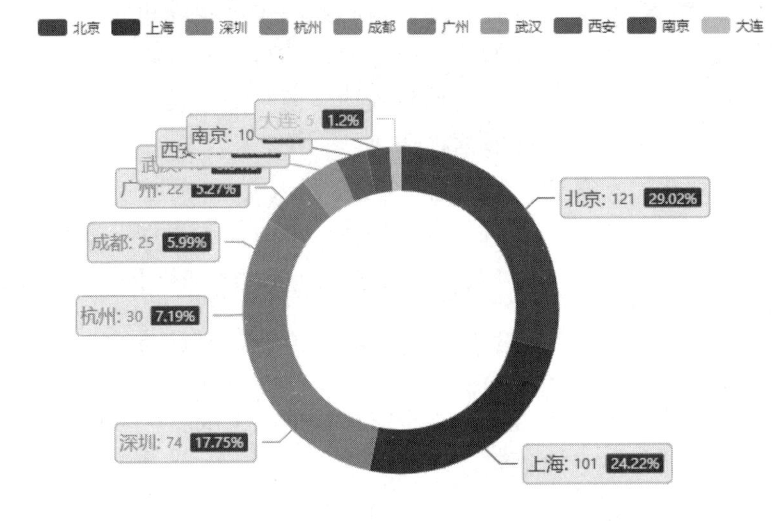

图 8-28 饼图

代码如下。

```
from pyecharts.globals import CurrentConfig, NotebookType
CurrentConfig.NOTEBOOK_TYPE = NotebookType.JUPYTER_LAB
from pyecharts import options as opts
from pyecharts.charts import Page, Pie
pie = (
        Pie()
        .add(
            "",
            [list(z) for z in zip(label,city_list)],
            radius=["40%", "55%"],
            label_opts=opts.LabelOpts(
                position="outside",
                formatter=" {b|{b}: }{c}   {per|{d}%}   ",
                background_color="#eee",
                border_color="#aaa",
                border_width=1,
                border_radius=4,
                rich={

                    "b": {"fontSize": 16, "lineHeight": 33},
                    "per": {
```

```
                            "color": "#eee",
                            "backgroundColor": "#334455",
                            "padding": [2, 4],
                            "borderRadius": 2,
                        },
                    },
                ),
            )
            .set_global_opts(title_opts=opts.TitleOpts(title="Pie"))
    )
pie.load_javascript()
# 新建代码格
pie.render_notebook()
```

2）学历要求：柱状图（如图 8-29 所示）

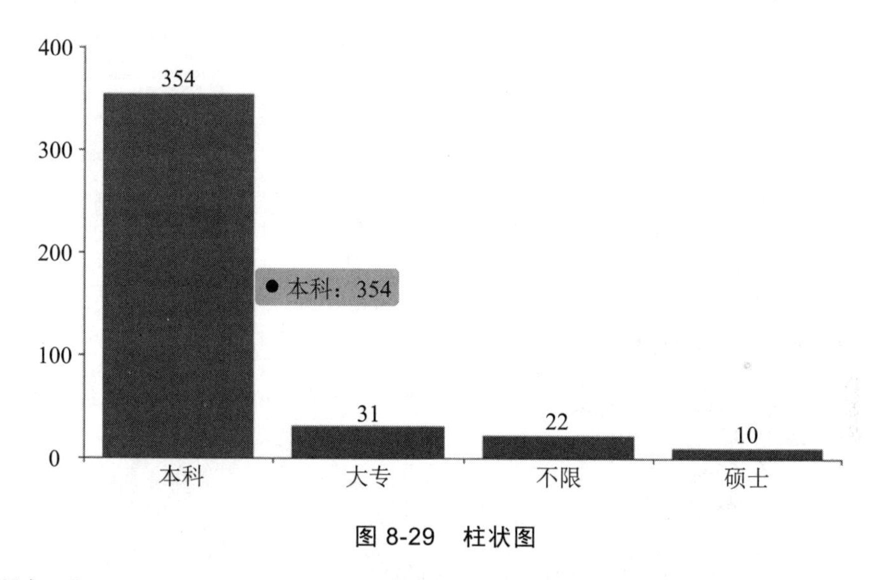

图 8-29　柱状图

代码如下。

```
from pyecharts.charts import Bar
from pyecharts import options as opt
bar = Bar()
bar.add_xaxis(list(df_py['学历要求'].value_counts().index))
bar.add_yaxis("",[int(i) for i in list(df_py['学历要求'].value_counts().values)])
bar.render_notebook()
```

3）工作经验要求：柱状图（如图 8-30 所示）

这里将 3 个行业的数据放在一个柱状图中，更容易横向比较它们对求职者工作经验的要求。

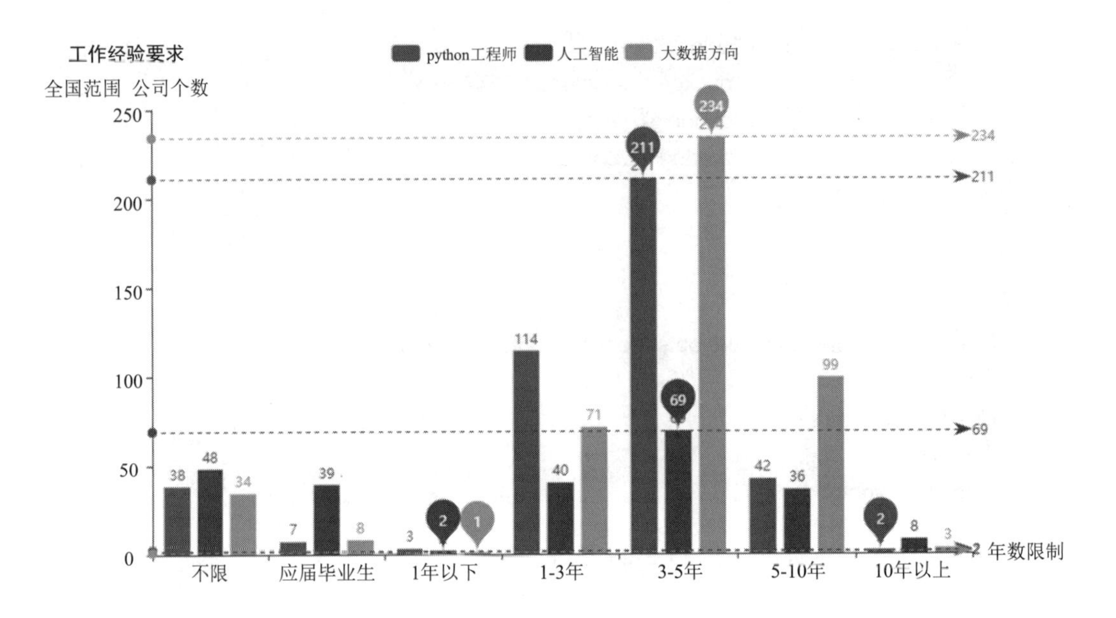

图 8-30 柱状图

代码如下。

```
# 数据处理
a=["不限","应届毕业生","1 年以下","1-3 年","3-5 年","5-10 年","10 年以上"]
def convert(exp,a,b):
    exp=pd.DataFrame(exp.value_counts().reset_index())
    exp['index'] = exp['index'].astype('category')
    exp['index'].cat.reorder_categories(a, inplace=True)
    exp.sort_values('index', inplace=True)
    xy_data=[]
    for i in exp[b]:
        xy_data.append(i)
    return xy_data
y_py_exp=convert(df_py["工作经验"],a,b="工作经验")
y_ai_exp=convert(df_ai["工作经验"],a,b="工作经验")
y_bd_exp=convert(df_bd["工作经验"],a,b="工作经验")

#将处理好的数据导入绘图函数中，并且设置好标题等参数项
from pyecharts.charts import Bar
from pyecharts import options as opt
bar = Bar()
bar.add_xaxis(a)
bar.add_yaxis("python 工程师", y_py_exp,gap="5%")
bar.add_yaxis("人工智能",y_ai_exp)
bar.add_yaxis("大数据方向",y_bd_exp)
bar.set_global_opts(
    title_opts=opts.TitleOpts(title='工作经验要求',subtitle='全国范围'),
```

```
    yaxis_opts=opt.AxisOpts(name="公司个数"),
    xaxis_opts=opt.AxisOpts(name="年数限制")

)
bar.set_series_opts(
    markpoint_opts=opt.MarkPointOpts(data=[
        opt.MarkPointItem(type_="max", name="最大值"),
        opt.MarkPointItem(type_="min", name="最小值"),
                                        ]),
    markline_opts=opt.MarkLineOpts(data=[
        opt.MarkLineItem(type_="min", name="最小值"),
        opt.MarkLineItem(type_="max", name="最大值"),
                                        ])
                    )
# render 会生成本地 HTML 文件，默认会在当前目录生成 render.html 文件
# 也可以传入路径参数；例如 bar.render("mycharts.html")
bar.render_notebook()
```

4）工作经验要求：平滑曲线图（如图 8-31 所示）

除了柱状图可以较好地展现和比较各组数据的多少，曲线图也是选择之一。

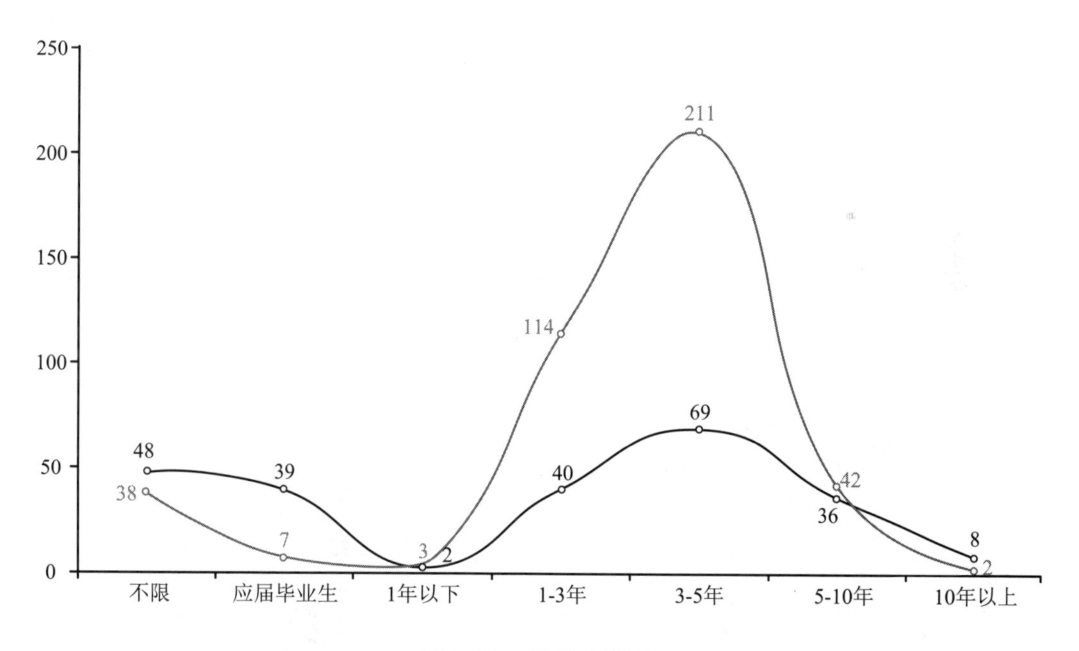

图 8-31 平滑曲线图

代码如下。

```
import pyecharts.options as opts
from pyecharts.charts import Line
c = (
        Line()
```

```
        .add_xaxis(a)
        .add_yaxis('Python 工程师',y_py_exp, is_smooth=True)
        .add_yaxis('人工智能',y_ai_exp, is_smooth=True)
        .set_global_opts(title_opts=opts.TitleOpts(title="平滑曲线"))
    )
c.render_notebook()
```

5）工作经验要求：平行坐标轴（如图 8-32 所示）

还有一种不常见的图表，叫作平行坐标轴。平行坐标是可视化高维几何和分析多元数据的常用方法，这里也可以用它来比较 3 组数据的量。

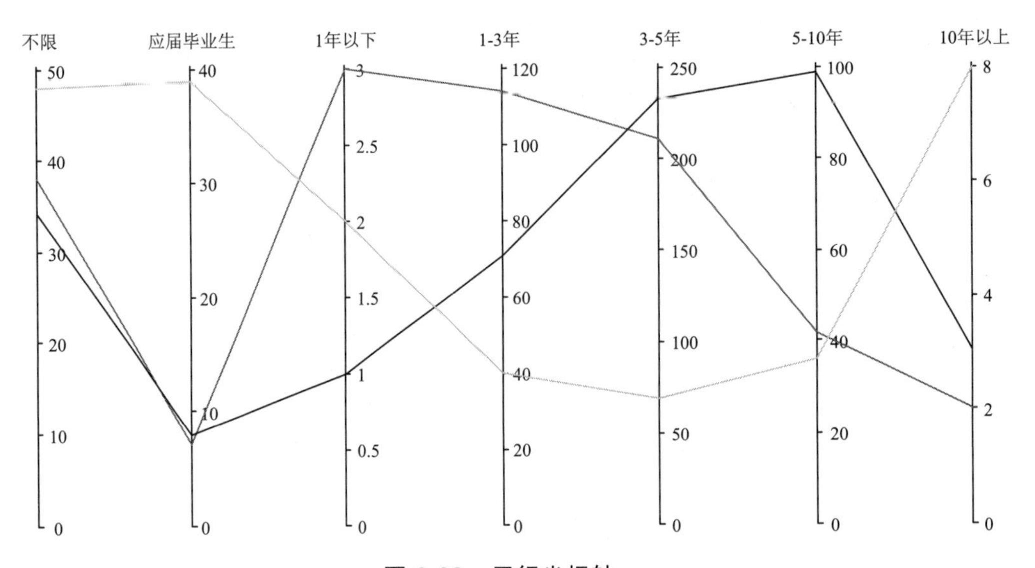

图 8-32　平行坐标轴

代码如下。

```
from pyecharts import options as opts
from pyecharts.charts import Page, Parallel

data1 = [y_py_exp]
data2 = [y_ai_exp]
data3 = [y_bd_exp]
c = (
        Parallel()
        .add_schema(
            [
                {"dim": 0, "name": "不限"},
                {"dim": 1, "name": "应届毕业生"},
                {"dim": 2, "name": "1 年以下"},
                {"dim": 3, "name": "1-3 年"},
```

```
                {"dim": 4, "name": "3-5 年"},
                {"dim": 5, "name": "5-10 年"},
                {"dim": 6, "name": "10 年以上"}
            ]
        )
        .add("Python 工程师",data1)
        .add("人工智能方向",data2)
        .add("大数据方向",data3)

        .set_global_opts(title_opts=opts.TitleOpts(title="平行坐标轴"))
)
c.render_notebook()
```

对于工作经验要求，不止简单的柱状图可以将数据以较好的效果呈现，在学习的过程中也可以用多种图表灵活实现可视化。

6）薪资：柱状图（如图 8-33 所示）

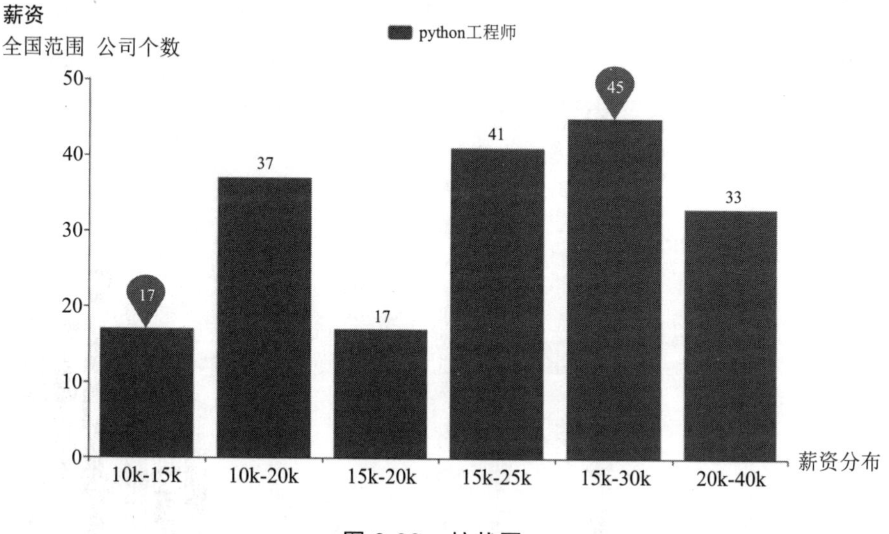

图 8-33　柱状图

代码如下。

```
#数据处理
a=["10k-15k","10k-20k","15k-20k","15k-25k","15k-30k","20k-40k"]
def convert(df,a,b):
    exp=df
    exp=pd.DataFrame(exp.value_counts().reset_index()[:6])
    exp['index'] = exp['index'].astype('category')
    exp['index'].cat.reorder_categories(a, inplace=True)
    exp.sort_values('index', inplace=True)
    xy_data=[i for i in exp[b]]
    return xy_data
y_py_my=convert(df_py["薪资"],a,b="薪资")
```

```
#绘图
from pyecharts.charts import Bar
from pyecharts import options as opt
bar = Bar()
bar.add_xaxis(a)
bar.add_yaxis("python 工程师", y_py_my,gap="5%")
bar.set_global_opts(
    title_opts=opts.TitleOpts(title='薪资',subtitle='全国范围'),
    yaxis_opts=opt.AxisOpts(name="公司个数"),
    xaxis_opts=opt.AxisOpts(name="薪资分布")

)
bar.set_series_opts(
    markpoint_opts=opt.MarkPointOpts(data=[
        opt.MarkPointItem(type_="max", name="最大值"),
        opt.MarkPointItem(type_="min", name="最小值"),
                                            ])
                    )
bar.render_notebook()
```

7）公司融资情况：柱状图（如图 8-34 所示）

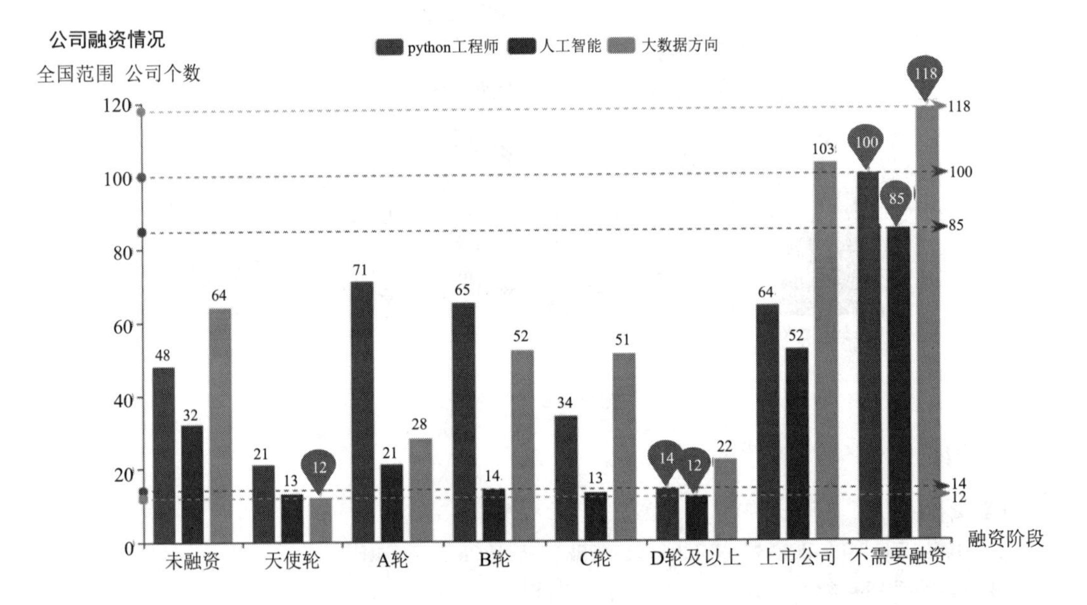

图 8-34 柱状图

代码如下。

```
#数据处理
#dataframe 索引顺序改变，单列数据提取
a=["未融资","天使轮","A 轮","B 轮","C 轮","D 轮及以上","上市公司","不需要融资"]
def convert(exp,a,b):
```

```
    exp=pd.DataFrame(exp.value_counts().reset_index())
    exp['index'] = exp['index'].astype('category')
    exp['index'].cat.reorder_categories(a, inplace=True)
    exp.sort_values('index', inplace=True)
    #xy_data=[i for i in exp[b]]
    xy_data=[]
    for i in exp[b]:
        xy_data.append(i)
    return xy_data
col="融资阶段"
y_py_exp=convert(df_py[col],a,b=col)
y_ai_exp=convert(df_ai[col],a,b=col)
y_bd_exp=convert(df_bd[col],a,b=col)
print(y_py_exp)

#绘图
from pyecharts.charts import Bar
from pyecharts import options as opt
bar = Bar()
bar.add_xaxis(a)
bar.add_yaxis("python 工程师", y_py_exp,gap="5%")
bar.add_yaxis("人工智能",y_ai_exp)
bar.add_yaxis("大数据方向",y_bd_exp)
bar.set_global_opts(
    title_opts=opts.TitleOpts(title='公司融资情况',subtitle='全国范围'),
    yaxis_opts=opt.AxisOpts(name="公司个数"),
    xaxis_opts=opt.AxisOpts(name="融资阶段")

)
bar.set_series_opts(
    markpoint_opts=opt.MarkPointOpts(data=[
        opt.MarkPointItem(type_="max", name="最大值"),
        opt.MarkPointItem(type_="min", name="最小值"),
                                        ]),
    markline_opts=opt.MarkLineOpts(data=[
        opt.MarkLineItem(type_="min", name="最小值"),
        opt.MarkLineItem(type_="max", name="最大值"),
                                      ])
                    )
bar.render_notebook()
```

8）职业必备技能：词云图（如图 8-35 所示）

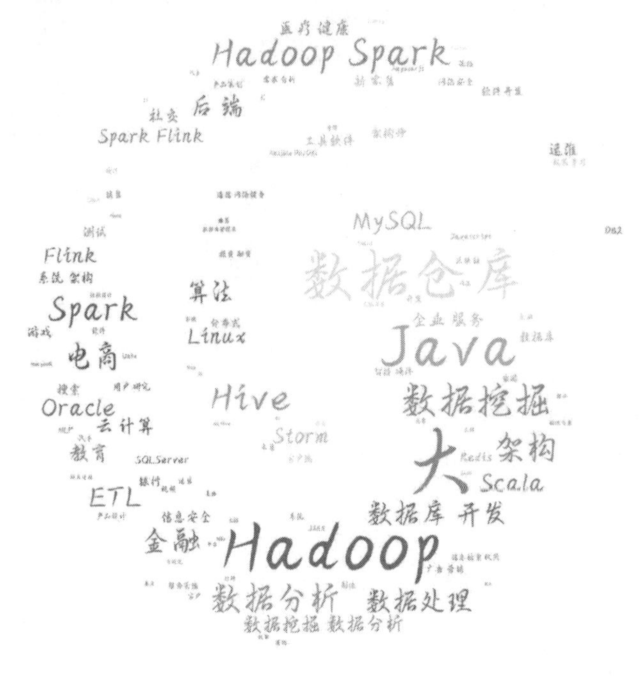

图 8-35 词云图

在介绍词云前，需要先学习一下分词。分词就是将连续的字序列按照一定的规范重新组合成词序列的过程。在英文的行文中，单词之间是以空格作为自然分界符的，而中文只有字、句和段能通过明显的分界符来简单划界，由此看来，中文比英文分词更为复杂和困难。

这里将介绍 Python 的一个非常著名的分词库——jieba。jieba 是目前最好的 Python 中文分词组件，主要有以下 3 个特性。

（1）支持 3 种分词模式：精确模式、全模式、搜索引擎模式。

（2）支持繁体分词。

（3）支持自定义词典。

代码如下。

```
import jieba
str1 = "南京云创大数据科技股份有限公司"
#精简模式
print("/".join(jieba.cut(str1)))
#全模式
print("/".join(jieba.cut(str1, cut_all=True)))
#搜索引擎模式
print("/".join(jieba.cut_for_search(str1)))
```

运行结果如下。

南京/云/创大/数据/科技股份/有限公司

南京/云/创/大数/数据/科技/科技股/科技股份/股份/股份有限/有限/有限公司/公司

南京/云/创大/数据/科技/股份/科技股/科技股份/有限/公司/有限公司

词云图在很多广告中都可能看到。词云图通过字号的大小来反映一个词出现的频率。其样式独特、色彩鲜明，能够给人留下深刻的印象。

这里将大数据行业中所有的职位要求进行分词，再生成词云图，以查看求职者在应聘大数据岗位时，普遍需要掌握的技能。

代码如下。

```
from wordcloud import WordCloud, ImageColorGenerator
import matplotlib.colors as colors
def create_wordcloud(df):
    #分词
    text = ''
    for line in df['职位技能要求']:
        text += ' '.join(jieba.cut(line, cut_all=False))
        text += ' '
        stopwords = set('')
        stopwords.update(["数据","移动","互联网"])
    backgroud_Image = plt.imread('yun.jpg')
    wc = WordCloud(
        background_color='white',
        mask=backgroud_Image,
        font_path='qs.ttf',
        max_words=10000,
        max_font_size=160,
        min_font_size=2,
        stopwords=stopwords,
        prefer_horizontal=1,
        random_state=500,
    )
    wc.generate_from_text(text)
    #根据背景图片颜色生成词的颜色
    img_colors = ImageColorGenerator(backgroud_Image)
    wc.recolor(color_func=img_colors)
    plt.imshow(wc)
    plt.axis('off')
    print('生成词云成功!')
create_wordcloud(df_bd)
```

习　　题

1. 数据可视化有哪些基本特征？
2. 简述可视化技术支持计算机辅助数据认识的 3 个基本阶段。
3. 数据可视化对数据的综合运用有哪几个步骤？
4. 简述数据可视化的应用。
5. 简述文本可视化的意义。
6. 网络（图）可视化有哪些主要形式？

参考文献

[1] 李培.基于 Python 的网络爬虫与反爬虫技术研究[J].计算机与数字工程,2019，47（6）：1415-1420.

[2] Kevin．网络爬虫技术原理[J]．计算机与网络，2018，44（10）：38-40.

[3] 谢克武．大数据环境下基于 python 的网络爬虫技术[J]．电子制作，2017（9）：44-45.

[4] 陈为，赵烨，张嵩，等．可视化导论[M]．北京：高等教育出版社，2010.

[5] 张平文，鄂维南，袁晓如，等．大数据分析与应用技术创新平台[J]．大数据，2018，4（4）：86-93.

[6] 李彦龙，李国强，董笑菊．树比较可视化方法综述[J]．软件学报，2016（5）：1074-1090.

[7] 梁岩，徐强．数据可视化艺术类专业网络学习平台设计研究：以吉林艺术学院数字媒体艺术专业聚合教育平台为例[J]．美术大观，2019（5）：148-149.

[8] 钟达．知识可视化及其教学应用[D]．重庆：西南大学，2010.

[9] 唐家渝，刘知远，孙茂松．文本可视化研究综述[J]．计算机辅助设计与图形学学报，2013（3）：273-285.

[10] 沈恩亚．大数据可视化技术及应用[J]．科技导报，2020，38（3）：68-83.

附录 A

大数据和人工智能实验环境

1. 大数据实验环境

对于大数据实验而言，一方面，大数据实验环境安装、配置难度大，高校难以为每个学生提供实验集群，实验环境容易被破坏；另一方面，实用型大数据人才培养面临实验内容不成体系、课程教材缺失、考试系统不客观、缺少实训项目以及专业师资不足等问题，实验开展束手束脚。

对此，云创大数据实验平台提供了基于 Docker 容器技术开发的多人在线实验环境。如图 A.1 所示，平台预装主流大数据学习软件框架包括 Hadoop、Spark、Storm、HBase 等，可快速部署训练环境，支持多人同时在线实验，并配套实验手册、实验代码、实验数据，同步解决大数据实验配置难度大、实验入门难、缺乏实验数据等难题，可用于大数据教学与实践应用。如图 A.2 所示为云创大数据实验平台。

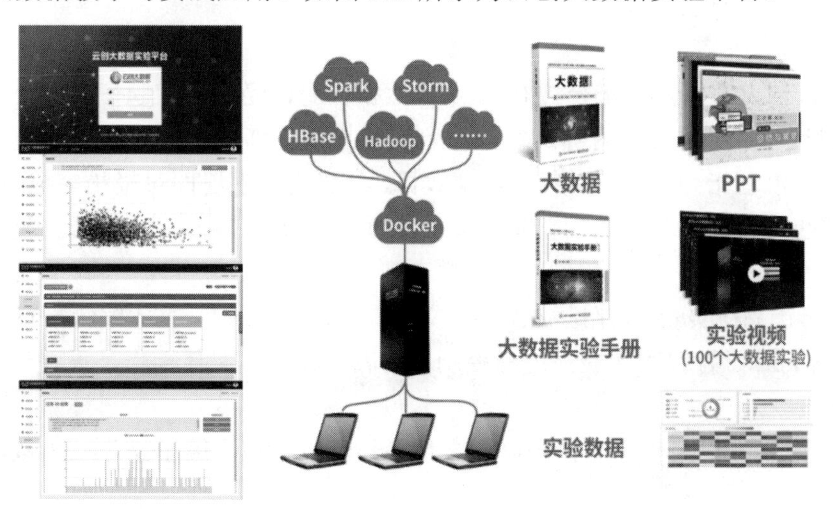

图 A.1　云创大数据实验平台架构

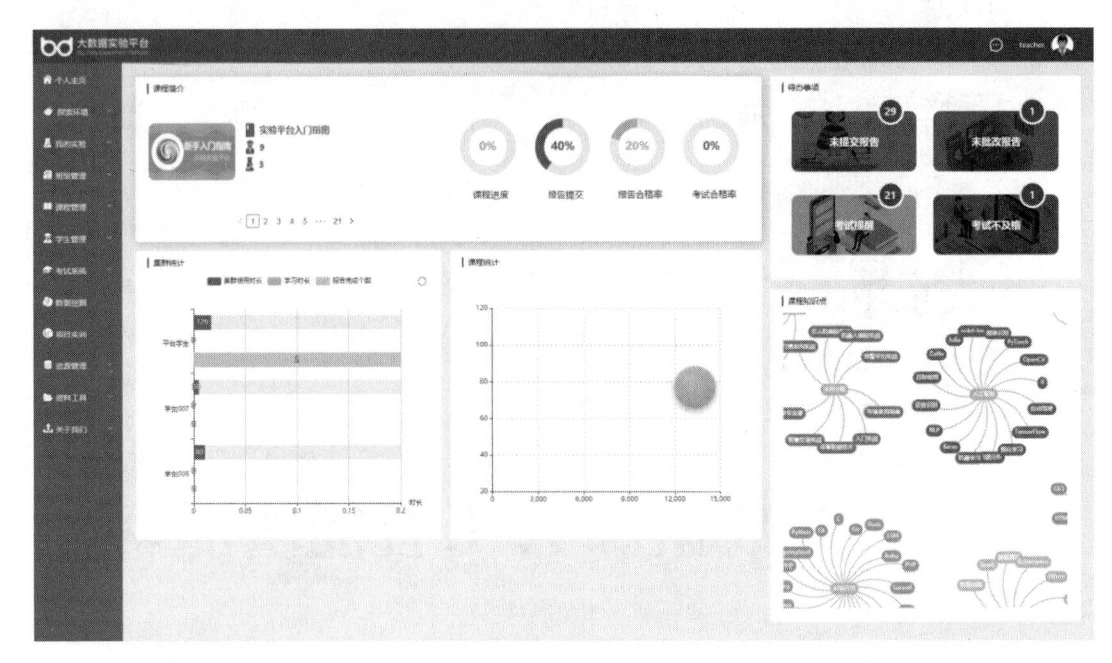

图 A.2　云创大数据实验平台

1）实验环境可靠

云创大数据实验平台采用 Docker 容器技术，通过少量实体服务器资源虚拟出大量的实验服务器环境，可为学生同时提供多套集群进行基础实验训练，包括 Hadoop、Spark、Python 语言、R 语言等相关实验集群，集成了上传数据、指定列表、选择算法、数据展示的数据挖掘及可视化工具。

云创大数据实验平台搭建了一个可供大量学生同时完成各自大数据实验的集成环境。每个实验环境相互隔离，互不干扰，通过重启即可重新拥有一套新集群，可实时监控集群使用量并进行调整，大幅度节省硬件和人员管理成本。如图 A.3 所示为云创大数据实验平台部分实验图。

2）实验内容丰富

目前，云创大数据实验平台拥有 367+大数据实验，涵盖原理验证、综合应用、自主设计及创新等多层次实验内容，每个实验在线提供详细的实验目的、实验内容、实验原理和实验流程指导，配套相应的实验数据，参照实验手册即可轻松完成每个实验，帮助用户解决大数据实验的入门门槛限制。如图 A.3 所示为云创大数据实验平台部分实验图。

（1）Linux 系统实验：常用基本命令、文件操作、sed、awk、文本编辑器 vi、grep 等。

（2）Python 语言编程实验：流程控制、列表和元组、文件操作、正则表达式、字符串、字典等。

（3）R 语言编程实验：流程控制、文件操作、数据帧、因子操作、函数、线性回归等。

（4）大数据处理技术实验：HDFS 实验、YARN 实验、MapReduce 实验、Hive 实验、Spark 实验、Zookeeper 实验、HBase 实验、Storm 实验、Scala 实验、Kafka 实验、Flume 实验、Flink 实验、Redis 实验等。

（5）数据采集实验：网络爬虫原理、爬虫之协程异步、网络爬虫的多线程采集、爬取豆瓣电影信息、爬取豆瓣图书前 250、爬取双色球开奖信息等。

（6）数据清洗实验：Excel 数据清洗常用函数、Excel 数据分裂、Excel 快速定位和填充、住房数据清洗、客户签到数据的清洗转换、数据脱敏等。

（7）数据标注实验：标注工具的安装与基础操作、车牌夜晚环境标框标注、车牌日常环境标框标注、不完整车牌标框标注、行人标框标注、物品分类标注等。

（8）数据分析及可视化实验：Jupyter Notebook、Pandas、NumPy、Matplotlib、Scipy、Seaborn、Statsmodel 等。

（9）数据挖掘实验：决策树分类、随机森林分类、朴素贝叶斯分类、支持向量机分类、K-means 聚类等。

（10）金融大数据实验：股票数据分析、时间序列分析、金融风险管理、预测股票走势、中美实时货币转换等。

（11）电商大数据实验：基于基站定位数据的商圈分析、员工离职预测、数据分析、电商产品评论数据情感分析、电商打折套路解析等。

（12）数理统计实验：高级数据管理、基本统计分析、方差分析、功效分析、中级绘图等。

```
import seaborn as sns
plt.figure(figsize=(20,16),dpi=300)
sns.heatmap(data.corr(),linewidths=0.1,vmax=1.0, square=True,linecolor='white', annot=True)
```

<matplotlib.axes._subplots.AxesSubplot at 0x7fbe2fbc9940>

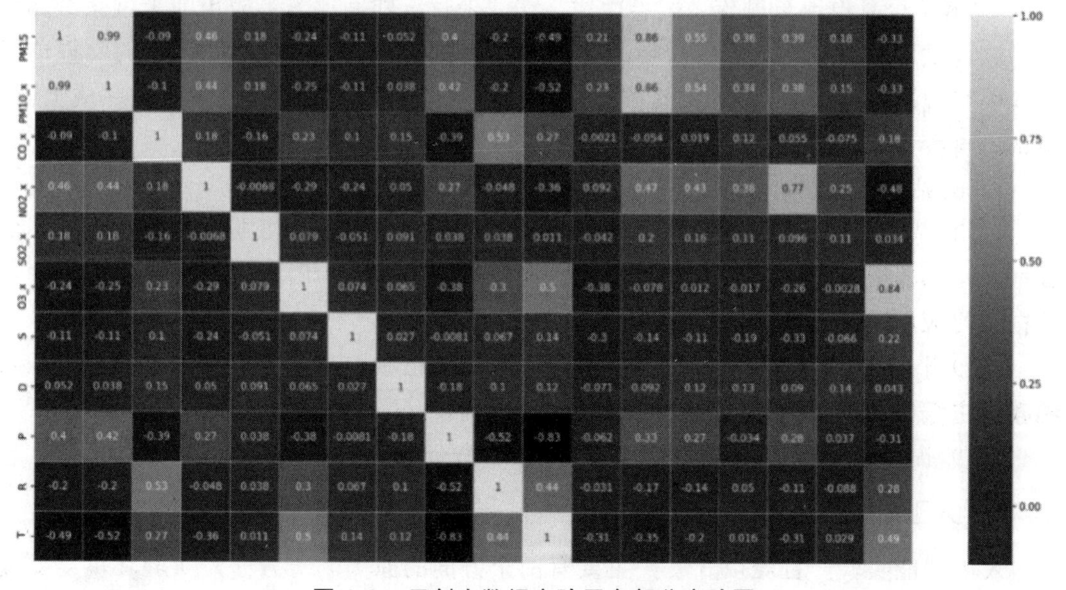

图 A.3　云创大数据实验平台部分实验图

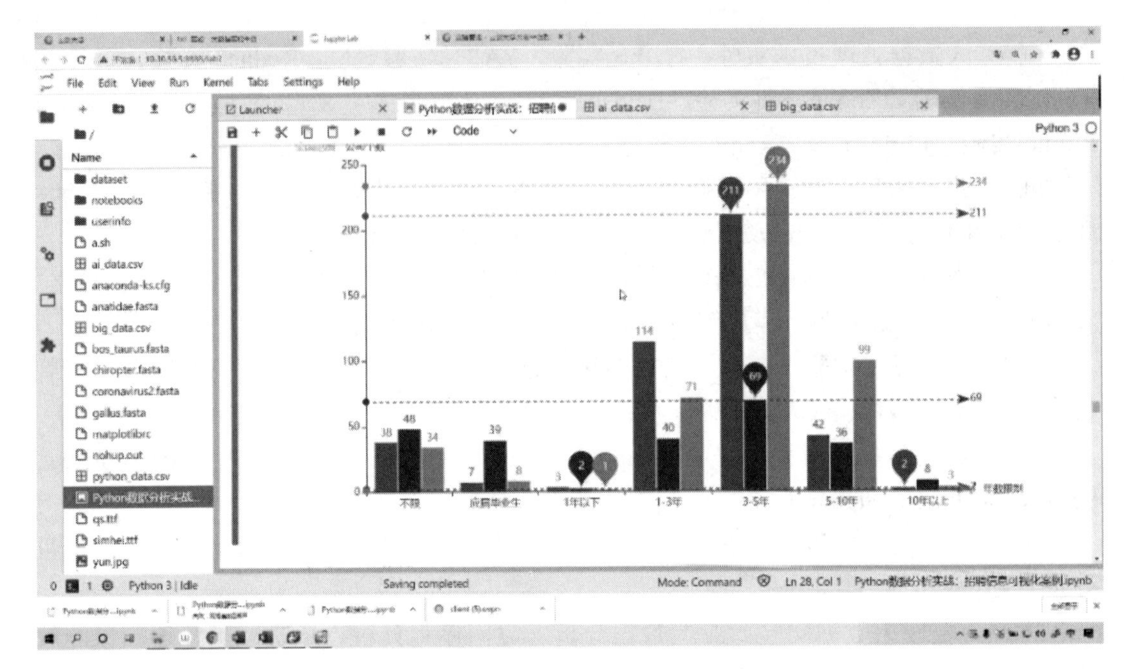

图 A.3　云创大数据实验平台部分实验图（续）

3）教学相长

（1）实时掌握教师角色与学生角色对大数据环境资源的使用情况及运行状态，帮助管理者实现信息管理和资源监控。

（2）平台优化了从创建环境、实验操作、提交报告、教师打分的实验流程，学生在平台上完成实验并提交实验报告，教师在线查看每一个学生的实验进度，并对具体实验报告进行批阅。

（3）平台具有海量题库、试卷生成、在线考试、辅助评分等应用的考试系统，学生可通过试题库自查与巩固，教师通过平台在线试卷库考察学生对知识点的掌握情况（其中客观题实现机器评分），使教师完成备课、上课、自我学习，使学生完成上课、考试、自我学习。

4）一站式应用

（1）提供多种多样的科研环境与训练数据资源，包括人脸数据、交通数据、环保数据、传感器数据、图片数据等。实验数据做打包处理，为用户提供便捷、可靠的大数据学习应用。

（2）平台提供由清华大学博士、中国大数据应用联盟人工智能专家委员会主任刘鹏教授主编的《大数据》《大数据库》《数据挖掘》等配套教材。

（3）提供 OpenVPN、Chrome、Xshell 5、WinSCP 等配套资源下载服务。

2. 人工智能实验环境

人工智能实验一直难以开展，主要有两个方面的原因。一方面，实验环境需要提供深度学习计算集群，支持主流深度学习框架，完成实验环境的快速部署，满足深度学习模型训练等教学实践需求，同时也需要支持多人在线实验。另一方面，人工智能实验面临配置难度大、实验入门难、缺乏实验数据等难题，在实验环境、应用教材、实验手册、实验数据、技术支持等多方面亟需支持，以大幅度降低人工智能课程学习门槛，满足课程设计、课程上机实验、实习实训、科研训练等多方面需求。

对此，云创大数据人工智能实验平台提供了基于 OpenStack 调度 KVM 技术开发的多人在线实验环境。平台基于深度学习计算集群，支持主流深度学习框架，可快速部署训练环境，支持多人同时在线实验，并配套实验手册、实验代码、实验数据，同步解决人工智能实验配置难度大、实验入门难、缺乏实验数据等难题，可用于深度学习模型训练等教学与实践应用。如图 A.4~图 A.6 所示为云创大数据人工智能平台展示。

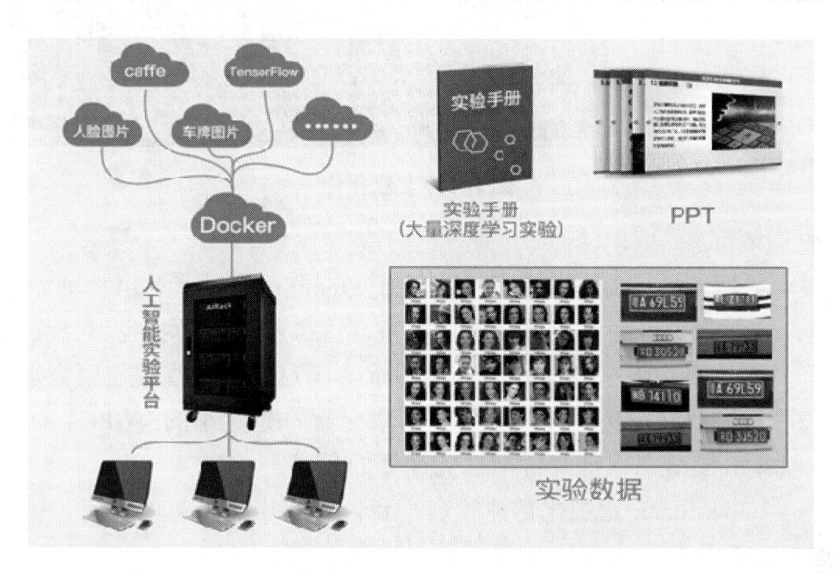

图 A.4 云创大数据人工智能实验平台架构

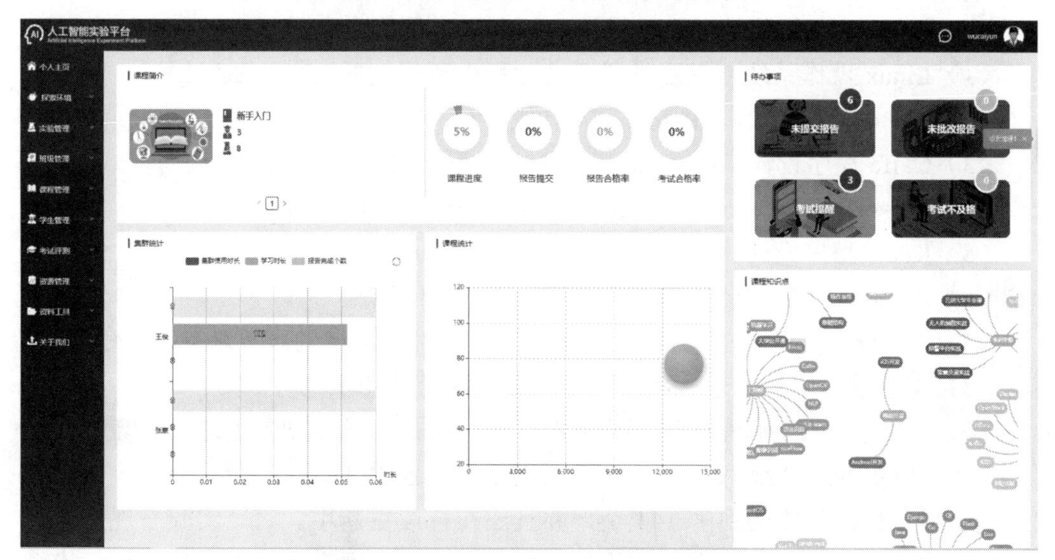

图 A.5 云创大数据人工智能实验平台

图 A.6 实验报告

1）实验环境可靠

（1）平台采用 CPU+GPU 混合架构，基于 OpenStack 技术，用户可一键创建运行的实验环境，十分稳定，即使服务器断电关机，虚拟机中的数据也不会丢失。

（2）同时支持多个人工智能实验在线训练，满足实验室规模使用需求。

（3）每个账户默认分配 1 个 VGPU，可以配置一定大小的 VGPU、CPU 和内存，满足人工智能算法模型在训练时对高性能计算的需求。

（4）基于 OpenStack 定制化构建管理平台，可实现虚拟机的创建、销毁和管理，用户实验虚拟机相互隔离、互不干扰。

2）实验内容丰富

目前实验内容主要涵盖了十个模块，每个模块具体内容如下。

（1）Linux 操作系统：深度学习开发过程中要用到的 Linux 知识。

（2）Python 编程语言：Python 基础语法相关的实验。

（3）Caffe 程序设计：Caffe 框架的基础使用方法。

（4）TensorFlow 程序设计：TensorFlow 框架基础使用案例。

（5）Keras 程序设计：Keras 框架的基础使用方法。

（6）PyTorch 程序设计：Keras 框架的基础使用方法。

（7）机器学习：机器学习常用 Python 库的使用方法和机器学习算法的相关内容。

（8）深度学习图像处理：利用深度学习算法处理图像任务。

（9）深度学习自然语言处理：利用深度学习算法解决自然语言处理任务相关的内容。

（10）ROS 机器人编程：介绍机器人操作系统 ROS 的基础使用。

目前平台实验总数达到了 144 个，并且还在持续更新中。每个实验呈现详细的实验目的、实验内容、实验原理和实验流程指导。其中，原理部分设计数据集、模型原理、代码参数等内容，以帮助用户了解实验需要的基础知识；步骤部分为详细的实验操作，参照手册，执行步骤中的命令，即可快速完成实验。实验所涉及的代码和数据集均可在平台上获取。

3）教学相长

（1）实时监控与掌握教师角色与学生角色对人工智能环境资源使用情况及运行状态，帮助管理者实现信息管理和资源监控。

（2）学生在平台上实验并提交实验报告，教师在线查看每一个学生的实验进度，并对具体实验报告进行批阅。

（3）增加试题库与试卷库，提供在线考试功能，学生可通过试题库自查与巩固，教师通过平台在线试卷库考察学生对知识点的掌握情况（其中客观题实现机器评分），使教师完成备课、上课、自我学习，使学生完成上课、考试、自我学习。

4）一站式应用

（1）提供实验代码以及 MNIST、CIFAR-10、ImageNet、CASIA WebFace、Pascal VOC、Sift Flow、COCO 等训练数据集，实验数据做打包处理，为用户提供便捷、可靠的人工智能和深度学习应用。

（2）平台提供由清华大学博士、中国大数据应用联盟人工智能专家委员会主任刘鹏教授主编的《深度学习》《人工智能》等配套教材，内容涉及人脑神经系统与深度学习、深度学习主流模型以及深度学习在图像、语音、文本中的应用等丰富内容。

（3）提供 OpenVPN、Chrome、Xshell 5、WinSCP 等配套资源下载服务。

5）软硬件高规格

（1）硬件采用 GPU+CPU 混合架构，实现对数据的高性能并行处理。

（2）CPU 选用英特尔 Xeon Gold 6240R 处理器，搭配英伟达多系列 GPU。

（3）最大可提供每秒 176 万亿次的单精度计算能力。

（4）预装 CentOS/Ubuntu 操作系统，集成 TensorFlow、Caffe、Keras、PyTorch 等行业主流的深度学习框架。

专业技能和项目经验既是学生的核心竞争力，也将成为其求职路上的“强心剂”，而云创大数据实验平台和人工智能实验平台从实验环境、实验手册、实验数据、实验代码、教学支持等多方面为大数据学习提供一站式服务，大幅降低学习门槛，可满足用户课程设计、课程上机实验、实习实训、科研训练等多方面需求，有助于大大提升用户的专业技能和实战经验，使其在职场中脱颖而出。

目前，致力于大数据、人工智能与云计算培训和认证的云创智学（http://edu.cstor.cn）平台，已引入云创大数据实验平台和人工智能实验平台环境，为用户提供集数据资源、强大算力和实验指导的在线实训平台，并将数百个工程项目经验凝聚成教学内容。在云创智学平台上，用户可以同时兼顾课程学习、上机实验与考试认证，省时省力，快速学到真本事，成为既懂原理，又懂业务的专业人才。